U0388951

面向新工科的电工电子信息基础课程系列教材

教育部高等学校电工电子基础课程教学指导分委员会推荐教材

国家级线上线下混合式一流课程配套导学教材

陕西省课程思政示范课程配套教材

数字电子技术工程设计基础

刘延飞　杨晶晶　李　琪　赵　媛
王　凯　常敬先　吴娜娜　编　著

清华大学出版社
北　京

内容简介

本书是根据编写团队多年课程教学改革实践，倡导工程任务引导式教学模式，并结合当前线上线下混合式教学和课程思政教学需要而编写的导学教材。

全书共8章，分别是逻辑代数基础、逻辑门电路、组合逻辑电路、触发器、时序逻辑电路、半导体存储器与可编程逻辑器件、脉冲信号的产生与整形、数/模转换器与模/数转换器。每节以学生学习过程为序，依次设置课前学习目标(布鲁姆教育目标分类学视角下)明确、导学思维导图、课前自学自测、课程知识点讲述、课后知识练习。每章学习遵循工程思维理念，以工程问题引导全章，从工程任务下达开始，以工程任务实现结束，既培养学生工程素养，又激发学生学习兴趣，还配有实战练习与拓展、相关二维码学习微课供教学使用。全书精心安排40多个知识拓展内容，讲述世界电子技术发展、中国半导体发展、当今数字电子技术前沿、航天集成电路应用和相关课程思政，引导学生拓展、思考和自学。

本书是国家级一流线上线下混合式课程和陕西省课程思政示范课程“数字电子技术”的配套导学教材，可作为高等学校电气类、电子信息类、自动化类和机电类等相关专业“数字电子技术”课程线上线下混合式教学教材或线下教学辅助教材，也可供相关工程技术人员参考。

图书在版编目(CIP)数据

数字电子技术工程设计基础/刘延飞等编著. —北京：清华大学出版社，2023.1
面向新工科的电工电子信息基础课程系列教材
ISBN 978-7-302-61429-6

Ⅰ. ①数… Ⅱ. ①刘… Ⅲ. ①数字电路－电子技术－工程设计－高等学校－教材 Ⅳ. ①TN79

中国版本图书馆CIP数据核字(2022)第136171号

责任编辑：文　怡
封面设计：王昭红
责任校对：申晓焕
责任印制：宋　林

出版发行：清华大学出版社
网　址：http://www.tup.com.cn，http://www.wqbook.com
地　址：北京清华大学学研大厦A座　　邮　编：100084
社 总 机：010-83470000　　邮　购：010-62786544
投稿与读者服务：010-62776969，c-service@tup.tsinghua.edu.cn
质量反馈：010-62772015，zhiliang@tup.tsinghua.edu.cn
课件下载：http://www.tup.com.cn，010-83470236
印 装 者：小森印刷霸州有限公司
经　销：全国新华书店
开　本：185mm×260mm　　**印　张**：25　　**字　数**：579千字
版　次：2023年1月第1版　　**印　次**：2023年1月第1次印刷
印　数：1～1500
定　价：75.00元

产品编号：087429-01

前言

编写缘起

本书编者2017年开始探索“数字电子技术”教学改革时，使用的是“十二五”国家级规划教材，虽然经典教材讲解深入，系统完善，但缺少当前线上线下混合式教学对教学各个阶段导学指导，教师只使用经典教材做教改非常费力，需要做大量的额外工作，故萌生编写一本适合“互联网＋”教学理念和符合线上线下混合模式的教学导学配套教材，经过四年多的编写和实践，本书已成为国家级线上线下混合式一流课程“数字电子技术”的配套导学教材，很好地配合了目前的工科专业“数字电子技术”或“电子技术基础——数字部分”课程的教学需求。

教材特色

特色一：坚持“以学为中心”的理念，全时空陪伴学生学习。

教材编写时坚持“以学为中心”的理念，以学生学习过程为脉络，每一节都是以导学单开始，经过课前自学自测、课堂学习知识、课后巩固提高等环节，结束于本节思维导图和课外知识拓展，遵循认知规律；每一章以一个工程任务开篇，让学生带着任务学习知识，最后以工程任务设计实践和综合设计拓展结束，培养工程素养，陪伴学生成长。

特色二：突出工程思维理念，打造数电工程版的“两性一度”。

在深化新工科建设的背景下，在工程理念指导下注重教材的高阶性、创新性和挑战度。采取线上自学和线下课堂方式结合，非常适合教师采用雨课堂、MOOC等线上资源，实施翻转课堂、问题引导式和工程问题引导式教学模式。教材在强调基本概念、基本理论、基本电路等电学知识的基础上，注重渗透工程思维理念，着力培养学生应用数字电子技术的思路和方法解决工程问题的能力，强化工程应用和综合设计能力的培养，以提高学生的综合能力，适应对电子信息技术的时代要求。

特色三：注重集成电路知识系统拓展与课程思政有机融入。

教材精选了世界集成电路发展史、中国集成电路发展历程、国产替代进程、集成电路先进技术和航天集成电路拓展五个系列的40多个知识拓展和课程思政，但只是引导和

前言

激发兴趣并非大篇幅介绍。编者更希望的是引导学生自主查询数字电子技术发展的脉络和过程，深入探索我国集成电路发展的历程，拓展了解航天集成电路设计先进技术。在知识学习的基础上认识科学技术发展规律，体会科学精神、探索精神、工匠精神、爱国精神和创新意识。

适用范围

本书可作为各工科专业"数字电子技术"课程开展线上线下混合式教学导学教材(国家统编教材为主讲教材)，方便教师开展各类线上线下教学使用，或作为学生自学"数字电子技术"的自学教材。

编者分工

刘延飞为本书的总负责和总体设计，杨晶晶、李琪辅助完成全书编写和微课录制，赵媛、王凯、常敬先、吴娜娜主要负责习题和综合实践部分文档的整理、校对和教学实践工作。鉴于编者水平有限，书中难免存在纰漏，读者在阅读过程中有任何问题或发现任何错误和不妥之处，欢迎与我们联系交流，一同提高，感谢支持。

资源获取

(1) 读者可以通过扫描书中二维码或从清华大学出版社网站(www. tup. tsinghua. edu. cn)下载，获取本书原图、文档、微课和教学指导视频。

(2) 在哔哩哔哩网站或手机 App 搜索"飞哥玩电子"并关注，这是编者"数字电子技术""智能车竞赛培训""电子设计竞赛培训"等课程视频教学资源集散地，一直在实时更新中，读者可获取最新的学习视频和教学资源。

(3) 在美篇网站或手机 App 关注"蜡笔小刘"可获取编写组成员"数字电子技术"班级中教学模式展示、学生动态和教学体会文章。

致谢

本书编写并非一帆风顺，遇到很多问题和困惑，主要编写人员的相互鼓励和支持才成就了本书。编写期间，全国模范教师陈少昌教授，本专业领域陈卫卫教授、李丹妮教授、王和明教授、李正生教授、郭建鹏教授、薛英娟教授、周加贝教授等给了很大的支持和建议，尤其是“电类工程基础课程群虚拟教研室”和“高校教学改革群”的各位老师分享的各类资源成为我们很好的教学素材，在此一并感谢。

编　者

2022 年 10 月

资源下载

目录

目录

目录

目录

目录

目录

目录

目录

目录

目录

第1章 逻辑代数基础

随着信息时代的到来,"数字"两个字正以越来越高的频率出现在各个领域,数字相机、数字电视、数字通信、数字控制……数字化已经成为当今电子技术的发展潮流。数字电路是数字电子技术的核心,是计算机、数字通信等所有数字系统的硬件基础。对"数字"这个词有专业化的了解,搞清数字系统中硬件是如何工作的,就得从基本概念出发,学习数字电子技术。

1.1 数字信号与数字电路

(一) 课前篇

本节导学单

1. 学习目标

根据《布鲁姆教育目标分类学》,从知识维度和认知过程两方面进一步细化本节课的教学目标,明确学习本节课所必备的学习经验。

知识维度	认知过程					
	1. 回忆	2. 理解	3. 应用	4. 分析	5. 评价	6. 创造
A. 事实性知识						
B. 概念性知识	回忆模拟信号和模拟电路的基本概念	阐述数字信号和数字电路的基本概念	举例说明数字技术的应用场合		评价数字电路的分类和特点	
C. 程序性知识		说出模拟信号与数字信号、模拟电路与数字电路的区别				发现身边的数字技术
D. 元认知知识	明晰学习经验是理解新知识的前提		根据概念及学习经验迁移得到新理论的能力	主动思考,举一反三		处处留心皆学问

2. 导学要求

根据本节的学习目标,将回忆、理解、应用层面学习目标所涉及的知识点课前自学完成,形成自学导学单。

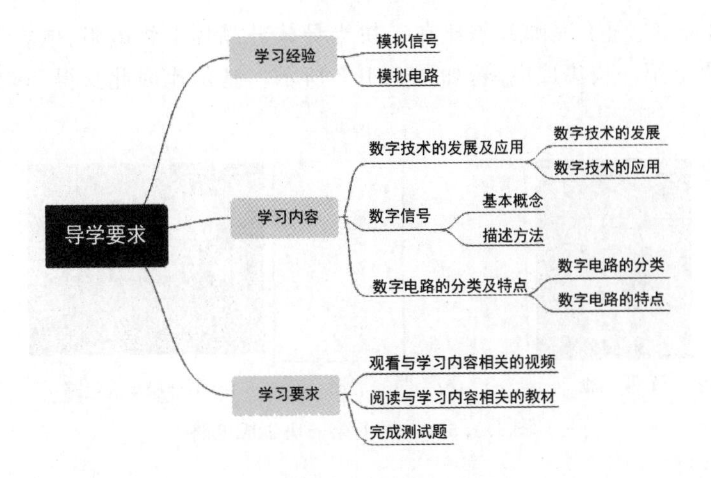

1.1.1 课前自学——数字技术的发展及应用

1. 数字技术的发展

数字电子技术是20世纪发展最快的技术之一，经历了继电器—电子管—晶体管—集成电路的发展历程。

1906年，德·福雷斯特等发明了电子管，电子管体积和质量大、耗电多、寿命短，如图1.1.1所示。20世纪30年代，贝尔实验室开发了第一个基于继电器的电控逻辑电路。

1946年2月15日，第一台基于电子管的数字计算机问世，如图1.1.2所示。当时的资助方是美国军方，目的是计算弹道的各种非常复杂的非线性方程组。它使用了18 000个电子管，占地面积170m^2，质量达30t，耗电量150kW，现在看起来它如此笨重，却是数字电路发展的一个里程碑。它能进行5000次/s加法运算(而人类最快运算速度为5次/s)，还能计算正弦和余弦等三角函数值，以及平方和立方等一些更复杂的运算，这样的速度在当时已经是人类智慧的最高水平。

图1.1.1 电子管

图1.1.2 世界上第一台数字计算机

1947年，贝尔实验室三位科学家发明了晶体管，晶体管的出现替代电子管占领电子领域。随后晶体管电路不断朝微型化方向发展。1957年，美国科学家提出“将电子设备制作在一个没有引线的固体半导体板块中”的大胆技术设想，这是半导体集成电路的核心思想。1958 年，美国工程师基尔比在一块半导体硅晶片上将电阻、电容等分立元件集成，制成了世界上第一块集成电路，如图 1.1.3 所示。基尔比因此获得 2000 年的诺贝尔物理学奖。

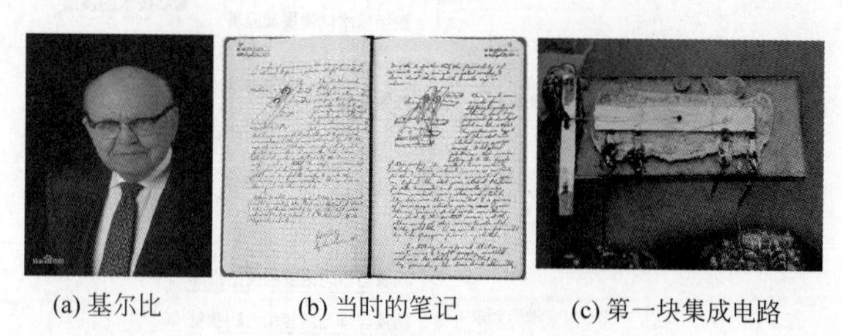

(a) 基尔比　　(b) 当时的笔记　　(c) 第一块集成电路

图 1.1.3　世界上第一块集成电路

从 20 世纪 60 年代至今，从小规模集成(SSI)电路、中规模集成(MSI)电路、大规模集成(LSI)电路、超大规模集成(VLSI)电路再到特大规模集成(ULSI)电路，可以用日新月异来形容。而这种发展速度并没有停止，正如英特尔公司的创始人之一戈登・摩尔所说，在芯片上所能集成的晶体管数目将会每隔 18 个月翻一番。半个世纪过去了，摩尔定律依然适用，如图 1.1.4 所示。未来可能出现高分子材料或生物材料制成密度更高、三维结构的电路。

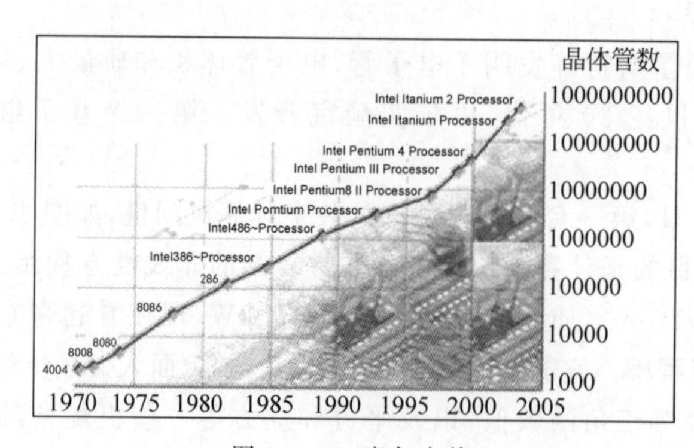

图 1.1.4　摩尔定律

2. 数字技术的应用

应用是推动数字技术发展的动力，数字电子技术应用无处不在，如军事、航空航天、工业、医疗等领域，如图 1.1.5 所示。同时，数字技术的发展方兴未艾，发展速度日新月异。

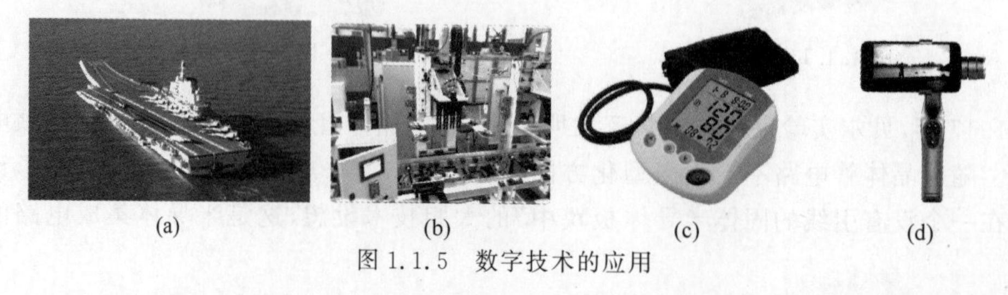

(a)　　(b)　　(c)　　(d)

图 1.1.5　数字技术的应用

1.1.2 课前自学——预习自测

1.1.2.1 数字技术经历了哪些阶段(　　)。

A. 电子管时代　　B. 晶体管时代　　C. 场效应管时代　　D. 集成电路时代

1.1.2.2 试举例说明发生在人们日常生活中的数字技术。

(二) 课上篇

1.1.3 课中学习——数字电路的分类

数字电路有多种分类,例如:根据电路的结构特点及其对输入信号的响应规则不同,数字电路可以分为组合逻辑电路和时序逻辑电路;根据电路的组合形式不同,可分为集成电路和分立电路;根据器件生产工艺不同,可分为TTL电路和CMOS电路;根据集成度(每一块芯片所包含门的数量)不同,可分为小规模集成电路、中规模集成电路、大规模集成电路、超大规模集成电路和特大规模集成电路。

1.1.4 课中学习——模拟信号与数字信号

了解数字技术的发展历程、应用,数字电路的分类及特点后,到底什么是数字电路?首先得从数字信号说起。

1. 模拟量与数字量

自然界中存在的物理量千差万别,按其变化规律可分为模拟量和数字量两大类。模拟量是指在时间上和数值上都连续变化的物理量,如车速、温度、压力等。图1.1.6是模拟量温度随时间变化的曲线,它是一条平滑而又连续的曲线。可以看出,温度变化是一个连续变化的过程,温度不会立刻从70℉上升到71℉,中间经历了无数个温度值。

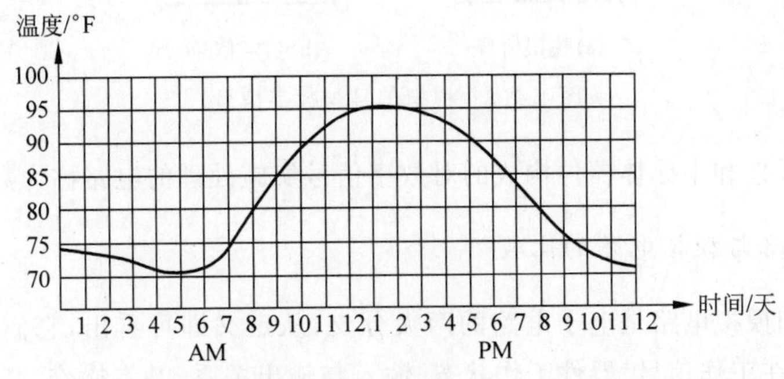

图1.1.6 温度随时间变化的曲线(℃=(℉-32)÷1.8)

数字量是指在时间和数值上都离散的物理量,如电子表的秒信号、生产线上记录零件个数的计数信号等。这些信号的变化发生在一系列离散的瞬间,其值的大小和每次增减变化都是某个最小计量单位的整数倍。自然界中模拟量远多于数字量。

2. 模拟量的数字表示

相对于一个连续的温度图,假设每小时测量一次温度。现在有一个 24h 内每隔 1h 采样测量到的离散温度值,如图 1.1.7 所示。这样就可以将模拟量转换成数字量的形式,即用 24 个温度值来描述这样一条曲线。显然,用数字法表示模拟量是有误差的,取样点越多,相邻两点间隔越小,误差就越小。如果每隔 1min 就采样一次,采样数越多越密集,精确率越高。

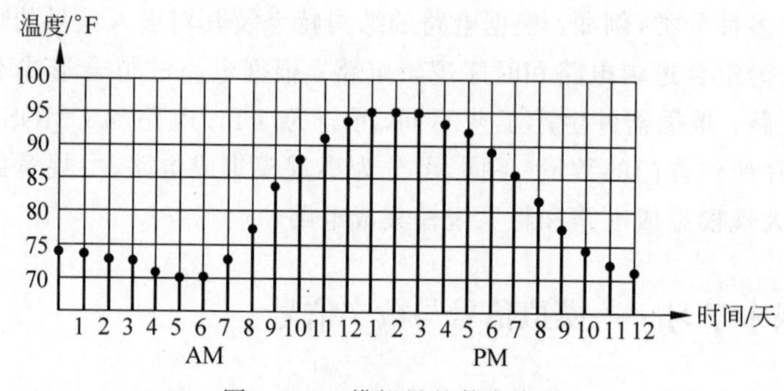

图 1.1.7 模拟量的数字表示

3. 模拟信号与数字信号

表示模拟量的电信号称为模拟信号,典型的模拟信号是正弦波信号,如图 1.1.8(a) 所示。表示数字量的电信号称为数字信号,在电路中数字信号往往表现为突变的电压或电流,如图 1.1.8(b)所示。

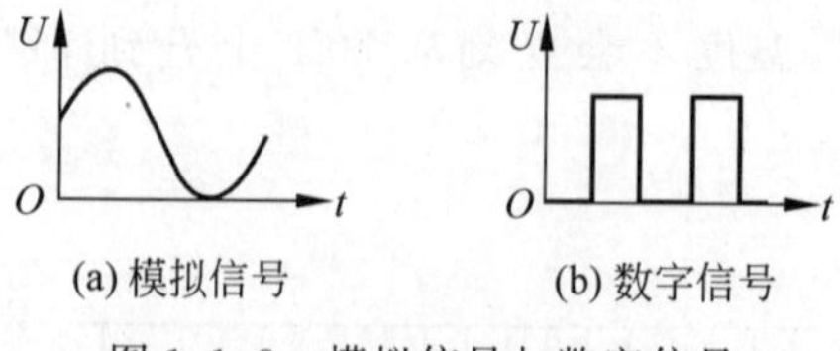

图 1.1.8 模拟信号与数字信号

利用常规元件和半导体器件构成的对数字信号实施处理的电路称为数字电路。

4. 数字电路与模拟电路的比较

数字电路和模拟电路是电子电路的两大分支,从定义即可看出,它们传输与处理的信号不同,所以在工作信号、器件工作状态、输入与输出关系、基本操作、基本单元电路和基本分析方法等方面都有着很大的区别,如表 1.1.1 所示。

表 1.1.1 数字电路与模拟电路的比较

比较项目	模拟电路	数字电路
工作信号	模拟信号	数字信号
器件工作状态	放大状态	开关状态
输入与输出关系	线性关系	逻辑关系
基本操作	放大、调制、变频、稳压	与、或、非、寄存、译码、编码、计数
基本单元电路	放大电路、集成运放等	门电路、触发器
基本分析方法	图解法、微变等效电路法	逻辑代数、真值表、卡诺图、状态图

5. 数字信号的描述方法

1）二值数字逻辑与逻辑电平

在数字电路中，数字信号有高电平和低电平，并用“1”和“0”来表示。这里的1和0代表两种对立的状态，称为逻辑1和逻辑0，一般没有大小之分，也称为二值数字逻辑。

在实际电路中，高电平与低电平不是固定不变的，而是一个电压范围。表1.1.2列出一种TTL器件的电压范围与逻辑电平之间的关系。当电压为0～0.8V时，都表示低电平；当电压为2～5V时，都表示高电平。这些表示数字电压的高、低电平通常称为逻辑电平。注意：在数字电路中0.8～2V的电平是不允许出现的，因为在这个范围内数字电路不能可靠地区分高电平和低电平。

表 1.1.2 电压范围与逻辑电平

电压/V	二值逻辑	电 平
0～0.8	0	低电平
2～5	1	高电平

由于其二值数字逻辑，所以在数字电路中有两种逻辑体制，即正逻辑和负逻辑。将高电平定为逻辑1，低电平定为逻辑0，就是正逻辑体制；将低电平定为逻辑1，高电平定为逻辑0，就是负逻辑体制。本书采用正逻辑体制表示逻辑信号，如图1.1.9所示。

2）数字波形

数字波形是逻辑电平相对于时间的波形。理想的数字波形如图1.1.10所示，常用信号幅度U_m、信号周期T、脉冲宽度t_w、占空比q来描述。

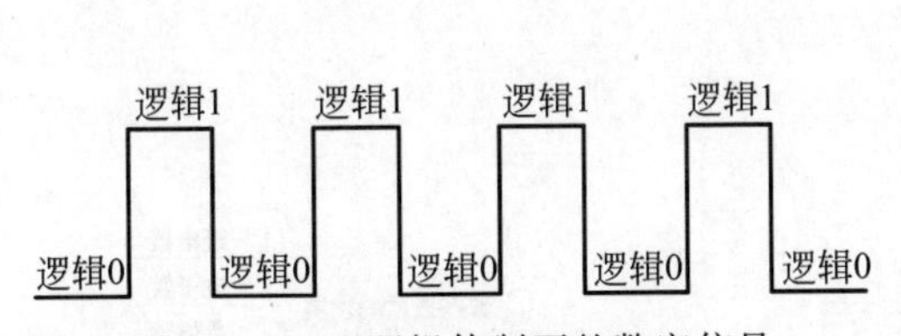

图1.1.9 正逻辑体制下的数字信号

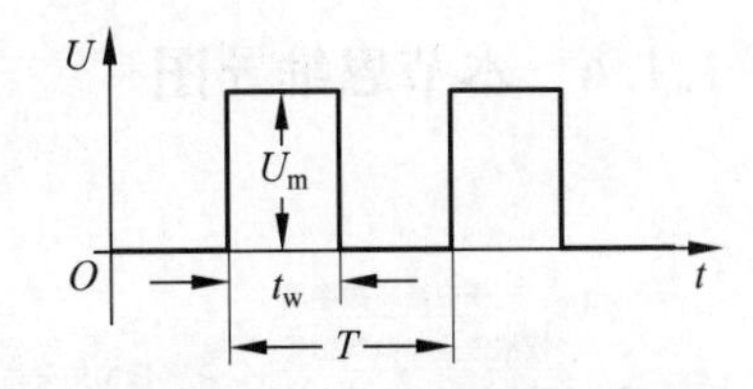

图1.1.10 理想数字波形

脉冲宽度表示高电平持续的时间。占空比表示脉冲宽度占整个周期的百分比，即

$$q=\frac{t_w}{T}\times 100\% \tag{1.1.1}$$

在实际的数字系统中，数字信号并没有那么理想。当矩形脉冲从低电平跳变到高电平，或者从高电平跳变到低电平时，并不会那么陡峭，要经历一个过渡过程，用上升时间 t_r、下降时间 t_f 来描述，如图 1.1.11 所示。

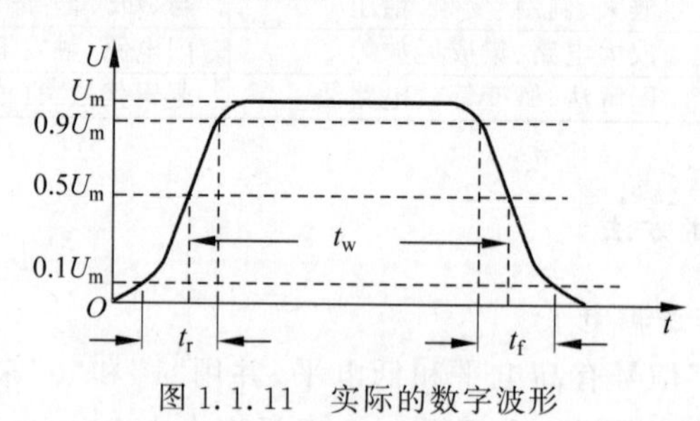

图 1.1.11　实际的数字波形

上升时间是指从波形幅值的 10%上升到 90%所需要的时间。下降时间是指从波形幅值的 90%下降到 10%所需要的时间。将波形上升沿的 50%到下降沿的 50%两个时间点之间的时间称为脉冲宽度。

（三）课后篇

1.1.5　课后巩固——练习实践

1.1.5.1　数字电路有哪些特点？为什么数字逻辑称为二值数字逻辑？

1.1.5.2　数字波形如题图 1.1.5.2 所示，试计算周期、频率和占空比。

讲解视频

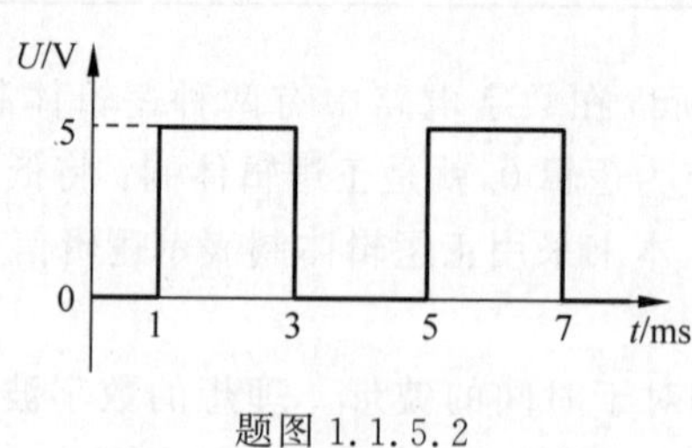

题图 1.1.5.2

1.1.6　本节思维导图

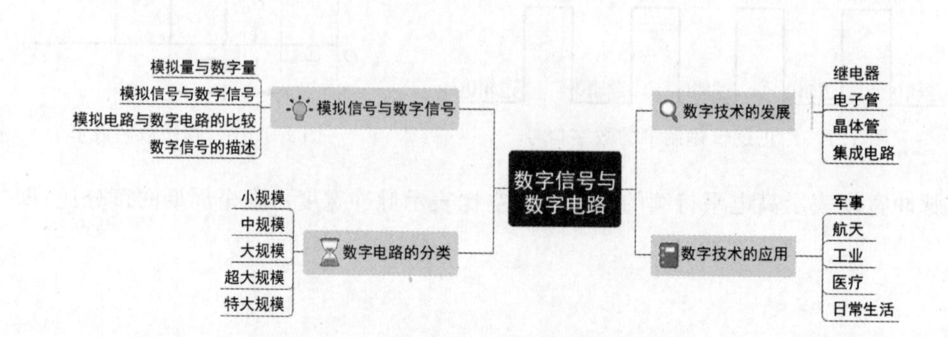

知识拓展——数字技术历史 **世界集成电路发展历史**

人们把数字技术归纳为三位奠基人、三个阶段、五大定律。三位奠基人分别是"计算机科学之父"艾伦·图灵、"电子计算机之父"冯·诺依曼、"信息论之父"克劳德·香农。从1946年第一台电子计算机发明算起,经历了计算机、互联网和新一代信息技术三个阶段。数字技术有摩尔定律、吉尔德定律、梅特卡夫定律、"大数据定律"和库梅定律五个基本定律。

1.2 数制与码制

(一)课前篇

本节导学单

1. 学习目标

根据《布鲁姆教育目标分类学》,从知识维度和认知过程两方面进一步细化本节课的教学目标,明确学习本节课所必备的学习经验。

知识维度	认知过程					
	1. 回忆	2. 理解	3. 应用	4. 分析	5. 评价	6. 创造
A. 事实性知识		阐述基数以及位权,编码与译码的基本概念				
B. 概念性知识	回忆十进制数的计数规则	阐述数制以及码制的基本概念	应用基数与位权概念,解释数制的计数规则		评价十进制、二进制、八进制、十六进制的优缺点	
C. 程序性知识			应用编码与译码概念,解释码制的编码规则	说出数制之间、数制与码制之间的转换规则		发现身边的编码
D. 元认知知识	明晰学习经验是理解新知识的前提		根据概念及学习经验迁移得到新理论的能力	主动思考,举一反三		处处留心皆学问

2. 导学要求

根据本节的学习目标，将回忆、理解、应用层面学习目标所涉及的知识点课前自学完成，形成自学导学单。

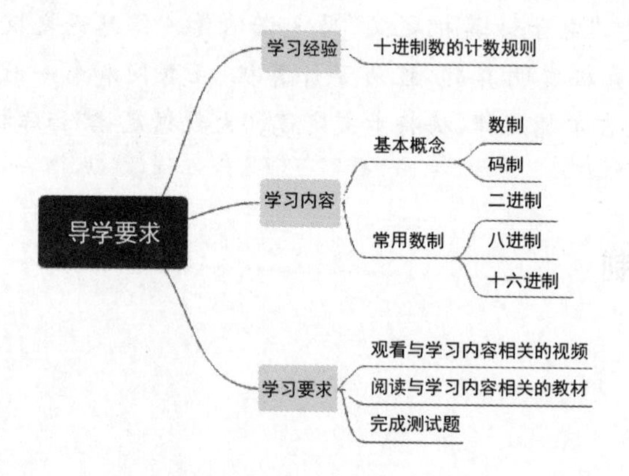

1.2.1 课前自学——数制和码制的基本概念

数字系统最主要的功能是处理信息，必须将信息表示成电路能够识别的便于运算或存储的形式。信息通常可以分为两种类型，分别为数值信息和非数值信息。数值信息的表示方法是**数制**，而非数值信息的表示方法是**码制**。

1. 数制

表示数时，仅一位数码往往不够用，必须用进位计数的方法组成多位数码。多位数码每位的构成以及从低位到高位的进位规则称为进位计数制，简称为**数制**。

2. 码制

为了便于记忆和处理，在编制代码时要遵循一定的规则，这些规则称为**码制**。例如，居民身份证号码的编排规则是，第 1、2 位数字表示所在省份的代码，第 3、4 位数字表示所在城市代码，第 5、6 位数字表示所在区县代码，第 7～14 位数字表示出生年、月、日，第 15、16 位数字表示所在地的派出所代码，第 17 位数字表示性别（奇数为男性，偶数为女性），第 18 位数字是校验码。

1.2.2 课前自学——常用数制

1. 十进制

在十进制的计数系统中，可以用 0、1、2、3、4、5、6、7、8、9 这 10 个数码中的一个或几个，按照一定的规律排列起来。把数制中可能用到的数码个数称为基数，十进制就是以 10 为基数的计数体制。超过 9 的数必须用多位数表示，其计数规律是“逢十进一”或“借一当十”。例如：

$$296.43 = 2\times10^2 + 9\times10^1 + 6\times10^0 + 4\times10^{-1} + 3\times10^{-2}$$

不难看出，数字所处的位置不同，所代表的数值就不同，称为权，它是基数 10 的整数幂。所以，任意一个十进制数 D 均可展开为

$$D = \sum k_i \times 10^i \tag{1.2.1}$$

式中：k_i 为每位的系数，是 0～9 这 10 个数码中的任何一个。若 D 是由 n 位整数和 m 位小数构成，则 i 的取值范围是 $0 \sim n-1$ 的所有整数和从 $-m \sim -1$ 的所有负整数。

2. 二进制

二进制计数系统中仅有 0 和 1 两个数字，所以基数是 2。低位和高位之间的进位关系是“逢二进一”或“借一当二”，故称为二进制。二进制每位的权值是 2 的整数幂。例如：

$$(110.11)_2 = 1\times2^2 + 1\times2^1 + 0\times2^0 + 1\times2^{-1} + 1\times2^{-2} = (6.75)_{10}$$

式中，分别使用下标 2 和 10 表示括号里的数是二进制数和十进制数，也可以用 B(Binary)和 D(Decimal)来表示二进制和十进制。

二进制与十进制相比，其优点如下：

(1) 二进制数只有 0 和 1 两个数字，因此很容易用电路元件状态来表示。

(2) 二进制基本运算规则与十进制运算规则类似，但要简单得多。两个一位十进制数相乘，其规律要用九九乘法表才能表示；而两个一位二进制数相乘，只有四种组合。

二进制的缺点如下：

(1) 人们对二进制数不熟悉。

(2) 表示同样一个数，二进制数通常比十进制数位数多。

3. 八进制

八进制数有 0～7 这 8 个数符，基数是 8，位权是 8 的整数幂。其计数规律是“逢八进一”或“借一当八”。任意一个八进制数均可表示为

$$(N)_O = \sum k_i \times 8^i \tag{1.2.2}$$

式中：下标 O(Octal)表示八进制。

4. 十六进制

十六进制数有 0～9、A(10)、B(11)、C(12)、D(13)、E(14)、F(15)这 16 个数符，基数是 16，位权是 16 的整数幂。其计数规律是“逢十六进一”或“借一当十六”。任意一个十六进制数均可表示为

$$(N)_H = \sum k_i \times 16^i \tag{1.2.3}$$

式中：下标 H(Hexadecimal)表示十六进制。

1.2.3 课前自学——预习自测

1.2.3.1 为什么在计算机或数字系统中通常采用二进制数？

1.2.3.2　数制和码制的区别是什么？

1.2.3.3　二进制与十进制相比，其优势和不足是什么？

（二）课上篇

1.2.4　课中学习——数制之间的转换

1. 二进制、八进制、十六进制→十进制

方法：按权展开相加。将每位的数码乘以对应的权值相加，就可以得到等值的十进制数。例如：

$(1011.01)_B=1\times2^3+0\times2^2+1\times2^1+1\times2^0+0\times2^{-1}+1\times2^{-2}=(11.25)_D$

$(1715.21)_O=1\times8^3+7\times8^2+1\times8^1+5\times8^0+2\times8^{-1}+1\times8^{-2}=(973.2656255)_D$

2. 十进制→二进制、八进制、十六进制

方法：基数乘除法，即把整数部分和小数部分分别进行转换，即

整数部分：除 n 取余，倒序排列，直至商 0 为止。

小数部分：乘 n 取整，顺序排列，直至满足精度。

例如，将$(173.8125)_D$转换为二进制数可分为整数和小数两部分：

```
2 | 173 ------------------ 余数 =1 = k0
2 |  86 ------------------ 余数 =0 = k1
2 |  43 ------------------ 余数 =1 = k2
2 |  21 ------------------ 余数 =1 = k3
2 |  10 ------------------ 余数 =0 = k4
2 |   5 ------------------ 余数 =1 = k5
2 |   2 ------------------ 余数 =0 = k6
2 |   1 ------------------ 余数 =1 = k7
      0
```

```
   0.8125
×       2
---------
   1.6250 ------------ 整数部分 =1 = k-1
   0.6250
×       2
---------
   1.2500 ------------ 整数部分 =1 = k-2
   0.2500
×       2
---------
   0.5000 ------------ 整数部分 =0 = k-3
   0.5000
×       2
---------
   1.0000 ------------ 整数部分 =1 = k-4
```

故$(173.8125)_D=(10101101.1101)_B$。

3. 二进制→八进制、十六进制

方法：从小数点起左右两边分，每3位或者4位为一组，转换为八进制或十六进制。

例如，将$(1011110.1011001)_B$转换为十六进制数：

$$
\begin{array}{l}
(\,0101\,|\,1110\,.\,1011\,|\,0010\,)_B\\
\quad\;\downarrow\qquad\;\downarrow\qquad\;\downarrow\qquad\;\downarrow\\
=(\;\;5\qquad\;E\;\;.\;\;B\qquad\;2\;)_H
\end{array}
$$

4. 八进制、十六进制→二进制

八进制、十六进制向二进制转换，转换时只需将八进制、十六进制的每一位用等值的3位或者4位二进制数代替即可。

例如，将$(8FA.C6)_H$转换为二进制数：

$$
\begin{array}{l}
(\;\;8\qquad F\qquad A\;\;.\;\;C\qquad 6\;)_H\\
\quad\;\downarrow\qquad\downarrow\qquad\downarrow\qquad\;\downarrow\qquad\downarrow\\
=(1000\;\;1111\;\;1010\,.\,1100\;\;0110)_B
\end{array}
$$

为了便于对照，将十进制、二进制、八进制及十六进制之间的关系列于表1.2.1。

表1.2.1 四种数制之间的关系

十进制数	二进制数	八进制数	十六进制数
0	0000	0	0
1	0001	1	1
2	0010	2	2
3	0011	3	3
4	0100	4	4
5	0101	5	5
6	0110	6	6
7	0111	7	7
8	1000	10	8
9	1001	11	9
10	1010	12	A
11	1011	13	B
12	1100	14	C
13	1101	15	D
14	1110	16	E
15	1111	17	F

1.2.5 课中学习——常用码制

1. 二-十进制码

用4位二进制码表示1位十进制的0～9这10个数，这就是二-十进制码，又称BCD(Binary Coded Decimal)码。BCD码分为有权码和无权码，如表1.2.2所示。有权码就是每位二值代码的1都代表一个固定数值，把每位的1代表的十进制数加起来，得到的结果就是它所代表的十进制数码。无权码的每位二值代码没有一个固定数值。

表1.2.2 几种常见的BCD码

十进制数	有权码			无权码	
	8421码	5421码	2421码	余3码	余3循环码
0	0000	0000	0000	0011	0010
1	0001	0001	0001	0100	0110
2	0010	0010	0010	0101	0111
3	0011	0011	0011	0110	0101
4	0100	0100	0100	0111	0100
5	0101	1000	1011	1000	1100
6	0110	1001	1100	1001	1101
7	0111	1010	1101	1010	1111
8	1000	1011	1110	1011	1110
9	1001	1100	1111	1100	1010

(1) 8421码选择了0000～1001这10种组合来表示十进制数0～9，其余6种组合为无效组合。它是有权码，从高位到低位的权值依次是8、4、2、1。

(2) 5421码选择了0000～0100和1000～1100这10种组合来表示十进制数0～9，其余6种组合为无效组合。它也是有权码，从高位到低位的权值依次是5、4、2、1。

(3) 2421码选择0000～0100和1011～1111这10种组合来表示十进制数0～9，其余6种组合为无效组合。它也是有权码，从高位到低位权值依次是2、4、2、1。其特点是上下自补性，例如1的代码0001各位取反所得代码1110正好是8的代码。

(4) 余3码是无权码，它每位没有固定的权值，其编码可以由8421码加3得出。

(5) 余3循环码也是一种无权码，它的特点是任意两个代码仅有1位取值不同，如6和7的代码1101和1111仅b_2不同。

2. 格雷码

格雷码是无权码，它的每位没有固定的权值。格雷码的重要特征是，相邻两个代码仅有一位不同，其余位均相同。4位格雷码如表1.2.3所示，4位二进制码，相邻两个代码之间可能有2位、3位甚至4位不同，如二进制码0111和1000中4位均不同。由于实际的数字电路延时不同,4 位代码的变化不可能同时反映到电路的输出,从而导致输出产生错误响应。而这两组代码对应的格雷码分别是 0100 和 1100,仅有一位不同,因此采用格雷码大大减小了出错的概率。

表 1.2.3 二进制码和格雷码

二进制码	格雷码	二进制码	格雷码
0000	0000	1000	1100
0001	0001	1001	1101
0010	0011	1010	1111
0011	0010	1011	1110
0100	0110	1100	1010
0101	0111	1101	1011
0110	0101	1110	1001
0111	0100	1111	1000

3. 字符代码

在数字系统中,不仅处理数字,还需要把符号、文字等信息用二进制数表示,这样的二进制数称为字符代码。目前国际上通用的标准代码是 ASCII 码(American Standard Code for Information Interchange),它用 7 位二进制码表示 128 个十进制数、英文大小写字母、通用运算符、控制符及标点符号等,如表 1.2.4 所示。

表 1.2.4 ASCII 码

列		0	1	2	3	4	5	6	7
行	位 765→ 4321↓	000	001	010	011	100	101	110	111
0	0000	NUL	DLE	SP	0	@	P	、	p
1	0001	SOH	DC_1	!	1	A	Q	a	q
2	0010	STX	DC_2	“	2	B	R	b	r
3	0011	ETX	DC_3	#	3	C	S	c	s
4	0100	EOT	DC_4	$	4	D	T	d	t
5	0101	ENQ	NAK	%	5	E	U	e	u
6	0110	ACK	SYN	&	6	F	V	f	v
7	0111	BEL	ETB	,	7	G	W	g	w
8	1000	BS	CAN	(	8	H	X	h	x
9	1001	HT	EM	)	9	I	Y	i	y
10	1010	LF	SUB	*	：	J	Z	j	z
11	1011	VT	ESC	+	；	K	[	k	{
12	1100	FF	FS	,	<	L	\	l	|
13	1101	CR	GS	—	=	M	]	m	}
14	1110	SO	RS	.	>	N	^	n	~
15	1111	SI	US	/	?	O	—	o	DEL

（三）课后篇

讲解视频

讲解视频

1.2.6 课后巩固——练习实践

1.2.6.1 将下列二进制数转换为十进制数：

(1) $(1001.01)_B$　　(2) $(11101.011)_B$

(3) $(101101001)_B$　　(4) $(110110111.0111)_B$

1.2.6.2 将下列十进制数转换为二进制数、八进制数和十六进制数(要求转换误差不大于 2^{-4})：

讲解视频

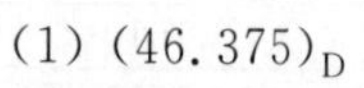

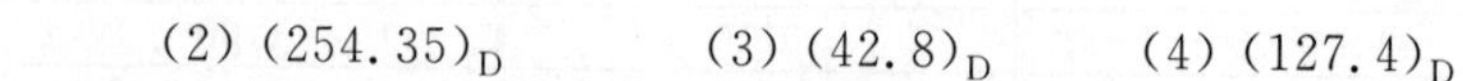

(1) $(46.375)_D$　　(2) $(254.35)_D$　　(3) $(42.8)_D$　　(4) $(127.4)_D$

1.2.6.3 将下列二进制数转换为八进制数和十六进制数：

(1) $(1011.0101)_B$　　(2) $(101111.0011)_B$

(3) $(11010.01)_B$　　(4) $(111010.11011)_B$

讲解视频

1.2.6.4 将下列十六进制数转换为二进制数和八进制数：

(1) $(3F)_H$　　(2) $(24F.35)_H$　　(3) $(B35.0C)_H$　　(4) $(B3.5A)_H$

1.2.6.5 将下列十进制数转换为 8421 码和 5421 码：

(1) $(43)_D$　　(2) $(128)_D$　　(3) $(56.75)_D$　　(4) $(387.125)_D$

讲解视频

1.2.6.6 将下列数码作为 8421 码时，求出相应的十进制数：

(1) 100101　　(2) 1100010111

(3) 10101101　　(4) 1110.10010101

1.2.6.7 试用十六进制数写出下列字符的 ASCII 码：

(1) +　　(2) %　　(3) SHE　　(4) 54

讲解视频

讲解视频

1.2.7 本节思维导图

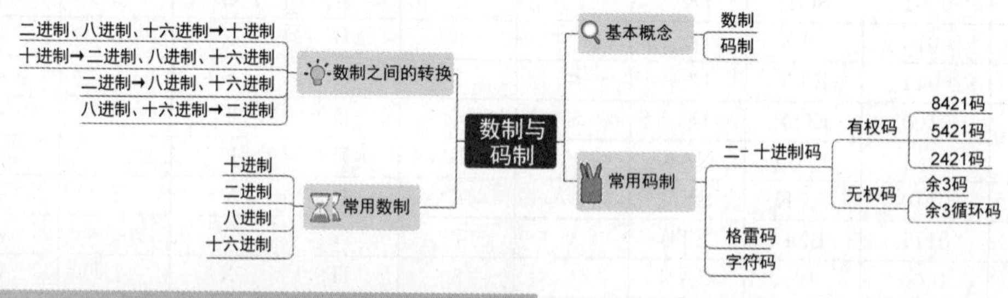

知识拓展——新中国第一只电子管

中国集成电路发展历程

第二次世界大战前后，电子技术处于电子管时代，半导体还没有发明，更谈不上集成电路了。1949 年 6 月南京刚解放，从美国深造归来的单宗肃就受命筹建中国第一家电子管厂，他带领 7 名工人克服各种困难，用旧脸盆替代铁皮，老相机里的镁光灯替代消气剂，牙医用的小压力机替代压丝机等，在 1949 年 12 月研制出新中国第一只电子管——866A 型真空电子管。1951 年研制成功军用移动式报话机的 2E22 型电子管，电影《英雄儿女》中王成身背的报话机就用的这种电子管。1957年,南京电子管厂研制出中国首只脉冲磁控管,中国跨入微波电子管时代。

1.3 逻辑运算

(一)课前篇

本节导学单

1. 学习目标

根据《布鲁姆教育目标分类学》,从知识维度和认知过程两方面进一步细化本节课的教学目标,明确学习本节课所必备的学习经验。

知识维度	认知过程					
	1. 回忆	2. 理解	3. 应用	4. 分析	5. 评价	6. 创造
A. 事实性知识		阐述与、或、非逻辑的基本概念				
B. 概念性知识		书写与、或、非三种基本逻辑运算的逻辑符号、逻辑表达式			评价三种基本逻辑运算	
C. 程序性知识	回忆电池、开关以及灯所构成电路中每个元件的作用以及电路的运行过程分析		应用与、或、非逻辑的基本概念画出真值表	分析真值表,得出三种基本逻辑运算规则		利用三种逻辑门设计应用电路,会借助于仿真软件进行验证,会利用口袋实验包进行电路搭建与调试
D. 元认知知识	明晰学习经验是理解新知识的前提		根据概念及学习经验迁移得到新理论的能力	主动思考,举一反三		通过电路的设计、仿真、搭建、调试,培养科学的工程思维

2. 导学要求

根据本节的学习目标，将回忆、理解、应用层面学习目标所涉及的知识点课前自学完成，形成自学导学单。

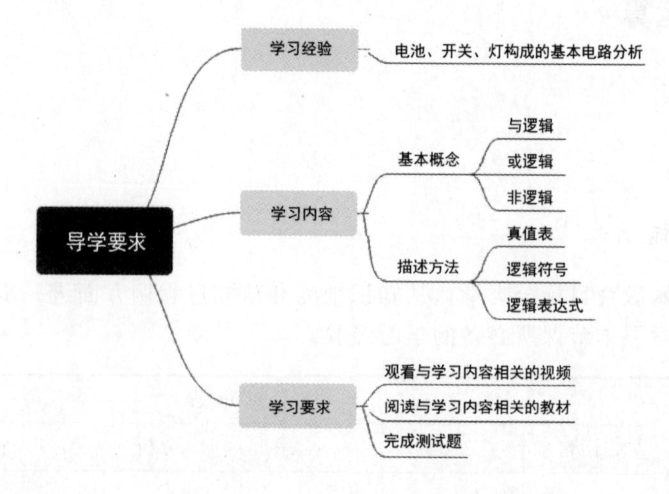

1.3.1 课前自学——基本逻辑运算

数字电路不仅可以实现算术运算，还可以实现逻辑运算。逻辑运算实现的是输出与输入之间的逻辑关系，即结果与条件(或原因)的关系。逻辑运算所遵循的规则称为逻辑代数。1845 年，英国数学家乔治·布尔提出了描述客观事物逻辑关系的数学方法——布尔代数。后来由于布尔代数被广泛应用于解决开关电路和数字逻辑电路的分析与设计，所以也把布尔代数称为逻辑代数。这时逻辑代数的 0 和 1 不再表示数量大小，而是表示两种不同的逻辑状态。逻辑代数的基本逻辑运算有与、或、非三种。

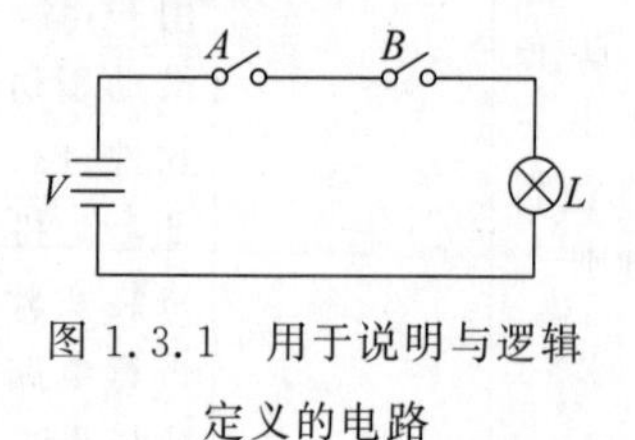

图 1.3.1 用于说明与逻辑定义的电路

1. 与逻辑

图 1.3.1 所示电路，V 为电源，A、B 为两个开关，L 为灯。只有当两个开关都闭合时，灯 L 才会亮。只闭合 A、只闭合 B 或者 A、B 都不闭合时，灯 L 都不会亮。如果把开关闭合作为条件，灯亮作为结果，图 1.3.1 电路表明，只有当决定一件事情的条件全部具备之后，这件事情才会发生，这种因果关系称为与逻辑。

要将图 1.3.1 电路所有可能情况罗列出来，最直观的方法是列表，如表 1.3.1 所示。

若开关闭合用 1 表示、断开用 0 表示，灯亮用 1 表示、灭用 0 表示，则可以将表 1.3.1 中的文字用数字表示，如表 1.3.2 所示。将这种图表称为逻辑真值表，简称真值表。

表 1.3.1 图 1.3.1 电路对应表

A	B	L
断开	断开	灭
断开	闭合	灭
闭合	断开	灭
闭合	闭合	亮

表 1.3.2 与逻辑真值表

A	B	L
0	0	0
0	1	0
1	0	0
1	1	1

与逻辑的逻辑表达式写成

$$Y = A \cdot B \tag{1.3.1}$$

与逻辑还可以用图形符号表示，图 1.3.2 所示的两种图形符号都是被电气与电子工程师协会(IEEE)和国际电工协会(IEC)认定的，图 1.3.2(a)是矩形轮廓符号，图 1.3.2(b)是特定外形符号，本书采用矩形轮廓符号。

2. 或逻辑

图 1.3.3 所示电路，V 为电源，A、B 为两个开关，L 为灯。只要 A、B 两个开关有任何一个开关闭合，灯都会亮。若把开关闭合作为条件，灯亮作为结果，图 1.3.3 电路表明，当决定一件事情的几个条件中，只要有一个或一个以上条件具备，这件事情就发生，这种因果关系称为或逻辑。

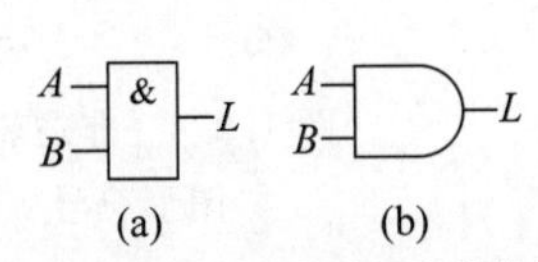

图 1.3.2 与逻辑的图形符号

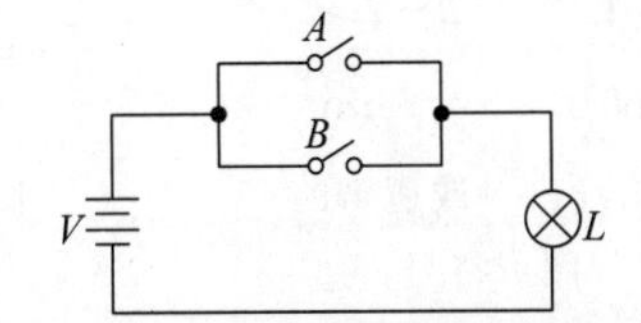

图 1.3.3 用于说明或逻辑定义的电路

若开关闭合用 1 表示、断开用 0 表示，灯亮用 1 表示、灭用 0 表示，则可以列出或逻辑的真值表，如表 1.3.3 所示。

表 1.3.3 或逻辑真值表

A	B	Y
0	0	0
0	1	1
1	0	1
1	1	1

或逻辑的逻辑表达式写成

$$Y=A+B \tag{1.3.2}$$

或逻辑的图形符号如图 1.3.4 所示。这两种图形符号都是被 IEEE 和 IEC 认定的，图 1.3.4(a)是矩形轮廓符号，图 1.3.4(b)是特定外形符号，本书采用矩形轮廓符号。

3. 非逻辑

图 1.3.5 所示电路，V 为电源，A 为开关，L 为灯。开关 A 断开时灯亮，开关 A 闭合时灯灭。若把开关闭合作为条件，灯亮作为结果，图 1.3.5 电路表明，只要条件具备时结果不发生，条件不具备时结果发生，这种因果关系称为非逻辑。

若开关闭合用 1 表示、断开用 0 表示，灯亮用 1 表示、灭用 0 表示，则可以列出非逻辑的真值表，如表 1.3.4 所示。

表 1.3.4 非逻辑真值表

A	Y
0	1
1	0

非逻辑的逻辑表达式写成

$$Y=\overline{A} \tag{1.3.3}$$

非逻辑的图形符号如图 1.3.6 所示。这两种图形符号都是被 IEEE 和 IEC 认定的，图 1.3.6(a)是矩形轮廓符号，图 1.3.6(b)是特定外形符号，本书采用矩形轮廓符号。

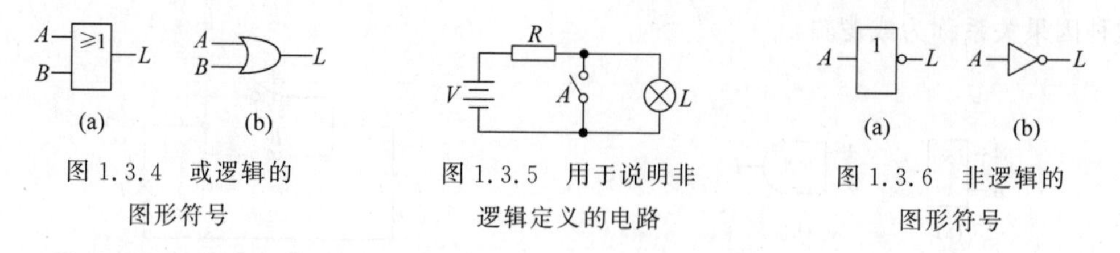

图 1.3.4 或逻辑的图形符号

图 1.3.5 用于说明非逻辑定义的电路

图 1.3.6 非逻辑的图形符号

1.3.2 课前自学——预习自测

1.3.2.1 试举出现实生活中存在的与、或、非逻辑关系的事例。

1.3.2.2 试设计一个简易安全带警报系统，用于检测点火开关打开而没有系好安全带的情况。假设：(1)点火开关打开产生高电平；(2)未系安全带产生高电平；(3)点火开关打开时，计时器启动并会产生 30s 的高电平。当三个条件满足时，音响警报系统被激活(高电平激活警报系统)以提醒驾驶人未系安全带。

(二)课上篇

1.3.3 课中学习——复合逻辑运算

任何复杂的逻辑运算都可以用与、或、非三种基本逻辑运算组合而成。在实际应用中为了减少逻辑门的数目,使数字电路设计更加方便,还常使用其他几种常用的复合逻辑运算。

1. 与非逻辑

与非逻辑由与逻辑和非逻辑组合而成,逻辑符号和真值表分别如图 1.3.7 和表 1.3.5 所示,逻辑表达式可写成

$$Y=\overline{A\cdot B} \tag{1.3.4}$$

表 1.3.5 与非逻辑真值表

A	B	L
0	0	1
0	1	1
1	0	1
1	1	0

2. 或非逻辑

或非逻辑由或逻辑和非逻辑组合而成,逻辑符号和真值表分别如图 1.3.8 和表 1.3.6 所示,逻辑表达式可写成

$$Y=\overline{A+B} \tag{1.3.5}$$

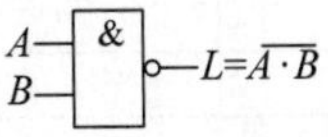

A, B, &, $L=\overline{A\cdot B}$

图 1.3.7 与非逻辑符号

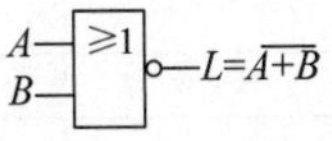

A, B, ≥1, $L=\overline{A+B}$

图 1.3.8 或非逻辑符号

表 1.3.6 或非逻辑真值表

A	B	L
0	0	1
0	1	0
1	0	0
1	1	0

3. 与或非逻辑

与或非逻辑由与逻辑、或逻辑和非逻辑组合而成,逻辑符号如图 1.3.9 所示,逻辑表达式可写成

$$Y=\overline{A\cdot B+C\cdot D} \tag{1.3.6}$$

4. 异或逻辑

异或的逻辑关系是当两个输入状态相同时输出为 0,当两个输入状态不同时输出为 1。逻辑符号和真值表分别如图 1.3.10 和表 1.3.7 所示。逻辑表达式可写成

$$Y=A\oplus B=\overline{A}\cdot B+A\cdot \overline{B} \tag{1.3.7}$$

表 1.3.7　异或逻辑真值表

A	B	L
0	0	0
0	1	1
1	0	1
1	1	0

5. 同或逻辑

同或的逻辑关系是当两个输入状态相异时输出为 0,当两个输入状态相同时输出为 1。逻辑符号和真值表分别如图 1.3.11 和表 1.3.8 所示。逻辑表达式可写成

$$Y=A\odot B=\overline{A}\cdot\overline{B}+A\cdot B \tag{1.3.8}$$

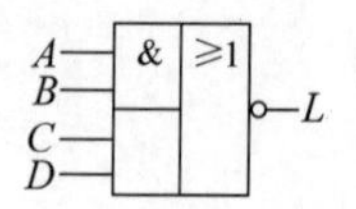

图 1.3.9　与或非逻辑符号

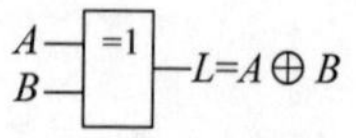

图 1.3.10　异或逻辑符号

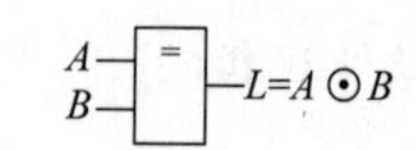

图 1.3.11　同或逻辑符号

表 1.3.8　同或逻辑真值表

A	B	L
0	0	1
0	1	0
1	0	0
1	1	1

对照异或和同或的逻辑真值表可以发现,两变量的同或与异或互为反函数。

三种基本逻辑运算和五种复合逻辑运算的逻辑符号、逻辑式如表 1.3.9 所示。

表 1.3.9　逻辑运算的逻辑符号和逻辑式

逻辑运算	与	或	非	与非	或非
逻辑符号	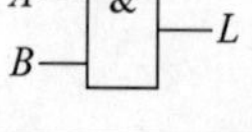 A, B — & — L	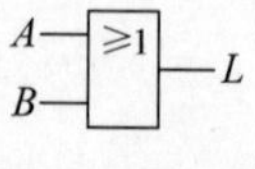 A, B — ≥1 — L	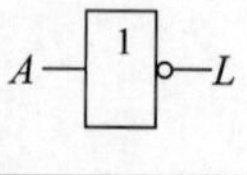 A — 1 —o L	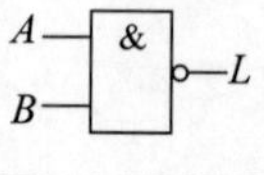 A, B — & —o L	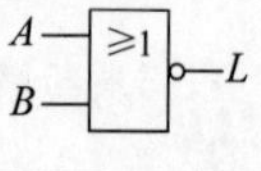 A, B — ≥1 —o L
逻辑式	$L=A\cdot B$	$L=A+B$	$L=\overline{A}$	$L=\overline{A\cdot B}$	$L=\overline{A+B}$

续表

逻辑运算	与或非	同或		异或	
逻辑符号	A, B: &; C, D; ≥1; 输出 L（非）	A, B: =; 输出 L	A, B: =1; 输出 L（非）	A, B: =1; 输出 L	A, B: =; 输出 L（非）
逻辑式	$L=\overline{A\cdot B+C\cdot D}$	$L=A\odot B$	$L=\overline{A\oplus B}$	$L=A\oplus B$	$L=\overline{A\odot B}$

（三）课后篇

1.3.4 课后巩固——练习实践

讲解视频

讲解视频

1. 知识巩固练习

1.3.4.1 写出题图 1.3.4.1 所对应的输出表达式。

1.3.4.2 写出题图 1.3.4.2 所对应的输出表达式。

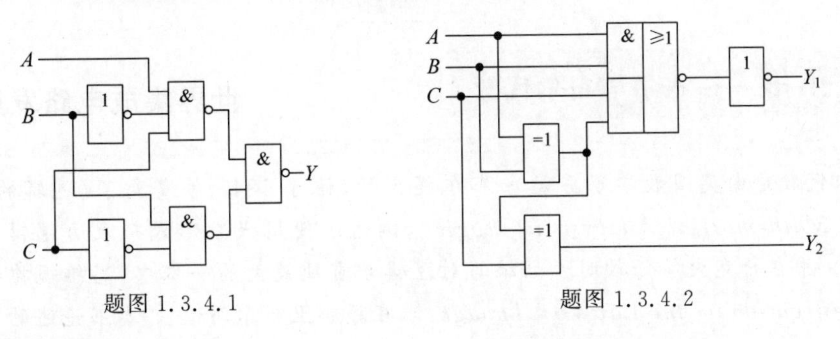

题图 1.3.4.1　　题图 1.3.4.2

2. 工程实践练习

1.3.4.3 某制造工厂使用两个存储罐保存制造加工过程中必备的液体化学物质。将液位传感器装于满罐 1/4 处，当存储罐中化学物质液位高于传感器时，输出高电平；反之，输出低电平。如果两个储罐液位都大于满罐的 1/4，则灯亮，如何设计？如果任意一个储罐的液位小于满罐 1/4，则灯亮，提示工作人员进行补给，又该如何设计？要求：(1)利用仿真软件完成电路仿真；(2)利用口袋实验包完成电路搭建与调试。

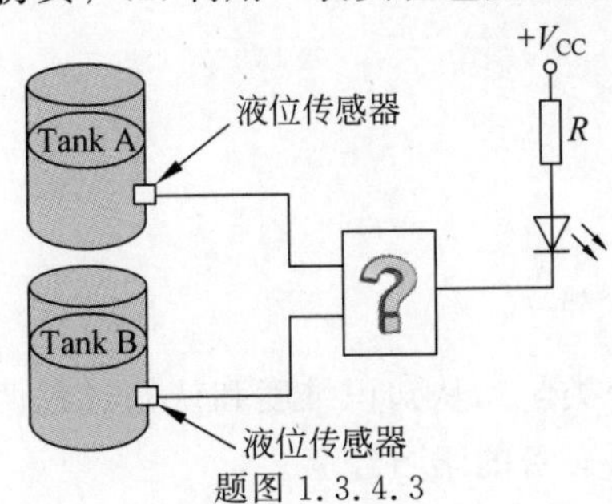

题图 1.3.4.3

1.3.4.4 一个入侵检测报警系统用于家里的一房间，房间有两个窗户和一扇门。传感器是磁性开关，打开时产生高电平，闭合时产生低电平。当门和窗户有一个开着时就会激活报警系统（报警系统需要高电平激活），警示入侵发生。试设计电路实现。要求：(1)利用仿真软件完成电路仿真；(2)利用口袋实验包完成电路搭建与调试。

1.3.5 本节思维导图

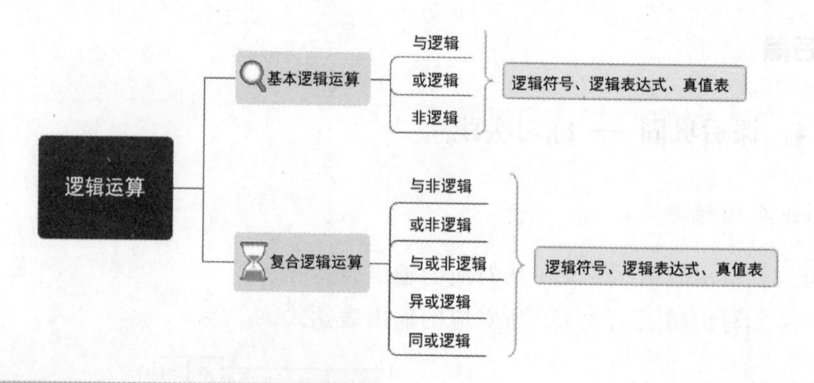

知识拓展——布尔与布尔代数

世界集成电路发展历史

布尔代数是由英国数学家乔治·布尔提出的，他于1847年发表了《逻辑的数学分析》(*The Mathematical Analysis of Logic*)，阐述了使用代数形式来表达逻辑的思想。他于1849年在科克大学任教时开始编写对逻辑学贡献最大的一本书《思维规律的探索》(*An Investigation of the Laws of Thought*)，在序言里布尔写道："本书论述的是，探索心智推理的基本规律；用微积分的符号语言进行表达，并在此基础上建立逻辑和构建方法的科学……。"在一百多年前，布尔已对数字电子技术的数学理论基础——逻辑代数做了详细的定义和论述，感兴趣的读者可以查阅上面提到的两本书。

1.4 逻辑函数及其表示方法

（一）课前篇

本节导学单

1. 学习目标

根据《布鲁姆教育目标分类学》，从知识维度和认知过程两方面进一步细化本节课的教学目标，明确学习本节课所必备的学习经验。

知识维度	认知过程					
	1. 回忆	2. 理解	3. 应用	4. 分析	5. 评价	6. 创造
A. 事实性知识	回忆普通代数中函数的定义	阐述逻辑函数的基本概念				
B. 概念性知识	回忆常用逻辑门电路的逻辑符号,逻辑表达式及真值表	说出真值表的概念及特点			对比函数和逻辑函数的定义,得出逻辑函数和函数的区别	
C. 程序性知识			应用逻辑函数的基本概念说出逻辑函数的建立步骤	分析真值表的特点,得出由真值表转换为逻辑表达式的步骤。分析逻辑表达式的构成,画出对应的逻辑图		利用逻辑门电路,借助于化简工具实现最简应用电路的设计,会借助于仿真软件进行验证,会利用口袋实验包进行电路搭建与调试
D. 元认知知识	明晰学习经验是理解新知识的前提		根据概念及学习经验迁移得到新理论的能力	在不断地发现问题、分析问题、解决问题的过程中体会精益求精的科学态度	类比评价也是知识整合吸收的过程	通过电路的设计、仿真、搭建、调试,培养科学的工程思维

2. 导学要求

根据本节的学习目标,将回忆、理解、应用层面学习目标所涉及的知识点课前自学完成,形成自学导学单。

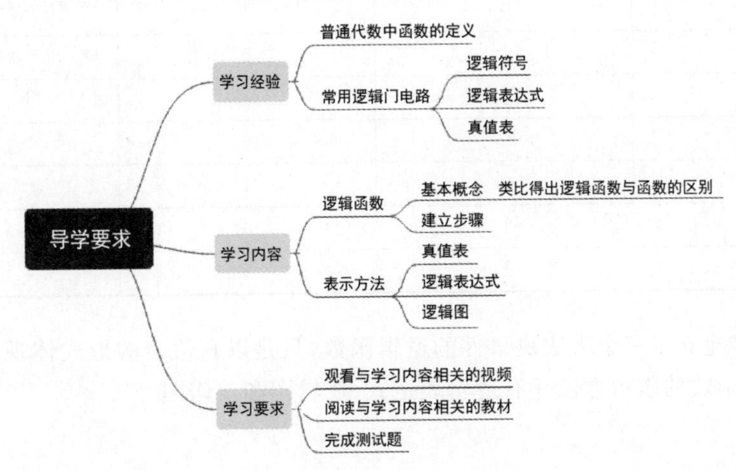

1.4.1 课前自学——逻辑函数的概念及建立

1. 逻辑函数的概念

若输入逻辑变量 $A,B,C\cdots$ 的取值确定以后，输出逻辑变量 y 的值也唯一地确定，就称 y 是 $A,B,C\cdots$ 的逻辑函数，写作 $y=f(A,B,C\cdots)$。其中：$A,B,C\cdots$ 为有限个输入逻辑变量；f 为有限次逻辑运算组合。

2. 逻辑函数的建立

任何一件具体的因果关系都可以用一个逻辑函数描述。

例 1.4.1 三个人表决一件事情，如果有两个或两个以上的人同意，该事情就通过，试建立该逻辑函数。

解：第一步，确定输入和输出。

对于任意一个具有因果关系的逻辑事件，通常将事件的条件（或原因）作为输入，而将事件的结果作为输出，因此逻辑函数建立的第一步就是确定输入和输出。对于该事件，输入：A、B、C 三个人的态度。输出：事情的结果 L。

第二步，状态赋值。

对于输入 A、B、C 三个人的态度，设定同意为 1，不同意为 0；对于输出 L，设定事情通过为 1，没通过为 0。

第三步，列写真值表。

列写三个人表决事件所有出现的情况，最直观简洁的方式就是真值表，如表 1.4.1 所示。

表 1.4.1 例 1.4.1 真值表

A	B	C	L
0	0	0	0
0	0	1	0
0	1	0	0
0	1	1	1
1	0	0	0
1	0	1	1
1	1	0	1
1	1	1	1

此时已经建立了三个人表决事件的逻辑函数，只是以真值表的形式体现。除了真值表以外，逻辑函数的表示方法还有逻辑表达式、逻辑图和卡诺图。

1.4.2 课前自学——预习自测

1.4.2.1 举重裁判的规则规定：在一名主裁判和两名副裁判中，必须有两人以上(而且必须包括主裁判)认定运动员的动作合格，试举才算成功。试建立该逻辑函数。

1.4.2.2 楼梯灯控制电路如题图1.4.2.2所示，在二层楼房装了一盏楼梯灯 L，并在一楼和二楼各装一个单刀双掷开关 A 和 B，若用 $A=1$ 和 $B=1$ 代表开关在向上位置，$A=0$ 和 $B=0$ 代表开关在向下位置，以 $L=1$ 代表灯亮，$L=0$ 代表灯灭，试建立该逻辑函数。

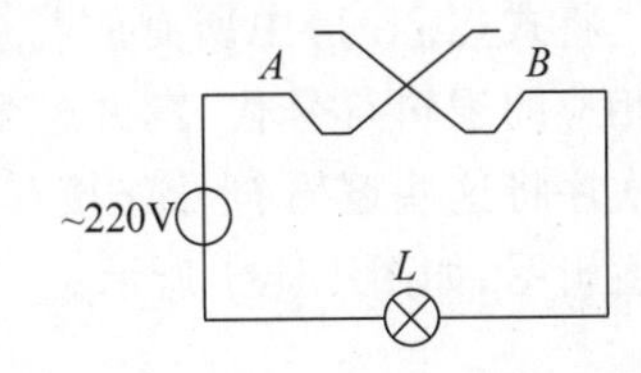

题图1.4.2.2 楼梯灯控制电路

(二) 课上篇

1.4.3 课中学习——逻辑函数的表示方法

在分析和处理实际的逻辑问题时，根据逻辑函数的不同特点，可以采用不同方法表示逻辑函数。逻辑函数的表示方法有真值表、逻辑表达式、逻辑图和卡诺图。本节只介绍真值表、逻辑表达式和逻辑图表示方法，用卡诺图表示逻辑函数的方法将在后面专门介绍。

1. 真值表

真值表是将输入逻辑变量的所有可能取值与相应的输出变量函数值排列在一起而组成的表格。1个输入变量有0和1两种取值，n 个输入变量就有 2^n 个不同的取值组合。例如，三个人表决事件的逻辑关系就用真值表来描述，如表1.4.1所示。对于 A、B、C 的取值有8种组合，对每一种组合都有唯一的输出与之对应。

真值表具有以下特点：

(1) 唯一性。

(2) 按照自然二进制递增顺序排列(既不易遗漏，也不会重复)。

(3) n 个输入变量有 2^n 个不同的取值组合。

2. 逻辑表达式

用与、或、非等运算组合起来表示逻辑函数与输入变量逻辑关系的表达式称为逻辑表达式，简称逻辑式。

由表1.4.1所示真值表可知，在 A、B、C 的8种组合中，只有两个或两个以上变量为1的组合($A=0,B=C=1$；$A=C=1,B=0$；$A=B=1,C=0$；$A=B=C=1$)事件才能通过($L=1$)。这些组合对应的乘积项为1，使得 $L=1$ 即输出 L 为四个乘积项之和：

$$L=\overline{A}BC+A\overline{B}C+AB\overline{C}+ABC \quad (1.4.1)$$

3. 逻辑图

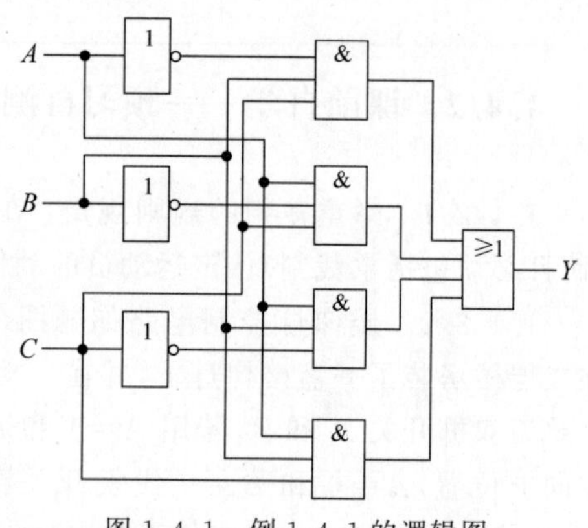

图 1.4.1　例 1.4.1 的逻辑图

用与、或、非等逻辑符号表示逻辑函数中各变量之间的逻辑关系所得到的图形称为逻辑图。

将式(1.4.1)中所有的与、或、非运算符号用相应的逻辑符号代替,并按照逻辑运算的先后次序将这些逻辑符号连接起来,就得到对应的逻辑图,如图 1.4.1 所示。

4. 各种表示方法之间的转换

既然同一个逻辑函数可以用不同的方法进行描述,那么不同表示方法之间必然能够互相转换,常用的转换方法有以下几种。

1) 从真值表写逻辑表达式

例 1.4.2　已知一个逻辑函数的真值表如表 1.4.2 所示,试写出它的逻辑表达式。

表 1.4.2　例 1.4.2 真值表

A	B	C	L
0	0	0	0
0	0	1	1
0	1	0	1
0	1	1	0
1	0	0	1
1	0	1	0
1	1	0	0
1	1	1	0

解:由真值表可以看出,只有当 A、B、C 三个变量中一个变量为 1 时,L 才为 1。因此,在输入变量取值为以下三种情况下,L 将为 1:

$$A=0, B=0, C=1$$

$$A=0, B=1, C=0$$

$$A=1, B=0, C=0$$

当 $A=0, B=0, C=1$ 时,必然使乘积项 $\overline{A}\overline{B}C=1$;当 $A=0, B=1, C=0$ 时,必然使乘积项 $\overline{A}B\overline{C}=1$;当 $A=1, B=0, C=0$ 时,必然使乘积项 $A\overline{B}\overline{C}=1$。因此,$L$ 的逻辑表达式应等于三个乘积项之和,即

$$L=\overline{A}\overline{B}C+\overline{A}B\overline{C}+A\overline{B}\overline{C}$$

通过例 1.4.2 可以总结出从真值表写逻辑表达式的一般方法,具体如下:

(1) 找出函数值(输出值)为 1 的项。

(2) 将这些项中输入变量取值为 1 的用原变量代替,取值为 0 的用反变量代替,则得到一系列与项。

(3) 将这些与项相加即得逻辑式。

2) 从逻辑表达式列出真值表

将输入变量取值的所有组合状态逐一代入逻辑表达式求出输出值,列成表即可得到真值表。

例 1.4.3 已知逻辑函数 $Y=AB+BC+AC$,试列出它对应的真值表。

解:方法一,将 A、B、C 的各种取值代入 Y 式中计算,将计算结果列表即可得到表 1.4.3 的真值表。

表 1.4.3 例 1.4.3 真值表

A	B	C	L
0	0	0	0
0	0	1	0
0	1	0	0
0	1	1	1
1	0	0	0
1	0	1	1
1	1	0	1
1	1	1	1

方法二,根据或运算的规则:只要输入有 1,输出即为 1。因此,只需要找出 AB、BC、AC 分别为 1 的项,此时的输出就是 1。也就是找 $A=B=1$,$B=C=1$,$A=C=1$ 的项即可得到表 1.4.3 的真值表。

3) 从逻辑表达式画出逻辑图

例 1.4.4 试画出逻辑函数 $Y=AC(\bar{C}D+\bar{A}B)+\overline{BC(\bar{B}+AD+CE)}$ 的逻辑图。

解:将表达式中所有的与、或、非运算符号用图形符号代替,并依据运算优先顺序把这些符号连接起来。分析逻辑函数的表达式,不难看出需要用到与门、或门、非门、或非门,见下表:

门的种类	1	&	&	≥1	≥1
门的个数	3	4	2	2	2

电路图如图 1.4.2 所示,一共用了 13 个门。图 1.4.3 只用了 2 个门,很简单。其实两个图都是逻辑函数 Y 逻辑图,为了使电路更加简单,逻辑函数有必要进行化简。

4) 从逻辑图写出逻辑表达式

从输入端到输出端逐级写出每个图形符号对应的逻辑式,就可以得到对应的逻辑表达式。

例 1.4.5 已知函数的逻辑图如图 1.4.4 所示,试求出它的逻辑表达式。

解:从输入端 A、B 开始逐个写出每个图形符号输出端的逻辑式,进而得到输出表达式

$$L=\overline{\overline{A\bar{B}C}\cdot\overline{B\bar{C}}}$$

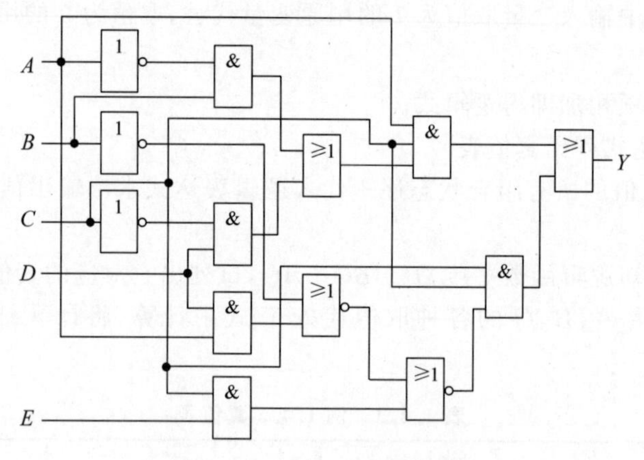

图 1.4.2 例 1.4.2 逻辑图 1

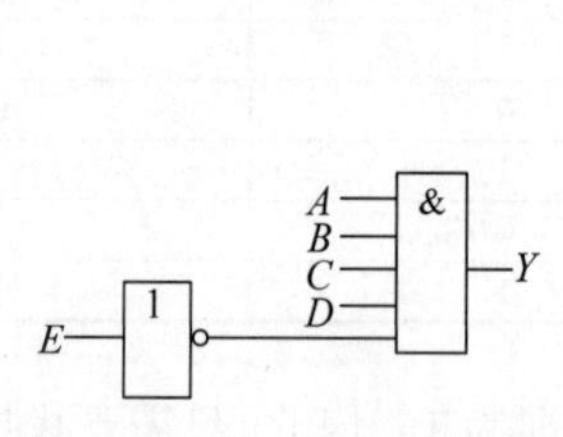

图 1.4.3 例 1.4.2 逻辑图 2

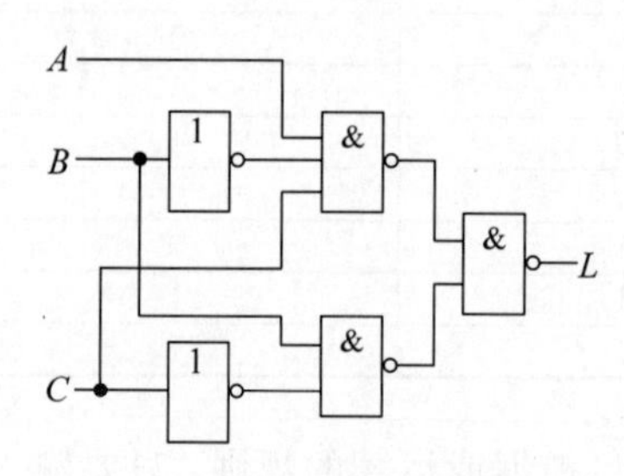

图 1.4.4 例 1.4.5 逻辑图

（三）课后篇

1.4.4 课后巩固——练习实践

讲解视频

1.4.4.1 已知逻辑函数真值表如题表 1.4.4.1 所示，试写出其逻辑函数表达式，并画出对应电路。

题表 1.4.4.1 题 1.4.4.1 的真值表

A	B	C	L
0	0	0	1
0	0	1	0
0	1	0	1
0	1	1	0
1	0	0	1
1	0	1	0
1	1	0	0
1	1	1	1

1.4.4.2　已知逻辑函数 $L=AB+\bar{B}C+\bar{A}B\bar{C}$，试求其对应的真值表。

1.4.4.3　对四个逻辑变量进行判断的逻辑电路，当四变量中有奇数个1出现时，输出为1；其他情况，输出为0。试列出该电路的真值表，写出输出表达式。

1.4.5　本节思维导图

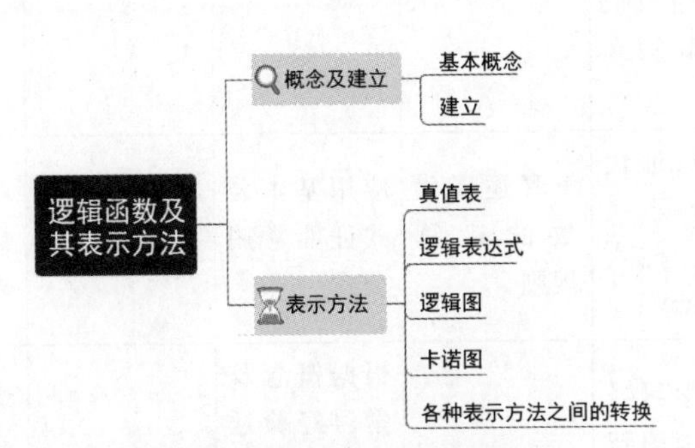

中国芯片发展①——人才储备(1949—1958)　　**半导体人才培养**

中华人民共和国刚成立，欧美就成立巴黎统筹委员会，限制成员国向社会主义国家出口战略物资和各类高技术产品等上万种。但限制挡不住爱国知识分子建设新中国的热情，到1956年中国半导体工业奠基人王守武从普渡大学、谢希德从麻省理工学院、黄昆从利物浦大学、高鼎三从国际整流器公司、林兰英从索文尼亚公司回国……。国家决定由五所大学(北京大学、复旦大学、吉林大学、厦门大学和南京大学)联合在北京大学开办半导体物理专业，共同培养第一批半导体人才。1957年首批毕业的有中国科学院院士王阳元、中国工程院院士许居衍和原电子工业部总工程师俞忠钰等，这一时期为新中国集成电路发展蓄积了大量人才。

1.5　逻辑代数的公式和运算规则

(一) 课前篇

本节导学单

1. 学习目标

根据《布鲁姆教育目标分类学》，从知识维度和认知过程两方面进一步细化本节课的教学目标，明确学习本节课所必备的学习经验。

知识维度	认知过程					
	1. 回忆	2. 理解	3. 应用	4. 分析	5. 评价	6. 创造
A. 事实性知识		写出逻辑代数的基本公式				
B. 概念性知识	回忆与、或、非逻辑的真值表					
C. 程序性知识	回忆普通代数的交换律、结合律、分配律	解释逻辑代数的运算规则	应用基本公式证明常用公式		对比逻辑代数和普通代数的异同	
D. 元认知知识	明晰学习经验是理解新知识的前提		根据概念及学习经验迁移得到新理论的能力		类比评价也是知识整合吸收的过程	

2. 导学要求

根据本节的学习目标，将回忆、理解、应用层面学习目标所涉及的知识点课前自学完成，形成自学导学单。

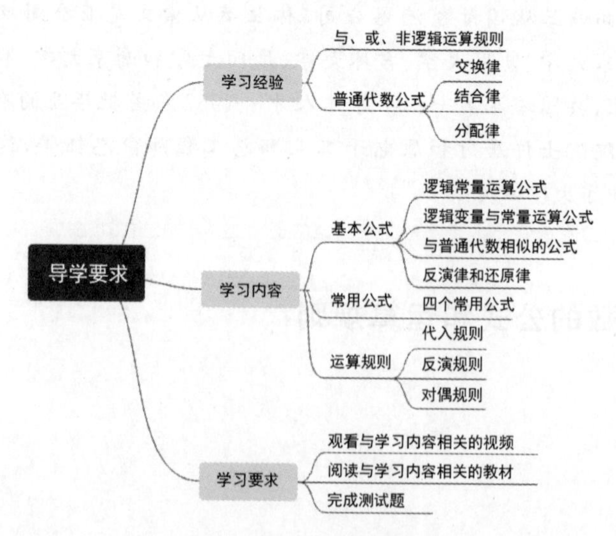

1.5.1　课前自学——逻辑代数的基本公式

逻辑代数的基本公式如表 1.5.1 所示。

表 1.5.1 逻辑代数的基本公式

0-1 律	(1) $A\cdot1=A$	(2) $A+0=A$
	(3) $A\cdot0=0$	(4) $A+1=1$
交换律	(5) $A\cdot B=B\cdot A$	(6) $A+B=B+A$
结合律	(7) $A\cdot(B\cdot C)=(A\cdot B)\cdot C$	(8) $A\cdot(B\cdot C)=(A\cdot B)\cdot C$
分配律	(9) $A\cdot(B+C)=A\cdot B+A\cdot C$	(10) $A+B\cdot C=(A+B)\cdot(A+C)$
互补律	(11) $A\cdot\overline{A}=0$	(12) $A+\overline{A}=1$
重叠律	(13) $A\cdot A=A$	(14) $A+A=A$
反演律	(15) $\overline{A\cdot B}=\overline{A}+\overline{B}$	(16) $\overline{A+B}=\overline{A}\cdot\overline{B}$
还原律	(17) $\overline{\overline{A}}=A$	

表 1.5.1 中：式(1)～式(4)给出了变量与常量间的运算规则；式(13)、式(14)是同一变量的运算规律，也叫重叠律；式(5)、式(6)是交换律，式(7)、式(8)是结合律，式(9)、式(10)是分配律；式(11)、式(12)表示变量与它的反变量之间的运算规律，也称为互补律；式(15)、式(16)是著名的摩根定律，也称为反演律，在逻辑函数化简和变换中经常要用到这一公式；式(17)表明一个变量经过两次求反运算之后还原为它本身，所以该式又称为还原律。

例 1.5.1 试证明表 1.5.1 中式(10)的正确性。

解：已知表 1.5.1 中的式(10)为 $A+B\cdot C=(A+B)\cdot(A+C)$。

方法一：真值表法。将 A、B、C 所有可能的取值组合逐一代入上式的两边，算出相应的结果，即得到表 1.5.2 的真值表。可见，等式两边对应真值表相等，则等式成立。

表 1.5.2 式(10)真值表

A	B	C	$A+B\cdot C$	$(A+B)\cdot(A+C)$
0	0	0	0	0
0	0	1	0	0
0	1	0	0	0
0	1	1	1	1
1	0	0	1	1
1	0	1	1	1
1	1	0	1	1
1	1	1	1	1

方法二：公式法。

$$\begin{aligned}(A+B)\cdot(A+C)&=AA+AC+BA+BC\\&=A(1+C+B)+BC\\&=A+B\cdot C\end{aligned}$$

1.5.2 课前自学——预习自测

1.5.2.1 利用逻辑代数的基本公式化简下列各式：

(1) $\bar{A}B+A+A\bar{B}$

(2) $\overline{\bar{A}BC}+\overline{A\bar{B}}$

(3) $A\bar{B}C+\bar{A}+B+\bar{C}$

(4) $\bar{A}\bar{B}+\bar{A}B+AB$

1.5.2.2 证明下列恒等式成立：

(1) $\bar{A}B+A\bar{B}=(\bar{A}+\bar{B})(A+B)$

(2) $(AB+C)B=AB\bar{C}+\bar{A}BC+ABC$

(二) 课上篇

1.5.3 课中学习——逻辑代数的常用公式

逻辑代数的常用公式如表 1.5.3 所示，这些公式是利用基本公式推导出来的，直接利用这些公式会给逻辑函数的化简带来极大方便。

表 1.5.3 常用公式

序 号	公 式
(1)	$AB+A\bar{B}=A$
(2)	$A+AB=A$
(3)	$A+\bar{A}B=A+B$
(4)	$AB+\bar{A}C+BC=AB+\bar{A}C$
	$AB+\bar{A}C+BCDE=AB+\bar{A}C$

现将表 1.5.3 中的公式证明如下。

式(1)：$AB+A\bar{B}=A$

证明：$AB+A\bar{B}=A(B+\bar{B})=A\cdot 1=A$

式(2)：$A+AB=A$

证明：$A+AB=A(1+B)=A\cdot 1=A$

式(3)：$A+\bar{A}B=A+B$

证明：$A+\bar{A}B=(A+\bar{A})(A+B)=A+B$

式(4)：$AB+\bar{A}C+BC=AB+\bar{A}C$

证明：
$$\begin{aligned}AB+\bar{A}C+BC &=AB+\bar{A}C+BC(A+\bar{A})\\ &=AB+\bar{A}C+ABC+\bar{A}BC\\ &=AB(1+C)+\bar{A}C(1+B)\\ &=AB+\bar{A}C\end{aligned}$$

从该式不难进一步推出：$AB+\bar{A}C+BCDE=AB+\bar{A}C$。

1.5.4 课中学习——逻辑代数的运算规则

逻辑代数和普通代数一样，除了公式以外还需要有一套完整的运算规则。

1. 代入规则

在任何一个逻辑等式(如 $F=W$)中,如果将等式两端的某个变量(如 B)都以一个逻辑函数(如 $Y=BC$)代入,则等式仍然成立。这个规则就称为代入规则。

对于任何一个逻辑等式,以某个逻辑变量或逻辑函数同时取代等式两端任何一个逻辑变量后,等式依然成立。利用代入规则可以方便地扩大公式的应用范围。

例 1.5.2 利用代入规则证明摩根定律也适用于多变量的情况。

解:已知二变量摩根定律为

$$\overline{A\cdot B}=\overline{A}+\overline{B},\quad \overline{A+B}=\overline{A}\cdot\overline{B}$$

用 BC 代入左边等式中的 B,同时用$(B+C)$代入右边等式中的 B,于是得到

$$\overline{A\cdot(B\cdot C)}=\overline{A}+\overline{(B\cdot C)}=\overline{A}+\overline{B}+\overline{C}$$

$$\overline{A+(B+C)}=\overline{A}\cdot\overline{(B+C)}=\overline{A}\cdot\overline{B}\cdot\overline{C}$$

进而可以推广得到

$$\overline{ABC\cdots}=\overline{A}+\overline{B}+\overline{C}+$$

$$\overline{A+B+C+\cdots}=\overline{A}+\overline{B}+\overline{C}+\cdots$$

2. 反演规则

对于任何一个逻辑表达式 Y,若将其中的"·"换成"+","+"换成"·",0 换成 1,1 换成 0,原变量换成反变量,反变量换成原变量,可得到逻辑表达式 Y 的反函数 $\overline{Y}$。这个规则称为反演规则。

反演规则为求逻辑函数的反函数提供了方便,在运用反演规则时还需要遵守以下两个规则:

(1) 运算的优先顺序(先括号,然后与,最后或)。

(2) 不属于单个变量上的非号保留不变。

例 1.5.3 已知逻辑函数 $Y=A+\overline{B+\overline{C}+\overline{D+E}}$,求 $\overline{Y}$。

解:根据反演规则可写出

$$\overline{Y}=\overline{A}\cdot\overline{\overline{B}\cdot C\cdot\overline{\overline{D}\cdot\overline{E}}}$$

3. 对偶规则

对于任何一个逻辑表达式 Y,若将其中的"·"换成"+","+"换成"·",0 换成 1,1 换成 0,则得到 Y 的对偶式 Y'。同样,运用对偶规则时注意运算的优先顺序,必要时可加或减括号。

例 1.5.4 已知逻辑函数 $Y=A\overline{B}+AC$,求 Y'。

解:根据对偶规则可写出

$$Y'=(A+\overline{B})(A+C)$$

若两逻辑式相等，则它们的对偶式也相等，这就是对偶定理。

为了证明两个逻辑式相等，也可以通过证明它们的对偶式相等来完成，这给证明等式提供了另一种思路。

例 1.5.5 证明下面恒等式成立：

$$BC+AD=(B+A)(B+D)(A+C)(C+D)$$

证明：写出等式两边的对偶式，$(B+C)(A+D)$和 $AB+BD+AC+CD$。由分配律可得出

$$(B+C)(A+D)=AB+BD+AC+CD$$

显然两个对偶式相等，根据对偶定理即可确定原来的等式相等。

分析表 1.5.1 不难发现，左右两边互为对偶式，因此可以大大减小公式记忆的工作量。

（三）课后篇

1.5.5 课后巩固——练习实践

讲解视频

1.5.5.1 应用反演规则和对偶规则，求下列函数的反函数和对偶式：

(1) $L=A\cdot B+\overline{A}\cdot\overline{B}$

(2) $L=BD+\overline{A}C+\overline{B}\overline{D}$

(3) $L=AC+BC+AB$

(4) $L=(A+\overline{B})(\overline{A}+\overline{B}+C)$

讲解视频

1.5.5.2 用逻辑代数定律证明下列等式：

(1) $A+BC=(A+B)(A+C)$

(2) $\overline{A}B+A\overline{B}=(\overline{A}+\overline{B})(A+B)$

(3) $(AB+C)B=AB\overline{C}+\overline{A}BC+ABC$

(4) $BC+AD=(B+A)(B+D)(A+C)(C+D)$

1.5.6 本节思维导图

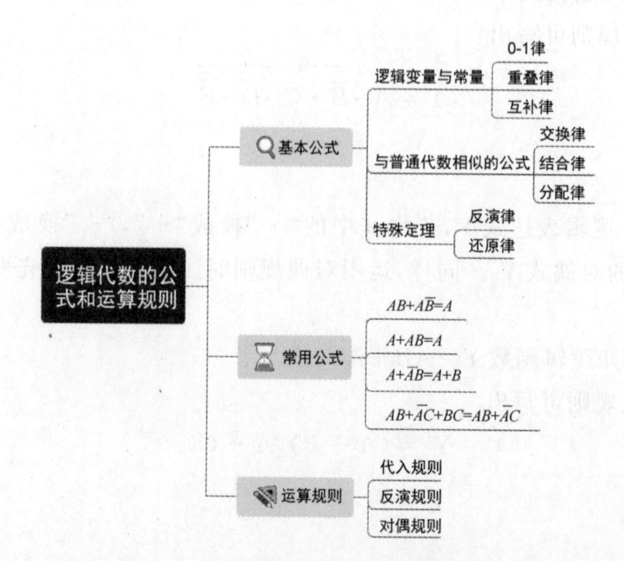

知识拓展——摩根与摩根定律

世界集成电路发展历史

英国著名的数学家、逻辑分析家奥古斯塔斯·德·摩根是一位在代数学、数学史和逻辑学等方面都做出重要贡献的科学家。在数字电子技术理论基础——逻辑学方面，摩根发表了一套适合推理的符号，并首创关系逻辑的研究。他提出了论域概念，并以代数的方法研究逻辑的演算，建立了著名的摩根定律，这成为后来布尔代数的先声。摩根对关系的种类即性质很有兴趣，对关系命题即关系推理有所研究，推出了一些逻辑的规律及定理，突破了古典的主谓词逻辑的局限，这些均影响后来数理逻辑的发展。

1.6 逻辑函数的化简

（一）课前篇

本节导学单

1. 学习目标

根据《布鲁姆教育目标分类学》，从知识维度和认知过程两方面进一步细化本节课的教学目标，明确学习本节课所必备的学习经验。

知识维度	认知过程					
	1. 回忆	2. 理解	3. 应用	4. 分析	5. 评价	6. 创造
A. 事实性知识		说出卡诺图的定义以及无关项的定义				
B. 概念性知识	回忆逻辑代数的基本公式、常用公式以及运算规则	阐述逻辑函数化简的意义	应用卡诺图的定义，画出卡诺图的结构，总结卡诺图的构图思想			
C. 程序性知识	回忆逻辑函数的三种表示方法以及之间的转换	通过逻辑函数的多种表达形式的实现，明晰最简表达式的标准	应用逻辑代数的公式和卡诺图实现逻辑函数的化简	分析卡诺图化简的本质，总结卡诺图化简逻辑函数的步骤	对比评价公式化简法和卡诺图化简法这两种逻辑函数化简方法	利用逻辑门电路，借助化简工具实现最简应用电路的设计，会借助仿真软件进行验证，会利用口袋实验包进行电路搭建与调试

续表

知识维度	认知过程					
	1. 回忆	2. 理解	3. 应用	4. 分析	5. 评价	6. 创造
D. 元认知知识	明晰学习经验是理解新知识的前提		根据概念及学习经验迁移得到新理论的能力	将知识分为若干任务，主动思考，举一反三，完成每个任务		通过电路的设计、仿真、搭建、调试，培养科学的工程思维

2. 导学要求

根据本节的学习目标，将回忆、理解、应用层面学习目标所涉及的知识点课前自学完成，形成自学导学单。

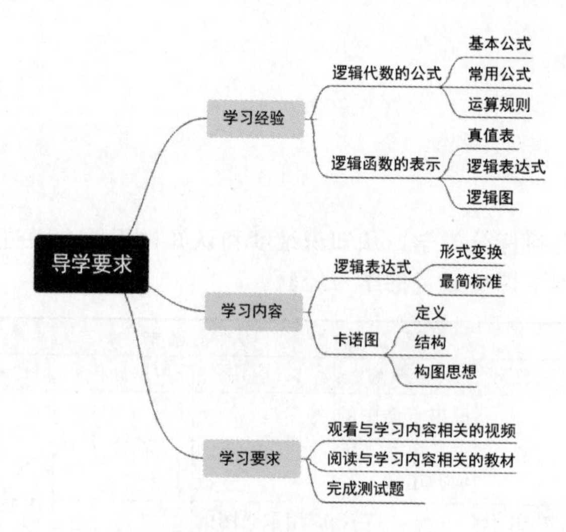

1.6.1 课前自学——逻辑函数的最简形式

在进行逻辑运算时常会看到同一个逻辑函数可以写成不同的表达式形式。例如：

$$Y = A\bar{B} + BC \qquad \text{与或表达式}$$

$$= \overline{\overline{A\bar{B}} \cdot \overline{BC}} \qquad \text{与非—与非表达式}$$

$$= \overline{(\bar{A} + B) \cdot (\bar{B} + \bar{C})} \qquad \text{或—与非表达式}$$

$$= \overline{\bar{A}\bar{B} + B\bar{C}} \qquad \text{与—或—非表达式}$$

$$= (A + B)(\bar{B} + C) \qquad \text{或与表达式}$$

$$= \overline{\overline{A + B} + \overline{\bar{B} + C}} \qquad \text{或非—或非表达式}$$

通常与或表达式易于转换为其他类型的表达式形式，所以下面讨论与或表达式的化简。最简与或表达式的标准是**乘积项的个数最少，每个乘积项中的变量最少**。化简逻辑函数的目的是消去多余的乘积项和每个乘积项中多余的因子，得到逻辑函数最简形式。

1.6.2 课前自学——卡诺图的定义及结构

将 n 变量的全部最小项各用一个小方块表示，并使具有逻辑相邻性的最小项在几何位置上也相邻地排列起来，得到的图形称为 n 变量最小项的卡诺图。因为这种表示方法是由美国工程师卡诺(Karnaugh)首先提出的，所以这种图形称为卡诺图。

从定义不难看出，卡诺图基本组成单元是最小项，所以首先讨论最小项及最小项表达式。

1. 最小项及最小项表达式

1) 最小项

对于 N 个变量，如果 P 是一个含有 N 个因子的乘积项，而且每一个变量都以原变量或者反变量形式作为一个因子在 P 中出现且仅出现一次，就称 P 是这 N 个变量的一个最小项。

一个变量仅有原变量和反变量两种形式，因此 N 个变量有 2^N 个最小项。例如，A、B、C 三个变量的最小项有 $\overline{A}\,\overline{B}\,\overline{C}$、$\overline{A}\,\overline{B}C$、$\overline{A}B\overline{C}$、$\overline{A}BC$、$A\overline{B}\,\overline{C}$、$A\overline{B}C$、$AB\overline{C}$、$ABC$。

把最小项取值为 1 所对应的一组变量取值组合当成二进制数，与其相应的十进制数就是该最小项的编号。例如，三变量最小项 $AB\overline{C}$，当 $A=1,B=1,C=0$ 时，$AB\overline{C}=1$。按照这一约定，就得到了三变量最小项的编号表，如表 1.6.1 所示。

表 1.6.1 三变量最小项的编号表

A B C	对应的十进制数	最小项名称	编　号
0 0 0	0	$\overline{A}\,\overline{B}\,\overline{C}$	m_0
0 0 1	1	$\overline{A}\,\overline{B}C$	m_1
0 1 0	2	$\overline{A}B\overline{C}$	m_2
0 1 1	3	$\overline{A}BC$	m_3
1 0 0	4	$A\overline{B}\,\overline{C}$	m_4
1 0 1	5	$A\overline{B}C$	m_5
1 1 0	6	$AB\overline{C}$	m_6
1 1 1	7	ABC	m_7

2) 最小项表达式

任何一个逻辑函数都可以表示为最小项之和的形式，这种表达式称为最小项表达式，也称为标准与或表达式。一个逻辑函数只有一个最小项表达式。

例 1.6.1 将 $L=\overline{(AB+\overline{A}\,\overline{B}+\overline{C})\overline{AB}}$ 化成最小项表达式。

解：去非号，即

$L=\overline{(AB+\bar{A}\bar{B}+\bar{C})\overline{AB}}=(\overline{AB}\cdot\overline{\bar{A}\bar{B}}\cdot\bar{\bar{C}})+AB=(\bar{A}+\bar{B})(A+B)C+AB$

去括号,即 $\bar{A}BC+A\bar{B}C+AB$

补齐变量,即 $\bar{A}BC+A\bar{B}C+AB(C+\bar{C})$

写成简式,即

$$m_3+m_5+m_6+m_7=\sum m(3,5,6,7)$$

2. 卡诺图的结构

从卡诺图的定义不难看出,逻辑相邻和几何位置相邻是卡诺图的一个很重要特点,下面分别介绍逻辑相邻和几何位置相邻的概念。

若两个最小项只有一个变量互为反变量,其余变量均相同,则称这两个最小项为逻辑相邻。

几何位置相邻有三层含义:

(1) 相邻。有公共边小方格,也就是紧挨着的两个小方格在几何位置上相邻。

(2) 相对。将卡诺图看成闭合的图形,则左右两端、上下两端、四个顶角的最小项也具有相邻性。

(3) 相重。卡诺图以某一竖线为轴左右对称位置上的两个最小项也是相邻的。

按照卡诺图的相邻性原则,共同来排列卡诺图中的小方格。按照循序渐进的原则,从一变量卡诺图开始。

1) 一变量卡诺图

一变量逻辑函数有 $\bar{A}(m_0)$ 和 $A(m_1)$ 两个最小项,对应着卡诺图中就有两个小方格,如图 1.6.1 所示。显然,两个小方格几何位置相邻,逻辑也相邻,满足相邻性原则。以逻辑函数 $Y=A$ 为例,如果最小项出现在表达式中,则对应的小方格中填 1,否则填 0,因此逻辑函数 $Y=A$ 的卡诺图如图 1.6.2 所示。

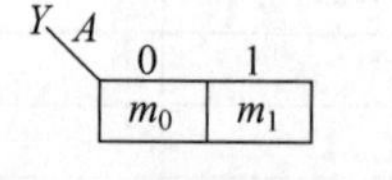

图 1.6.1 一变量卡诺图结构

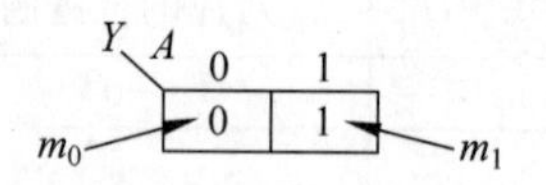

图 1.6.2 $Y=A$ 的卡诺图

2) 二变量卡诺图

二变量逻辑函数有 $\bar{A}\bar{B}(m_0)$、$\bar{A}B(m_1)$、$A\bar{B}(m_2)$、$AB(m_3)$ 四个最小项,对应着卡诺图中就有四个小方格。四个小方格按照格雷码顺序排列,如图 1.6.3 所示。此时,m_0 和 m_2、m_1 几何位置相邻,逻辑上也相邻,满足相邻性原则。不难看出,二变量卡诺图,每个小方格与之相邻的小方格数目是两个。以逻辑函数 $Y=AB$ 为例,如果最小项出现在表达式中,则对应的小方格中填 1,否则填 0,因此逻辑函数 $Y=AB$ 的卡诺图如图 1.6.4 所示。

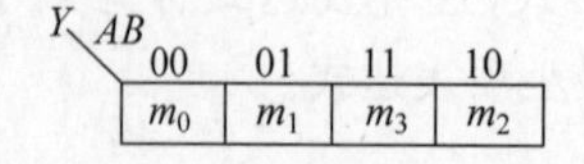

图 1.6.3 按照格雷码顺序排列

Y \ AB	00	01	11	10
	0	0	1	0

图 1.6.4 $Y=AB$ 的卡诺图

3）三变量卡诺图

三变量逻辑函数有 8 个最小项，对应着卡诺图中有 8 个小方格。8 个小方格按照格雷码形式排列构成三变量卡诺图结构，如图 1.6.5 所示。不难看出，三变量卡诺图，每个小方格与之相邻的小方格数目是三个。以逻辑函数 $Y=ABC$ 为例，如果最小项出现在表达式中，则对应的小方格中填 1，否则填 0，因此逻辑函数 $Y=ABC$ 的卡诺图如图 1.6.6 所示。

Y A\BC	00	01	11	10
0	m_0	m_1	m_3	m_2
1	m_4	m_5	m_7	m_6

图 1.6.5　三变量卡诺图结构

Y A\BC	00	01	11	10
0	0	0	0	0
1	0	0	1	0

图 1.6.6　$Y=ABC$ 的卡诺图

4）四变量卡诺图

四变量逻辑函数有 $2^4=16$ 个最小项，对应着卡诺图中就有 16 个小方格。16 个小方格按照格雷码顺序排列构成四变量卡诺图结构，如图 1.6.7 所示。不难看出，四变量卡诺图，每个小方格与之相邻的小方格数目是四个。以逻辑函数 $Y=\overline{A}\overline{B}\overline{C}D$ 为例，如果最小项出现在表达式中，则对应的小方格中填 1，否则填 0，因此逻辑函数 $Y=\overline{A}\overline{B}\overline{C}D$ 的卡诺图如图 1.6.8 所示。

Y AB\CD	00	01	11	10
00	m_0	m_1	m_3	m_2
01	m_4	m_5	m_7	m_6
11	m_{12}	m_{13}	m_{15}	m_{14}
10	m_8	m_9	m_{11}	m_{10}

图 1.6.7　四变量卡诺图结构

Y AB\CD	00	01	11	10
00	0	1	0	0
01	0	0	0	0
11	0	0	0	0
10	0	0	0	0

图 1.6.8　$Y=\overline{A}\overline{B}\overline{C}D$ 的卡诺图

5）五变量卡诺图

五变量逻辑函数有 $2^5=32$ 个最小项，对应着卡诺图中就有 32 个小方格。32 个小方格按照格雷码顺序排列构成五变量卡诺图结构，如图 1.6.9 所示。在变量数大于或等于 5 以后，仅仅用几何图形的二维空间相邻性来表示逻辑相邻性已经不够。与 m_3 小方格相邻的小方格除 m_1、m_2、m_{19}、m_{11} 外，还有 m_7。以虚线为轴，左右对称位置的小方格也是相邻的。因此，五变量卡诺图，每个小方格与之相邻的小方格数目是五个。

Y AB\CDE	000	001	011	010	110	111	101	100
00	m_0	m_1	m_3	m_2	m_6	m_7	m_5	m_4
01	m_8	m_9	m_{11}	m_{10}	m_{14}	m_{15}	m_{13}	m_{12}
11	m_{24}	m_{25}	m_{27}	m_{26}	m_{30}	m_{31}	m_{29}	m_{28}
10	m_{16}	m_{17}	m_{19}	m_{18}	m_{22}	m_{23}	m_{21}	m_{20}

图 1.6.9　五变量卡诺图结构

随着输入变量的增加，小方格数以 2^n 倍增加，使卡诺图变得十分复杂，相邻关系难以寻找，所以卡诺图一般多用于五变量以内。

1.6.3 课前自学——预习自测

1.6.3.1 将下列各式转换成与或形式：

(1) $\overline{A\oplus B}\oplus\overline{C\oplus D}$　　(2) $\overline{\overline{A+B}+\overline{C+D}+\overline{C+D}+\overline{A+D}}$

(3) $\overline{\overline{\overline{AC}\cdot\overline{BD}}\,\overline{\overline{BC}\cdot\overline{AB}}}$

1.6.3.2 画出下列函数的卡诺图：

(1) $A\bar{B}CD+AB\bar{C}D+A\bar{B}+A\bar{D}+A\bar{B}C$

(2) $A\bar{B}CD+D(\bar{B}\bar{C}D)+(A+C)B\bar{D}+\bar{A}\overline{(\bar{B}+C)}$

(3) $L(A,B,C,D)=\sum m(0,2,4,8,10,12)$

(4) $L(A,B,C)=\sum m(1,2,3,4,5,6)$

1.6.3.3 写出三变量逻辑函数 $L=ABC+ABC+ABC$ 或-与非式、或非-或非式和或与式。

（二）课上篇

1.6.4 课中学习——公式化简法

公式化简法的原理是反复利用逻辑代数的公式消去函数中的多余乘积项和多余的因子，求得函数式的最简形式。公式化简法并没有固定的步骤，将常用的方法归纳如下。

1. 并项法

利用公式 $A+\bar{A}=1$ 或公式 $AB+A\bar{B}=A$ 进行化简，通过合并公因子消去变量。

例 1.6.2 化简函数 $Y=A\bar{B}C+A\bar{B}\bar{C}+ABC+AB\bar{C}$。

解：$Y=A\bar{B}C+A\bar{B}\bar{C}+ABC+AB\bar{C}$

$=A\bar{B}(C+\bar{C})+AB(C+\bar{C})$

$=A\bar{B}+AB$

$=A$

2. 吸收法

利用公式 $A+AB=A$ 进行化简，消去多余项。

例 1.6.3 化简函数 $Y=AB\bar{D}+C\bar{D}+ABC\bar{D}(\bar{E}\bar{F}+EF)$。

解：$Y=AB\bar{D}+C\bar{D}+ABC\bar{D}(\bar{E}\bar{F}+EF)$

$=AB\bar{D}+C\bar{D}$

3. 消去法

利用公式 $A+\overline{A}B=A$ 进行化简，消去多余项。

例 1.6.4 化简函数 $Y=A\overline{B}+A\overline{B}CD(E+F)$。

解：$Y=A\overline{B}+A\overline{B}CD(E+F)=A\overline{B}$

4. 配项法

在适当的项配上 $A+\overline{A}=1$ 进行化简。

例 1.6.5 化简函数 $Y=A\overline{B}+B\overline{C}+\overline{B}C+\overline{A}B$。

解：
$$
\begin{aligned}
Y &=A\overline{B}+B\overline{C}+\overline{B}C+\overline{A}B \\
&=A\overline{B}+B\overline{C}+(\overline{A}+A)\overline{B}C+\overline{A}B(\overline{C}+C) \\
&=A\overline{B}+B\overline{C}+\overline{A}\overline{B}C+A\overline{B}C+\overline{A}B\overline{C}+\overline{A}BC \\
&=A\overline{B}+B\overline{C}+\overline{A}\overline{B}C+\overline{A}BC \\
&=A\overline{B}+B\overline{C}+\overline{A}C(\overline{B}+B) \\
&=A\overline{B}+B\overline{C}+\overline{A}C
\end{aligned}
$$

5. 添加项法

利用公式 $AB+\overline{A}C+BC=AB+\overline{A}C$，先添加一项 BC，然后再利用 BC 进行化简消去多余项。

例 1.6.6 化简函数 $Y=A\overline{B}+B\overline{C}+\overline{B}C+\overline{A}B$。

解：
$$
\begin{aligned}
Y &=A\overline{B}+B\overline{C}+\overline{B}C+\overline{A}B \\
&=A\overline{B}+B\overline{C}+\overline{B}C+\overline{A}B+\overline{A}C \\
&=A\overline{B}+B\overline{C}+\overline{A}B+\overline{A}C \\
&=A\overline{B}+B\overline{C}+\overline{A}C
\end{aligned}
$$

公式化简法的优势是变量的个数不受限制。但是该方法技巧性强，没有固定的步骤，能否以最快的速度进行化简与经验和对公式掌握及运用的熟练程度有关，而且最终结果是否最简有时不易判断。

1.6.5 课中学习——卡诺图化简法

1. 卡诺图化简步骤

(1) 标图。画出逻辑函数的卡诺图。

(2) 圈图。把 2^n 个相邻的 1 或 0 圈在一起，组成若干圈。

(3) 读图。若圈的是 1，则组成与或式，圈的是 0，则组成与或非式。

注意：为了保证将逻辑函数化到最简，画圈时必须遵循以下原则：

(1) 圈内最小项必须是 2^n 个。

(2) 圈要尽可能大，这样消去的变量就多，剩余的因子就少。

(3) 圈的个数要尽可能少，这样化简后的逻辑函数的与项就少。

(4) 每个圈中必须含有未被圈过的方格，否则该包围圈是多余的。

例 1.6.7 将逻辑函数 $F=AB\bar{C}+\bar{A}BD+AC$ 化简为最简与或式。

解：方法一，配项法，即

$$\begin{aligned}F&=AB\bar{C}(D+\bar{D})+\bar{A}B(C+\bar{C})D+A(B+\bar{B})C(D+\bar{D})\\&=AB\bar{C}D+AB\bar{C}\bar{D}+\bar{A}BCD+\bar{A}B\bar{C}D+ABCD+A\bar{B}CD+ABC\bar{D}+A\bar{B}C\bar{D}\\&=m_{13}+m_{12}+m_7+m_5+m_{15}+m_{11}+m_{14}+m_{10}\\&=\sum m(5,7,10\sim 15)\end{aligned}$$

(1) 标图。根据最小项表达式画出逻辑函数对应的卡诺图，如图 1.6.10 所示。

(2) 圈图。画包围圈合并最小项。

(3) 读图。得到简化的与或表达式 $F=BD+AB+AC$。

方法二，直接观察法。由于

$$AB\bar{C}=AB\bar{C}(D+\bar{D})=AB\bar{C}D+AB\bar{C}\bar{D}=m_{13}+m_{12}$$

可以看出，$AB\bar{C}$ 是 m_{13} 和 m_{12} 的公因子，所以只要在 $A=B=1,C=0$ 所对应的区域填 1 即可。

同理，在 $A=0,B=D=1$ 所对应的区域填 1。

在 $A=1,C=1$ 所对应的区域填 1。

这样可以快速得到如图 1.6.10 所示的卡诺图。剩下的步骤与方法一相同。

例 1.6.8 将逻辑函数 $F=A\bar{C}+\bar{A}C+B\bar{C}+\bar{B}C$ 化简为最简与或式。

解：(1) 标图。画出逻辑函数对应的卡诺图，如图 1.6.11 所示。

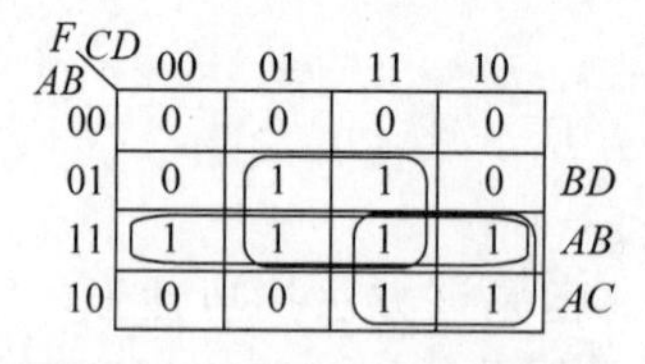

AB\CD	00	01	11	10
00	0	0	0	0
01	0	1	1	0
11	1	1	1	1
10	0	0	1	1

图 1.6.10 例 1.6.7 卡诺图

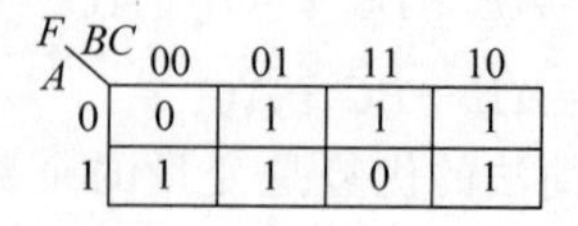

A\BC	00	01	11	10
0	0	1	1	1
1	1	1	0	1

图 1.6.11 例 1.6.8 卡诺图

(2) 圈图。画包围圈合并最小项。不难发现，有两种画圈方法，如图 1.6.12 所示。

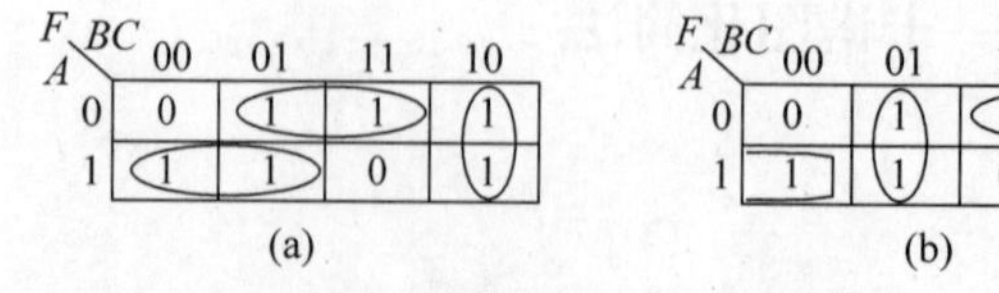

图 1.6.12 例 1.6.8 两种画圈方法

(3) 读图。得到简化的与或表达式。两种不同的圈法对应就有两个不同的表达式：图 1.6.12(a)中，有

$$F = A\overline{B} + \overline{A}C + B\overline{C}$$

图 1.6.12(b)中,有

$$F = \overline{A}B + A\overline{C} + \overline{B}C$$

此例说明,逻辑函数的化简结果可能不唯一。

2. 具有无关项的逻辑函数的化简

1) 无关项的定义

在分析某些具体的逻辑函数时,经常会遇到输入变量的取值不是任意的,是有限制条件的。把这样的变量称为具有约束的变量。

例如,有三个逻辑变量 A、B、C,它们分别表示一台电动机的正转、反转和停止的命令,$A=1$ 表示正转,$B=1$ 表示反转,$C=1$ 表示停止。因为电动机任何时候只能执行其中的一个命令,所以不允许两个以上的变量同时为 1。ABC 的取值只可能是 001、010、100 中的某一种,而不能是 000、011、101、110、111 中的任何一种。因此,A、B、C 是一组具有约束的变量。通常用约束条件来描述约束的具体内容:

$$\begin{cases} \overline{A}\overline{B}\overline{C} = 0 \\ \overline{A}BC = 0 \\ A\overline{B}C = 0 \\ AB\overline{C} = 0 \\ ABC = 0 \end{cases}$$

或写成

$$\overline{A}\overline{B}\overline{C} + \overline{A}BC + A\overline{B}C + AB\overline{C} + ABC = 0$$

同时,把这些恒等于 0 的最小项称为约束项。

有时还会遇到,在输入变量的某些取值下函数值是 1 还是 0 皆可,对实际的结果不产生影响,不影响其功能,将这些最小项称为任意项。

存在约束项的情况下,由于约束项的值始终等于 0,所以既可以把约束项写进逻辑函数中,也可以把约束项从逻辑函数中删除,而不影响函数值。同样,既可以把任意项写入函数式,也可以不写入函数式,因为输入变量的取值使这些任意项为 1 时,函数值是 1 还是 0 无所谓。因此,又把约束项和任意项统称为逻辑函数式中的无关项。这里所说的无关指是否把这些最小项写入逻辑函数式无关紧要,可以写入,也可以删除。

2) 无关项在化简逻辑函数中的应用

化简具有无关项的逻辑函数时,如果能合理利用这些无关项,可以得到更加简单的化简结果。在卡诺图中用符号"×"或"d"表示无关项。在化简函数时既可以认为它是 1,也可以认为它是 0。合并最小项时,究竟把卡诺图上的"×"作为 1 还是作为 0 对待,应以得到的相邻最小项包围圈最大,包围圈数目最少为原则。

例 1.6.9 化简具有约束的逻辑函数

$$F = \overline{A}B\overline{C} + \overline{B}C$$

约束条件为 $AB=0$。

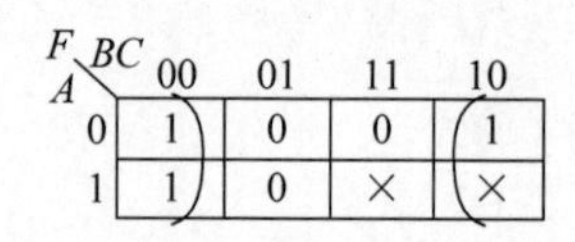

图 1.6.13　例 1.6.9 卡诺图

解：$AB=0$ 表示 A 与 B 不能同时为 1，$AB=11$ 所对应的最小项就是无关项。

(1) 标图。画出具有约束的逻辑函数对应的卡诺图，如图 1.6.13 所示。

(2) 圈图。画包围圈合并最小项。

(3) 读图。得到简化的与或表达式 $F=\bar{C}$。

（三）课后篇

1.6.6　课后巩固——练习实践

讲解视频

1.6.6.1　证明下列逻辑恒等式：

(1) $(A+\bar{C})(B+D)(B+\bar{D})=AB+B\bar{C}$

(2) $\overline{\overline{(A+B+\bar{C})}\bar{C}D}+(B+\bar{C})(A\bar{B}D+\bar{B}\bar{C})=1$

(3) $\bar{A}\bar{B}\bar{C}\bar{D}+\bar{A}B\bar{C}D+ABCD+A\bar{B}C\bar{D}=\overline{A\bar{C}+\bar{A}C+B\bar{D}+\bar{B}D}$

(4) $\bar{A}(C\oplus D)+B\bar{C}D+AC\bar{D}+A\bar{B}\bar{C}D=C\oplus D$

讲解视频

1.6.6.2　用公式化简法证明 L_1 和 L_2 有互补关系：

$L_1=(A\oplus B)CD+(\overline{A\oplus B})\bar{C}D$，　$L_2=(\bar{A}\bar{B}+AB+\overline{CD})(A\oplus B+C+\bar{D})$

讲解视频

1.6.6.3　用公式化简法将下列函数化简为最简与或式：

(1) $L=(A+\bar{B})C+\bar{A}B$

(2) $L=\overline{\overline{AC+\bar{A}BC}+\bar{B}C+AB\bar{C}}$

(3) $L=AB\bar{D}+C\bar{D}+ABC\bar{D}(\bar{E}\bar{F}+EF)$

(4) $L=A\bar{B}+B\bar{C}+\bar{B}C+\bar{A}B$

(5) $L=AC+\bar{B}C+B\bar{D}+C\bar{D}+A(B+\bar{C})+\bar{A}BC\bar{D}+A\bar{B}DE$

(6) $L=AC+A\bar{C}D+A\bar{B}\bar{E}F+B(D\oplus E)+B\bar{C}D\bar{E}+B\bar{C}\bar{D}E+AB\bar{E}F$

(7) $L=AC(\bar{C}D+\bar{A}B)+BC(\overline{\overline{\bar{B}+AD}+CE})$

(8) $L=AB+A\bar{C}+\bar{B}C+B\bar{C}+B\bar{D}+\bar{B}D+ADE(F+G)$

讲解视频

1.6.6.4　用卡诺图化简法将下列函数化简为最简与或式：

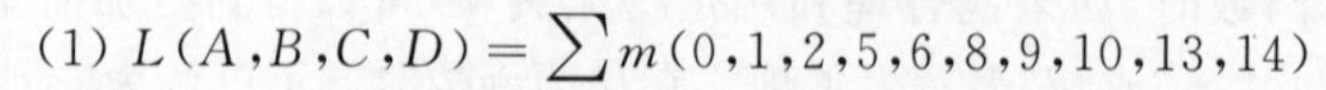

(1) $L(A,B,C,D)=\sum m(0,1,2,5,6,8,9,10,13,14)$

(2) $L(A,B,C,D)=\sum m(0,4,6,13,14,15)+\sum d(1,2,3,5,7,9,10,11)$

(3) $L(A,B,C,D)=\sum m(2,3,9,11,12)+\sum d(5,6,7,8,10,13)$

(4) $L(A,B,C,D)=(\bar{B}+C+D)(\bar{B}+\bar{C}+D)(\bar{A}+B+\bar{D})(A+B+\bar{D})$

(5) $L(A,B,C,D)=\sum m(2,3,4,5,9)+\sum d(10,11,12,13)$

(6) $L(A,B,C,D)=\sum m(0,1,2,5,7,8,9)$，约束条件为 $AB+AC=0$

(7) $L(A,B,C,D)=\sum m(3,4,5,7,9,13,14,15)$

(8) $L(A,B,C,D)=\sum m(0,2,4,5,7,13)+\sum d(8,9,10,11,14,15)$

1.6.6.5 用卡诺图化简法将下列函数化简为最简或与式：

(1) $L(A,B,C,D)=\sum m(2,3,9,11,12)+\sum d(5,6,7,8,10,13)$

(2) $L(A,B,C,D)=\sum m(0,2,3,5,7,8,10,11,13)$

讲解视频

1.6.6.6 用卡诺图化简法将 $L(A,B,C,D)=\overline{A}D+\overline{C}D$ 且 $\overline{A}C\overline{D}+A\overline{B}C=0$ 化简为最简或非-或非式。

讲解视频

1.6.7 本节思维导图

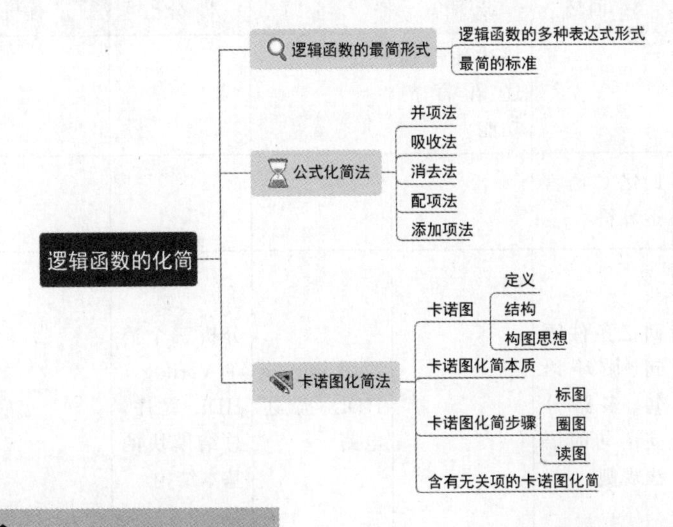

知识拓展——卡诺与卡诺图

世界集成电路发展历史

组合电路逻辑关系的图形表示法可以追溯到英国逻辑学家约翰·维恩(John Venn)在1881年发明的在集合论中处理集合间逻辑关系的文氏图(Venn diagram)，赫尔姆·哈斯(Helmut Hasse)有效地利用Vogt在1895年用过的哈斯图(Hasse diagram)来表示序理论中的有限偏序集，爱德华·维奇(Edward W. Veitch)在1952年将维恩图中的圆形改画成矩形而发明了维奇图(Veitch diagram)。但这些图都不如美国贝尔实验室的电信工程师莫里斯·卡诺(Maurice Karnaugh)在1953年根据维奇图改进的卡诺图(Karnaugh map)或K图(K-map)在数字逻辑、故障诊断等许多领域中应用广泛。

1.7 硬件描述语言 Verilog HDL 基础

（一）课前篇

本节导学单

1. 学习目标

根据《布鲁姆教育目标分类学》，从知识维度和认知过程两方面进一步细化本节课的教学目标，明确学习本节课所必备的学习经验。

知识维度	认知过程					
	1. 回忆	2. 理解	3. 应用	4. 分析	5. 评价	6. 创造
A. 事实性知识		描述硬件描述语言的功能				
B. 概念性知识	回忆 C 语言运算符					
C. 程序性知识	回忆条件语句、循环语句、多路分支语句的语法规则		应用 Verilog HDL 描述电路	分析三个简单 Verilog HDL 程序，总结模块的基本结构		Verilog HDL 设计电路，借助仿真软件进行验证，会利用 FPGA 开发板进行电路搭建与调试
D. 元认知知识	明晰学习经验是理解新知识的前提		根据基本思想及学习经验迁移得到新理论的能力			通过电路的设计、仿真、搭建、调试，培养科学的工程思维

2. 导学要求

根据本节的学习目标，将回忆、理解、应用层面学习目标所涉及的知识点课前自学完成，形成自学导学单。

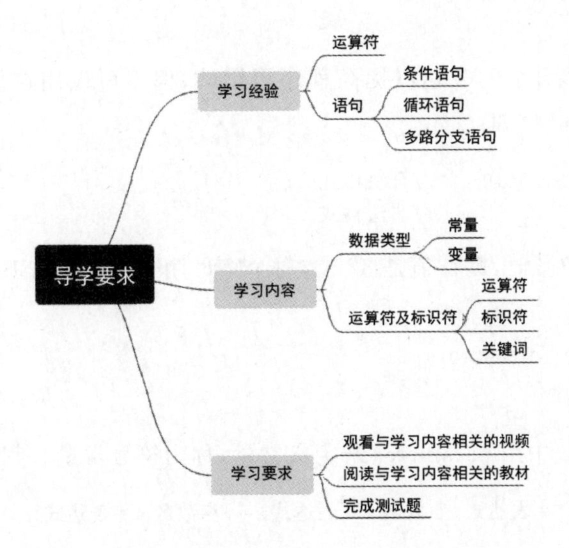

1.7.1 课前自学——硬件描述语言简介

硬件描述语言(HDL)是一种用形式化方法来描述数字电路和设计数字逻辑系统的语言,设计者可以利用这种语言从上层到下层描述设计思想,利用电子设计自动化工具(EDA)进行仿真,再通过自动综合工具转换到门级电路,用专用集成电路(ASIC)或现场可编程门阵列(FPGA)实现功能。

硬件描述语言的发展至今已有 40 多年的历史,已经成功地应用到建模、仿真、验证、综合等设计的各个阶段。与 VHDL 相比,Verilog HDL 的最大优势是句法根源出自通用的 C 语言,易学易用。本书主要介绍 Verilog HDL 的基本知识、逻辑电路综合和设计用到的 Verilog HDL 模块。

1.7.2 课前自学——数据类型及常量、变量

1. 常量

1) 整数

在 Verilog HDL 中,整型常量有二进制整数(b 或 B)、十进制整数(d 或 D)、十六进制整数(h 或 H)和八进制整数(o 或 O)四种进制表示形式。

2) x 值和 z 值

在数字电路中,x 表示不定值,z 表示高阻。例如:

```
4'b100x  //位宽为 4 的二进制数从低位数起第一位为不定值
4'b110z  //位宽为 4 的二进制数从低位数起第一位为高阻值
```

3）下画线

下画线用来分隔开数的表达以提高程序可读性，但不可以用在位宽和进制处，只能用在具体的数字之间，例如：

```
16'b1010_1011_1111_1010      //合法格式
8'b_0011_1010                //非法格式
```

当常量不说明位数时，默认值是32位，每个字母用8位的ASCII值表示。例如：

```
1 = 32'd1 = 32'b1
"AB" = 16B01000001_01000010
```

4）参数型

在Verilog HDL中用parameter来定义常量，称为符号常量。其定义格式如下：

```
parameter 参数名1 = 表达式,参数名2 = 表达式,…,参数名n = 表达式;
```

parameter是参数型数据的关键字，关键字后跟着一个用逗号分隔开的赋值语句表。在每一个赋值语句的右边必须是一个常数表达式。例如：

```
parameter  cmd = 8;                     //定义参数cmd为常量8
parameter  a = 8, b = 29;               //定义两个常数参数
parameter  s = 6.8;                     //定义s为实型参数
parameter  average_delay = (b + s);     //用常数表达式赋值
```

2. 变量

在Verilog HDL中，变量有wire型和reg型两大类。

1）wire型

wire型数据常用来表示用于以assign关键字指定的组合逻辑信号。Verilog HDL程序模块中，输入与输出信号类型默认自动定义为wire型。wire型变量的定义格式如下：

```
wire [n-1:0]  变量名1,变量名2,…,变量名i;
```

例如：

```
wire  [2:0] a,b,c;                 //定义了三个三位的wire型数据
wire  [4:1] c,d;                   //定义了两个四位的wire型数据
```

2）reg型

寄存器是数据存储单元的抽象。寄存器数据类型的关键字是reg，通过赋值语句可以改变寄存器存储的值，其作用与改变触发器存储的值相当。reg型数据常在always内部被赋值，reg类型数据的默认初始值为不定值x。在always块内被赋值的每一个信号都必须定义成reg型。reg型变量的定义格式如下：

```
reg  [n-1:0]  变量名1,变量名2,…,变量名n;
```

例如：

```
reg  rega;                        //定义了一个一位的名为rega的reg型数据
```

1.7.3 课前自学——运算符及标识符

1. 运算符

Verilog HDL的运算符范围很广，按其功能可分为算术运算符、关系运算符、逻辑运算符、位拼接运算符、位运算符、缩位运算符、移位运算符和条件运算符，如表1.7.1所示。

表1.7.1 Verilog HDL运算符

<table>
<tr><th>操作类型</th><th>运算符</th><th>描述</th><th>操作类型</th><th>运算符</th><th>描述</th></tr>
<tr><td rowspan="5">算术运算符</td><td>+</td><td>加法</td><td rowspan="5">位运算符</td><td>~</td><td>取反</td></tr>
<tr><td>-</td><td>减法</td><td>&</td><td>按位与</td></tr>
<tr><td>×</td><td>乘法</td><td>|</td><td>按位或</td></tr>
<tr><td>/</td><td>除法</td><td>^</td><td>按位异或</td></tr>
<tr><td>%</td><td>取余</td><td>^~</td><td>按位同或</td></tr>
<tr><td rowspan="6">关系运算符</td><td>></td><td>大于</td><td rowspan="6">缩位运算符</td><td>&</td><td>缩位与</td></tr>
<tr><td><</td><td>小于</td><td>~&</td><td>缩位与非</td></tr>
<tr><td>>=</td><td>大于或等于</td><td>|</td><td>缩位或</td></tr>
<tr><td><=</td><td>小于或等于</td><td>~|</td><td>缩位或非</td></tr>
<tr><td>==</td><td>等于</td><td>^</td><td>缩位异或</td></tr>
<tr><td>!=</td><td>不等于</td><td>^~</td><td>缩位同或</td></tr>
<tr><td rowspan="3">逻辑运算符</td><td>!</td><td>逻辑非</td><td rowspan="3">移位运算符</td><td rowspan="2">>></td><td rowspan="2">右移</td></tr>
<tr><td>&&</td><td>逻辑与</td></tr>
<tr><td>||</td><td>逻辑或</td><td><<</td><td>左移</td></tr>
<tr><td>位拼接运算符</td><td>{ }</td><td>将多个数拼接成一个数</td><td>条件运算符</td><td>?:</td><td>根据条件进行选择</td></tr>
</table>

这里仅介绍Verilog HDL中与C语言有差别的运算符。

位运算符是将两个操作数的相应位进行相应的逻辑运算，而缩位运算符是对单个操作数的各位进行相应的运算。例如，变量A的值为4'b0110，变量B的值为4'b1111，表1.7.2为这两种不同运算的例子。

表1.7.2 缩位运算和位运算对比

<table>
<tr><td>缩位运算</td><td>&A=0&1&1&0=0</td><td>|B=1</td><td>^A=0</td><td>^~B=1</td></tr>
<tr><td>位运算</td><td>~A=1001　~B=0000</td><td>A&B=0110</td><td>A|B=1111</td><td>A^B=1001</td></tr>
</table>

位拼接运算符{}可以把两个或多个信号的某些位拼接起来成为一个新的操作数进行运算操作。例如，设A=1'b1，B=2'b01，C=3'b101，若将A、B、C拼接起来，则得到{A,B,C}=6'b101101。对同一个操作数也可以重复拼接，使用双重大括号{{}}即可，例

如{2{B}}=4'b0101。

2. 标识符和关键词

1）标识符

给模块、电路输入与输出端口等起名所用的字符串称为标识符。标识符通常由英文字母、数字、$符或下画线组成，并且必须以英文字母或下画线开始，禁止以数字或字母开头。英文字母的大小写是有区别的，例如 clk、counter16、_24 等都是合法标识符，$abc、2mp 是非法字符。

2）关键词

在 Verilog HDL 中，关键词是事先定义好的确认符，用小写的字符串定义，例如 module、endmodule、input、output 等都是关键词。注意，在编写 Verilog HDL 程序时，变量的定义不能与关键词冲突。

1.7.4 课前自学——预习自测

1.7.4.1 如果 wire 型变量说明后未赋值，其默认值是（　　）。

A. x　　B. 1　　C. 0　　D. z

1.7.4.2 a=4'b0001，b=4'bx110，选出正确的运算结果（　　）。

A. a&b=0　　B. a|b=1　　C. ～a=0　　D. ～b=0

1.7.4.3 下列标识符哪些是合法的（　　）。

A. $time　　B. _date　　C. 8sum　　D. mux#

1.7.4.4 在 Verilog HDL 程序中，如果没有说明输入、输出变量的数据类型，试问它们的数据类型是什么？

（二）课上篇

1.7.5 课中学习——Verilog HDL 模块

首先介绍几个简单的 Verilog HDL 程序，感受如何通过软件编程巧妙地实现硬件电路的设计。

例 1.7.1

```
module block (a, b, c, d);
    input a, b;          //声明输入信号
    output c, d;         //声明输出信号
      assign c = a | b;
      assign d = a&b;
endmodule
```

例 1.7.2

```
module compare (equal, a, b);
    output equal;
    input [1:0] a,b;
```

```
    assign equal =  (a == b)?1:0 ;
    /* 如果 a 和 b 两个输入信号相等,输出为 1,否则为 0 */
endmodule
```

例 1.7.3

```
module trist1 (out, in, enable);
output out;
input in, enable;
 mytri tri_inst(out, in, enable);    //调用由 mytri 模块定义的实例元件 tri_inst
endmodule

module mytri(out, in, enable);
 output out;
 input in, enable;
  assign out = enable?in:'bz;
endmodule
```

从上面三个例子不难看出:

(1) Verilog HDL 程序都是由模块构成的,每个模块的内容都在 module 和 endmodule 之间。

(2) 模块可以进行嵌套,如例 1.7.3 中模块 trist1 调用 mytri 模块,因此数字电路设计可以分割成不同小模块来实现特定的功能,最后通过顶层模块调用子模块来实现整体功能。

(3) 每个模块首先要进行端口定义,说明输入与输出端口;其次对于模块功能进行逻辑描述。

(4) 除了 endmodule 语句外,每个语句和数据定义的最后必须有分号。

(5) 可以用/*……*/和//……对 Verilog HDL 程序的任何地方进行注释。源程序都有必要增加注释,以增强程序的可读性和可维护性。

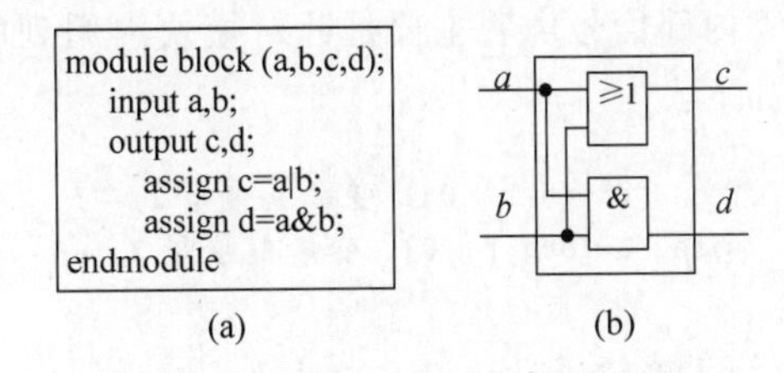

图 1.7.1　程序与电路的对应关系

图 1.7.1 是例 1.7.1 程序与电路的对应关系。程序模块旁边有一个电路图的符号,电路图符号的引脚是程序模块的接口,程序模块描述了电路图符号所实现的逻辑功能。在 Verilog HDL 设计中,第二行、第三行说明接口的信号流向,第四行、第五行说明模块的逻辑功能。

尝试画出例 1.7.2、例 1.7.3 程序与电路的对应图。

每个 Verilog HLD 模块都包括端口定义、I/O 声明、内部信号声明以及功能定义四个主要部分。其基本结构如下:

module　模块名(端口名 1,端口名 2,端口名 3,…);

I/O 声明(input, output, inout);
内部信号声明(wire, reg);
功能定义

```
endmodule
```

下面对模块中的每一部分进行详细介绍。

1. 端口定义

端口定义主要用来声明模块的名称以及该模块用到的输入、输出端口。模块名是模块的唯一标识符，圆括号中以逗号分隔列出的端口名是该模块的输入、输出端口。

2. I/O 声明

在 Verilog 中，I/O 声明是将模块中所用到的端口定义为 input(输入)、out(输出)、inout(双向端口)三者之一，它决定了信号流经端口的方向，凡是在模块名后面圆括号中出现的端口名，都必须明确声明其端口模式。I/O 声明的格式如下：

```
输入口: input   端口名 1,端口名 2, … ,端口名 i;
输出口: output  端口名 1,端口名 2, … ,端口名 j;
双向口: inout   端口名 1,端口名 2, … ,端口名 k;
```

I/O 声明也可以写在端口声明语句内，其格式如下：

```
module  module_name(input port1,input port2, … ,
                    output port1,output port2, … );
```

3. 内部信号声明

内部信号声明主要是针对模块内用到的与端口有关的变量的数据类型定义。其格式如下：

```
reg   [width-1 : 0]   变量 1,变量 2, … ;
wire  [width-1 : 0]   变量 1,变量 2, … ;
```

4. 功能定义

功能定义是模块中最重要的部分，通常采用三种方法来描述电路的逻辑功能。

(1) 数据流描述方式：使用连续赋值语句(assign)对电路的逻辑功能进行描述，通常用于对组合逻辑电路建模。例如，例 1.7.1 用 assign 语句描述了与门和或门的逻辑功能，例 1.7.2 用 assign 语句描述了一个名为 compare 的比较器。

(2) 结构描述方式：直接调用 Verilog 内部预先定义的基本门级元件描述电路的结构或者调用其他定义过的低层次模块对电路功能进行描述。例 1.7.3 在设计中用到一个与 mytri 一样的名为 tri_inst 的模块，其输入端是 in、enable，输出端为 out。模块 tristl 调用由模块 mytri 定义的实例元件 tri_inst，模块 tristl 是顶层模块，模块 mytri 是子模块。

(3) 行为描述方式：使用过程块语句结构(包括 initial 语句结构和 always 语句结构)对电路逻辑功能进行描述，侧重于描述模块的逻辑功能，不涉及实现该模块的详细硬件电路结构。

例如:
```
always  @  (posedge  clk  or  clr)
   begin
      if (clr)          q <= 0 ;
      else if (en)        q <= d;
   end
```

该例子生成了一个带有异步清除端的D触发器。

1.7.6 课中学习——Verilog HDL的门级结构描述

Verilog HDL的门级结构描述就是直接调用Verilog内部预先定义的基本门级元件来描述电路的结构。

1. Verilog HDL内部的基本门级元件

在Verilog HDL中有26个有关门类型的关键字,本书主要介绍常用的8个门类型关键字,如表1.7.3所示。

表1.7.3　常用门对应的关键字

关 键 字	功 能	关 键 字	功 能
and	与门	nand	与非门
or	或门	nor	或非门
not	非门	buf	缓冲器
xor	异或门	xnor	同或门

表中and、nand、or、nor、xor、xnor是具有多个输入一个输出的逻辑门,一般的调用形式如下:

```
nand  nd1(out, in1, in2, …, in N );
```

调用门级元件时,在圆括号中从左到右依次是输出变量、输入变量。and、or、nor、xor、xnor调用形式与之类似,不再赘述。

2. 用门级结构描述电路

例1.7.4 用Verilog HDL对图1.7.2所示电路进行描述。

解: 门级结构描述电路就是描述所调用元件之间的连线关系。图1.7.2中使用了3个与非门、2个非门,因此该电路的门级描述代码如下:

```
module circuit_beh(L,A,B,C);
input A,B,C;          //输入端口声明
output L;             //输出端口声明
wire X,Y,Z,S;         //内部节点声明
//下面对电路的功能进行描述
not U1(X,B);
not U2(Y,C);
```

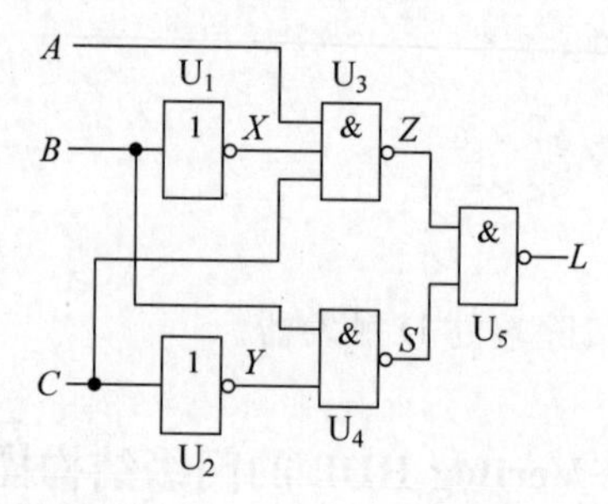

图 1.7.2 例 1.7.4 电路

```
nand U3(Z,A,X,C);
  nand U4(S,B,Y);
  nand U5(L,Z,S);
endmodule
```

（三）课后篇

1.7.7 课后巩固——练习实践

讲解视频

1.7.7.1 画出下面代码描述的逻辑门对应的逻辑符号。

```
module ort3(a,b,c,y);
  input a,b,c;
  output y;
  assign y = a|b|c;
endmodule
```

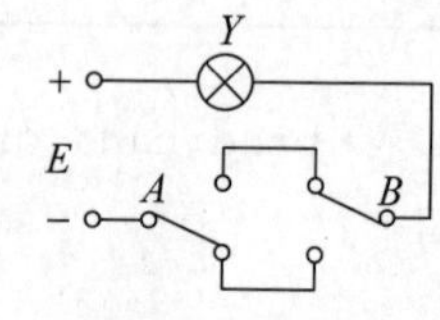

题图 1.7.7.2

1.7.7.2 题图 1.7.7.2 为一控制楼梯照明的有触点电路，在楼上、楼下各装一个单刀双掷开关 A 和 B，这样人在楼上和楼下都可以开灯和关灯。设 $Y=1$ 表示灯亮，$Y=0$ 表示灯灭；$A=1$ 表示开关向上扳，$A=0$ 表示开关向下扳，B 也如此。试用 Verilog HDL 程序描述该逻辑问题。

讲解视频

1.7.7.3 根据下面 Verilog HDL 程序描述，画出该模块的逻辑电路图。

```
module circuit ( A, B, Y1, Y2, Y3);
  input A, B;
  output Y1, Y2, Y3;
  wire S1, S2;
  not U1(S1, A);
  not U2(S2, B);
  and U3(Y1, S1, B);
  and U4(Y3, S2, A);
  nor U5(Y2, Y1, Y3);
endmodule
```

1.7.8 本节思维导图

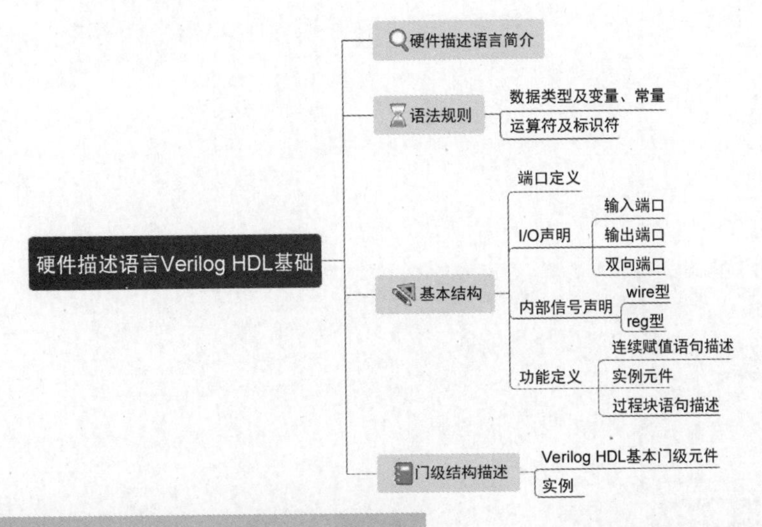

知识拓展——FPGA国际两大巨头

集成电路先进技术介绍

国际FPGA厂家已经发展了几十年，积累了大量专利技术，芯片工艺技术已达7nm、10nm量级，可实现4亿～6亿门器件规模，其中美国的Xilinx公司和Altera公司是主要的FPGA芯片设计厂家，约占90%的国际市场。Xilinx公司是全球领先的FPGA完整解决方案供应商，目前排名第一，设计软件为Vivado，有专门针对低(Spartan系列)、中(Artix系列)、高(Kintex和Virtex系列)的FPGA产品和内嵌有CPU的SoC芯片Zynq-7000系列，在我国通信、工业领域使用广泛。Altera公司是与Xilinx公司齐名的FPGA供应商，2015年收归Intel公司旗下，国内高校主流FPGA教学平台均采用Altera芯片，开发工具为Quartus II。如果初学FPGA，一般选择Cyclone系列开发板，网络教学资料最为丰富，如果只是设计简单的数字电路，可以用它的MAX II系列芯片。此外，美国的Microsemi公司专注于美国军工和航空领域，产品具有抗辐照和可靠性高的优势。

1.8 本章思维导图

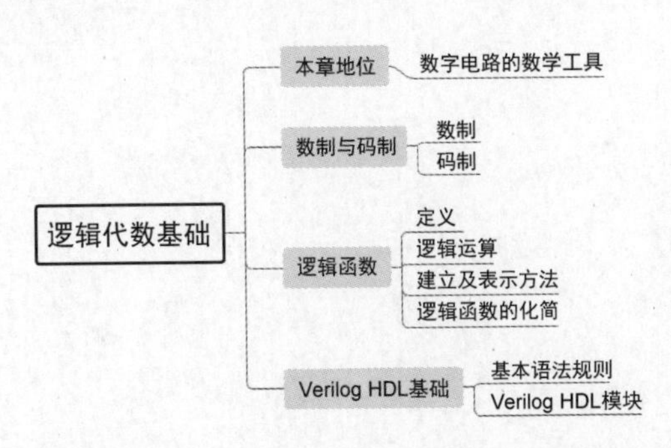

第2章 逻辑门电路

第1章介绍了三种基本逻辑运算和五种复合逻辑运算，逻辑关系都是用逻辑符号来表示的。但是在工程中，每一个逻辑符号都对应着电路，通过集成工艺制成集成器件，称为集成逻辑门电路，逻辑符号仅仅是这些集成逻辑门电路的"黑匣子"。本章主要介绍TTL和CMOS门电路的内部结构、工作原理、逻辑功能及Verilog HDL对于门电路的描述。

2.1 逻辑门电路简介

（一）课前篇

本节导学单

1. 学习目标

根据《布鲁姆教育目标分类学》，从知识维度和认知过程两方面进一步细化本节课的教学目标，明确学习本节课所必备的学习经验。

知识维度	认知过程					
	1. 回忆	2. 理解	3. 应用	4. 分析	5. 评价	6. 创造
A. 事实性知识		说出集成电路TTL、CMOS逻辑门电路的基本概念				
B. 概念性知识		阐释中小规模集成芯片的命名方法				
C. 程序性知识	回忆门电路的逻辑符号及功能	阐释双列直插式封装的一般特点	应用二极管、晶体管、MOS管设计开关电路	分析开关电路的工作过程	通过对比，评价每个系列逻辑门电路的特点	
D. 元认知知识	明晰学习经验是理解新知识的前提		根据概念及学习经验迁移得到新理论的能力	将知识分为若干任务，主动思考，举一反三，完成每个任务	在不断地发现问题、分析问题、解决问题的过程中体会精益求精的科学态度	

2. 导学要求

根据本节的学习目标，将回忆、理解、应用层面学习目标所涉及的知识点课前自学完成，形成自学导学单。

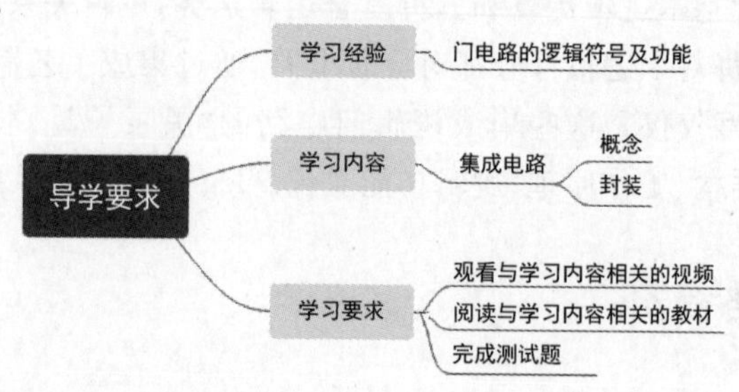

2.1.1 课前自学——集成电路

1. 集成电路基本概念

集成电路(IC)就是把一定数量的常用电子元件，如电阻、电容、晶体管等以及这些元件之间的连线，通过半导体工艺集成在一起实现具有特定功能的电路。

集成电路按照**功能**、**结构**不同，可以分为模拟集成电路、数字集成电路、数/模混合集成电路；按照**集成度**(一个封装内所包含的逻辑门的数目或元器件的个数)不同，可以分为小规模集成电路(一个单片封装内的门一般少于10个)、中规模集成电路(一个单片封装内的门有10～100个)、大规模集成电路(一个单片封装内含有数千个逻辑门)、超大规模集成电路(Very Large Scale Integration，VLSI，一个单片封装的门数以万计)、特大规模集成电路(一个单片封装内的门一般为10^6个)等。

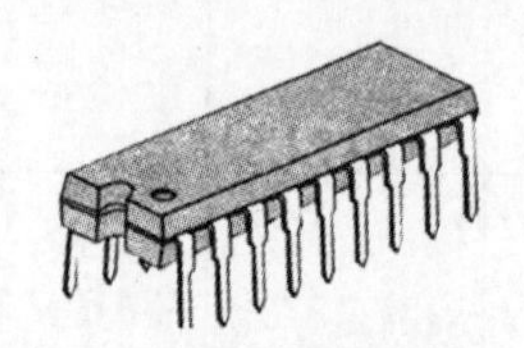
图2.1.1　双列直插式封装

2. 集成电路的封装

常用的集成电路大多采用双列直插式封装(DIP)，如图2.1.1所示。集成芯片表面有一个缺口，如果将芯片插在实验板上且缺口朝左边，一般引脚的排列规律为左下角为1引脚，按照逆时针方向排列其余各引脚。

如图2.1.2(a)所示，7400是14引脚的双列直插式集成芯片，内部集成了4个各自独立的与非门，每个与非门的输入与输出关系十分清楚，数据手册上还会给出真值表。如图2.1.2(b)所示，7486也是14引脚的双列直插式集成芯片，内部集成了4个各自独立的异或门。

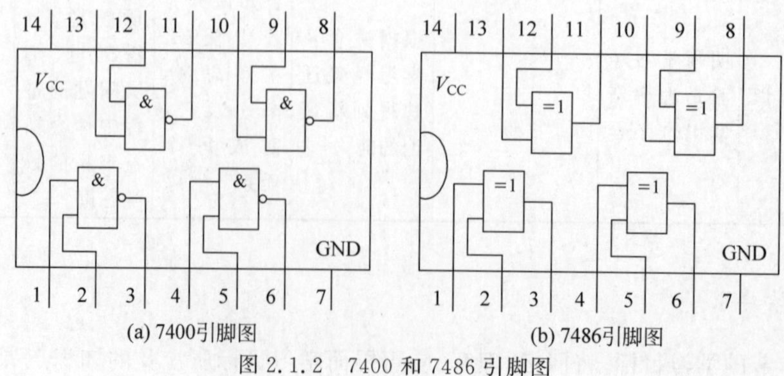

图2.1.2　7400和7486引脚图

2.1.2 课前自学——开关电路

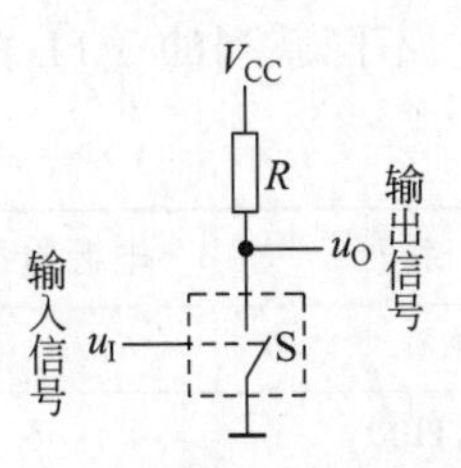

图 2.1.3 获得高、低电平基本原理

在数字电路中，用高、低电平分别表示二值逻辑0和1两种逻辑状态。如图2.1.3所示电路由开关、电阻构成，当开关S断开时，输出 u_O 为高电平；当开关S闭合时，输出 u_O 变为低电平。通过控制S的闭合与断开，即可在输出得到高、低电平。早期的开关用继电器构成，后来使用二极管、三极管、MOS管作为开关。

2.1.3 课前自学——预习自测

2.1.3.1 利用网络资源自行下载7404芯片的数据手册，说明该芯片的逻辑功能是什么？内部含有几个独立器件？

2.1.3.2 阐述引脚图和第1章介绍的逻辑符号图的应用场合。

2.1.3.3 集成电路按照集成度可分为哪几种类型？

（二）课上篇

2.1.4 课中学习——常用逻辑门电路

实现逻辑运算的单元电路称为门电路，逻辑门电路是构成各种数字电路的基本单元电路。按照制造门电路晶体管的不同，分为MOS型、双极型和混合型。MOS型集成逻辑门有CMOS、NMOS、PMOS，双极性集成逻辑门有TTL和ECL，混合型集成逻辑门有BiCMOS。这里主要介绍TTL和CMOS逻辑门电路。

1. TTL逻辑门电路

TTL逻辑门电路是晶体管-晶体管逻辑门（Transistor-Transistor Logic）电路的简称。20世纪60年代，TI公司研发推出了一系列TTL集成逻辑门电路，命名为SN54/74系列，图2.1.2所示的7400和7486芯片就属于74系列(基本系列)。74系列和54系列的区别是器件允许的工作环境温度不同，为了提高集成电路的工作速度、降低功耗，在54/74系列器件后，TI公司又相继研发推出74H系列（高速系列）、74L系列（低功耗系列）、74S系列（肖特基系列）、74LS系列（低功耗肖特基系列）、74AS系列（改进的肖特基系列）、74ALS系列（先进的低功耗肖特基系列）、74F系列（Fast TTL系列）等集成逻辑器件。不同系列的 TTL 门电路特性参数如表 2.1.1 所示。

表 2.1.1 不同系列的 TTL 门电路特性参数

系列	电源电压/V	功耗/mW	传输时延/ns	延迟-功耗积/(ns·mW)
7400	5	10	10	100
74H00	5	22	6	132
74L00	5	2	35	70
74S00	5	19	3	57
74LS00	5	2	10	20
74AS00	5	10	1.5	15
74ALS00	5	1	4	4
74F00	5	4	3	12

2. CMOS 逻辑门电路

在发明晶体管之前 10 年，逻辑运算基本上采用金属氧化物半导体场效应管(MOSFET)，简称 MOS 管。直到 20 世纪 60 年代，制作工艺的大发展才使得基于 MOS 管的逻辑和存储电路使用起来。80 年代中期开始，互补 MOS(CMOS)的进步，大大提高了其性能和通用性，现在几乎所有的 CPU、存储器、PLD 器件和专用集成电路(ASIC)都采用 CMOS 工艺制造，可以说 CMOS 逻辑门电路是目前使用最广泛、占主导地位的集成电路。典型的 CMOS 逻辑门系列如图 2.1.4 所示。

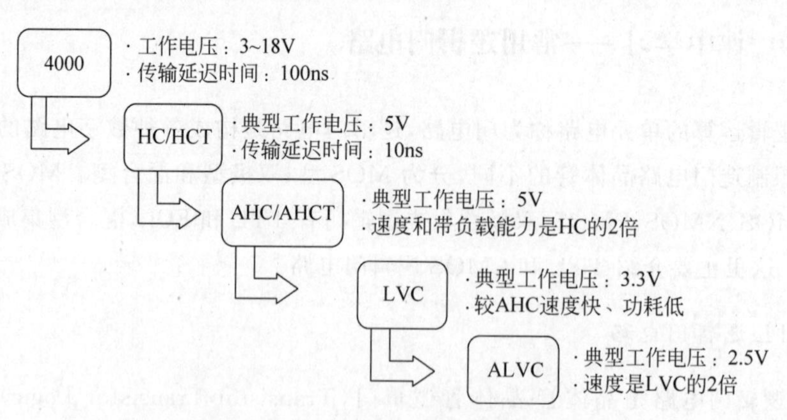

图 2.1.4 典型的 CMOS 逻辑门系列

3. 中小规模集成芯片的命名方法

中小规模集成芯片的名称通常以 54 或者 74 开头，后面加上表示不同逻辑门系列的字母缩写，比如 TTL 逻辑门的 L、S、LS、AS、ALS、F 等，CMOS 逻辑门的 HC、HCT、LVC、ALVC 等，最后加上表示芯片逻辑功能的编号，如 00 表示与非门，86 表示异或门。

常见的芯片逻辑功能如表2.1.2所示。

表2.1.2 芯片逻辑功能

数字	功能	数字	功能
00	四2输入与非门	01	四2输入与非门(OC)
02	四2输入或非门	04	六反相器
05	六反相器(OC)	08	四2输入与门
10	三3输入与非门	11	三3输入与门
20	双4输入与非门	27	三3输入或非门
32	四2输入或门	86	四2输入异或门

(三) 课后篇

2.1.5 课后巩固——练习实践

2.1.5.1 现在的CPU、PLD和ASIC芯片主要采用什么工艺制造?

2.1.5.2 按照制造门电路晶体管的不同,集成门电路分为哪几种类型?各种类型的代表是什么?

2.1.5.3 晶体管在数字电路中工作在什么状态?

2.1.5.4 根据芯片的命名方法,指出芯片74LS86和74HC00的逻辑门系列及逻辑功能。

2.1.6 本节思维导图

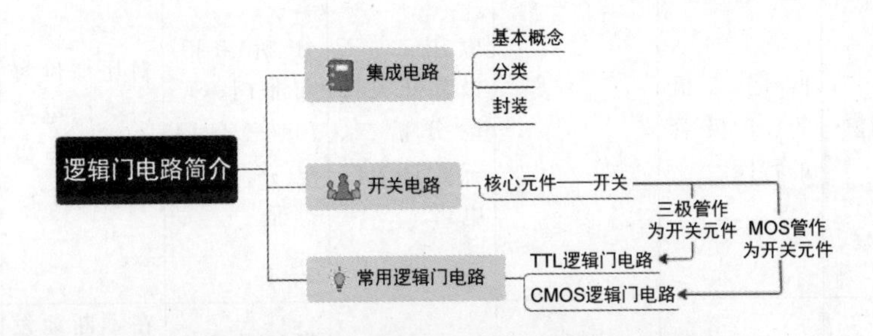

中国芯片发展②——硅晶体研制(1956—1962) 硅晶体试制成功

我国在培养人才的同时,党中央在1956年发出了“向科学进军”的号召,提出中国要研究半导体科学,开始布局建所(厂)开发研制,相继在北京、上海筹建北京电子管厂、中国科学院半导体研究所、华东计算技术研究所、上海元件五厂等。1956年中国第一只具有完整的PN结特性、具有PNP结型晶体三极管的标准放大特性的锗合金结晶体三极管在中国科学院物理研究所诞生。1957年北京电子管厂拉出了锗单晶,1959年天津601

试验所拉出首颗硅单晶，1959 年清华大学拉出钨丝区熔单晶硅，1962—1963 年，中国电子科技集团第十三研究所试制出硅外延平面型晶体管样品，其中的平面工艺技术是半导体元件制作中的一个关键环节，这些硅材料的提纯加工为研制集成电路打下坚实基础。

2.2 TTL 逻辑门电路

（一）课前篇

本节导学单

1. 学习目标

根据《布鲁姆教育目标分类学》，从知识维度和认知过程两方面进一步细化本节课的教学目标，明确学习本节课所必备的学习经验。

知识维度	认知过程					
	1. 回忆	2. 理解	3. 应用	4. 分析	5. 评价	6. 创造
A. 事实性知识	回忆二极管、三极管逻辑符号					
B. 概念性知识		阐释二、三极管开关特性				
C. 程序性知识	回忆二极管、三极管的特性		应用二、三极管开关特性分析二、三极管的门电路	分析 TTL 与非门、OC 门、三态门电路工作过程	对比评价每一类门电路的优缺点以及改进方案	设计锅炉报警电路，借助仿真软件进行验证，会利用口袋实验包进行电路搭建与调试
D. 元认知知识	明晰学习经验是理解新知识的前提		根据概念及学习经验迁移得到新理论的能力	将知识分为若干任务，主动思考，举一反三，完成每个任务	在不断地发现问题、分析问题、解决问题的过程中体会精益求精的科学态度	通过电路的设计、仿真、搭建、调试，培养科学的工程思维

2. 导学要求

根据本节的学习目标，将回忆、理解、应用层面学习目标所涉及的知识点课前自学完成，形成自学导学单。

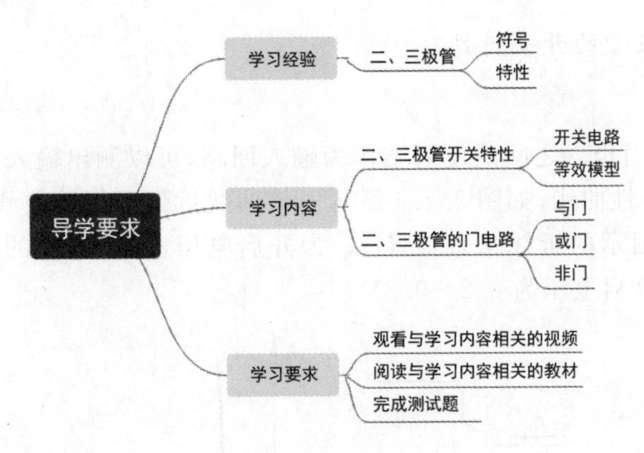

2.2.1 课前自学——二、三极管的开关特性

1. 二极管的开关特性

由于半导体二极管具有单向导电性，即外加正向电压时导通，外加反向电压时截止，所以半导体二极管相当于一个受外加电压控制的开关，用二极管取代图 2.1.3 中的开关 S，即可得到二极管开关电路，如图 2.2.1(b)所示。

阳极 D 阴极

V_{CC} R D + + u_I u_O − −

(a) 符号　(b) 二极管开关电路

图 2.2.1　二极管

对于含有二极管的电路，在分析过程中通常采用等效模型分析法，即在局部区域利用线性元件，等效二极管的端口特性建立二极管的线性等效模型。图 2.2.2 给出了二极管的三种近似的伏安特性曲线以及对应的线性等效模型。

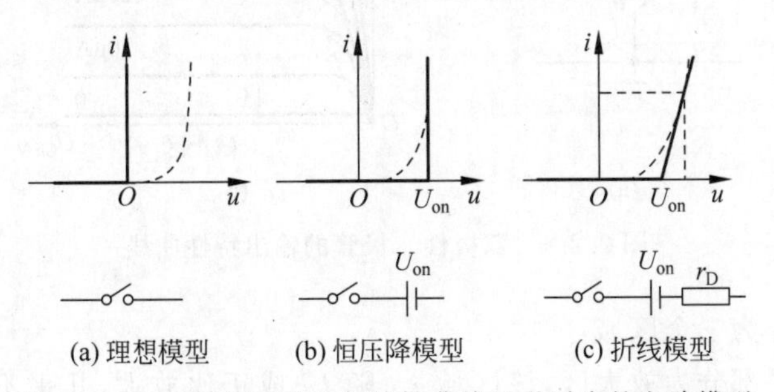

(a) 理想模型　(b) 恒压降模型　(c) 折线模型

图 2.2.2　二极管三种近似特性曲线以及对应的电路模型

当不考虑二极管的正向导通压降和正向电阻时，二极管可以看作理想开关，如图 2.2.2(a)所示，用与坐标轴重合的折线近似代替二极管的伏安特性。当考虑二极管的正向导通压降而忽略二极管的正向电阻时，可采用恒压降模型，如图 2.2.2(b)所示，当加

到二极管两端的电压小于 U_{ON} 时，流过二极管的电流近似看作零。当外加电压大于 U_{ON} 时，二极管导通，二极管两端电压基本不变，仍等于 U_{ON}。当考虑二极管的正向导通压降和正向电阻时，可采用折线模型，如图 2.2.2(c)所示，此时 $r_D=\frac{\Delta u}{\Delta i}$。

2. 双极性三极管的开关特性

1）输入特性

以基极 b 和发射极 e 之间的发射结作为输入回路，可以测出输入电压 u_{BE} 和输入电流 i_B 之间关系的特性曲线，如图 2.2.3 所示。该曲线近似于指数曲线，为了简化分析计算，通常采用折线图示的折线来近似，U_{ON} 为开启电压，硅三极管的开启电压为 0.5～0.7V，锗三极管的开启电压为 0.2～0.3V。

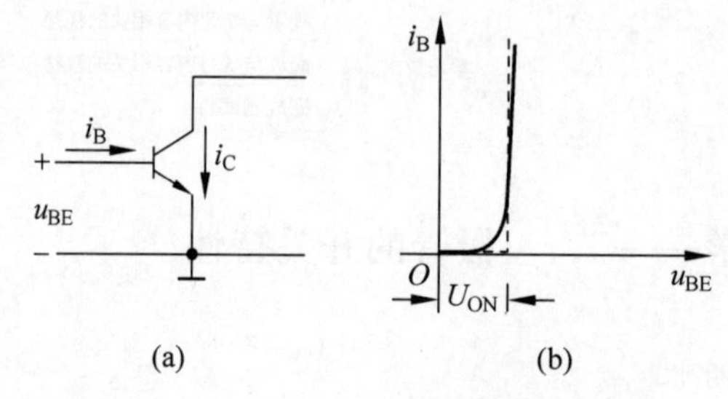

图 2.2.3 双极性三极管的输入特性曲线

2）输出特性

以集电极 c 和发射极 e 之间的回路作为输出回路，可以测出在不同 i_B 值下集电极电流 i_C 和集电极电压 u_{CE} 之间关系的曲线，如图 2.2.4 所示。

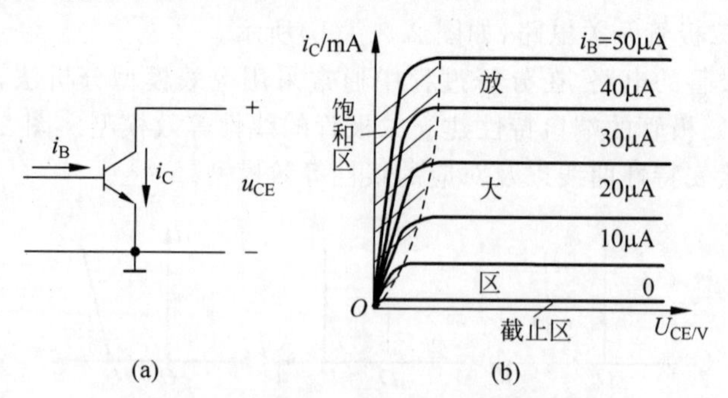

图 2.2.4 双极性三极管的输出特性曲线

该曲线可以分为三个区域：

曲线右边水平部分为放大区，该区域 i_C 随 i_B 成正比放大，几乎不受 u_{CE} 变化的影响。i_C 和 i_B 的变化量之比称为电流放大系数 β，普通三极管的 β 值为几十到几百。

曲线靠近纵坐标轴的是饱和区，该区域 i_C 不再随 i_B 以 β 的比例增加而是趋于饱和。在深度饱和状态下，集电极和发射极间的饱和压降 $U_{CE(sat)}$ 在 0.3V 以下。

$i_B=0$ 这条曲线以下的区域为截止区，该区域 i_C 几乎等于零。仅有极微小的反向穿

透电流 I_{CEO} 流过，硅三极管的 $I_{CEO}<1\mu A$。

3. 基本开关电路

若用三极管代图 2.1.3 中的开关 S，即可得到三极管开关电路，如图 2.2.5 所示。

当 u_I 为低电平时，$u_{BE}<U_{ON}$，三极管工作在截止区；当 u_I 为高电平时，$i_B>I_{BS}$，三极管工作在饱和区。三极管的 c-e 间相当于一个受 u_I 控制的开关，三极管截止相当于开关断开，三极管导通相当于开关闭合，如图 2.2.6 所示。

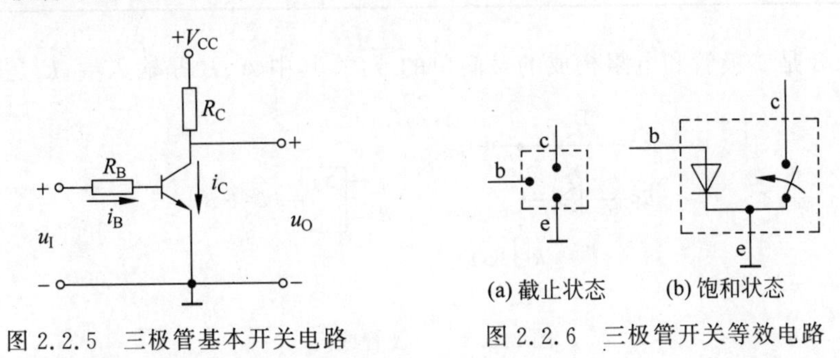

图 2.2.5 三极管基本开关电路　　图 2.2.6 三极管开关等效电路

2.2.2 课前自学——二、三极管的门电路

1. 二极管门电路

图 2.2.7 是二极管和电阻构成的最简单的与门，其中 A、B 是输入端，L 是输出端。

设 $V_{CC}=5V$，A、B 输入端的高、低电平分别为 $U_{IH}=5V$，$U_{IL}=0V$，二极管 D_1、D_2 的导通压降为 0.7V。当 A、B 中只要有一个是低电平 0V，则必有一个二极管导通，从而输出 $L=0.7V$。只有当 A、B 同时为高电平 5V 时，两个二极管截止，输出 $L=5V$，将输出和输入逻辑电平关系列表即可得到表 2.2.1。将 5V 用逻辑 1 表示，0.7V 以下用逻辑 0 表示即可得到表 2.2.2 的真值表。从真值表很容易判断出 L 和 A、B 之间是与的关系。

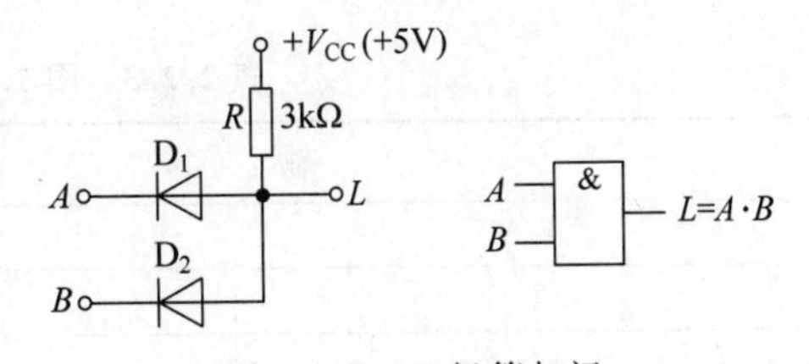

图 2.2.7 二极管与门

表 2.2.1 图 2.2.7 电路的逻辑电平

输　入		输　出
A/V	B/V	L/V
0	0	0.7
0	5	0.7
5	0	0.7
5	5	5

表 2.2.2　图 2.2.7 电路真值表

输入		输出
A	*B*	*L*
0	0	0
0	1	0
1	0	0
1	1	1

图 2.2.8 是二极管和电阻构成的最简单的或门，其中 *A*、*B* 是输入端，*L* 是输出端。

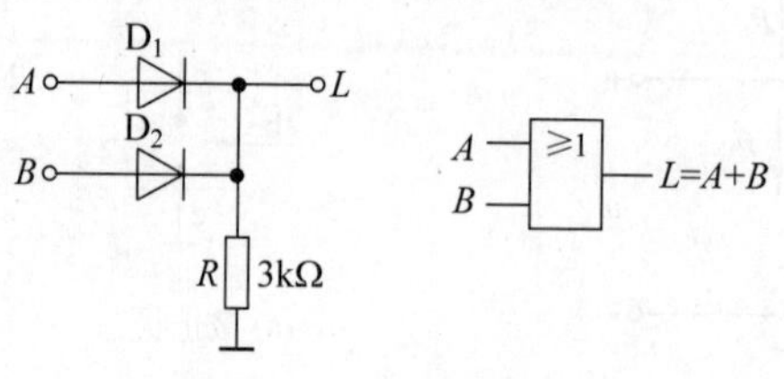

图 2.2.8　二极管或门

设 $V_{CC}=5V$，*A*、*B* 输入端的高、低电平分别为 $U_{IH}=5V$，$U_{IL}=0V$，二极管 D_1、D_2 的导通压降为 0.7V。当 *A*、*B* 中至少有一个是高电平 5V，则必有一个二极管导通，从而输出 $L=4.3V$。只有当 *A*、*B* 同时为低电平 0V 时，两个二极管截止，输出 $L=0V$，将输出和输入逻辑电平关系列表即可得到表 2.2.3。将 4.3V 以上用逻辑 1 表示，0V 用逻辑 0 表示即可得到表 2.2.4 的真值表。从真值表很容易判断出 *L* 和 *A*、*B* 之间是或的关系。

表 2.2.3　图 2.2.8 电路的逻辑电平

输入		输出
A/V	*B*/V	*L*/V
0	0	0
0	5	4.3
5	0	4.3
5	5	4.3

表 2.2.4　图 2.2.8 电路真值表

输入		输出
A	*B*	*L*
0	0	0
0	1	1
1	0	1
1	1	1

2. 三极管门电路

观察图 2.2.9 所示的三极管开关电路即可发现，当输入为高电平时，输出为低电平，而输入为低电平时输出为高电平。因此，输出与输入电平之间是反相关系，它实际上就是一个非门。

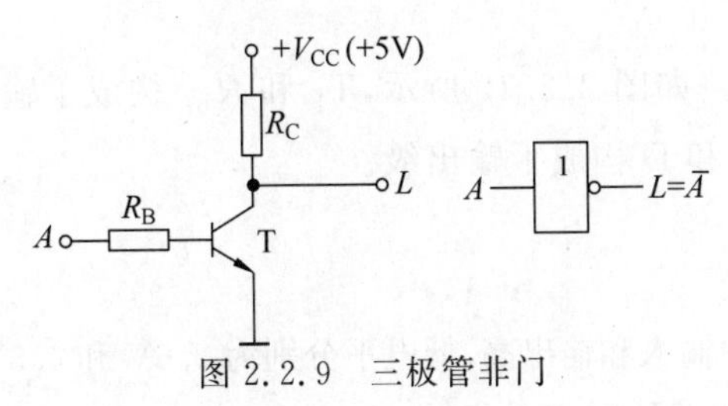

图 2.2.9　三极管非门

2.2.3　课前自学——预习自测

2.2.3.1　题图 2.2.3.1 电路中的二极管为理想二极管，各二极管的状态（导通或截止）和输出电压 U_O 的大小分别为：

D_1__________；D_2__________；D_3__________；U_O__________。

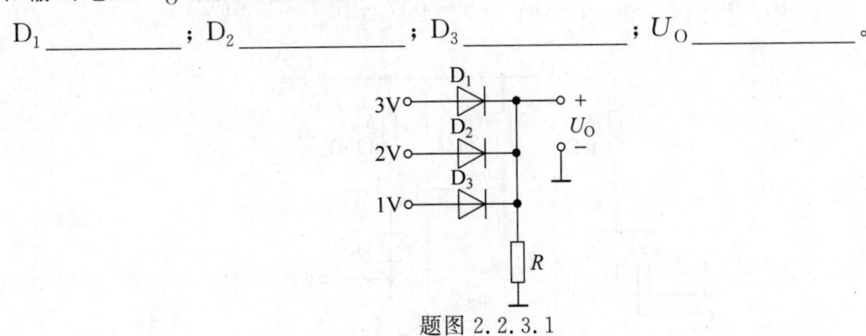

题图 2.2.3.1

2.2.3.2　试分析题图 2.2.3.2(a)所示电路的逻辑功能，写出逻辑表达式。如果输入变量的波形如题图 2.2.3.2(b)所示，画出输出波形 Y。

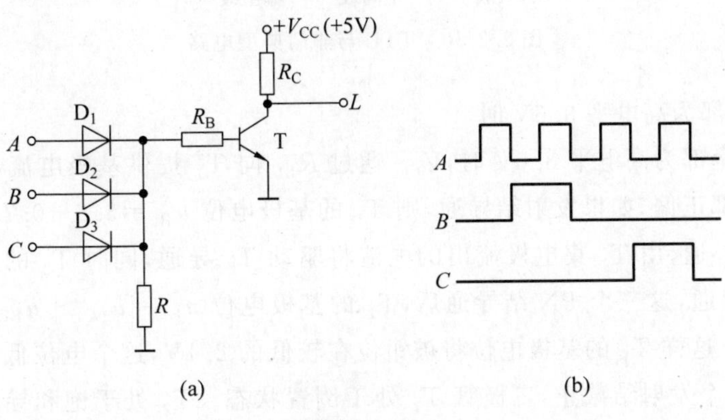

题图 2.2.3.2

（二）课上篇

2.2.4 课中学习——TTL与非门电路

1. 基本结构

TTL与非门典型电路如图2.2.10所示，T_1 和 R_{b1} 构成了输入级，T_2、R_{c2} 和 R_{e2} 构成了中间级，T_3、T_4、R_{c4} 和D构成了输出级。

2. 工作原理

假设图2.2.10电路中输入和输出高、低电平分别为3.6V和0.3V，试分析电路工作过程。

1）输入中有低电平0.3V时

当某个输入端为0.3V时，该发射结导通，T_1 的基极电位 u_{B1} 为1V，而此时要使 T_1 的集电结、T_2 的发射结、T_3 的发射结导通需要 $0.7\times3=2.1(V)$，显然不满足要求，T_2、T_3 截止。由于 T_2 截止，流经 R_{c2} 的电流仅为 T_4 的基极电流，该电流较小，因此在 R_{c2} 上产生的压降也很小，可以忽略，所以 $u_{B4}\approx V_{CC}=5V$，从而使得 T_4 和D导通，则有

$$u_O\approx V_{CC}-u_{BE4}-u_D=5-0.7-0.7=3.6(V)$$

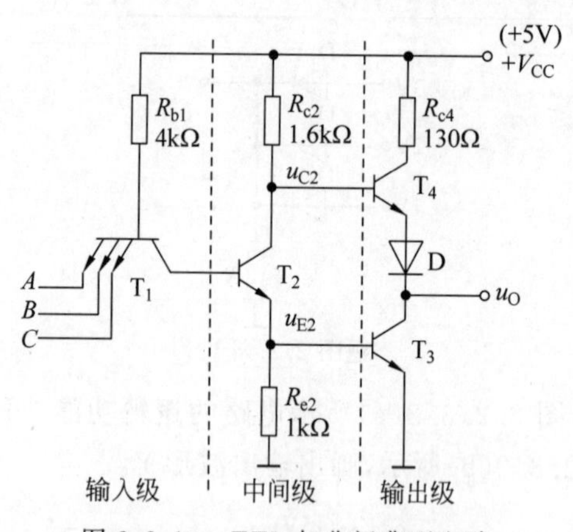

图2.2.10 TTL与非门典型电路

2）输入全部为高电平3.6V时

当输入端全部为高电平3.6V时，V_{CC} 通过 R_{b1} 向 T_1 提供基极电流，似乎 T_1 的发射结和集电结都正偏，如果发射结导通，则 T_1 的基极电位 $u_{B1}=3.6+0.7=4.3(V)$；如果集电结正偏导通，由 T_1 集电极流出的电流将驱动 T_2 导通，同时 T_2 的发射极电流进一步驱动 T_3 导通，这三个PN结导通后，T_1 的基极电位 $u_{B1}=u_{BC1}+u_{BE2}+u_{BE3}=3\times0.7=2.1(V)$。这样 T_1 的基极电位将被钳位在较低的2.1V，这个电位低于此时的发射极电位，因此各个发射结截止，三极管 T_1 处于倒置状态。T_2 处于饱和导通状态，$u_{C2}=u_{BE3}+u_{CES2}=0.7+0.3=1(V)$，该电压不能使 T_4 和D导通，故 T_4 和D截止。此时的

输出 $u_O = u_{CES3} = 0.3V$。

综合上述两种情况，该电路满足与非门的逻辑功能。

3. 重要参数

1）传输延迟时间

当与非门输入一个脉冲波形时，其输出波形有一定的延迟，如图 2.2.11 所示。

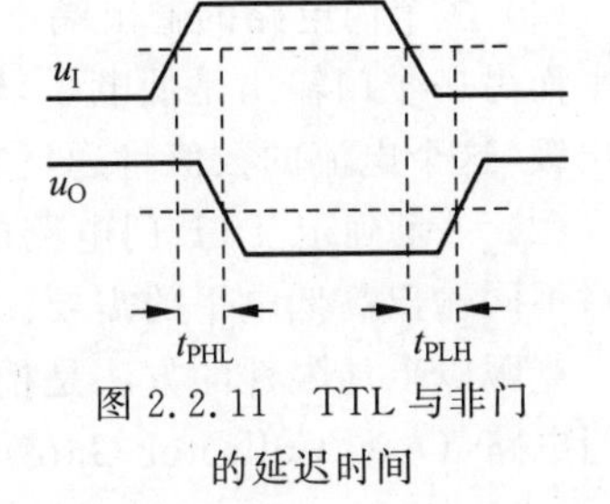

图 2.2.11 TTL 与非门的延迟时间

定义以下两个延迟时间：

（1）导通延迟时间：输入波形上升沿的中点到输出波形下降沿的中点之间的时间用 t_{PHL} 表示。

（2）截止延迟时间：输入波形下降沿的中点到输出波形上升沿的中点之间的时间，用 t_{PLH} 表示。

与非门的传输延迟时间是 t_{PHL} 和 t_{PLH} 的平均值，即

$$t_{pd} = \frac{t_{PHL} + t_{PLH}}{2} \tag{2.2.1}$$

t_{pd} 是反映门电路开关速度的参数，一般为几纳秒到十几纳秒。

2）噪声容限

实际应用中，一个数字系统往往由若干门电路构成，前一个门电路的输出电压是后一个门电路的输入电压。要使前一级门的输出逻辑被后一级门认可，门的输入和输出逻辑 0 和 1 的电平范围之间要留出一些误差容限，称为噪声容限。它反映电路的抗干扰能力。

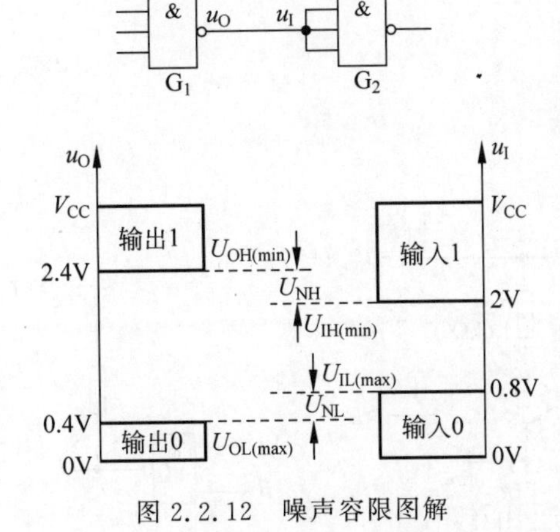

图 2.2.12 噪声容限图解

图 2.2.12 给出了噪声容限图解。规定输出高电平的下限为 $U_{OH(min)}$，输出低电平的上限为 $U_{OL(max)}$，输入低电平的上限为 $U_{IH(max)}$，输入高电平的下限为 $U_{IH(min)}$。对于 G_1 门输出电压有一定的波动范围，任何在 $U_{OH(min)}$ 和 V_{CC} 之间的电压被认为是高电平；在 0V 和 $U_{OL(max)}$ 之间的电压被认为是低电平。在 $U_{OL(max)}$ 和 $U_{OH(min)}$ 之间的电压是不确定的，在正常的工作条件下不能出现。相应地，图 2.2.12 也给出了 G_2 门输入端的电压范围。为了补偿噪声信号，集成电路必须设计成 $U_{IL(max)} > U_{OL(max)}$，$U_{IH(min)} < U_{OH(min)}$，使得输出逻辑电平与输入逻辑电平数值流出一些误差容限，这就是噪声容限。

噪声容限分为高电平噪声容限 U_{NH} 和低电平噪声容限 U_{NL}：

$$U_{NH} = U_{OH(min)} - U_{IH(min)} \tag{2.2.2}$$

$$U_{NL} = U_{IL(max)} - U_{OL(max)} \tag{2.2.3}$$

74 系列门电路的标准参数为 $U_{OH(min)} = 2.4V$，$U_{OL(max)} = 0.4V$，$U_{IH(min)} = 2V$，$U_{IL(max)} = 0.8V$，可得 $U_{NH} = 0.4V$，$U_{NL} = 0.4V$。U_{NH} 和 U_{NL} 越大，表明电路的抗干扰能

力越强。如果高、低电平的噪声容限不相等，取较小的作为电路噪声容限。

2.2.5 课中学习——其他TTL门电路

TTL门电路的输出级具有输出电阻很低的优势，但是使用时有以下局限性：

(1) 多个门电路的输出端不能并联使用。如图2.2.13所示，如果一个门的输出是高电平而另一个门输出是低电平，输出端并联后必然有很大的负载电流同时流过门电路的输出级，这个电流的数值将远远超过正常工作电流，可能会将门电路烧毁。

(2) 一旦确定TTL门电路电源(通常工作在+5V)，也就确定了输出高电平，无法满足对不同输出高低电平的需要。

克服以上局限性的方法是把输出级改为集电极开路的三极管结构，做成集电极开路的门电路(Open Collector Gate)，简称OC门。

1. OC门

1) 电路结构

图2.2.14给出了OC门的电路结构和符号。与普通TTL门电路相比，去掉了T_4、R_{c4}和D。由于T_3的集电极开路，使用时必须外接一个上拉电阻至电源。只要电阻和电源数值恰当，就能够不仅保证输出高、低电平符合要求，输出端三极管的负载电流又不过大。

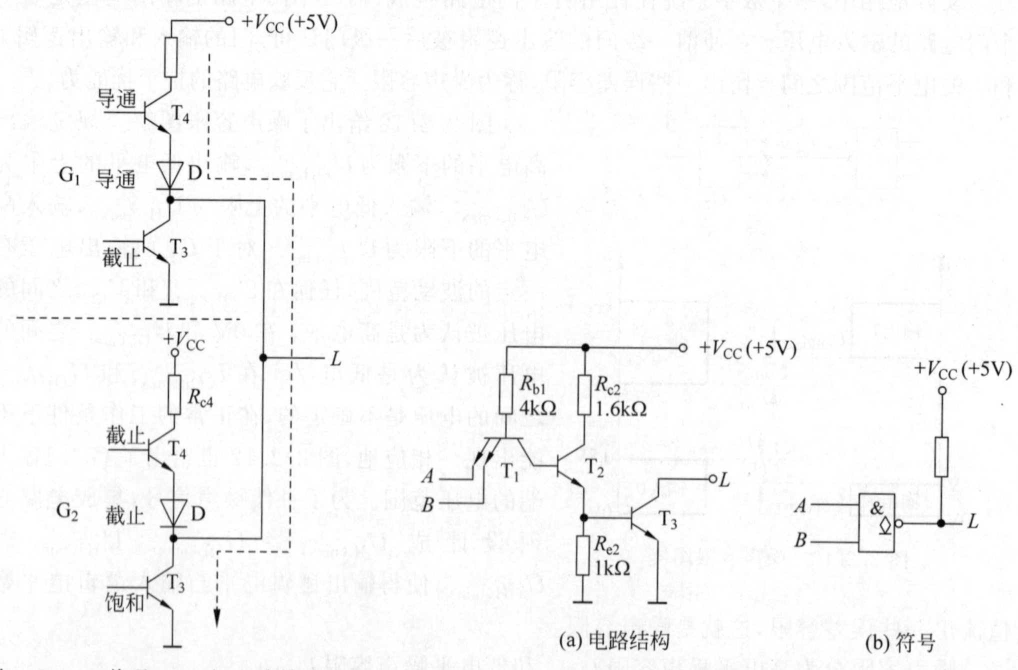

图2.2.13 普通TTL门电路并联使用

图2.2.14 集电极开路与非门

2) 应用

(1) 实现“线与”。

图2.2.15将两个OC结构的与非门输出并联，只有当A、B同时为高电平时T_3导

通，输出 Y_1 为低电平，所以 $Y_1=\overline{A\cdot B}$，同理 $Y_2=\overline{C\cdot D}$。Y_1 和 Y_2 连在一起，只要有一个是低电平，Y 就是低电平，只有两个都是高电平时，Y 才是高电平，即 $Y=Y_1\cdot Y_2$，这种连接方式称为“线与”。所以，$Y=\overline{AB}\cdot\overline{CD}=\overline{AB+CD}$。

(2) 实现电平转换。

从图 2.2.15(a)不难看出，当 T_3 和 T_3' 截止时，输出 Y 的高电平为 V_{CC}'，V_{CC}' 在数值上可以不同于电路本身的电源 V_{CC}，因此只要根据需要选择 V_{CC}' 大小即可，实现了电平转换。

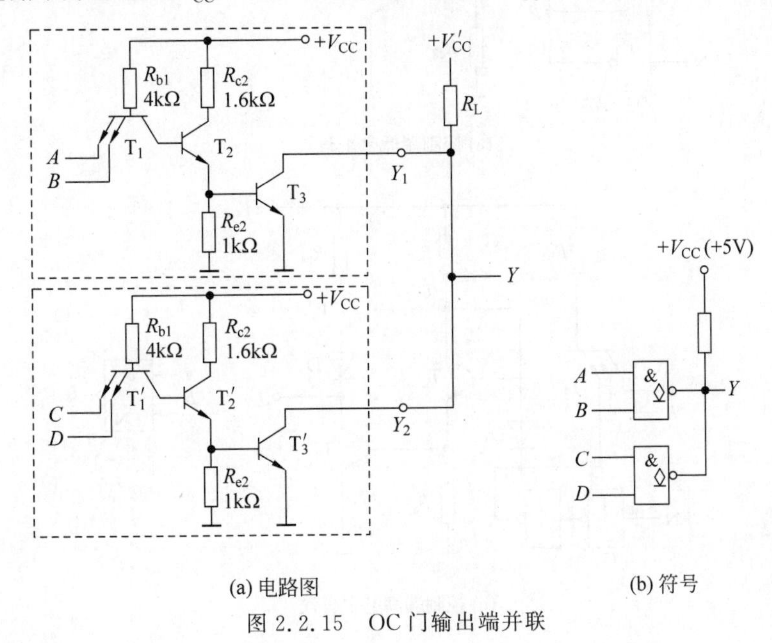

(a) 电路图　　(b) 符号

图 2.2.15　OC 门输出端并联

2. 三态门

三态输出门(Three-State Output Gate)简称三态门(TS 门)，是在普通门电路基础上增加了控制电路而构成的。

1) 电路结构

图 2.2.16(a)相较于普通与非门，增加了非门 G 和二极管 D_1，当控制端 EN 为低电平(EN=0)时，p 点为高电平，二极管 D_1 截止，电路的工作状态与普通与非门一致，$L=\overline{A\cdot B}$，输出 L 的值由输入信号 A、B 状态而定。当控制端 EN 为高电平(EN=1)时，p 点为低电平，T_3 截止。二极管 D_1 导通，T_4 的基极电位为 0.7V，T_4 和 D 截止。由于 T_3 和 T_4 同时截止，所以输出呈现高阻状态。这样输出端就出现高电平、低电平、高阻三种状态，故将该电路称为三态输出门。

因为图 2.2.16(a)电路在 EN=0 时为正常的与非门，所以称为控制端低电平有效。图 2.2.16(b)电路在 EN=1 时为正常的与非门，所以称为控制端高电平有效。

2) 应用

三态门在计算机总线结构中有着广泛的应用。图 2.2.17(a)为三态门实现的数据单向传输。当 $EN_1=1$，$EN_2=EN_3=0$ 时，G_2、G_3 处于高阻状态，G_1 的输出 $\overline{A_1B_1}$ 出现在

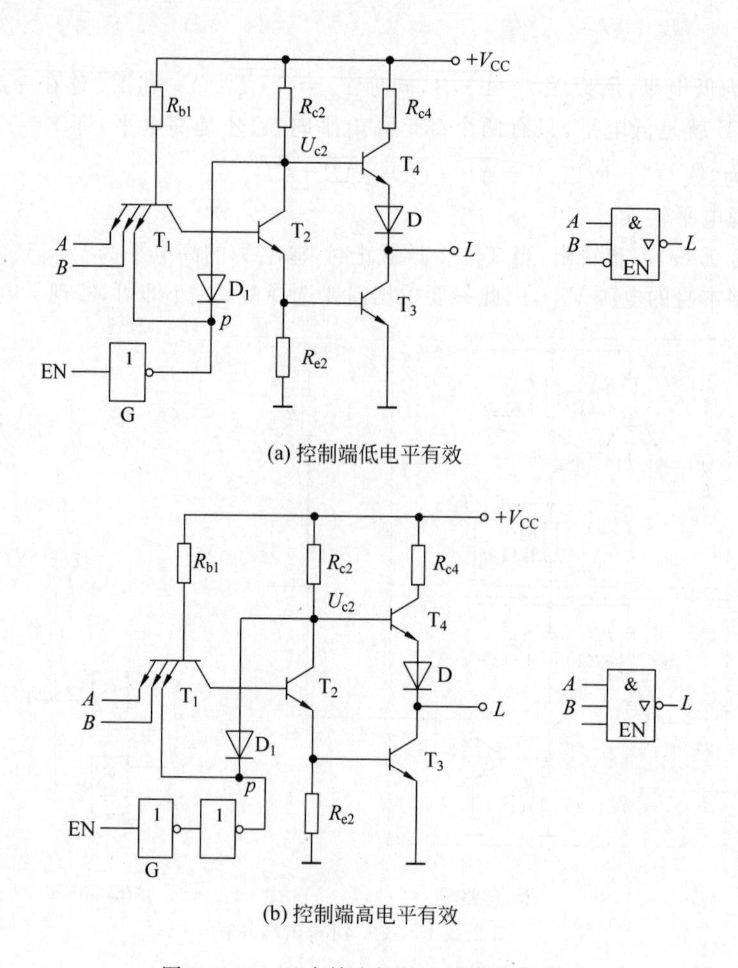

(a) 控制端低电平有效

(b) 控制端高电平有效

图 2.2.16　三态输出门的电路图和符号

总线上；同理，当$EN_2=1$，其余输入端为 0 时，G_2 的输出 $\overline{A_2B_2}$ 出现在总线上；以此类推，实现了数据的分时传送。

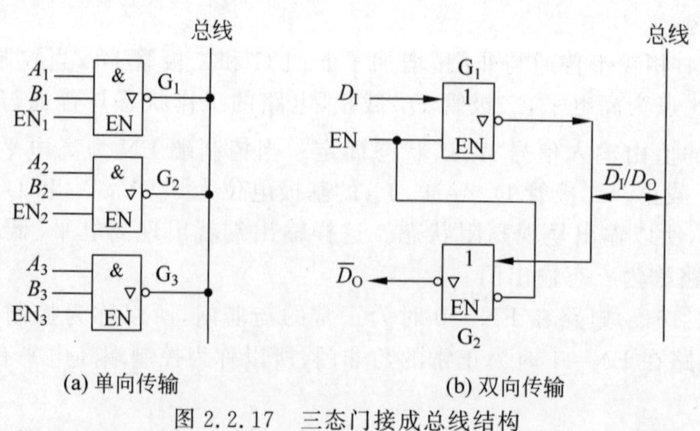

(a) 单向传输　　(b) 双向传输

图 2.2.17　三态门接成总线结构

图 2.2.17(b)为三态门实现的数据双向传输。当 EN 为高电平时，G_1 正常工作，G_2

为高阻，输入数据 D_I 经 G_1 反相后送到总线上；当 EN 为低电平时，G_1 为高阻，G_2 正常工作，总线上的数据 D_O 经 G_2 反相后输出 $\overline{D_O}$，这样实现了数据分时双向传送。

（三）课后篇

2.2.6 课后巩固——练习实践

讲解视频

1. 知识巩固练习

2.2.6.1 在题图 2.2.6.1 所示电路中，要求实现下列规定的逻辑功能时，其连接有无错误？如有错误，请改正。

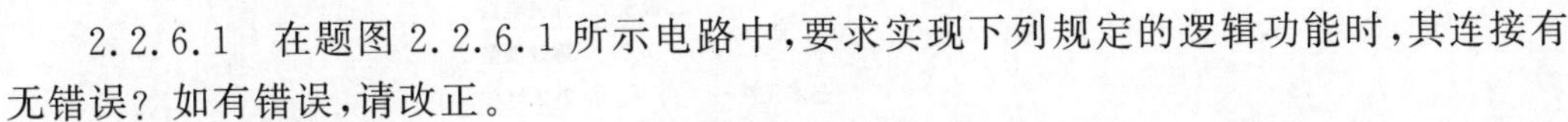

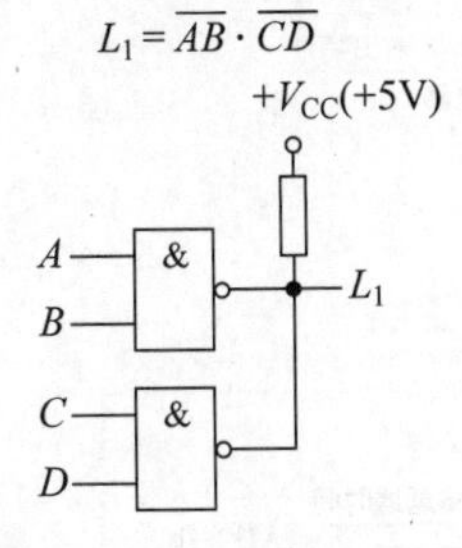

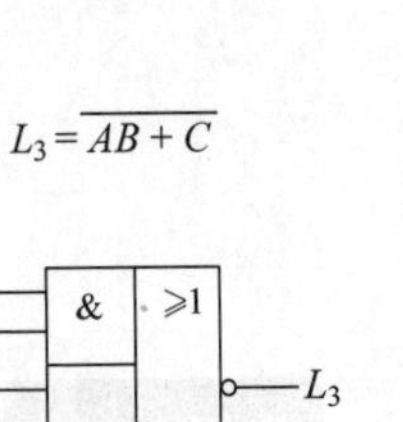

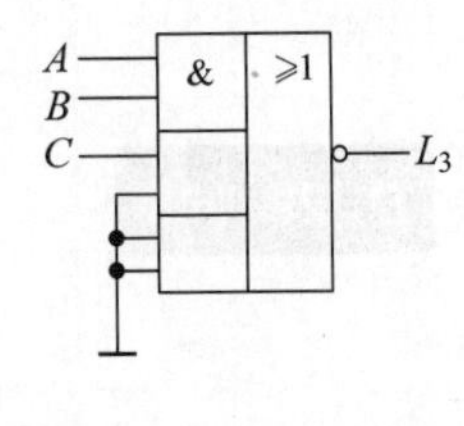

题图 2.2.6.1

讲解视频

2.2.6.2 在题图 2.2.6.2(a)中，所有的门电路都为 TTL 门，设输入 A、B、C 的波形如题图 2.2.6.2(b)所示，试画出各输出的波形图。

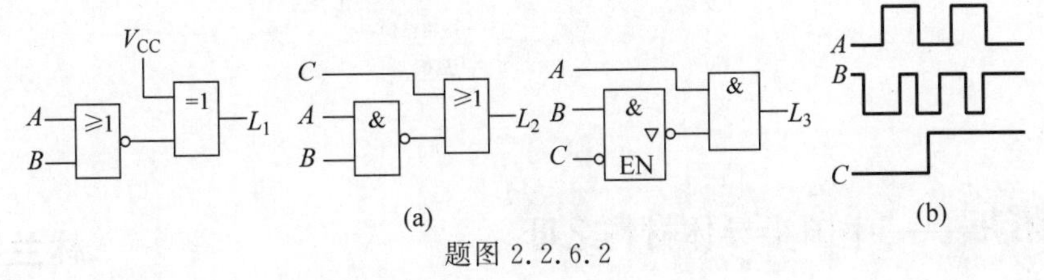

题图 2.2.6.2

2.2.6.3 三态门输出状态为哪三态：（ ）；多个三态门的输出端并联使用时工作条件是（ ）；OC 门输出端并联时可以实现（ ），三态门输出端并联时可以实现（ ）。

讲解视频

2.2.6.4 电路如题图 2.2.6.4 所示，试写出各门电路的名称，输出逻辑表达式以及真值表。

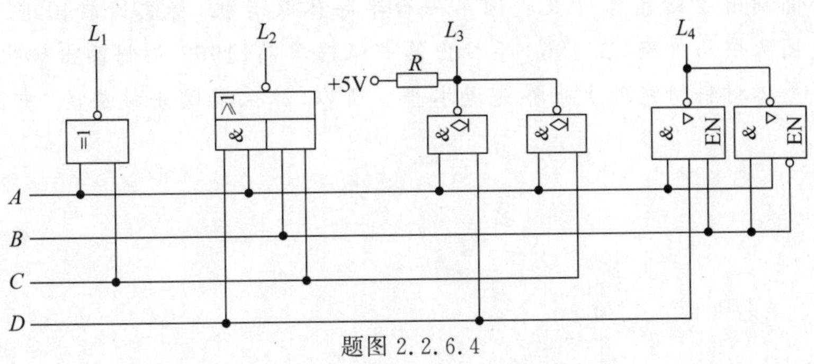

题图 2.2.6.4

2. 工程实践练习

讲解视频

2.2.6.5　试用 OC 门设计一个锅炉报警电路。要求在喷嘴打开的前提下，温度或压力过高时用发光二极管显示报警。

2.2.7　本节思维导图

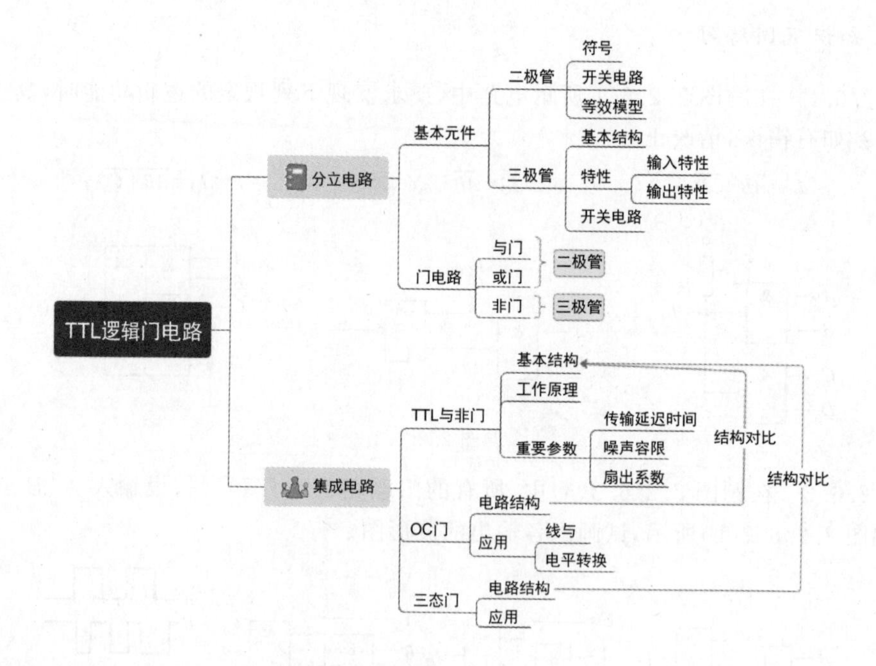

知识拓展——中国半导体材料之母

林兰英院士

1956 年，我国制定了第一个中长期科技规划（《1956—1967 年科学技术发展远景规划》），其中规划打破封锁研制半导体材料。1957 年，林兰英博士冲破重重阻挠从美国回国，她的回归被史学家认为开启了中国芯片产业的元年，她是美国宾夕法尼亚大学第一位固体物理学女博士，主要研究半导体材料。她回国当年就拉出我国第一根锗单晶，我国利用锗单晶制出了锗晶体管及我国第一台半导体收音机，标志着我国进入半导体时代。林兰英团队快马加鞭，在 1958 年拉出第一根硅单晶，1962 年制备出砷化镓单晶，使得我国的半导体材料研究赶上世界先进水平。所以，林兰英院士被誉为“中国半导体材料之母”。

2.3 CMOS逻辑门电路

（一）课前篇

本节导学单

1. 学习目标

根据《布鲁姆教育目标分类学》，从知识维度和认知过程两方面进一步细化本节课的教学目标，明确学习本节课所必备的学习经验。

知识维度	认知过程					
	1. 回忆	2. 理解	3. 应用	4. 分析	5. 评价	6. 创造
A. 事实性知识		回忆MOS管逻辑符号				
B. 概念性知识		阐释MOS管开关特性				
C. 程序性知识	回忆MOS管的特性		应用MOS管开关特性分析MOS管开关电路	分析CMOS反相器、CMOS传输门的工作过程	评价CMOS逻辑门电路的特点	
D. 元认知知识	明晰学习经验是理解新知识的前提		根据概念及学习经验迁移得到新理论的能力	将知识分为若干任务，主动思考，举一反三，完成每个任务		

2. 导学要求

根据本节的学习目标，将回忆、理解、应用层面学习目标所涉及的知识点课前自学完成，形成自学导学单。

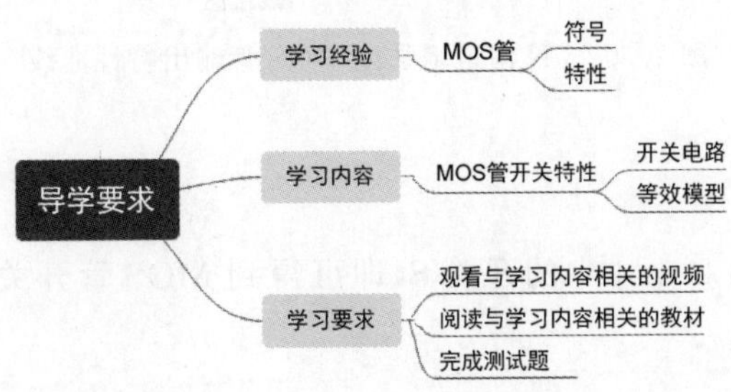

2.3.1 课前自学——MOS管开关特性

在绝缘栅型场效应管中，目前常用二氧化硅做金属铝栅极和半导体之间的绝缘层，称为金属-氧化物-半导体场效应晶体管（MOSFET），简称MOS管。

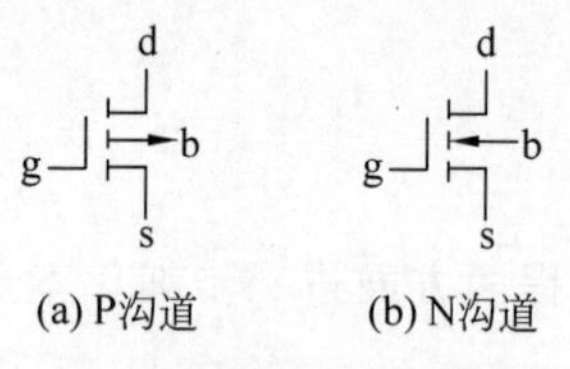

图2.3.1 增强型MOS管的符号

1. 基本结构

MOS管有N沟道和P沟道两种类型，其符号如图2.3.1所示。器件的3个端子分别为栅极g、漏极d和源极s，管子的衬底b通常在管内与源极相连接（但也有管子将衬底b单独引出）。

2. 输出特性

输出特性定义为

$$i_{D}=f(u_{DS})\mid U_{GS}=\text{常数} \tag{2.3.1}$$

N沟道增强型MOS管输出特性曲线如图2.3.2所示，可以分为三个区：

(1) 可变电阻区。当 $u_{DS} \leqslant u_{GS}-U_{T}$ 时，管子可看作一个由电压 u_{GS} 控制的可变电阻。在不同的 u_{GS} 下，曲线上升的斜率不同。u_{GS} 越大，曲线越倾斜，等效电阻越小。

(2) 饱和区。当 $u_{DS}>u_{GS}-U_{T}$ 时，i_{D} 几乎不随 u_{DS} 的变化而变化，只受 u_{GS} 的控制，输出曲线几乎成为水平的直线，这一区域称为恒流区，也称为饱和区。

(3) 截止区。当 $u_{GS}<U_{T}$ 时，i_{D} 几乎为0，称为截止区。

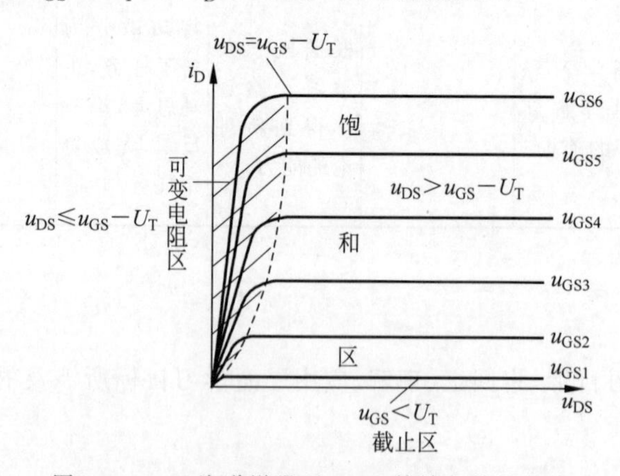

图2.3.2 N沟道增强型MOS管输出特性曲线

3. 开关特性

用MOS管取代图2.1.4中的开关S，即可得到MOS管开关电路，如图2.3.3(a)所示。

从输出特性曲线可知：

当 $u_I < U_T$ 时，MOS 管处于截止状态，i_D 几乎为 0，输出 $u_O = V_{DD}$。

当 $u_I > U_T$ 时，并且比较大，使得 $u_{DS} > u_{GS} - U_T$，MOS 管工作在饱和区，随着 u_I 增加，i_D 增加，u_{DS} 随之下降，最终 MOS 管工作在可变电阻区。

由此可见，MOS 管相当于一个受 u_I 控制的开关：当 u_I 为低电平时，MOS 管截止，相当于开关断开，输出高电平，其等效电路如图 2.3.3(b)所示；当 u_I 为高电平时，MOS 管工作在可变电阻区，相当于开关闭合，输出为低电平，其等效电路如图 2.3.3(c)所示，R_{ON} 为 MOS 管导通时的等效电阻。

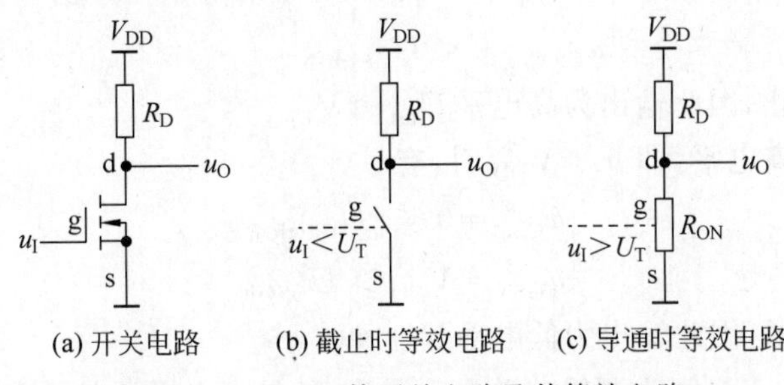

图 2.3.3 MOS 管开关电路及其等效电路

2.3.2 课前自学——预习自测

2.3.2.1 试分析 P 沟道增强型 MOS 管的开关特性。

2.3.2.2 已知各 MOS 管的 $|U_T| = 2\text{V}$，忽略电阻上的压降，试确定其工作状态(导通或截止)。

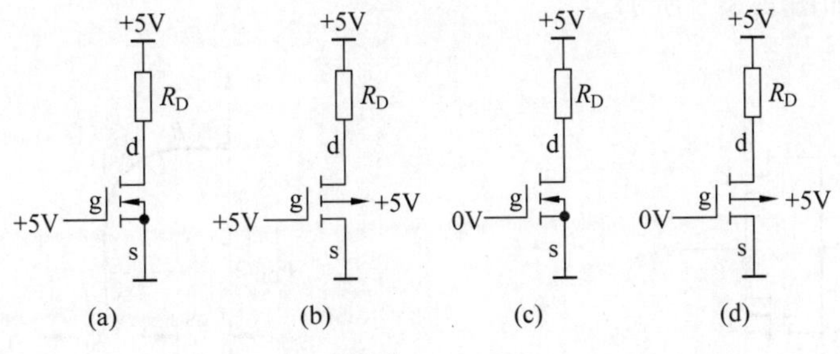

题图 2.3.2.2

(二) 课上篇

2.3.3 课中学习——CMOS 反相器

1. 电路结构

CMOS 反相器的电路结构如图 2.3.4 所示。其中 T_P 是 P 沟道增强型 MOS 管，T_N

是 N 沟道增强型 MOS 管。它们的栅极相连作为反相器的输入端,漏极相连作为反相器的输出端。T_P 的源极接正电源 V_{DD},T_N 的源极接地。

2. 工作原理

如果 T_P 和 T_N 的开启电压分别为 $U_{GS(th)P}$ 和 $U_{GS(th)N}$,同时令 $V_{DD} > U_{GS(th)N} + |U_{GS(th)P}|$。

(1) 当输入为低电平,即 $u_I = 0V$ 时,有

$$\begin{cases} |u_{GSP}| = V_{DD} > |U_{GS(th)P}| \\ u_{GSN} = 0 < U_{GS(th)N} \end{cases} \tag{2.3.2}$$

故 T_P 导通,T_N 截止,因此输出为高电平 $U_{OH} \approx V_{DD}$。

(2) 当输入为高电平,即 $u_I = V_{DD}$ 时,有

$$\begin{cases} u_{GSP} = 0 < |U_{GS(th)P}| \\ u_{GSN} = V_{DD} > U_{GS(th)N} \end{cases} \tag{2.3.3}$$

故 T_P 截止,T_N 导通,因此输出为低电平 $U_{OL} \approx 0$。

可见,输出与输入之间为逻辑非关系。无论 u_I 是高电平还是低电平,T_P 和 T_N 总是工作在一个导通一个截止的状态,即互补状态,所以把这种电路结构形式称为互补对称式金属-氧化物-半导体电路(CMOS 电路)。

3. 电压传输特性

设 CMOS 反相器的电源电压 $V_{DD} > U_{GS(th)N} + |U_{GS(th)P}|$,两管的开启电压 $U_{GS(th)N} = |U_{GS(th)P}|$,$T_P$ 和 T_N 具有相同的导通电阻 R_{ON} 和截止电阻 R_{OFF},CMOS 反相器的电压传输特性曲线如图 2.3.5 所示。

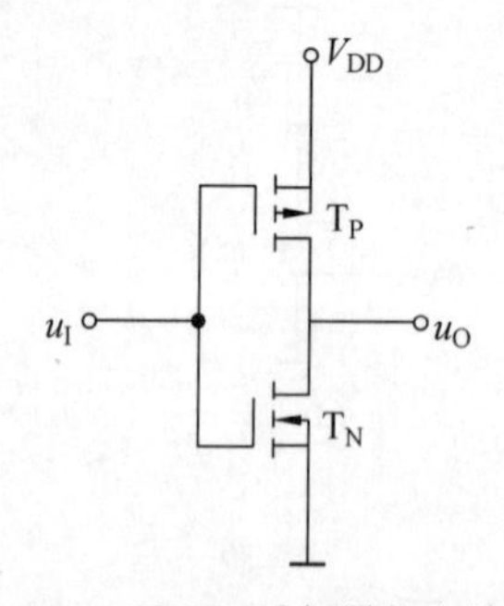

图 2.3.4 CMOS 反相器的电路结构

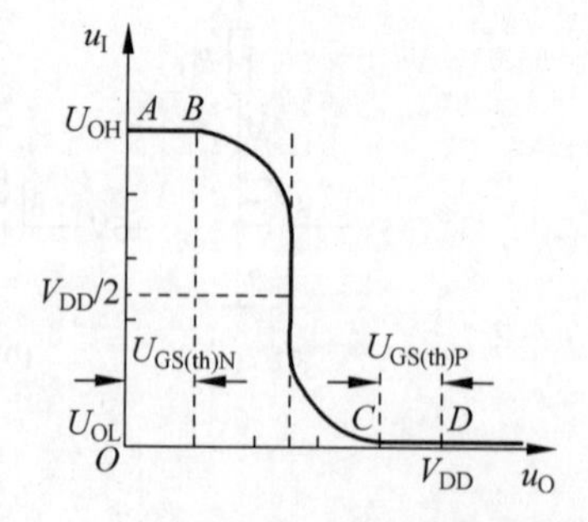

图 2.3.5 CMOS 反相器的电压传输特性

(1) 当反相器工作于电压传输特性的 AB 段时,由于 $u_I < U_{GS(th)N}$,$|u_{GSP}| > |U_{GS(th)P}|$,$T_N$ 截止,T_P 导通,输出 $u_O \approx V_{DD}$。

(2) 当反相器工作于电压传输特性的 CD 段时,由于 $u_I > V_{DD} - |U_{GS(th)P}|$,$|u_{GSP}| < |U_{GS(th)P}|$,$T_N$ 导通,T_P 截止,输出 $u_O \approx 0$。

(3) 当反相器工作于电压传输特性的 BC 段时,$U_{GS(th)N} < u_I < V_{DD} - |U_{GS(th)P}|$,

$|u_{GSP}|>|U_{GS(th)P}|$，$u_{GSN}>U_{GS(th)N}$，T_N 和 T_P 同时导通。如果两个管子参数完全对称，则 $u_I=\frac{1}{2}V_{DD}$ 时两管的导通内阻相等，$u_O=\frac{1}{2}V_{DD}$，即工作于电压传输特性转折区的中点。因此，CMOS 反相器的阈值电压 $U_{TH}\approx\frac{1}{2}V_{DD}$。从曲线不难看出，CMOS 反相器的电压传输特性转折区变化率很大，更接近于理想的开关特性，也使得 CMOS 反相器获得了更大输入端噪声容限。

2.3.4 课中学习——CMOS 传输门

CMOS 传输门由 N 沟道 MOS 管和 P 沟道 MOS 管并联而成，如图 2.3.6 所示。

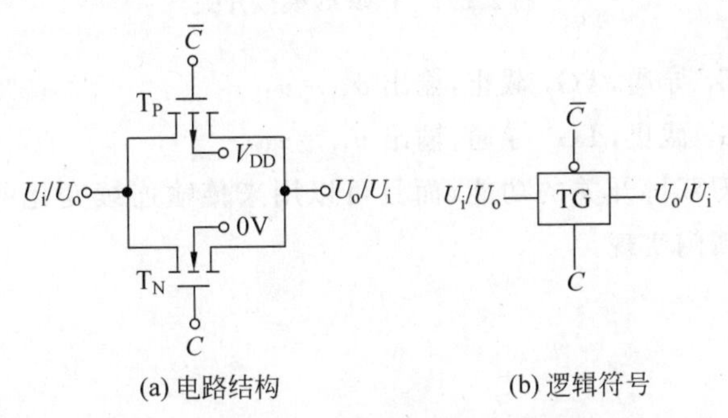

图 2.3.6 CMOS 传输门电路结构及逻辑符号

T_P 是 P 沟道增强型 MOS 管，T_N 是 N 沟道增强型 MOS 管，T_P 和 T_N 的源极和漏极分别相连作为传输门的输入端和输出端，C 和 $\overline{C}$ 是一对互补的控制信号。

1. 工作原理

设两个管子的开启电压 $U_{GS(th)N}=|U_{GS(th)P}|$，要传输的信号 u_I 为 $0\sim V_{DD}$，将控制端 C 和 $\overline{C}$ 的高电平设置为 V_{DD}，低电平设置为 0，将 T_N 衬底接低电平 0V，T_P 的衬底接高电平 V_{DD}。

当 C 接高电平 V_{DD} 时，$\overline{C}$ 接低电平 0V 时，若 $0<u_I<V_{DD}-U_{GS(th)N}$，T_N 导通；若 $|U_{GS(th)P}|<u_I<V_{DD}$，T_P 导通。可见 u_I 在 $0\sim V_{DD}$ 变化时，T_N 和 T_P 至少有一个导通，输出与输入之间呈低电阻，将输入电压传到输出端，$u_O=u_I$，相当于开关闭合。

当 C 接低电平 0V 时，$\overline{C}$ 接高电平 V_{DD} 时，u_I 在 $0\sim V_{DD}$ 变化时，T_N 和 T_P 都截止，输出与输入之间呈高电阻状态，输入电压不能传到输出端，相当于开关断开。

可见 CMOS 传输门可以实现信号的可控传输，由于 T_P 和 T_N 的源极和漏极可以互换，所以 CMOS 传输门是双向器件，即输入端和输出端允许互换使用，既可以传输数字信号也可以传输模拟信号。

2. 应用

CMOS 传输门的一个重要用途是用作模拟开关，如图 2.3.7 所示。该电路由两个 CMOS 传输门和一个 CMOS 反相器构成。

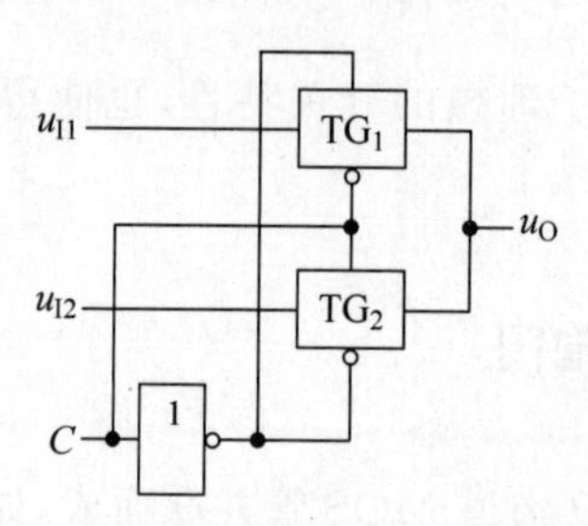

图 2.3.7　CMOS 模拟开关

当 $C=0$ 时，TG_1 导通，TG_2 截止，输出 $u_O=u_{I1}$；

当 $C=1$ 时，TG_1 截止，TG_2 导通，输出 $u_O=u_{I2}$。

电路实现了单刀双掷开关的功能，而且可以用来传输连续变化的模拟电压信号，这一点无法用一般逻辑门实现。

（三）课后篇

2.3.5　课后巩固——练习实践

2.3.5.1　既能传输数字信号又能传输模拟信号的是________________门。

2.3.5.2　分析题图 2.3.5.2 所示电路的逻辑功能。

2.3.5.3　写出题图 2.3.5.3 所示电路的逻辑表达式。

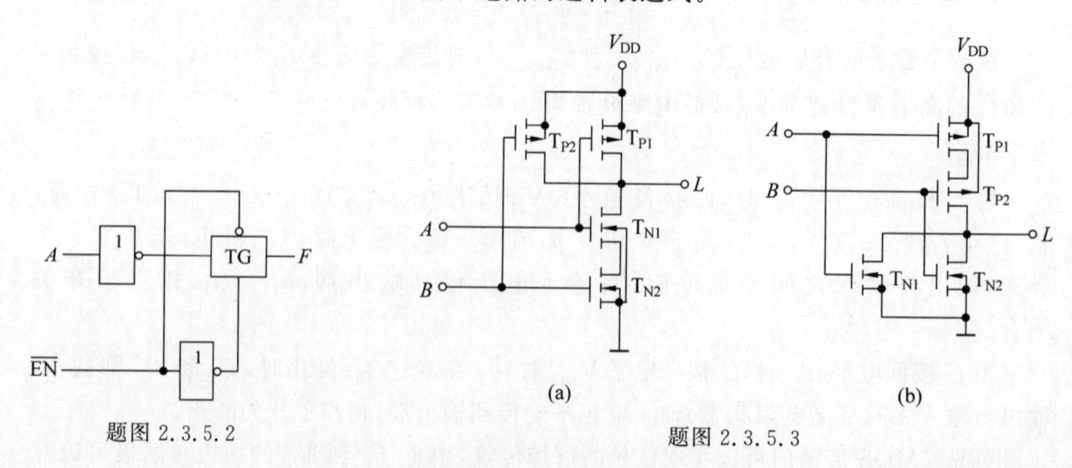

题图 2.3.5.2

题图 2.3.5.3

2.3.5.4　题图 2.3.5.4 所示电路均为 CMOS 门电路，实现 $F=\overline{A+B}$ 功能的电路是（　　）。

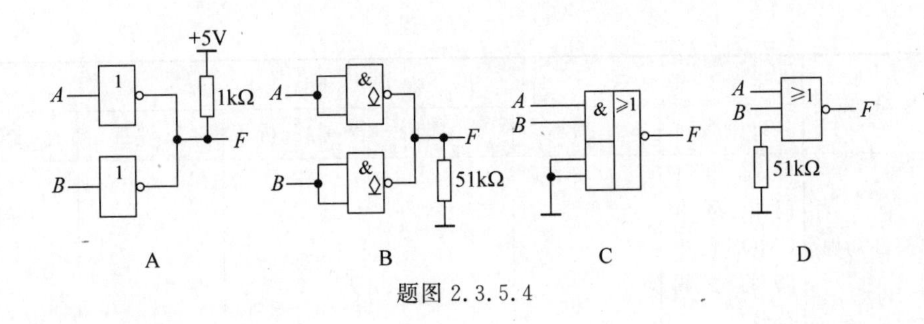

题图 2.3.5.4

2.3.6 本节思维导图

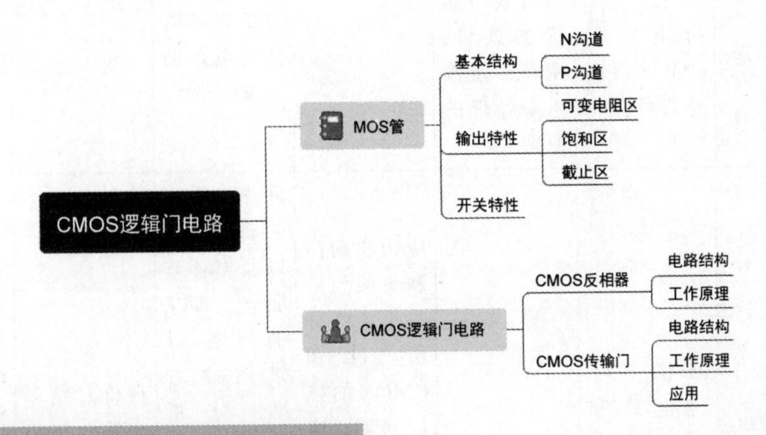

知识拓展——集成电路的发明

世界集成电路发展历史

1958年9月12日，美国工程师杰克·基尔比把晶体管、电阻和电容等集成在微小的平板上，用热焊方式把元件以极细的导线互连，在不超过 $4mm^2$ 的面积上，集成了20多个元件，发明了世界上第一块混合集成电路，他成功地实现了把不同电子器件集成到一块半导体材料上这一构想。虽然这块集成电路非常粗糙简陋，其意义却无与伦比。美国德州仪器公司将这项新设计称为微逻辑元件，选用这种电路来控制洲际弹道导弹，帮助人类登陆月球。2000年，基尔比获得诺贝尔物理学奖，诺奖的评价既简单又深刻："为现代信息技术奠定了基础。"

2.4 TTL和CMOS集成门接口问题及使用注意事项

（一）课前篇

本节导学单

1. 学习目标

根据《布鲁姆教育目标分类学》，从知识维度和认知过程两方面进一步细化本节课的教学目标，明确学习本节课所必备的学习经验。

知识维度	认知过程					
	1. 回忆	2. 理解	3. 应用	4. 分析	5. 评价	6. 创造
A. 事实性知识	回忆TTL门电路和CMOS门电路的逻辑符号					
B. 概念性知识	回忆TTL门电路和CMOS门电路的参数	说出驱动门与负载门连接的条件；阐释多余输入端处理的原则		分析尖峰电流对电路的影响		
C. 程序性知识	回忆TTL门电路和CMOS门电路的特性		应用驱动门和负载门的连接条件分析TTL和CMOS的接口问题。应用多余输入端处理原则提出多余输入端解决方法	分析TTL驱动CMOS以及CMOS驱动TTL的问题，寻求解决方法。分析TTL非门电路内部工作原理，得出输入端通过电阻接地获得高低电平的条件	评价总结多余输入端的处理的方法	自行选择器件，设计发光二极管的驱动电路，借助于仿真软件进行验证，会利用口袋实验包进行电路搭建与调试
D. 元认知知识	明晰学习经验是理解新知识的前提		根据概念及学习经验迁移得到新理论的能力	将知识分为若干任务，主动思考，举一反三，完成每个任务		通过电路的设计、仿真、搭建、调试，培养工程思维

2. 导学要求

根据本节的学习目标，将回忆、理解、应用层面学习目标所涉及的知识点课前自学完成，形成自学导学单。

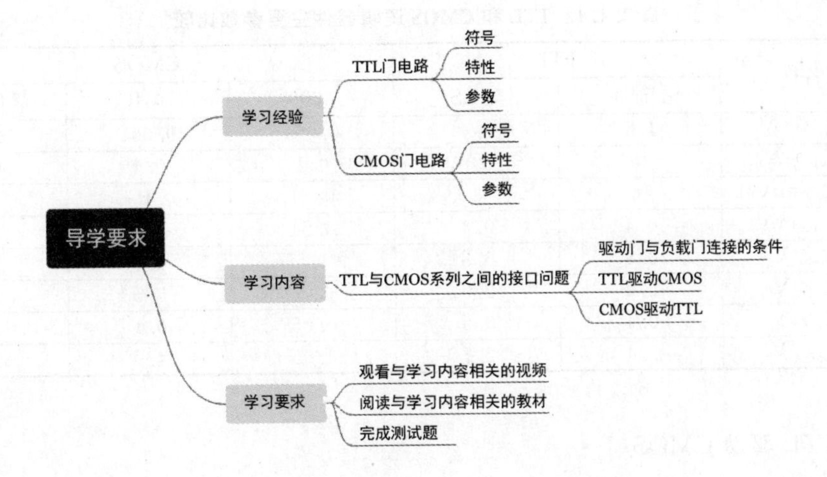

2.4.1 课前自学——TTL 与 CMOS 系列之间的接口问题

在设计数字电路或者数字系统时,要根据工作速度或功耗指标的要求,合理选择逻辑器件。在许多情况下,还需要 TTL 和 CMOS 两种器件混合使用。在两种电路并存时,经常会遇到两种器件对接的问题。

图 2.4.1 可知,无论是用 TTL 电路驱动 CMOS 电路还是用 CMOS 电路驱动 TTL 电路,驱动门必须能为负载门提供合乎标准的高、低电平和足够的驱动电流,需要满足下列条件:

(1) 驱动门的 $U_{OH(min)} \geqslant$ 负载门的 $U_{IH(min)}$;

(2) 驱动门的 $U_{OL(max)} \leqslant$ 负载门的 $U_{IL(max)}$;

(3) 驱动门的 $I_{OH(max)} \geqslant$ 负载门的 $nI_{IH(max)}$;

(4) 驱动门的 $I_{OL(max)} \geqslant$ 负载门的 $mI_{IL(max)}$。

其中:n、m 分别为负载电流中 I_{IH} 和 I_{IL} 的个数。

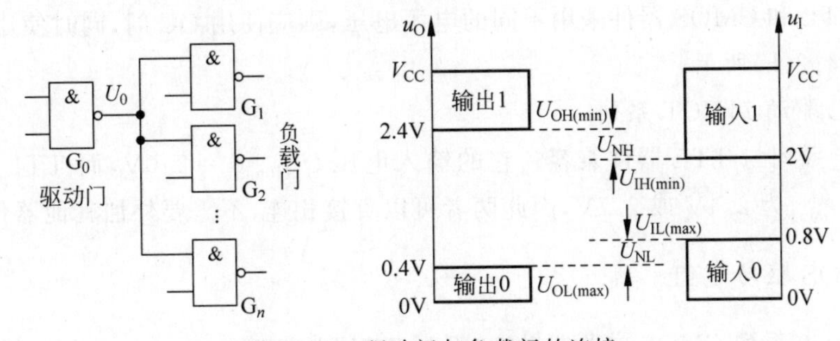

图 2.4.1 驱动门与负载门的连接

表 2.4.1 列出了 TTL 和 CMOS 的主要系列的主要参数。

表 2.4.1 TTL 和 CMOS 逻辑器件主要参数比较

参数名称	TTL		CMOS		
	74	74LS	4000	74HC	74HCT
$I_{IL(max)}$/mA	1.6	0.4	0.001	0.001	0.001
$I_{IH(max)}$/μA	40	20	0.1	0.1	0.1
$I_{OL(max)}$/mA	16	8	0.51	4	4
$I_{OH(max)}$/mA	0.4	0.4	0.51	4	4
$U_{IL(max)}$/V	0.8	0.8	1.5	1.0	0.8
$U_{IH(min)}$/V	2.0	2.0	3.5	3.5	2.0
$U_{OL(max)}$/V	0.4	0.5	0.05	0.1	0.1
$U_{OH(min)}$/V	2.4	2.7	4.95	4.9	4.9

1. TTL 驱动 CMOS

1）TTL 驱动 4000 系列和 74HC 系列 CMOS 电路

从表 2.4.1 可知，无论是采用 74 系列 TTL 电路做驱动门还是采用 74LS 系列做驱动门，都能在 n、m 大于 1 的情况下满足条件(2)～(4)，但是无法满足条件(1)。因此，需要将 TTL 电路输出高电平最小值 $U_{OH(min)}$ 提高到 3.5V 以上。这时可以在 TTL 电路的输出端和电源之间接一上拉电阻 R_P，如图 2.4.2(a)所示。R_P 的阻值取决于负载器件的数目以及 TTL 和 CMOS 器件的电流参数，一般在几百欧至几千欧。

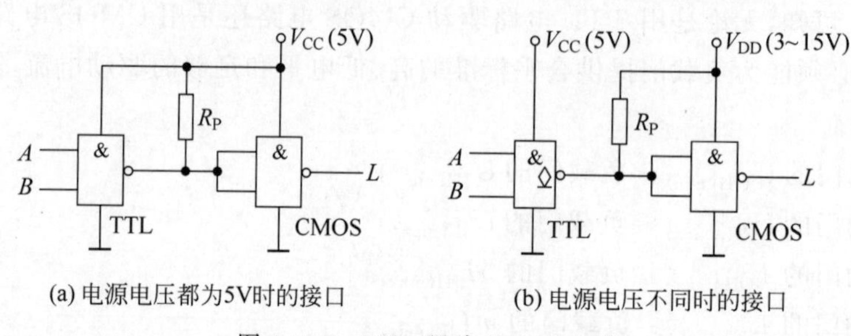

(a) 电源电压都为5V时的接口 (b) 电源电压不同时的接口

图 2.4.2 TTL 驱动 CMOS 电路

如果 TTL 和 CMOS 器件采用不同的电源电压，则应使用 OC 门，同时使用上拉电阻 R_P，如图 2.4.2(b)所示。

2）TTL 驱动 74HCT 系列

74HCT 系列与 TTL 器件兼容。它的输入电压 $U_{IH(min)}=2.0V$，而 TTL 的输出电压参数 $U_{OH(min)}$ 为 2.4V 或 2.7V，因此两者可以直接相连，不需要外加其他器件。

2. CMOS 驱动 TTL

1）用 4000 系列 CMOS 电路驱动 74 系列 TTL 电路

从表 2.4.1 可知，采用 4000 系列 CMOS 电路做驱动门来驱动 74 系列 TTL 电路，满足条件(1)～(3)，但是无法满足条件(4)。因此需要提高 CMOS 门电路输出低电平时吸收负载电流的能力。可以将同一芯片上的多个门并联使用(图 2.4.3(a))，也可在 CMOS

门的输出端与 TTL 门的输入端之间加一个 CMOS 驱动器(图 2.4.3(b))。

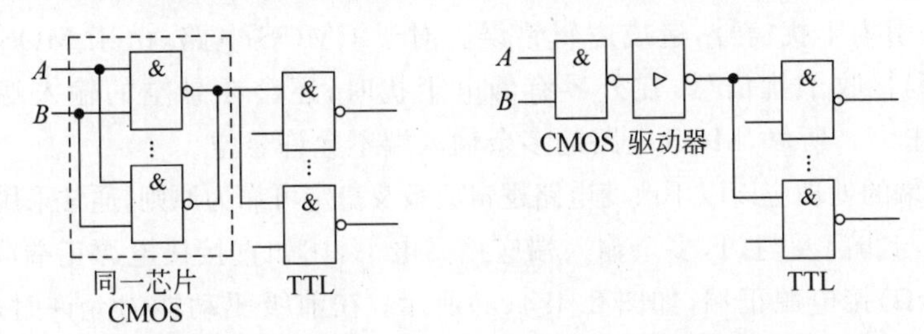

图 2.4.3 CMOS 电路驱动 TTL 门电路

2) 用 4000 系列 CMOS 电路驱动 74LS 系列 TTL 电路

从表 2.4.1 可知,用 4000 系列 CMOS 电路驱动 74LS 系列 TTL 电路,条件(1)～(4)均满足,所以可将 4000 系列 CMOS 电路直接与 74LS 系列 TTL 电路相连。

3) 用 74HC/74HCT 系列 CMOS 电路驱动 TTL 电路

从表 2.4.1 可知,无论用 74HC 系列还是 74HCT 系列 CMOS 电路来驱动 TTL 电路,条件(1)～(4)均满足,所以可将 74HC/74HCT 系列 CMOS 电路直接与 TTL 电路相连。

2.4.2 课前自学——预习自测

2.4.2.1 电路如题图 2.4.2.1 所示,已知 CMOS 门电路的输出电压 $U_{OH}=4.7V$, $U_{OL}=0.1V$,试计算接口电路的输出电压 u_O(三极管的集电极电位),并说明接口参数选择是否合理。

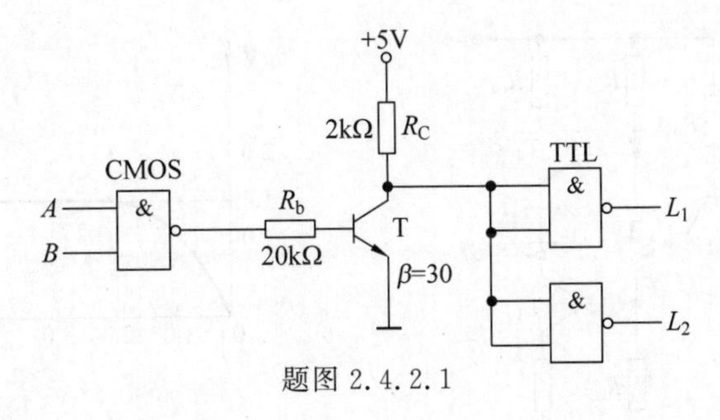

题图 2.4.2.1

(二) 课上篇

2.4.3 课中学习——逻辑门电路使用中的几个实际问题

1. 不使用的输入端的处理

集成门电路的输入端数目是一定的,在使用时有时会有多余输入端。对于 TTL 门电路，如果多余输入端悬空，从理论上来讲相当于是接高电平。但是在实际应用中，悬空的输入端容易引入干扰信号，造成逻辑错误。对于CMOS电路，由于MOS管的输入阻抗很高，更容易接收干扰信号，在外界有静电干扰时，还会在悬空的输入端积累起高电荷，造成栅极击穿。所以，MOS电路的多余输入端不允许悬空。

多余输入端的处理应该以不改变电路逻辑关系及稳定可靠为原则，通常采用以下方法：

(1) 对于与非门及与门，多余输入端应接高电平，比如直接接电源正端或通过一个上拉电阻(1～3kΩ)接电源正端，如图2.4.4(a)所示；在前级驱动能力允许时，也可以与有用的输入端并联使用，如图2.4.4(b)所示。

(2) 对于或非门及或门，多余输入端应接低电平，如直接接地，如图2.4.5(a)所示；在前级驱动能力允许时，也可以与有用的输入端并联使用，如图2.4.5(b)所示。

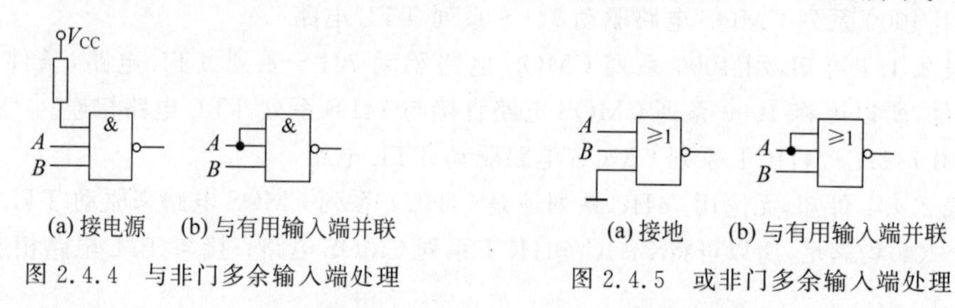

图2.4.4　与非门多余输入端处理

图2.4.5　或非门多余输入端处理

(3) 多余输入端通过电阻接地。如果输入端通过电阻接地，此时输入端是高电平还是低电平？图2.4.6(a)是非门的内部电路，在一定范围内 u_I 随着 R_P 的增大而升高，但是当 u_I 上升到1.4V后，也就是 $u_{B1}=2.1V$，此时 T_2 和 T_3 的发射结同时导通，将 u_{B1} 钳位在2.1V上，从而 u_I 也钳位在1.4V，所以此时即使 R_P 再增加，u_I 也不会升高了，如图2.4.6(b)所示。

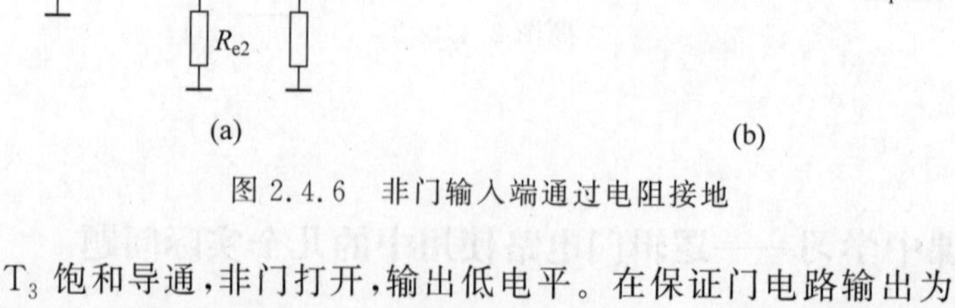

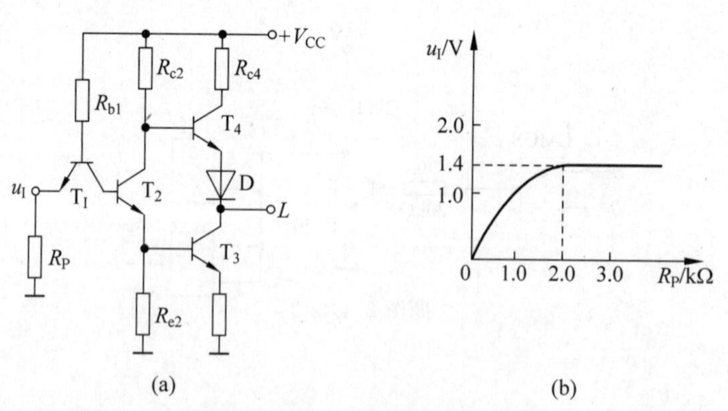

图2.4.6　非门输入端通过电阻接地

由于 T_2、T_3 饱和导通，非门打开，输出低电平。在保证门电路输出为额定低电平的条件下，所允许 R_P 的最小值称为开门电阻，典型的TTL门电路的开门电阻 $R_{ON}\approx 2k\Omega$。同样，在保证门电路输出为额定高电平的条件下，所允许 R_P 的最大值称为关门电阻，典型的TTL门电路的关门电阻 $R_{OFF}\approx 0.7k\Omega$。在数字电路中一般要求输入负载电

阻 $R_P \geqslant R_{ON}$ 或 $R_P \leqslant R_{OFF}$，否则输入信号将不在高、低电平范围内。

因此，如果 TTL 电路输入端通过电阻接地，如果电阻阻值 $R > R_{ON}$，则输入端获得高电平；如果电阻阻值 $R < R_{OFF}$，则输入端获得低电平。

2. 尖峰电流的影响

尖峰电流的存在对于数字系统极为不利，因为尖峰电流将在电源内阻上产生压降，使电源电压跳动而形成一个干扰源，最终门电路的输出叠加有干扰脉冲，这种干扰通过电源内阻所造成的门电路间相互影响，严重时会导致逻辑上的错误。

TTL 门输出为 1 和 0 时，电路内部各管子的状态不同，因此从电源 V_{CC} 供给 TTL 门电路的电流 I_{EH} 和 I_{EL} 也不同，图 2.4.7(a)为输出电平的波形，理论上 V_{CC} 提供给 TTL 门电路的电流，如图 2.4.7(b)所示，但实际电流如图 2.4.7(c)所示，它具有短暂但幅值很大的尖峰电流，特别是在输出电平从 U_{OL} 变为 U_{OH} 时更为突出。

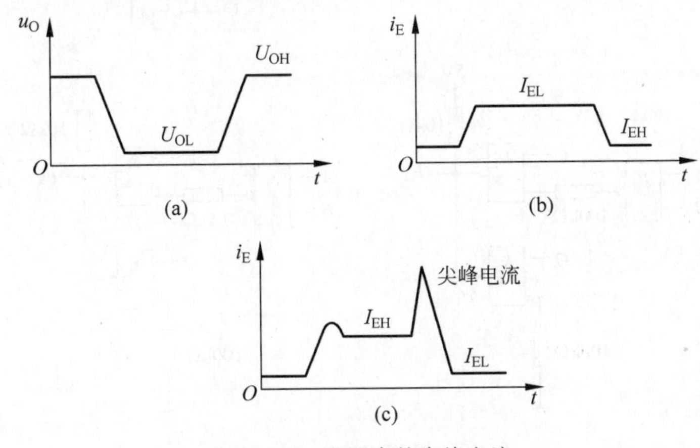

图 2.4.7　电源中的尖峰电流

（三）课后篇

2.4.4　课后巩固——练习实践

2.4.4.1　判断题。

(1) CMOS 门闲置输入端可以悬空。(　　)

(2) TTL 门闲置输入端不可以悬空。(　　)

2.4.4.2　填空题。

(1) 与门的多余输入端可以________。

(2) 或非门的多余输入端可以________。

2.4.4.3　已知题图 2.4.4.3 所示电路为 TTL 电路，试写出电路的逻辑表达式。

讲解视频

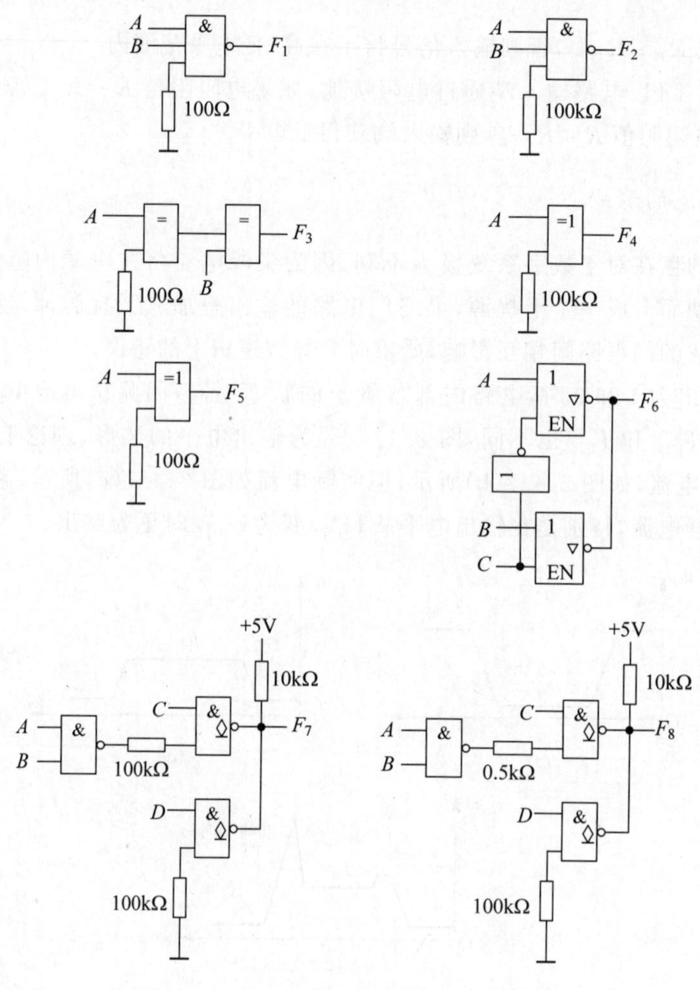

题图 2.4.4.3

2.4.5　本节思维导图

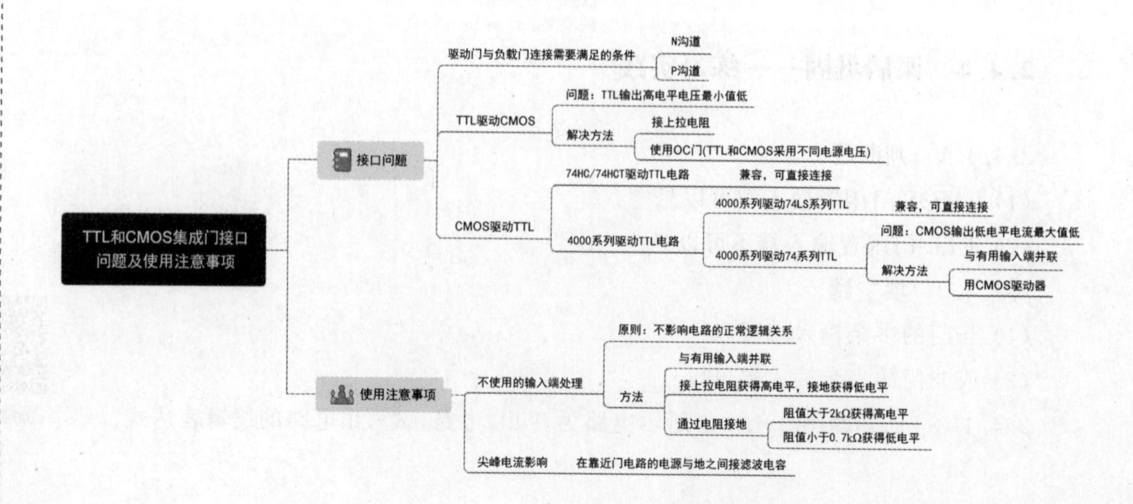

知识拓展——美国硅谷"八叛逆"

世界集成电路发展历史

1957年,8位年轻人从"晶体管之父"肖克利的半导体公司辞职,成立了仙童半导体公司,其中7位都是在肖克利指导下从事半导体研究,被肖克利称为"叛徒"。其中诺伊斯是一位科学界和商业界的奇才,他在基尔比的基础上发明了可商业生产的集成电路,使半导体产业由"发明时代"进入"商业时代"。他和摩尔后来成立了Intel公司,开发了世界第一款CPU,又称微处理器-4004,拉斯特、霍尔尼和罗伯茨三人创办了阿梅尔克公司……,当时硅谷技术高端会议几乎就是仙童公司雇员和前雇员的大聚会。

2.5 本章思维导图

思维导图

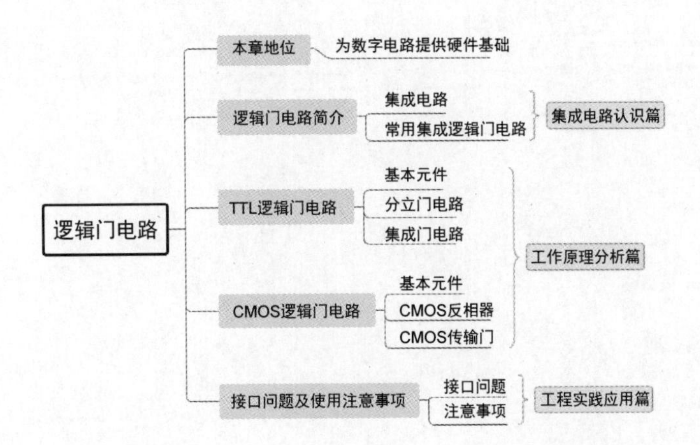

第3章 组合逻辑电路

前面学习了门电路的相关知识，也学习了分析和设计数字电路的工具——逻辑代数，就如同一个建筑工程，有了基本原材料和工具，接下来就利用工具和材料来搭建具有一定逻辑功能的电路。组合逻辑电路是数字电路一个重要分支，也是数字集成电路中的一个重要组成部分。本章首先介绍组合逻辑电路的一般分析方法和设计方法；然后介绍编码器、译码器、数据选择器、数值比较器、加法器等常用组合逻辑集成器件，重点分析这些器件的逻辑功能、工作原理及使用方法；最后介绍组合逻辑电路的 Verilog HDL 描述。

为了能够将理论与实践联系起来，本章以工程实例为依托，边理论边实践。

3.1 工程任务：子弹分装系统设计

3.1.1 系统介绍

子弹分装系统框图如图 3.1.1 所示。按键输入每把枪安装子弹的数目并显示出来，系统自动按照输入的数目将每把枪需要的子弹分装到瓶子中，同时将分装子弹的总数存储在计算机上。整个系统分为以下四个模块：

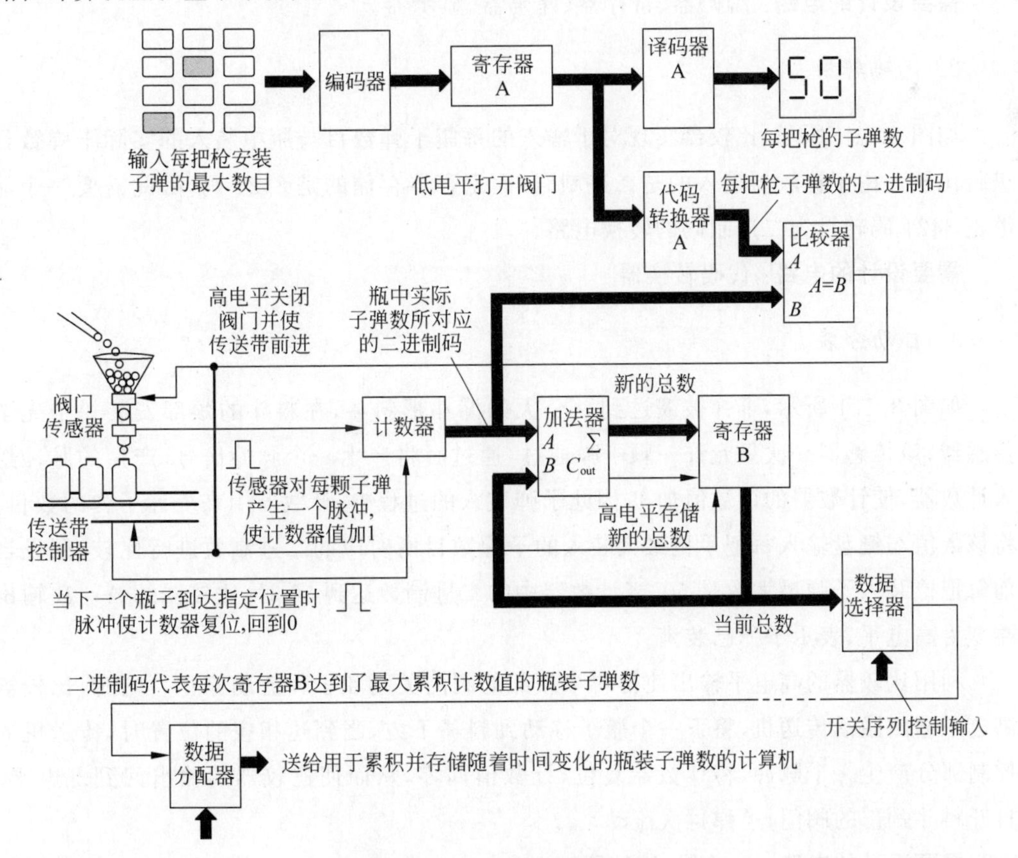

图 3.1.1 子弹分装系统框图

(1) 人机交互模块：键盘作为系统的输入，用来输入每把枪装入子弹的最大数目。数码管作为系统的输出，显示出输入的数字。

(2) 代码转换模块：将人机交互模块输出的8421码转换为二进制码。

(3) 自动分装模块：根据键盘输入的数字，控制阀门传感器将每把枪所需的子弹装入瓶中，当一瓶子弹装完后控制传送带将下一个瓶子自动传送到指定位置。

(4) 数据传输模块：将分装子弹总数通过数据线传送到计算机，以便跟踪特定时间的子弹分装总数。

3.1.2 任务需求

1. 人机交互

如图3.1.1所示，从键盘输入每把枪所需子弹的最大数目，由编码器转换为代码存储在寄存器A中，译码器A将存储在寄存器中的代码转换为数码管能够识别的七段代码，最终通过数码管将输入的数字显示出来。

需要设计的电路：编码器、寄存器、译码器、显示器。

2. 代码转换

如图3.1.1所示，比较器实现对于输入的每瓶子弹数目与瓶中装入的实际子弹数目进行比较。由于比较器输入的是二进制码，而寄存器存储的是8421码，因此需要一个能够把8421码转换为二进制码的转换电路。

需要设计的电路：代码转换器。

3. 自动分装

如图3.1.1所示，子弹被馈送到一个大的漏斗形料斗，在料斗的颈部安装一个光学传感器，该传感器一次只允许一颗子弹通过，通过后将产生一个脉冲信号，产生的脉冲送入计数器，使计数器的计数值加1，因此子弹装入的过程中，计数器用来统计子弹的数目。将该数值与键盘输入每把手枪最大装入的子弹数目所对应的二进制数进行比较，假设当前每把枪装入子弹最大数是50，当计数器中的二进制数达到50时，比较器的$A=B$输出端变为高电平，表示子弹已装满。

利用比较器的高电平输出使得料斗颈部的阀门关闭和子弹流动停止。同时，比较器高电平输出激活传送机，将下一个瓶子移动到料斗下方，当到达相应的位置时，传送机的控制部分产生一个脉冲，将计数器复位，计数值回零，从而使比较器的输出回到低电平。打开料斗颈部的阀门，子弹再次流动。

需要设计的电路：计数器、比较器。

4. 数据传输

如图 3.1.1 所示，利用加法器可以计算出在一个给定的运行过程中子弹分发的总数。数据选择器将寄存器 B 中存储的二进制数总和从并行形式转换成串行形式，通过一条数据线传送到数据分配器，数据分配器将串行的数据再转回并行形式存储在计算机，以便跟踪在特定的时间子弹分装的总数。

需要设计的电路：加法器、寄存器、数据选择器、数据分配器。

中国芯片发展③——小规模集成电路(1962—1968)

在各类半导体研制单位的共同努力下，1963 年，中国科学院半导体研究所研制成功第一只半导体激光器，只比美国晚了一年。河北半导体所(现为中国电子科技集团公司第十三研究所)在 1965 年研制成功第一个硅基集成电路样品 GT31(美国在 1958 年)，同年在国内首次鉴定研制成功 DTL(Diode-Transistor-Logic)型逻辑电路。1966 年，上海元件五厂研制完成 TTL(Transistor-Transistor-Logic)型逻辑电路。这两种集成电路均属于小规模双极型数字集成电路，标志着中国在小规模集成电路方面实现自主可控。1966 年，我国研制成功第一台 65 型接触式光刻机，使得集成电路生产能力大幅提高。1968 年，我国第一台第三代计算机由华北计算技术研究所研制成功，采用的就是 DTL 型数字电路，其中与非门由北京电子管厂生产，与非驱动器由河北半导体研究所生产。

3.2 组合逻辑电路的分析与设计

(一) 课前篇

本节导学单

1. 学习目标

根据《布鲁姆教育目标分类学》，从知识维度和认知过程两方面进一步细化本节课的教学目标，明确学习本节课所必备的学习经验。

知识维度	认知过程					
	1. 回忆	2. 理解	3. 应用	4. 分析	5. 评价	6. 创造
A. 事实性知识	回忆真值表的基本概念	说出组合逻辑电路的基本概念；说出组合逻辑电路竞争与冒险的基本概念				

续表

知识维度	认知过程					
	1. 回忆	2. 理解	3. 应用	4. 分析	5. 评价	6. 创造
B. 概念性知识	回忆常用逻辑门电路的逻辑符号，逻辑表达式及真值表	阐释组合逻辑电路的特点及其功能描述方法	说出组合逻辑电路分析和设计的一般步骤，明晰每一个步骤所起的作用			
C. 程序性知识	回忆逻辑函数的多种表达式形式；回忆逻辑函数表示方法之间的转换；回忆逻辑函数的代数化简的步骤；回忆逻辑函数的卡诺图化简的步骤			根据组合逻辑电路分析的一般步骤，分析组合逻辑电路的逻辑功能；根据组合逻辑电路设计的一般步骤以及需求设计组合逻辑电路	借助于竞争与冒险，评价所设计的组合逻辑电路并进行优化	设计集成芯片的应用电路，会借助于仿真软件进行验证，会利用口袋实验包进行电路搭建与调试
D. 元认知知识	明晰学习经验是理解新知识的前提		根据概念及学习经验迁移得到新理论的能力	将知识分为若干任务，主动思考，举一反三，完成每个任务	在不断地发现问题、分析问题、解决问题的过程中体会精益求精的科学态度	通过电路的设计、仿真、搭建、调试，培养工程思维

2. 导学要求

根据本节的学习目标，将回忆、理解、应用层面学习目标所涉及的知识点课前自学完成，形成自学导学单。

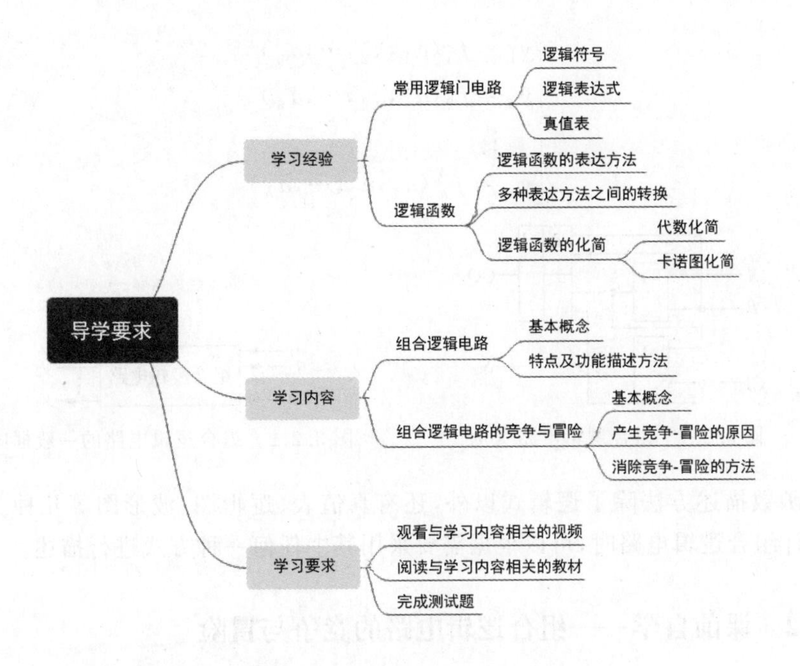

3.2.1 课前自学——组合逻辑电路概述

1. 组合逻辑电路的定义

对于一个逻辑电路，其输出状态在任何时刻只取决于同一时刻的输入状态，而与电路原来的状态无关，这种电路称为**组合逻辑电路**。没有记忆功能是组合逻辑电路在逻辑功能上的共同特点。

图3.2.1是组合逻辑电路实例。它有三个输入变量A、B、CI和两个输出变量S、CO。根据图3.2.1可以写出输出逻辑表达为

$$\begin{cases} S=(A\oplus B)\oplus \mathrm{CI} \\ \mathrm{CO}=(A\oplus B)\oplus \mathrm{CI}+AB \end{cases} \tag{3.2.1}$$

由上式可知，无论任何时刻，只要A、B、CI的取值确定，S和CO的取值也随之确定，与电路过去的工作状态无关。

从组合逻辑电路功能特点不难想到，既然它的输出与电路之前的状况无关，那么电路中就不包含有存储单元。这就是组合逻辑电路在电路结构上的共同特点。

2. 组合逻辑电路的功能描述

对于任何一个多输入、多输出的组合逻辑电路，都可以用图3.2.2所示的框图来表示。

图中$a_1,a_2,\cdots,a_n$表示输入变量，$y_1,y_2,\cdots,y_n$表示输出变量。输出与输入之间的逻辑关系可以用一组逻辑函数表示：

$$\begin{cases} y_1 = f_1(a_1, a_2, \cdots, a_n) \\ y_2 = f_2(a_1, a_2, \cdots, a_n) \\ \vdots \\ y_m = f_m(a_1, a_2, \cdots, a_n) \end{cases} \tag{3.2.2}$$

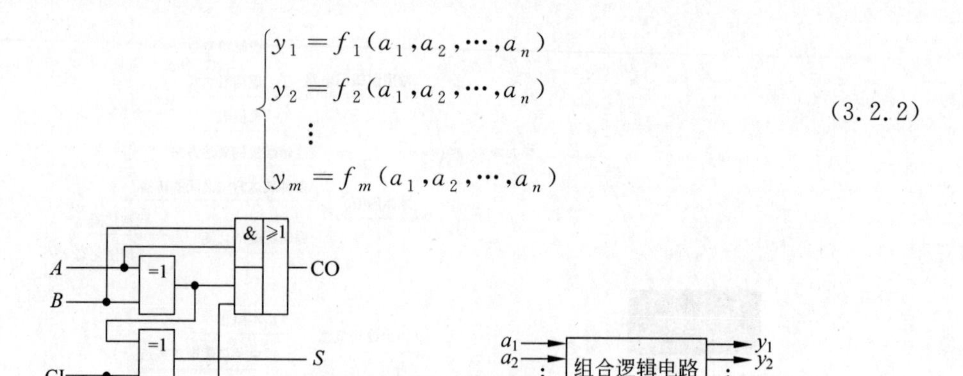

图 3.2.1　组合逻辑电路实例　　图 3.2.2　组合逻辑电路的一般框图

逻辑函数描述方法除了逻辑式以外，还有真值表、逻辑图、波形图等几种。因此，在分析或设计组合逻辑电路时，可以根据需要采用其中任何一种方式进行描述。

3.2.2　课前自学——组合逻辑电路的竞争与冒险

通过前面的学习知道，从信号加到逻辑门电路输入到得到稳定输出都需要一定时间，将这个时间称为门电路延迟时间。由于不同路径门的级数不同，信号经过不同路径传输时间不同，或者门的级数相同而各个门延迟时间差异，会造成信号传输时间不同。因此，电路在信号电平变化瞬间，可能与稳态下的逻辑功能不一致，产生错误输出，这种现象就是电路中的**竞争-冒险**。

1. 产生竞争-冒险的原因

下面进一步分析组合逻辑电路产生的竞争-冒险。图 3.2.3(a)所示的逻辑电路中，它的输出逻辑表达式为 $L=A\overline{A}$。由图 3.2.3(b)所示的波形图可以看出，在 A 由 0 变 1 时，由于 G_1 门的输出有延迟，使得 $\overline{A}$ 由 1 变 0 有一延迟时间，而使输出 L 出现一正跳变的窄脉冲，该电路存在 1 冒险。

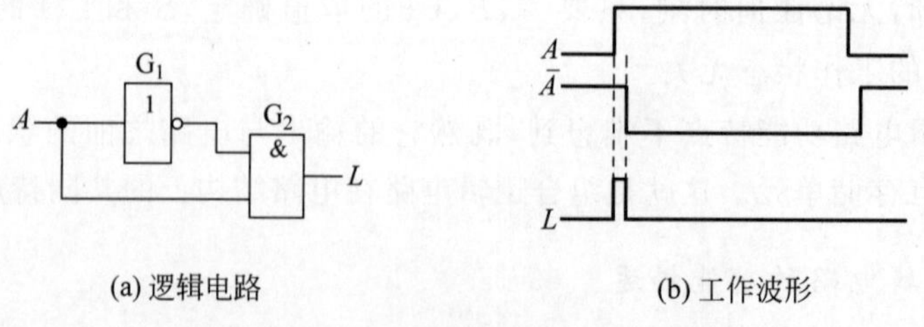

(a) 逻辑电路　　(b) 工作波形

图 3.2.3　组合逻辑电路的 1 冒险

图 3.2.4(a)所示的逻辑电路中，它的输出逻辑表达式为 $L=A+\overline{A}$。由图 3.2.4(b)所示的波形图可以看出，在 A 由 0 变 1 时，由于 G_1 门的输出有延迟，使得 $\overline{A}$ 由 1 变 0 有一延迟时间，而使输出 L 出现一负跳变的窄脉冲，该电路存在 0 冒险。

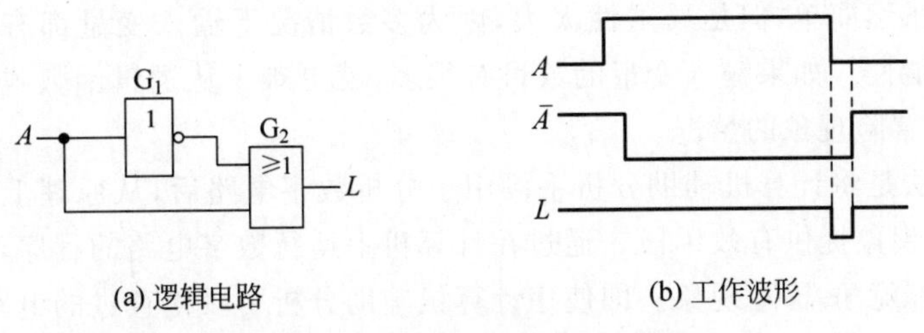

图 3.2.4 组合逻辑电路的 0 冒险

综上所述，一个逻辑门的两个输入端的信号同时朝相反方向变化，而变化的时间有差异的现象称为竞争。由竞争而可能产生输出干扰脉冲的现象称为冒险。

2. 检查竞争-冒险的方法

在输入变量每次只有一个改变状态的情况下，可以通过逻辑函数式判断组合逻辑电路中是否有竞争-冒险现象存在。如果输出端门电路的两个输入信号 A 和 $\overline{A}$ 是输入变量 A 经过两个不同的传输途径而来的（图 3.2.3 和图 3.2.4），那么当输入变量 A 的状态发生突变时输出端便有可能产生尖峰脉冲。因此，只要输出端的逻辑函数在一定条件下能简化成

$$Y=A+\overline{A} \quad 或 \quad Y=A\cdot\overline{A} \tag{3.2.3}$$

则可判定存在竞争-冒险现象。

例 3.2.1 试判断图 3.2.5 中的两个电路中是否存在竞争-冒险现象。

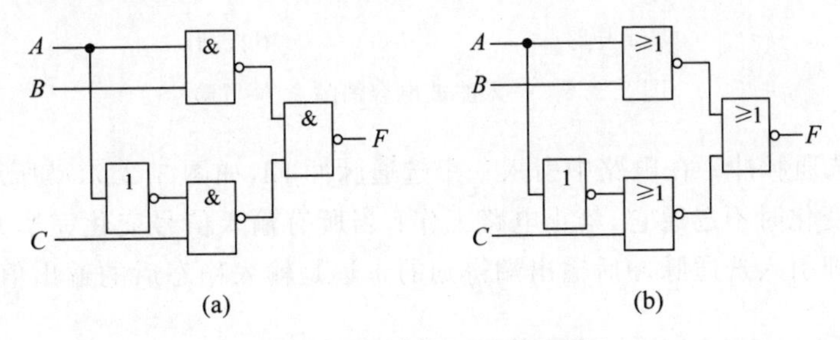

图 3.2.5 例 3.2.1 的电路

解：图 3.2.5(a)电路输出的逻辑表达式可写为

$$Y=AB+\overline{A}C \tag{3.2.4}$$

当 $B=C=1$ 时，上式将成为

$$Y=A+\overline{A} \tag{3.2.5}$$

故图 3.2.5(a)电路中存在竞争-冒险现象。

图 3.2.5(b)电路输出的逻辑表达式可写为

$$Y=(A+B)(\overline{A}+C) \tag{3.2.6}$$

当 $B=C=0$ 时，上式将成为

$$Y=A\cdot\overline{A} \tag{3.2.7}$$

故图 3.2.5(b)电路中存在竞争-冒险现象。

这种方法虽然简单，但是局限性太大，因为多数情况下输入变量都有两个以上同时改变状态的可能性。如果输入变量的数目有很多，就更难于从逻辑函数式上简单地找出所有产生竞争-冒险现象的情况。

另一种方法是将计算机辅助分析手段用于分析数字电路后，从原理上检查复杂数字电路竞争-冒险现象提供有效手段。通过在计算机上运行数字电路的程序，能够迅速查出电路是否会存在竞争-冒险现象。即使用计算机辅助分析手段检查过的电路，往往也还需要经过实验的方法检验，才能最后确定电路是否存在竞争-冒险现象。

3. 消除竞争-冒险的方法

针对上述分析，可以采取以下措施来消去竞争-冒险现象：

(1) 接入滤波电容。由于竞争-冒险而产生的尖峰脉冲一般都很窄（几十纳秒），所以只要在输出端并接一个很小的滤波电容 C（图 3.2.6(a)），就足以把尖峰脉冲的幅度削弱至门电路的阈值电压以下。在 TTL 电路中，C 的数值通常为几十皮法至几百皮法。这种方法的优点是简单易行，缺点是增加了输出电压波形的上升时间和下降时间，使波形变坏。

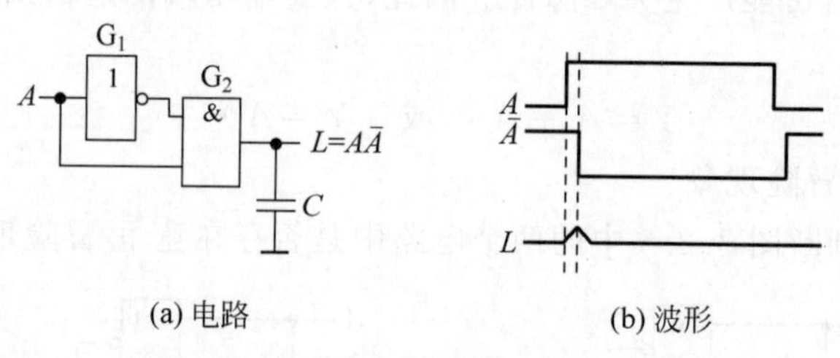

图 3.2.6 接入滤波电容消除竞争-冒险

(2) 引入选通脉冲。在电路中引入一个选通脉冲 EI，如图 3.2.7(a)所示。当电路输入端信号发生变化时不选通它，禁止电路工作；当所有输入信号变化完毕并达到稳态再让电路工作。即引入选通脉冲后输出端得到的永远是输入稳态后的输出值，不会出现尖峰脉冲。

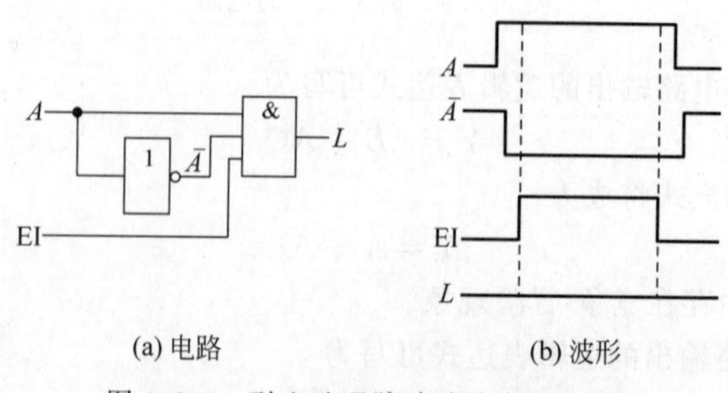

图 3.2.7 引入选通脉冲消除竞争-冒险

(3) 修改逻辑设计。以图 3.2.5(a)所示电路为例，已经得到了输出表达式 $Y=AB+\overline{A}C$，而且知道在 $B=C=1$ 的条件下，当 A 改变状态时存在竞争-冒险现象。

根据逻辑代数的常用公式可知

$$Y=AB+\overline{A}C=AB+\overline{A}C+BC \tag{3.2.8}$$

发现在增加了 BC 项后，在 $B=C=1$ 时无论 A 如何变化，输出始终保持 $Y=1$。因此，A 的状态变化不再会引起竞争-冒险现象。修改逻辑设计后的电路如图 3.2.8 所示。

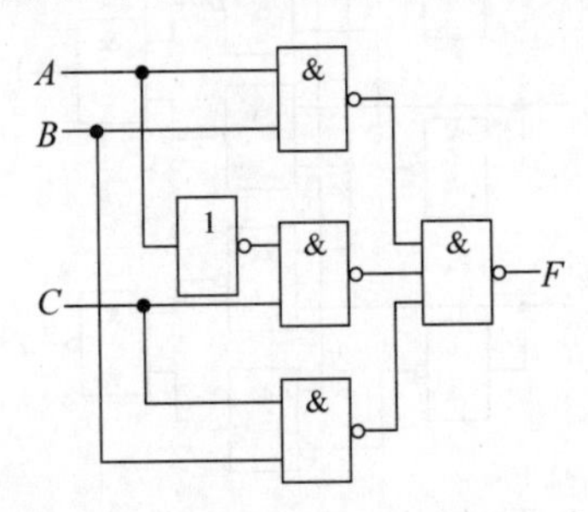

图 3.2.8 修改逻辑设计后的电路

3.2.3 课前自学——预习自测

3.2.3.1 下列对组合逻辑电路描述不正确的是(　　)。

A. 由常用门电路组合而成

B. 无输出到输入的反馈连接

C. 包含可以存储信号的记忆元件

D. 输出只由输入决定

3.2.3.2 下列表达式中不存在竞争冒险的是(　　)。

A. $Y=(A+B)(\overline{A}+C)$　　B. $Y=AB+\overline{B}C$

C. $Y=\overline{A}\overline{B}+AC$　　D. $Y=AD+\overline{A}B+BD$

3.2.3.3 画出逻辑函数 $L(A,B,C)=(A+C)(B+\overline{C})$ 的逻辑图，电路在什么条件下产生竞争-冒险？怎样修改电路能消除竞争-冒险？

(二) 课上篇

3.2.4 课中学习——组合逻辑电路的分析方法

组合逻辑电路分析目的是确定组合逻辑电路逻辑功能。分析组合逻辑电路步骤大致如下：

(1) 根据逻辑电路，从输入到输出逐级写出逻辑函数表达式，最终得到表述输出信号与输入信号关系的逻辑函数表达式。

(2) 利用公式化简法或卡诺图化简法将逻辑表达式化简或变换，以使逻辑关系更加简单明了。

(3) 为了使电路逻辑功能更加直观，根据简化后的逻辑表达式列写真值表。

(4) 根据真值表总结电路逻辑功能。

例 3.2.2 试分析图 3.2.9 所示电路的逻辑功能。

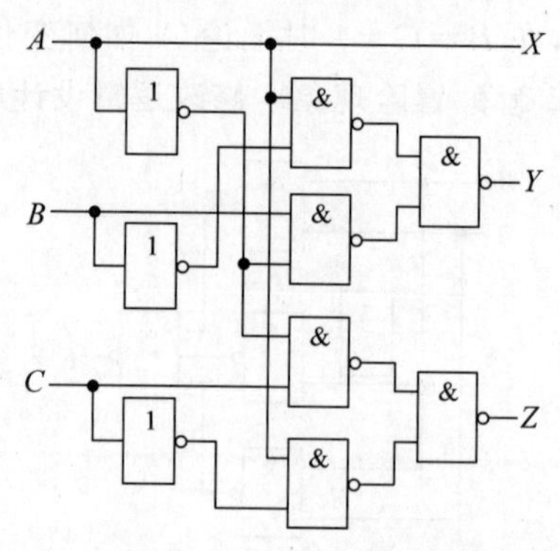

图 3.2.9 例 3.2.2 的电路

解：由图 3.2.9 写出 X、Y、Z 的逻辑表达式：

$$\begin{cases} X = A \\ Y = \overline{\overline{A\bar{B}} \cdot \overline{\bar{A}B}} \\ Z = \overline{\overline{\bar{A}C} \cdot \overline{A\bar{C}}} \end{cases} \tag{3.2.9}$$

逻辑表达式的化简：

$$\begin{cases} X = A \\ Y = A\bar{B} + \bar{A}B \\ Z = \bar{A}C + A\bar{C} \end{cases} \tag{3.2.10}$$

将式(3.2.10)转换成真值表的形式，得到表 3.2.1。

表 3.2.1 图 3.2.9 所示电路的逻辑真值表

输入			输出		
A	B	C	X	Y	Z
0	0	0	0	0	0
0	0	1	0	0	1
0	1	0	0	1	0
0	1	1	0	1	1
1	0	0	1	1	1
1	0	1	1	1	0
1	1	0	1	0	1
1	1	1	1	0	0

经过观察不难发现，真值表的前四行输出与输入相同，后四行输出 Y、Z 是对 B、C 进行求反。说明最高位为符号位，0 表示正数，1 表示负数，正数的反码与原码相同，负数的

数值部分是在原码的基础上逐位求反，所以该电路逻辑功能是对输入的二进制数求反码。

3.2.5 课中学习——组合逻辑电路的设计方法

根据给出的实际逻辑问题，完成实现这一逻辑功能的最简逻辑电路，是设计组合逻辑电路时要完成的工作。这里所说的最简，是指电路所用的器件数目最少，器件种类最少，而且器件之间的连线也最少。

设计组合逻辑电路的步骤大致如下：

(1) 逻辑抽象。在许多情况下，提出的设计要求都是用文字描述的具有一定因果关系的事件，这就需要通过逻辑抽象的方法，用一个逻辑函数来描述这一因果关系。

逻辑抽象的工作过程如下：

① 分析事件的因果关系确定输入和输出变量。一般总是把引起事件的原因定为输入，把事件的结果作为输出。

② 对输入变量和输出变量进行二进制编码，其编码规则和含义由设计者根据事件选定。

③ 对给定的因果关系列出真值表。在完成输入和输出变量的二进制编码后，根据给定的因果关系进行逻辑关系描述。

真值表是所有描述方法中最直接的描述方式，因此经常首先根据给定的因果关系列出真值表。至此，便将一个实际的逻辑问题抽象成一个逻辑函数，而且这个逻辑函数通常首先是以真值表形式给出的。

(2) 写出逻辑表达式并化简。为便于对逻辑函数进行化简和变换，需要把真值表转换为对应的逻辑函数式，转换的方法已在第1章中讲过。在使用小规模集成的逻辑门电路进行电路设计时，为获得最简单的设计结果，应将函数式化成最简形式，即函数式相加的乘积项最少，而且每个乘积项中的因子也最少。如果对所用器件的种类有附加限制(如只允许用单一类型的与非门)，则还应将函数式变换成与器件种类相适应的形式(如将函数式化为与非-与非形式)。如何使用中规模器件设计实现组合逻辑电路，将在本章后续章节进行介绍。

(3) 根据化简或转换后的逻辑表达式画出逻辑电路的连接图。至此，原理性设计(或称逻辑设计)已经完成。

(4) 设计验证。对已经得到的原理图进行分析，或借助计算机仿真软件进行功能和动态特性仿真，验证其是否符合设计要求。

仿真视频

例 3.2.3 设计一个监视交通信号灯工作状态的逻辑电路。每一组信号灯由红、黄、绿三盏灯组成，如图 3.2.10 所示。正常工作情况下，任何时刻必有一盏灯亮，而且只允许有一盏灯亮。其他情况出现，电路发生故障，这时要求发出故障信号，提醒维护人员修理。

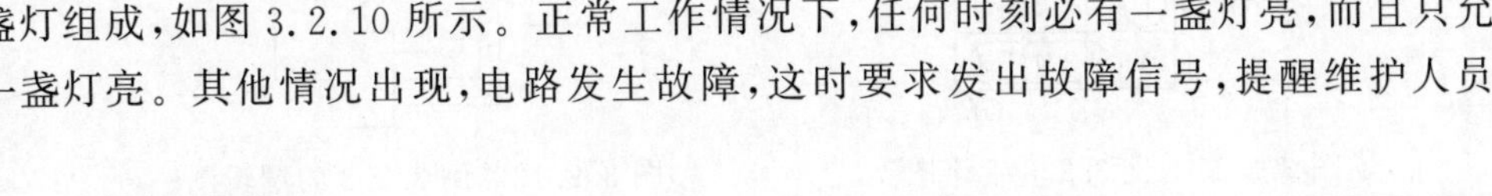

解：(1) 逻辑抽象。

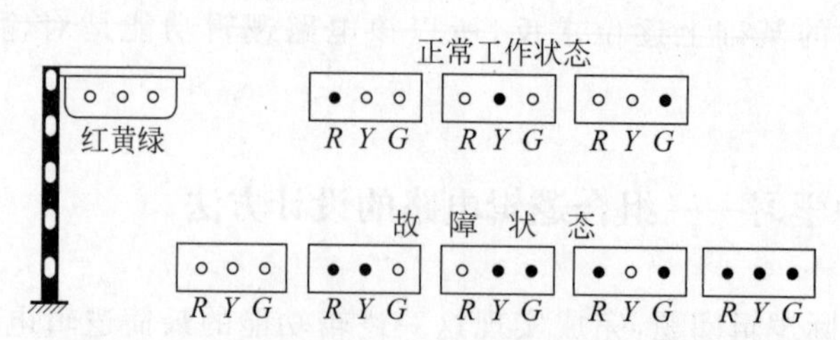

图 3.2.10 交通信号灯的正常工作状态和故障状态

取红、黄、绿三盏灯状态为输入变量，分别用 R、Y、G 表示，并规定灯亮时为 1，不亮时为 0。取故障信号为输出变量，用 Z 表示，并规定正常工作状态下 Z 为 0，发生故障时 Z 为 1。根据题意可列出表 3.2.2 所示的逻辑真值表。

表 3.2.2 例 3.2.3 的逻辑真值表

输入			输出
R	Y	G	Z
0	0	0	1
0	0	1	0
0	1	0	0
0	1	1	1
1	0	0	0
1	0	1	1
1	1	0	1
1	1	1	1

(2) 写出逻辑表达式。

由表 3.2.2 可知

$$Z=\overline{R}\overline{Y}\overline{G}+\overline{R}YG+R\overline{Y}G+RY\overline{G}+RYG \tag{3.2.11}$$

将该表达式进行化简(图 3.2.11)，可得

$$Z=\overline{R}\overline{Y}\overline{G}+YG+RY+RG \tag{3.2.12}$$

(3) 根据式(3.2.12)的化简结果画出逻辑电路图，如图 3.2.12 所示。

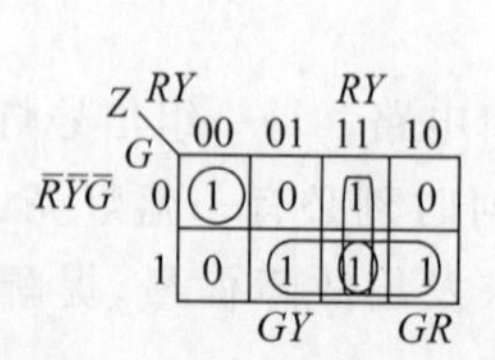

图 3.2.11 例 3.2.3 卡诺图

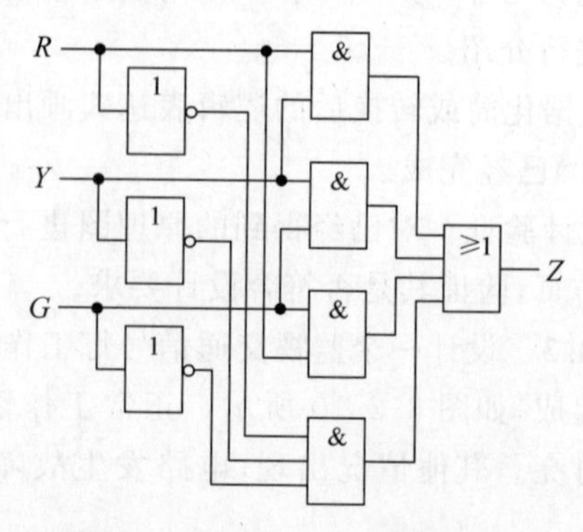

图 3.2.12 例 3.2.3 的逻辑图一

由于式(3.2.12)为最简与或表达式,所以只有在使用与门和或门组成电路时才得到最简单的电路。如果要求用其他类型的门电路来组成这个逻辑电路,则为了得到最简单的电路,化简的结果也需相应地改变。例如,在要求全部用与非门组成这个逻辑电路时,就应当将函数式化为最简与非-与非表达式。这种形式通常可以通过将与或表达式两次求反得到。将式(3.2.12)两次求反后可得

$$Z=\overline{\overline{\overline{R}\,\overline{Y}\,\overline{G}+YG+RY+RG}}=\overline{\overline{\overline{R}\,\overline{Y}\,\overline{G}}\cdot\overline{YG}\cdot\overline{RY}\cdot\overline{RG}} \quad (3.2.13)$$

根据式(3.2.13)即可画出全部用与非门组成的逻辑电路,如图 3.2.13 所示。

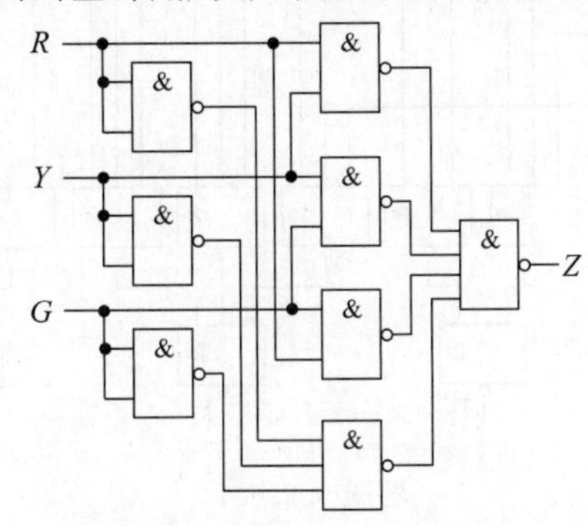

图 3.2.13　例 3.2.3 的逻辑图二

若要求用非门和与或非门实现这个逻辑电路,则必须将式(3.2.11)化为最简与或非表达式。在第 1 章曾经讲过,最简与或非表达式可以通过合并卡诺图上的 0,然后求反而得到。为此,将函数 Z 的卡诺图画出,如图 3.2.14 所示。

将图 3.2.14 中的 0 合并、求反得到

$$Z=\overline{\overline{R}Y\overline{G}+R\overline{Y}\,\overline{G}+\overline{R}\,\overline{Y}G} \quad (3.2.14)$$

对照式(3.2.14)画出的用与或非门组成的逻辑电路图,如图 3.2.15 所示。

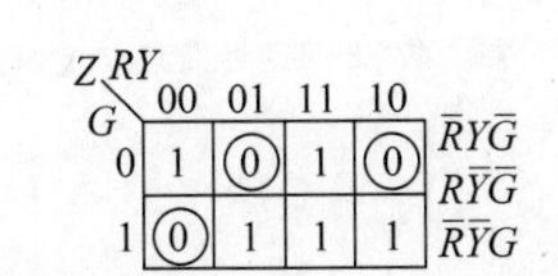

图 3.2.14　例 3.2.3 的卡诺图

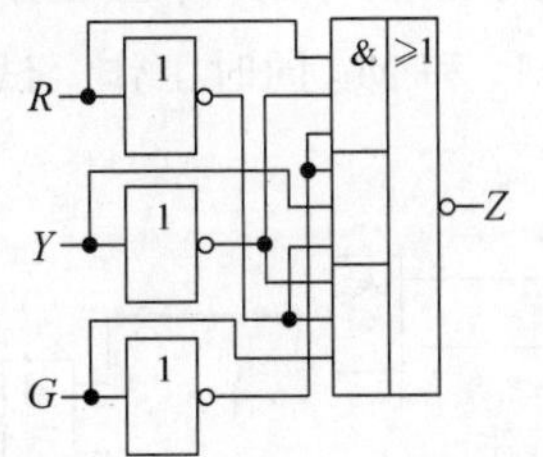

图 3.2.15　例 3.2.3 的逻辑图三

(三) 课后篇

3.2.6　课后巩固——练习实践

1. 知识巩固练习

3.2.6.1　试分析题图 3.2.6.1 所示电路的逻辑功能。

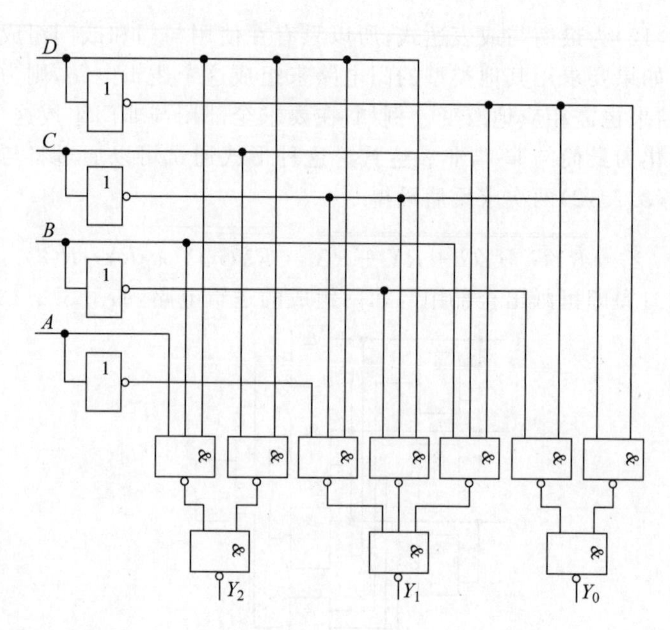

题图 3.2.6.1

讲解视频

3.2.6.2　如题图 3.2.6.2 所示电路是一个多功能函数发生器，其中 C_2、C_1、C_0 为控制信号，x、y 为数据输入。(1)写出输出 L 的逻辑表达式并化简为最简与或式。(2)列表说明当 $C_2C_1C_0$ 为不同取值组合时，输出端 L 的逻辑功能。

讲解视频

3.2.6.3　一水箱由大、小两台水泵 M_L 和 M_S 供水，如题图 3.2.6.3 所示。水箱中设置了 3 个水位检测元件 A、B、C。水面低于检测元件时，检测元件给出高电平；水面高于检测元件时，检测元件给出低电平。现要求当水位超过 C 点时水泵停止工作；水位低于 C 点而高于 B 点时 M_S 单独工作；水位低于 B 点而高于 A 点时 M_L 单独工作；水位低于 A 点时 M_L 和 M_S 同时工作。试用门电路设计一个控制两台水泵的逻辑电路，要求电路尽量简单。

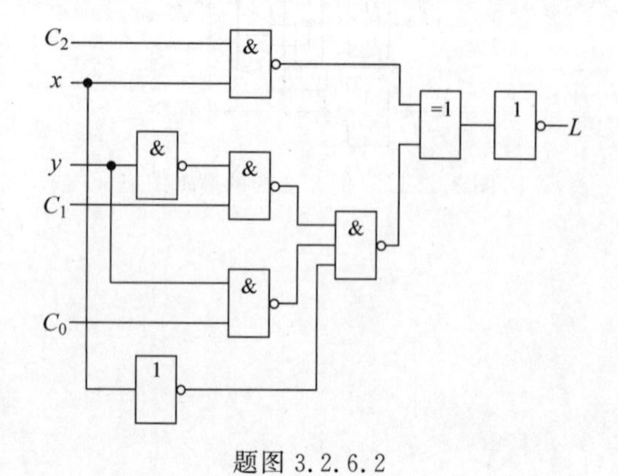

题图 3.2.6.2

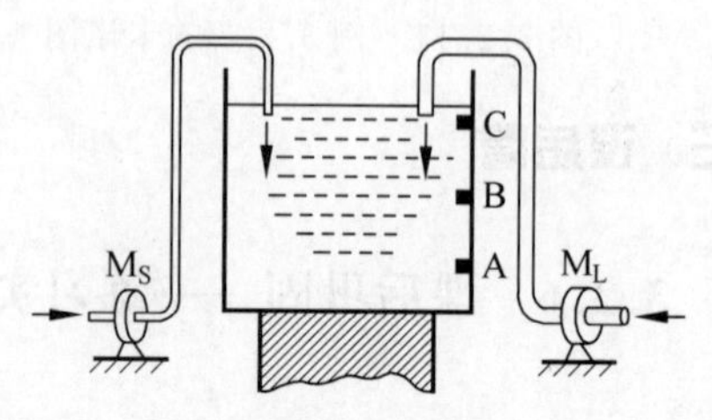

题图 3.2.6.3

3.2.6.4 设计一个电话机信号控制电路。电路有 I_0(火警)、I_1(盗警)和 I_2(日常业务)三种输入信号,通过排队电路分别从 L_0、L_1 和 L_2 输出,在同一时间只能有一个信号通过。如果同时有两个以上信号出现时,应首先接通火警信号,其次为盗警信号,最后是日常业务信号。试按照上述轻重缓急设计该信号控制电路。要求用集成门电路 7400(每片含 4 个二输入与非门)实现。

3.2.6.5 试设计一个 4 位的奇偶校验器,即当 4 位数中有奇数个 1 时输出为 0,否则输出为 1。(可以采用各种逻辑功能的门电路来实现。)

讲解视频

3.2.6.6 某产品有 A、B、C 三项指标,至少有两项达标(必须包含 A)时才算合格,试用与非门设计符合上述规定的逻辑电路。

讲解视频

2. 工程实践练习

3.2.6.7 人类有 A、B、O、AB 四种常见血型,输血时输血者血型与受血者血型必须符合题图 3.2.6.7 中用箭头指示的关系。试设计一个逻辑电路,判断输血者与受血者的血型是否符合上述规定。要求:(1)利用仿真软件完成电路的仿真;(2)利用口袋实验包完成电路的搭建与调试。

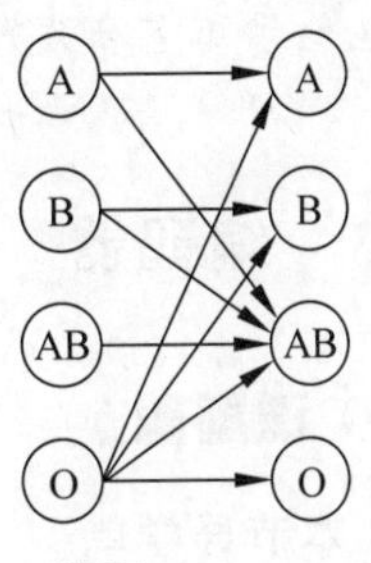

题图 3.2.6.7

讲解视频

3.2.7 本节思维导图

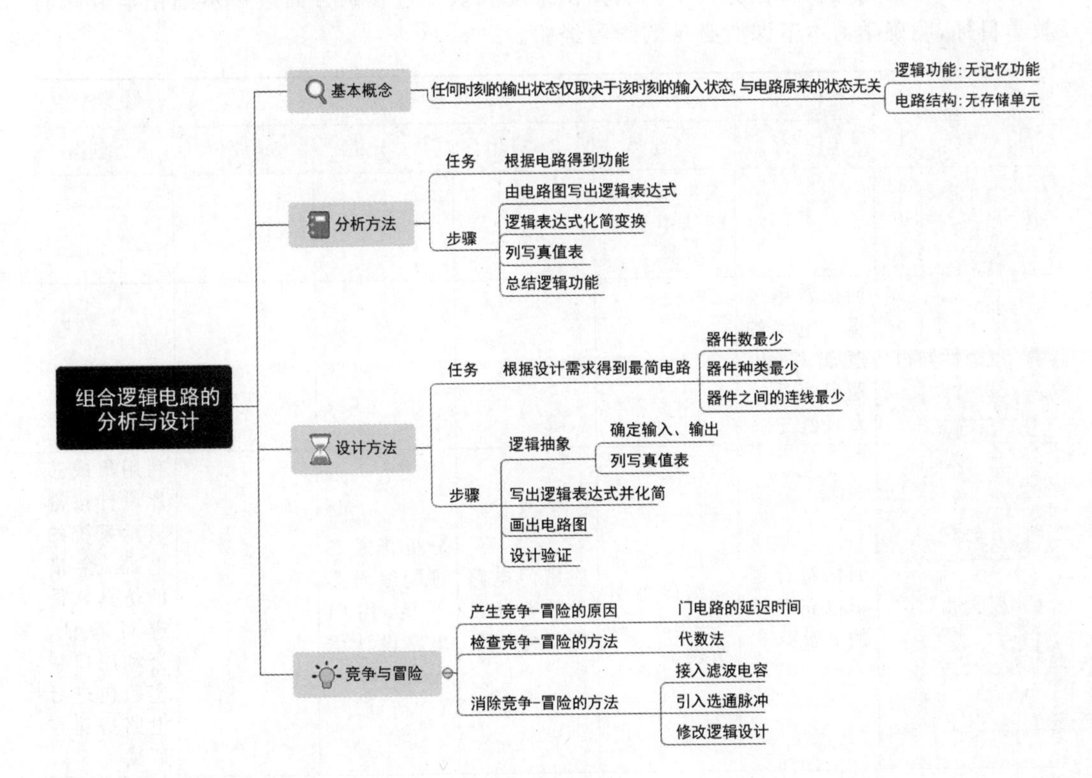

知识拓展——国内芯片设计企业：华为海思

集成电路国产化进程

2004 年，在原有 ASIC 设计中心基础上成立了深圳市海思半导体有限公司，即华为海思(HI-SILICON，HI 是 HUAWEI，SILICON 是硅)。海思公司主要从事手机芯片、移动通信系统设备芯片、传输网络设备芯片、家庭数字设备芯片等设计，海思公司的安防监控领域产品所占全球市场份额已达到 90%。美国不允许台积电公司给华为公司代工，影响最大的是华为公司的麒麟系列手机芯片，该芯片是集成了手机基带、CPU、GPU 和电源管理芯片等的 SoC 芯片，其生产工艺水平要求高、难度大，目前国内最好的中芯国际公司也处于工艺研发阶段，尚无法大规模量产，急需更多的科研人才付出努力。

3.3 编码器

(一) 课前篇

本节导学单

1. 学习目标

根据《布鲁姆教育目标分类学》，从知识维度和认知过程两方面进一步细化本节课的教学目标，明确学习本节课所必备的学习经验。

知识维度	认知过程					
	1. 回忆	2. 理解	3. 应用	4. 分析	5. 评价	6. 创造
A. 事实性知识		说出编码器的基本概念及分类				
B. 概念性知识	回忆常用逻辑门电路的逻辑符号，逻辑表达式及真值表					
C. 程序性知识	回忆组合逻辑电路设计的一般步骤	画出集成优先编码器引脚功能、真值表	应用门电路设计普通二进制编码器	分析普通二进制编码器不足，用门电路设计优先编码器		利用集成芯片设计按键显示系统的电路，会借助仿真软件进行验证，会利用口袋实验包进行电路搭建与调试

续表

知识维度	认知过程					
	1. 回忆	2. 理解	3. 应用	4. 分析	5. 评价	6. 创造
D. 元认知知识	明晰学习经验是理解新知识的前提		根据概念及学习经验迁移得到新理论的能力	在不断地发现问题、分析问题、解决问题的过程中体会精益求精的科学态度		通过电路的设计、仿真、搭建、调试，培养科学的工程思维

2. 导学要求

根据本节的学习目标，将回忆、理解、应用层面学习目标所涉及的知识点课前自学完成，形成自学导学单。

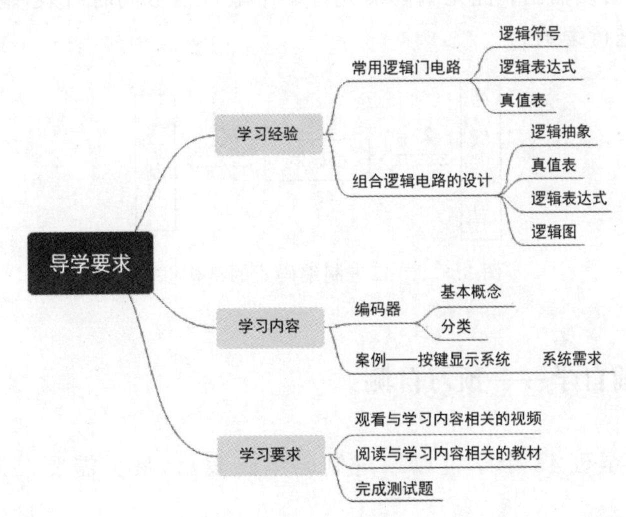

3.3.1 课前自学——编码器的定义及分类

如图 3.3.1 所示，这些图片都很熟悉，有运动员的号码簿、居民身份证号码，还有商品的条形码。编码就是用一组代码按一定规则表示某种事物或信息，是社会管理中的一种常用方法。在数字系统中，为了区分一系列不同的事物，将其中的每个事物用一个二进制码表示。能够实现这种编码功能的逻辑部件称为编码器。

编码器有若干输入，对每一个有效的输入信号，编码器产生一组唯一的二进制码输出。因为数字系统只有 0 和 1 两个数符，一位二进制数只能区分两个不同的信号。一般而言，N 个不同的信号至少需要 n 位二进制数编码。N 和 n 之间满足下列关系：

$$2^n \geqslant N \tag{3.3.1}$$

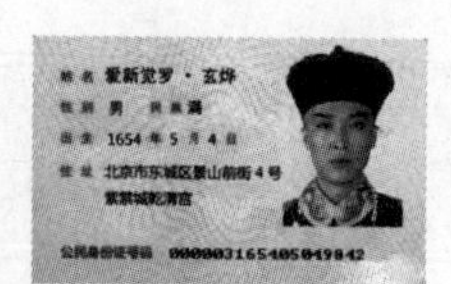

图 3.3.1　生活中的编码

例如，有 10 个按键 $S_0 \sim S_9$，将其完全区分开至少需要 4 位二进制码。

由于逻辑电路中信号都是以高、低电平的形式给出。因此编码器的逻辑功能就是将输入的每一个高、低电平信号编成一个对应的二进制码输出。图 3.3.2 为二进制编码器结构图，它有 2^n 个高、低电平输入，对应有 n 位二进制码输出。

编码器分为普通编码器和优先编码器。普通编码器任何时刻只允许一个输入信号有效，否则将产生错误输出；优先编码器允许多个输入信号同时有效，输出仅对优先级别最高的输入信号进行编码。

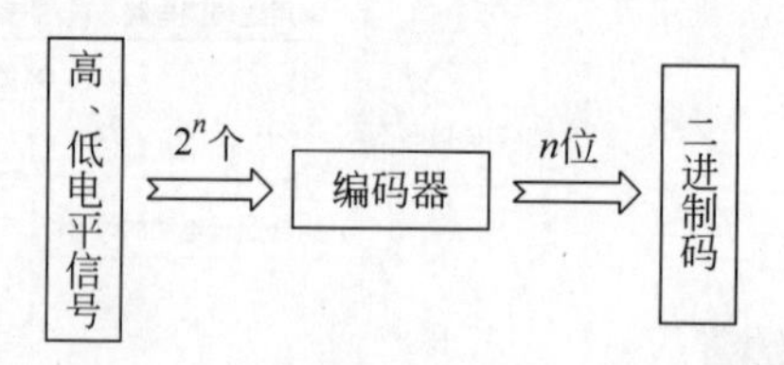

图 3.3.2　二进制编码器的结构框图

3.3.2　课前自学——预习自测

3.3.2.1　对全班 43 个学生以二进制码编码表示，最少需要二进制码的位数是(　　)。

3.3.2.2　计算机键盘上有 101 个按键，若用二进制码进行编码，至少需要(　　)位二进制数，第 99 个键的二进制码为(　　)。

（二）课上篇

3.3.3　课中学习——普通二进制编码器

以 4 线-2 线普通二进制编码器为例，分析普通编码器的工作原理。图 3.3.3 是 4 线-2 线普通二进制编码器的框图，它的输入是 4 个电平信号 $I_0 \sim I_3$，高电平有效，输出是 2 位二进制码 Y_1Y_0。

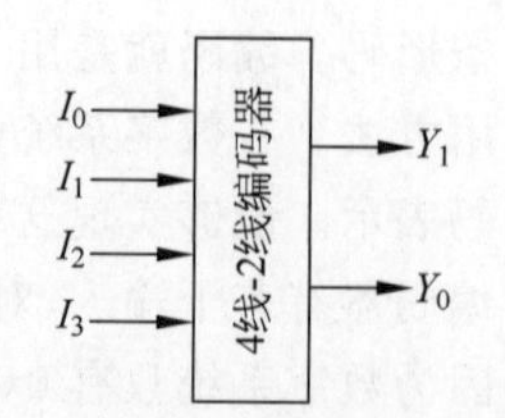

图 3.3.3　4 线-2 线普通二进制编码器框图

输出与输入对应关系如表3.3.1所示，根据真值表设计编码器电路。4个输入I_0～I_3为高电平有效，任何时刻只能有一个取值为1，并且有一组对应的二进制码输出。除表中列出4个输入变量的4种取值组合有效外，其余12种组合对应的输出均应为0。

表3.3.1 4线-2线编码器真值表

输入				输出	
I_0	I_1	I_2	I_3	Y_1	Y_0
1	0	0	0	0	0
0	1	0	0	0	1
0	0	1	0	1	0
0	0	0	1	1	1

由真值表可以得到如下逻辑表达式：

$$Y_1=\bar{I}_0\bar{I}_1I_2\bar{I}_3+\bar{I}_0\bar{I}_1\bar{I}_2I_3 \tag{3.3.2}$$

$$Y_0=\bar{I}_0I_1\bar{I}_2\bar{I}_3+\bar{I}_0\bar{I}_1\bar{I}_2I_3 \tag{3.3.3}$$

任何时刻只有一个输入为1，如果将表3.3.1中没有列出的12种组合所对应的输出看作无关项，并化简得

$$Y_1=I_2+I_3 \tag{3.3.4}$$

$$Y_0=I_1+I_3 \tag{3.3.5}$$

式(3.3.4)和式(3.3.5)是考虑了无关项的简化结果，比式(3.3.2)和式(3.3.3)简单。

3.3.4 课中学习——优先编码器

在实际应用中经常会遇到两个以上的输入同时有效的情况，因此必须根据轻重缓急事先规定好这些输入编码的先后次序，即优先级别。识别这类请求信号的优先级别并进行编码的逻辑电路称为优先编码器。编码器应用广泛，为了方便使用将编码器电路模块化，制成了标准化的集成器件。下面介绍集成优先编码器74148。

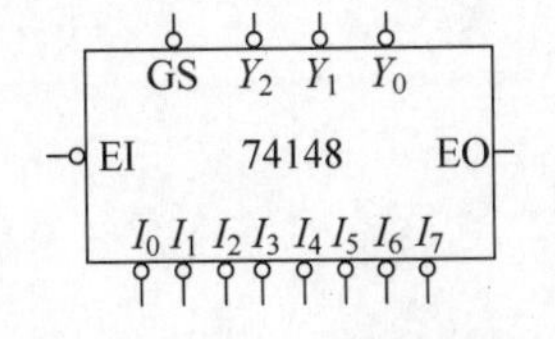

图3.3.4 74148逻辑符号

1. 集成优先编码器74148

74148逻辑符号如图3.3.4所示。I_0～I_7是8个输入端；Y_2～Y_0是3个输出端。此外还有三个控制端：GS是优先编码工作状态标志；EI是输入使能端；EO是输出使能端。

74148功能表如表3.3.2所示，在EI=0时，优先编码器正常工作，允许I_0～I_7中同时有几个输入端为低电平，即有编码输入信号，但是编码器仅对级别最高的编码器进行编码。从74148的功能表中不难看出，I_7的级别最高，I_0的级别最低。当$I_7=0$时，无论其他输入端有无输入信号(表中以“×”表示)，输出端只对I_7进行编码，$Y_2Y_1Y_0=000$，

即反码输出。当 $I_7=1, I_6=0$ 时，无论其他输入端有无输入信号，只对 I_6 编码，输出为 $Y_2Y_1Y_0=001$。其余输入状态可自行分析。

表 3.3.2 74148 功能表

输入									输出				
EI	I_0	I_1	I_2	I_3	I_4	I_5	I_6	I_7	Y_2	Y_1	Y_0	GS	EO
1	×	×	×	×	×	×	×	×	1	1	1	1	1
0	1	1	1	1	1	1	1	1	1	1	1	1	0
0	×	×	×	×	×	×	×	0	0	0	0	0	1
0	×	×	×	×	×	×	0	1	0	0	1	0	1
0	×	×	×	×	×	0	1	1	0	1	0	0	1
0	×	×	×	×	0	1	1	1	0	1	1	0	1
0	×	×	×	0	1	1	1	1	1	0	0	0	1
0	×	×	0	1	1	1	1	1	1	0	1	0	1
0	×	0	1	1	1	1	1	1	1	1	1	1	1
0	0	1	1	1	1	1	1	1	1	1	1	0	1

2. 8421 码编码器

利用集成优先编码器 74148 和门电路即可实现 8421 码编码器，如图 3.3.5 所示。输入仍为低电平有效，输出为 8421 码。

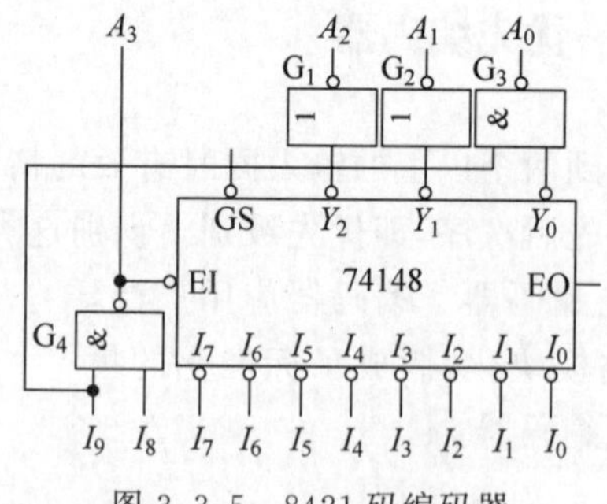

图 3.3.5 8421 码编码器

其工作原理：当 I_9、I_8 无输入（I_9、I_8 均为高电平）时，与非门 G_4 的输出 $A_3=0$，同时使 74148 的 EI=0，允许 74148 工作，74148 对输入 $I_0 \sim I_7$ 进行编码。如 $I_5=0$，则 $Y_2Y_1Y_0=010$，经门 G_1、G_2、G_3 处理后，$A_2A_1A_0=101$，所以总输出 $A_3A_2A_1A_0=0101$，这正好是 5 的 8421 码。当 I_9 或 I_8 有输入（低电平）时，与非门 G_4 的输出 $Y_3=1$，同时使 74148 的 EI=1，禁止 74148 工作，使得 $Y_2Y_1Y_0=111$。如果此时 $I_9=0$，则输出 $A_3A_2A_1A_0=1001$；如果 $I_8=0$，则输出 $A_3A_2A_1A_0=1000$，这正好是 9 和 8 的 8421 码。

（三）课后篇

3.3.5 课后巩固——练习实践

1. 知识巩固练习

3.3.5.1 试用4片8线-3线优先编码器74148组成32线-5线优先编码器的逻辑图，允许附加必要的门电路。

3.3.5.2 试用74148设计键盘编码电路，10个按键分别对应十进制数0～9，编码器的输出为8421码。要求按键9的优先级别最高，并且有工作状态标志，以区分没有按键按下和按键0按下两种情况。

2. 工程实践练习

3.3.5.3 利用口袋实验包完成具有优先功能的10个按键编码电路的搭建与调试。

3.3.6 本节思维导图

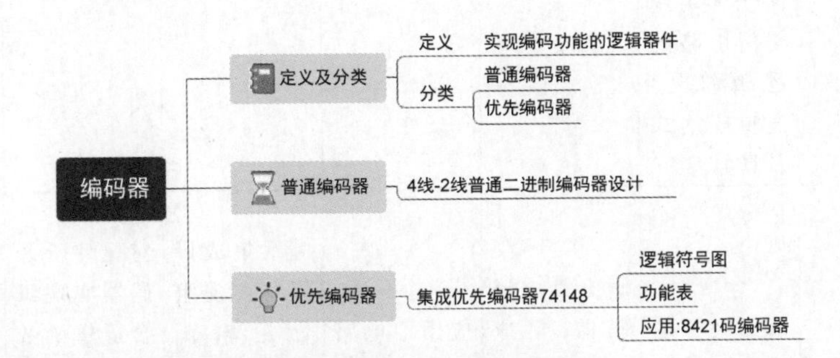

知识拓展——国内芯片制造企业：中芯国际

集成电路国产化进程

2018年，华为公司、中兴公司被美国制裁，最主要的“卡脖子”技术就是芯片制造技术。目前中国内地规模最大、技术最先进、首家能提供14nm先进制程技术的集成电路芯片制造企业是中芯国际集成电路制造有限公司（简称中芯国际）。作为全球排名第四的芯片代工厂商，其主要业务是根据客户本身或第三方的集成电路设计为客户制造集成电路芯片。中芯国际是内地高科技产业在美国制裁下唯一可以实现14nm FinFET量产的芯片代工企业，代表着内地自主研发集成电路制造技术的最先进水平，距离芯片制造龙头台积电公司3nm工艺相差2、3代的技术工艺，亟须集中国内优势人才设备，补足缺项，迎头赶上。

3.4 译码器/数据分配器

(一)课前篇

本节导学单

1. 学习目标

根据《布鲁姆教育目标分类学》,从知识维度和认知过程两方面进一步细化本节课的教学目标,明确学习本节课所必备的学习经验。

知识维度	认知过程					
	1. 回忆	2. 理解	3. 应用	4. 分析	5. 评价	6. 创造
A. 事实性知识		说出译码器的基本概念及分类				
B. 概念性知识	回忆常用逻辑门电路的逻辑符号,逻辑表达式及真值表					
C. 程序性知识	回忆组合逻辑电路设计的一般步骤	画出集成译码器、集成显示译码器引脚功能、真值表	应用门电路设计二进制译码器	应用集成译码器实现组合逻辑函数。应用集成译码器实现数据分配器	对比评价译码器实现组合逻辑函数和门电路实现组合逻辑函数的方法和步骤	利用集成芯片设计应用电路,会借助仿真软件进行验证,会利用口袋实验包进行电路搭建与调试
D. 元认知知识	明晰学习经验是理解新知识的前提		根据概念及学习经验迁移得到新理论的能力	将知识分为若干任务,主动思考,举一反三,完成每个任务	类比评价也是知识整合吸收的过程	通过电路的设计、仿真、搭建、调试,培养工程思维

2. 导学要求

根据本节的学习目标,将回忆、理解、应用层面学习目标所涉及的知识点课前自学完成,形成自学导学单。

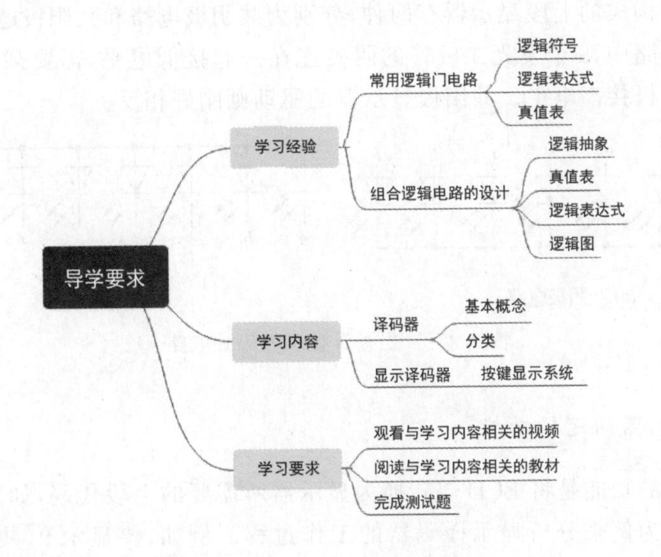

3.4.1 课前自学——译码器的定义及分类

译码是编码的逆过程，它的功能将具有特定含义的二进制码转换成对应输出的高/低电平信号。具有译码功能的逻辑电路称为译码器。译码器常用在计算机和其他类型系统中实现I/O的选择。

常见的译码器分为二进制译码器、二-十进制译码器和显示译码器三类。二进制译码器输入是一组二进制码，输出是一组与输入代码一一对应的高、低电平信号；二-十进制译码器是将输入的10个BCD码译成对应的高/低电平输出信号；显示译码器将BCD码译成数码管所需要的驱动信号，使数码管用十进制数字显示出BCD码所表示的数值。

3.4.2 课前自学——显示译码器

1. 七段字符显示器

图3.4.1表示七段数字显示器发光段组合，显示0～9阿拉伯数字。这种数码管的每一段都是一个发光二极管(LED)，因而也称它为LED数码管或LED七段显示器。有些数码显示器增加了一段，作为小数点。

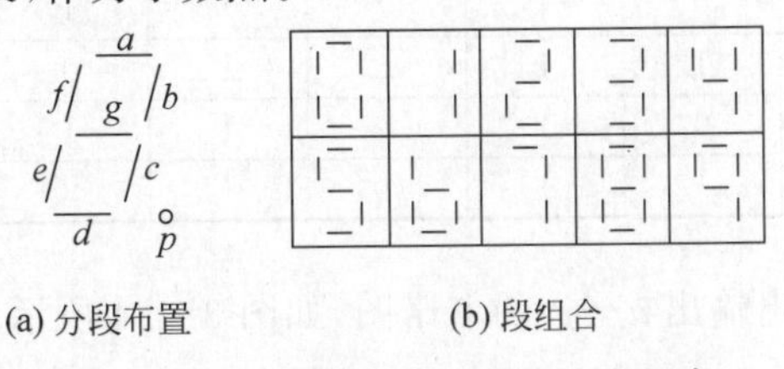

(a) 分段布置　　(b) 段组合

图3.4.1　七段数字显示器发光段组合

发光二极管构成的七段显示器有两种，分别为共阴极电路和共阳极电路，如图 3.4.2 所示。共阴极电路中，8 个发光二极管的阴极连在一起接低电平，需要某一段发光，就将相应二极管的阳极接高电平。共阳极显示器的驱动则刚好相反。

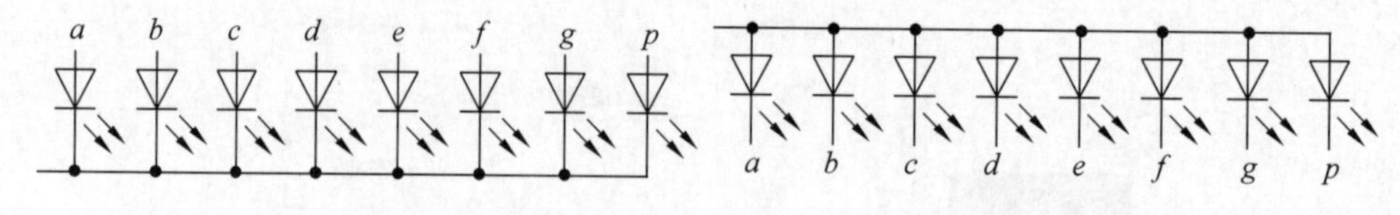

(a) 共阴极电路　　(b) 共阳极电路

图 3.4.2　二极管显示器等效电路

2. 显示译码器的逻辑功能

显示译码器的功能是将 BCD 码转换为显示器所需要的七段代码，如图 3.4.3 所示。以共阴极显示器为例来分析显示译码器的工作过程。例如，要显示 9，共阴极显示器的 a、b、c、f、g 段发光二极管要点亮，因此 a、b、c、f、g 引脚为 1。所以显示译码器的功能就是将 9 对应的 BCD 码 1001 转换为共阴极显示器所需要的七段代码 1110011。

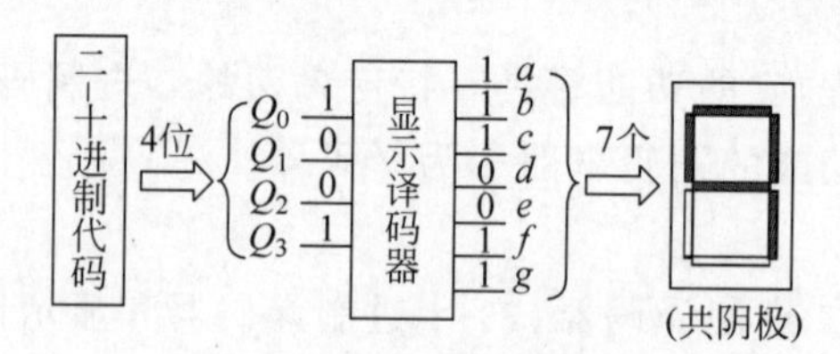

图 3.4.3　显示译码器功能框图

进而可以得到显示译码器的真值表，如表 3.4.1 所示。

表 3.4.1　显示译码器的真值表

输入				输出						
Q_3	Q_2	Q_1	Q_0	a	b	c	d	e	f	g
0	0	0	0	1	1	1	1	1	1	0
0	0	0	1	0	1	1	0	0	0	0
0	0	1	0	1	1	0	1	1	0	1
0	0	1	1	1	1	1	1	0	0	1
0	1	0	0	0	1	1	0	0	1	1
0	1	0	1	1	0	1	1	0	1	1
0	1	1	0	1	0	1	1	1	1	1
0	1	1	1	1	1	1	0	0	0	0
1	0	0	0	1	1	1	1	1	1	1
1	0	0	1	1	1	1	0	0	1	1

根据真值表可以画出输出 a～g 的卡诺图，如图 3.4.4 所示。

a $Q_3Q_2 \backslash Q_1Q_0$	00	01	11	10
00	1	0	1	1
01	0	1	1	1
11	×	×	×	×
10	1	1	×	×

b $Q_3Q_2 \backslash Q_1Q_0$	00	01	11	10
00	1	1	1	1
01	1	0	1	0
11	×	×	×	×
10	1	1	×	×

c $Q_3Q_2 \backslash Q_1Q_0$	00	01	11	10
00	1	1	1	0
01	1	1	1	1
11	×	×	×	×
10	1	1	×	×

d $Q_3Q_2 \backslash Q_1Q_0$	00	01	11	10
00	1	0	1	1
01	0	1	0	1
11	×	×	×	×
10	1	0	×	×

e $Q_3Q_2 \backslash Q_1Q_0$	00	01	11	10
00	1	0	0	1
01	0	0	0	1
11	×	×	×	×
10	1	0	×	×

f $Q_3Q_2 \backslash Q_1Q_0$	00	01	11	10
00	1	0	0	0
01	1	1	0	1
11	×	×	×	×
10	1	1	×	×

g $Q_3Q_2 \backslash Q_1Q_0$	00	01	11	10
00	0	0	1	1
01	1	1	0	1
11	×	×	×	×
10	1	1	×	×

图 3.4.4 BCD-七段显示译码器的卡诺图

在卡诺图上采用“合并 0 然后求反”的化简方法将 $a \sim g$ 化简，得到

$$\begin{cases} a = \overline{\bar{Q}_3\bar{Q}_2\bar{Q}_1Q_0 + \bar{Q}_3Q_2\bar{Q}_1\bar{Q}_0} \\ b = \overline{\bar{Q}_3Q_2\bar{Q}_1Q_0 + \bar{Q}_3Q_2Q_1\bar{Q}_0} \\ c = \overline{\bar{Q}_3\bar{Q}_2Q_1\bar{Q}_0} \\ d = \overline{Q_2\bar{Q}_1\bar{Q}_0 + \bar{Q}_2\bar{Q}_1Q_0 + Q_2Q_1Q_0} \\ e = \overline{Q_0 + Q_2\bar{Q}_1} \\ f = \overline{Q_1Q_0 + \bar{Q}_3\bar{Q}_2Q_0 + \bar{Q}_2Q_1} \\ g = \overline{\bar{Q}_3\bar{Q}_2\bar{Q}_1 + Q_2Q_1Q_0} \end{cases} \tag{3.4.1}$$

根据式(3.4.1)用门电路即可得到显示译码器电路。

3. 集成显示译码器

常用集成七段显示译码器有两类：一类译码器输出高电平有效信号，用来驱动共阴极显示器；另一类译码器输出低电平有效信号，用来驱动共阳极显示器。下面介绍常用七段显示译码器 7447。

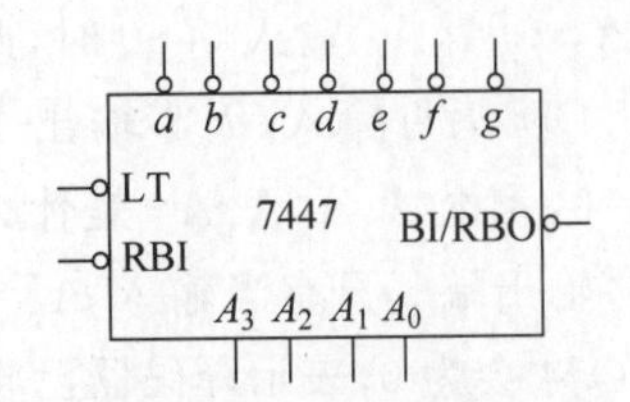

图 3.4.5 7447 七段显示译码器逻辑符号

7447 七段显示译码器逻辑符号如图 3.4.5 所示，功能表如表 3.4.2 所示。当输入 8421 码时，输出低电平有

表 3.4.2　7447 七段显示译码器功能表

十进制数字或功能	输入						输出								显示字型
	LT	RBI	A_3	A_2	A_1	A_0	BI/RBO	a	b	c	d	e	f	g	
0	1	1	0	0	0	0	1	0	0	0	0	0	0	1	0
1	1	×	0	0	0	1	1	1	0	0	1	1	1	1	1
2	1	×	0	0	1	0	1	0	0	1	0	0	1	0	2
3	1	×	0	0	1	1	1	0	0	0	0	1	1	0	3
4	1	×	0	1	0	0	1	1	0	0	1	1	0	0	4
5	1	×	0	1	0	1	1	0	1	0	0	1	0	0	5
6	1	×	0	1	1	0	1	1	1	0	0	0	0	0	6
7	1	×	0	1	1	1	1	0	0	0	1	1	1	1	7
8	1	×	1	0	0	0	1	0	0	0	0	0	0	0	8
9	1	×	1	0	0	1	1	0	0	0	1	1	0	0	9
10	1	×	1	0	1	0	1	1	1	1	0	0	1	0	
11	1	×	1	0	1	1	1	1	1	0	0	1	1	0	
12	1	×	1	1	0	0	1	1	0	1	1	1	0	0	
13	1	×	1	1	0	1	1	0	1	1	0	1	0	0	
14	1	×	1	1	1	0	1	1	1	1	0	0	0	0	
15	1	×	1	1	1	1	1	1	1	1	1	1	1	1	熄灭
BI	×	×	×	×	×	×	0	1	1	1	1	1	1	1	熄灭
RBI	1	0	0	0	0	0	0	1	1	1	1	1	1	1	灭零
LT	0	×	×	×	×	×	1	0	0	0	0	0	0	0	试灯

效，用以驱动共阳极显示器。该集成显示译码器设有三个控制端 LT、RBI、BI/RBO，用以扩展电路的功能。

7447 七段显示译码器控制端的功能如下：

(1) 测灯输入 LT：当 LT=0 时，不论 RBI 和 $A_3A_2A_1A_0$ 输入为何值，数码管的七段全亮，用以检查该数码管各段能否正常发光，正常工作时应将 LT 置为 1。

(2) 灭零输入 RBI：设置灭零输入信号的目的是把不希望显示的零熄灭。例如，有一个 8 位的数码显示电路，整数部分为 5 位，小数部分为 3 位，在显示 13.7 这个数时将呈现 00013.700 字样。如果将前、后多余的零熄灭，则显示的结果将更加醒目。当 RBI=0 且 $A_3A_2A_1A_0$ 输入 0000 时，此时执行灭零操作。

(3) 灭灯输入/灭零输出 BI/RBO：作为输入端使用时，称灭灯输入控制端。只要 BI=0，无论 $A_3A_2A_1A_0$ 是什么状态，数码管的各段同时熄灭。作为输出端使用时，称为灭零输出端。只有当输入 $A_3=A_2=A_1=A_0=0$，而且有灭零输入信号（RBI=0）时，RBO 才会为 0，表示译码器已将本来应该显示的零熄灭。

将灭零输入端和灭零输出端配合使用即可实现多位数码显示系统的灭零控制，如图 3.4.6 所示。只需将整数部分高位 RBO 与低位 RBI 相连，小数部分低位 RBO 与高位

RBI 相连，就可以把前、后多余零熄灭。在这种连接方式下，整数部分只有高位是零且被熄灭的情况下，低位才有灭零输入信号。同理，小数部分只有在低位是零而且被熄灭时，高位才有灭零输入信号。

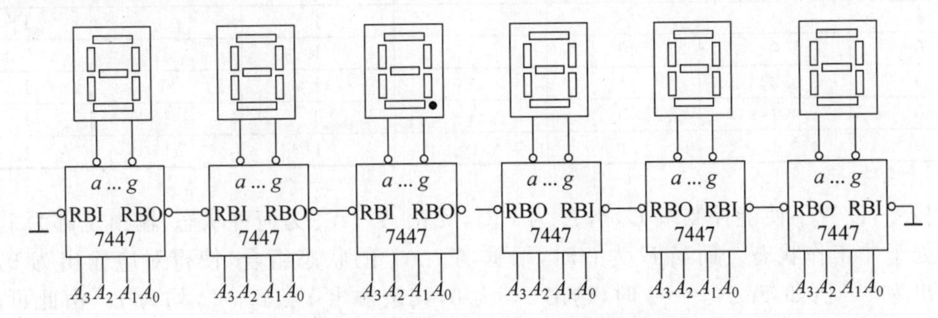

图 3.4.6　有灭零控制的 8 位数码显示系统

3.4.3　课前自学——预习自测

3.4.3.1　显示译码器 7447 可以驱动共(　　)数码管。

3.4.3.2　用显示译码器 7447 驱动七段数码管时，发现数码管只显示 1、3、5、7、9，试分析故障可能在哪里？

(二) 课上篇

3.4.4　课中学习——二进制译码器

二进制译码器输入是一组二进制码，输出是一组与输入代码一一对应的高/低电平信号。

1. 工作原理

二进制译码器结构如图 3.4.7 所示，输入的 n 位二进制码共有 2^n 种状态，译码器将每个输入代码译成对应的一根输出线上的高/低电平信号，因此也把这个译码器称为 n 线-2^n 线译码器。

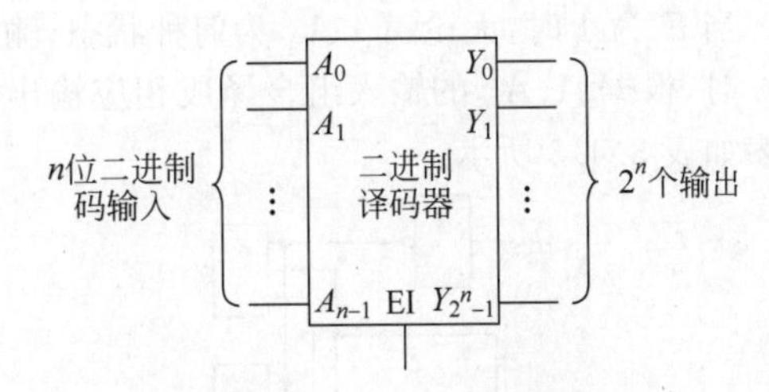

图 3.4.7　二进制译码器结构

下面以 2 线-4 线译码器为例，分析译码器的工作原理和电路结构，其中 2 线表示 2 个输入变量，4 线表示有 4 个输出端。两个输入变量 A_1、A_0 有 4 种不同状态组合，因而译码器有 4 个输出信号 $Y_3 \sim Y_0$，并且输出为低电平有效。2 线-4 线译码器真值表如表 3.4.3 所示。

表 3.4.3　2 线-4 线译码器真值表

输入			输出			
E	A_1	A_0	Y_3	Y_2	Y_1	Y_0
1	×	×	1	1	1	1
0	0	0	1	1	1	0
0	0	1	1	1	0	1
0	1	0	1	0	1	1
0	1	1	0	1	1	1

另外，设置了使能控制端 E，当 E 为 1 时，无论 A_1、A_0 为何种状态，输出全部为 1，译码器处于非工作状态。而当 E 为 0 时，根据 A_1、A_0 的状态组合，使得对应输出为 0，其余输出为 1。例如，$A_1A_0=01$ 时，输出 Y_1 为 0，其余输出 Y_3、Y_2、Y_0 均为 1。由此可见，译码器是通过输出端逻辑电平以识别不同代码。

根据真值表写出各输出端的逻辑表达式：

$$\begin{cases} Y_3=\overline{\bar{E}\cdot A_1A_0} \\ Y_2=\overline{\bar{E}\cdot A_1\overline{A_0}} \\ Y_1=\overline{\bar{E}\cdot\overline{A_1}A_0} \\ Y_0=\overline{\bar{E}\cdot\overline{A_1}\;\overline{A_0}} \end{cases} \tag{3.4.2}$$

根据逻辑表达式画出逻辑图，如图 3.4.8 所示。

2. 集成译码器

常用集成译码器有 2 线-4 线译码器 74139 和 3 线-8 线译码器 74138。

1) 2 线-4 线集成译码器 74139

2 线-4 线译码器 74139 逻辑符号如图 3.4.9 所示，它有两个独立的译码器封装在一个集成芯片中。A_1、A_0 为输入端，E 为使能控制端，低电平有效，$Y_3 \sim Y_0$ 为输出端，低电平有效。当 E 为 1 时，无论 A_1、A_0 为何种状态，输出全部为 1，译码器处于非工作状态。而当 E 为 0 时，根据 A_1A_0 的输入组合译成相应输出端的有效低电平。2 线-4 线译码器 74139 真值表如表 3.4.3 所示。

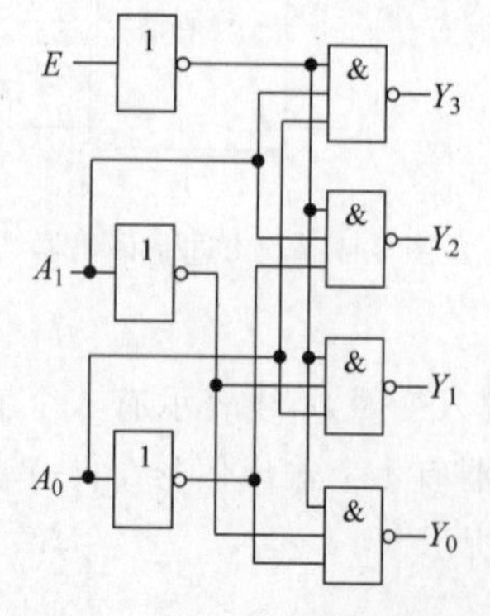

图 3.4.8　2 线-4 线译码器逻辑图

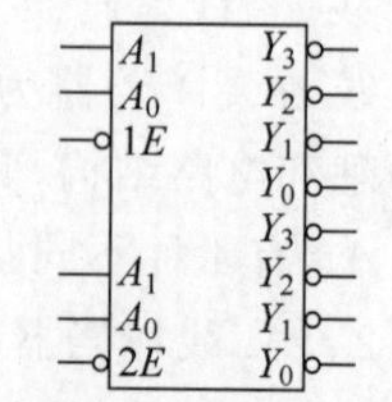

图 3.4.9　2 线-4 线译码器 74139 逻辑符号

2）3 线-8 线集成译码器 74138

3 线-8 线译码器 74138 的逻辑符号和引脚图如图 3.4.10 所示，该译码器有三个二进制输入 A_2、A_1、A_0，它们共有 8 种组合状态，即可译出 8 个输出信号 $Y_7 \sim Y_0$，低电平有效。

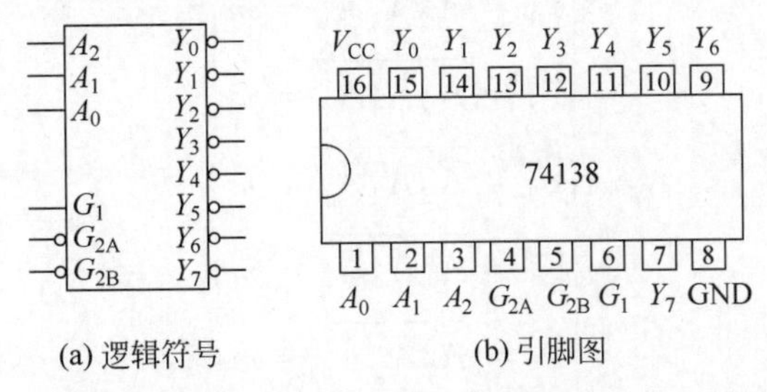

(a) 逻辑符号　　(b) 引脚图

图 3.4.10　3 线-8 线译码器 74138 的逻辑符号和引脚图

此外，还设置了 G_1、G_{2A}、G_{2B} 三个控制端。当 $G_1=1$，$G_{2A}=G_{2B}=0$ 时，译码器处于工作状态，根据 $A_2A_1A_0$ 译成对应输出上的有效低电平信号；否则译码器不工作，所有的输出端被封锁在高电平。3 线-8 线译码器 74138 真值表如表 3.4.4 所示。

表 3.4.4　3 线-8 线译码器 74138 真值表

输入						输出							
G_1	G_{2A}	G_{2B}	A_2	A_1	A_0	Y_0	Y_1	Y_2	Y_3	Y_4	Y_5	Y_6	Y_7
×	1	×	×	×	×	1	1	1	1	1	1	1	1
×	×	1	×	×	×	1	1	1	1	1	1	1	1
0	×	×	×	×	×	1	1	1	1	1	1	1	1
1	0	0	0	0	0	0	1	1	1	1	1	1	1
1	0	0	0	0	1	1	0	1	1	1	1	1	1
1	0	0	0	1	0	1	1	0	1	1	1	1	1
1	0	0	0	1	1	1	1	1	0	1	1	1	1
1	0	0	1	0	0	1	1	1	1	0	1	1	1
1	0	0	1	0	1	1	1	1	1	1	0	1	1
1	0	0	1	1	0	1	1	1	1	1	1	0	1
1	0	0	1	1	1	1	1	1	1	1	1	1	0

由真值表可得出 3 线-8 线译码器 74138 各个输出的表达式：

$$
\begin{cases}
Y_0 = \overline{G_1\bar{G}_{2A}\bar{G}_{2B}\bar{A}_2\bar{A}_1\bar{A}_0} \\
Y_1 = \overline{G_1\bar{G}_{2A}\bar{G}_{2B}\bar{A}_2\bar{A}_1A_0} \\
Y_2 = \overline{G_1\bar{G}_{2A}\bar{G}_{2B}\bar{A}_2A_1\bar{A}_0} \\
Y_3 = \overline{G_1\bar{G}_{2A}\bar{G}_{2B}\bar{A}_2A_1A_0} \\
Y_4 = \overline{G_1\bar{G}_{2A}\bar{G}_{2B}A_2\bar{A}_1\bar{A}_0} \\
Y_5 = \overline{G_1\bar{G}_{2A}\bar{G}_{2B}A_2\bar{A}_1A_0} \\
Y_6 = \overline{G_1\bar{G}_{2A}\bar{G}_{2B}A_2A_1\bar{A}_0} \\
Y_7 = \overline{G_1\bar{G}_{2A}\bar{G}_{2B}A_2A_1A_0}
\end{cases}
\tag{3.4.3}
$$

当$G_1=1,G_{2A}=G_{2B}=0$时，式(3.4.3)可简化为

$$\begin{cases} Y_0=\overline{\bar{A}_2\bar{A}_1\bar{A}_0}=\bar{m}_0 \\ Y_1=\overline{\bar{A}_2\bar{A}_1 A_0}=\bar{m}_1 \\ Y_2=\overline{\bar{A}_2 A_1\bar{A}_0}=\bar{m}_2 \\ Y_3=\overline{\bar{A}_2 A_1 A_0}=\bar{m}_3 \\ Y_4=\overline{A_2\bar{A}_1\bar{A}_0}=\bar{m}_4 \\ Y_5=\overline{A_2\bar{A}_1 A_0}=\bar{m}_5 \\ Y_6=\overline{A_2 A_1\bar{A}_0}=\bar{m}_6 \\ Y_7=\overline{A_2 A_1 A_0}=\bar{m}_7 \end{cases} \tag{3.4.4}$$

由式(3.4.4)可知，$Y_0\sim Y_7$同时又是A_2、A_1、A_0这三个变量的全部最小项的译码输出，所以这种译码器也称为最小项译码器。

3. 应用

1) 扩展

利用译码器的控制端可以方便地扩展译码器容量。图3.4.11是将两片74138扩展为4线-16线译码器。其中74138(1)为低位片，74138(2)为高位片，将高位片的G_1与低位片的G_{2A}相连作为A_3，将高位片的G_{2A}、G_{2B}与低位片的G_{2B}相连作为使能端E。其工作原理：当$E=1$时，两个译码器都禁止工作，输出全为1；当$E=0$时，译码器工作。这时，如果$A_3=0$，高位片禁止，低位片工作，输出$Y_0\sim Y_7$由输入二进制码$A_2A_1A_0$决定；如果$A_3=1$，低位片禁止，高位片工作，输出$Y_8\sim Y_{15}$由输入二进制码$A_2A_1A_0$决定。可见，这样可以实现4线-16线译码器功能。

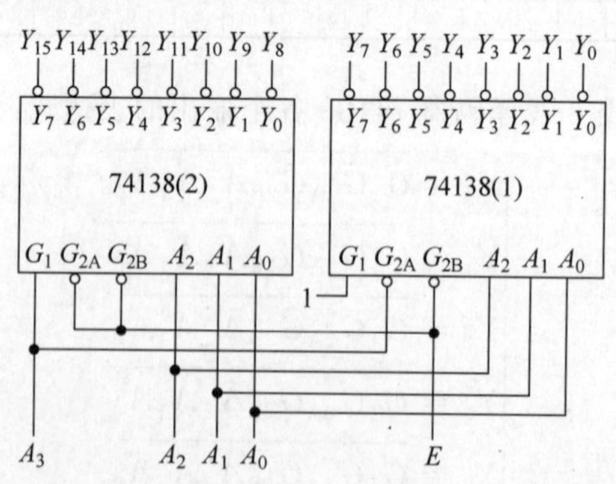

图3.4.11 两片74138扩展为4线-16线译码器

例3.4.1 试用四片74138和一片74139构成5线-32线译码器，输入为5位二进制码$B_4B_3B_2B_1B_0$，对应输出$L_0\sim L_{31}$为低电平有效信号。

解：列出5线-32线译码器的真值表，如表3.4.5所示。

表3.4.5 5线-32线译码器的真值表

输	入				输	出								
B_4	B_3	B_2	B_1	B_0	L_0	L_1	L_2	L_3	L_4	…	L_{27}	L_{28}	L_{29}	L_{30}	L_{31}
0	0	0	0	0	0	1	1	1	1	…	1	1	1	1	1
0	0	0	0	1	1	0	1	1	1	…	1	1	1	1	1
0	0	0	1	0	1	1	0	1	1	…	1	1	1	1	1
0	0	0	1	1	1	1	1	0	1	…	1	1	1	1	1
0	0	1	0	0	1	1	1	1	0	…	1	1	1	1	1
		⋮								⋮					
1	1	0	1	1	1	1	1	1	1	…	0	1	1	1	1
1	1	1	0	0	1	1	1	1	1	…	1	0	1	1	1
1	1	1	0	1	1	1	1	1	1	…	1	1	0	1	1
1	1	1	1	0	1	1	1	1	1	…	1	1	1	0	1
1	1	1	1	1	1	1	1	1	1	…	1	1	1	1	0

从表3.4.5可以看出，当$B_4B_3=00$，而$B_2B_1B_0$从000变化到111时，对应$L_0 \sim L_7$中有一个输出为0，其余输出全为1，因此4片74138中，设置片(1)为译码状态，其余3片为禁止译码状态，对应的输出$L_8 \sim L_{31}$全为1。

以此类推，当$B_4B_3=01$，而$B_2B_1B_0$从000变化到111时，对应$L_8 \sim L_{15}$中有一个输出为0，其余输出全为1，此时设置片(2)为译码状态。当$B_4B_3=10$和11时，分别设置片(2)和片(3)为译码状态。因此，将5位二进制码的低三位$B_2B_1B_0$分别与4片74138的三个地址输入端并接在一起。

高位B_4B_3有4种状态组合，因此接入74139的两个地址输入A_1A_0，74139的4个有效输出信号分别接入4片74138的低使能控制端，使4片74138在B_4B_3的控制下轮流工作在译码状态。这样就得到5线-32线译码器，逻辑图如图3.4.12所示。

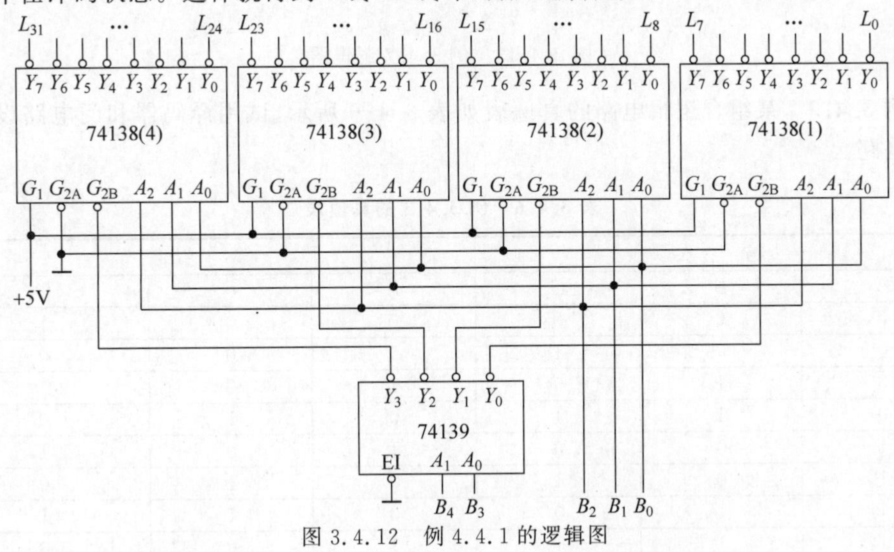

图3.4.12 例4.4.1的逻辑图

思考：如果要构成 6 线-64 线译码器，需要几片 74138？

2）实现组合逻辑函数

由式(3.4.4)可以看出，当 $G_1=1, G_{2A}=G_{2B}=0$ 时，若将 A_2、A_1、A_0 作为 3 个输入逻辑变量，则 8 个输出端分别与 3 输入变量最小项相对应。利用附加的门电路将这些最小项适当地组合起来，就可以产生组合逻辑函数。

例 3.4.2 试用集成译码器 74138 和门电路实现组合逻辑函数 $L=AB+BC+AC$。

解：将逻辑函数转换成最小表达式，即

$$L=\bar{A}BC+A\bar{B}C+AB\bar{C}+ABC=m_3+m_5+m_6+m_7 \tag{3.4.5}$$

由图 3.4.9 和式(3.4.4)可知，只要令集成译码器 74138 的输入 $A_2=A, A_1=B, A_0=C$，则逻辑函数 L 的最小项表达式即可用编号的形式表示，如式(3.4.5)所示。由于译码器的输出以 $\bar{m}_l$ 形式给出，所以还需要把 L 变换为 $\bar{m}_l$ 的形式。

将最小项表达式转换成与非-与非形式，即

$$L=m_3+m_5+m_6+m_7=\overline{\bar{m}_3\cdot\bar{m}_5\cdot\bar{m}_6\cdot\bar{m}_7} \tag{3.4.6}$$

根据 74138 的功能，$Y_3=\bar{m}_3, Y_5=\bar{m}_5, Y_6=\bar{m}_6, Y_7=\bar{m}_7$，则有

$$L=\overline{Y_3\cdot Y_5\cdot Y_6\cdot Y_7} \tag{3.4.7}$$

用一片 74138 加一个与非门就可实现逻辑函数 L，逻辑图如图 3.4.13 所示。

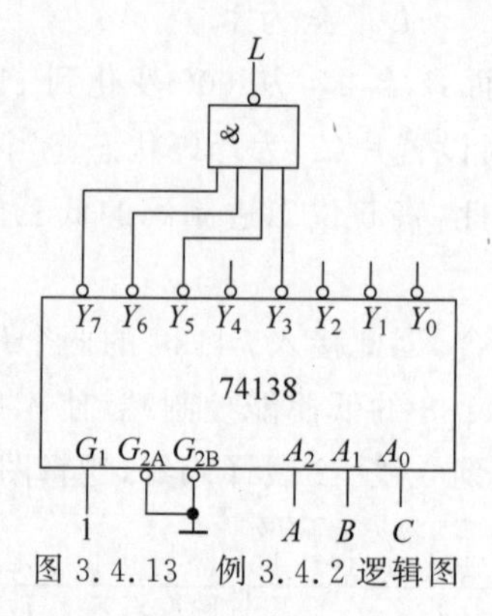

图 3.4.13 例 3.4.2 逻辑图

例 3.4.3 某组合逻辑电路的真值表如表 3.4.6 所示，试用译码器和门电路设计该逻辑电路。

表 3.4.6 例 3.4.3 的真值表

输入			输出		
A	B	C	L	F	G
0	0	0	0	0	1
0	0	1	1	0	0
0	1	0	1	0	1
0	1	1	0	1	0
1	0	0	1	0	1
1	0	1	0	1	0
1	1	0	0	1	1
1	1	1	1	0	0

解：根据真值表写出各输出的最小项表达式，即

$$\begin{cases} L=\overline{A}\,\overline{B}C+\overline{A}B\overline{C}+A\overline{B}\,\overline{C}+ABC=m_1+m_2+m_4+m_7 \\ F=\overline{A}BC+A\overline{B}C+AB\overline{C}=m_3+m_5+m_6 \\ G=\overline{A}\,\overline{B}\,\overline{C}+\overline{A}B\overline{C}+A\overline{B}\,\overline{C}+AB\overline{C}=m_0+m_2+m_4+m_6 \end{cases} \tag{3.4.8}$$

将最小项表达式转换成与非-与非形式，即

$$\begin{cases} L=\overline{\overline{m}_1\cdot\overline{m}_2\cdot\overline{m}_4\cdot\overline{m}_7} \\ F=\overline{\overline{m}_3\cdot\overline{m}_5\cdot\overline{m}_6} \\ G=\overline{\overline{m}_0\cdot\overline{m}_2\cdot\overline{m}_4\cdot\overline{m}_6} \end{cases} \tag{3.4.9}$$

设 $A=A_2, B=A_1, C=A_0$，将 L、F、G 的逻辑表达式与 74138 的输出表达式相比较，则有

$$\begin{cases} L=\overline{Y_1\cdot Y_2\cdot Y_4\cdot Y_7} \\ F=\overline{Y_3\cdot Y_5\cdot Y_6} \\ G=\overline{Y_0\cdot Y_2\cdot Y_4\cdot Y_6} \end{cases} \tag{3.4.10}$$

用一片 74138 加三个与非门就可实现该组合逻辑电路，逻辑图如图 3.4.14 所示。

3）数据分配器

数据分配是将公共数据线上的数据根据需要送到不同的通道，实现数据分配功能的逻辑电路称为数据分配器。它的作用相当于多个输出的单刀多掷开关，其示意图如图 3.4.15 所示。

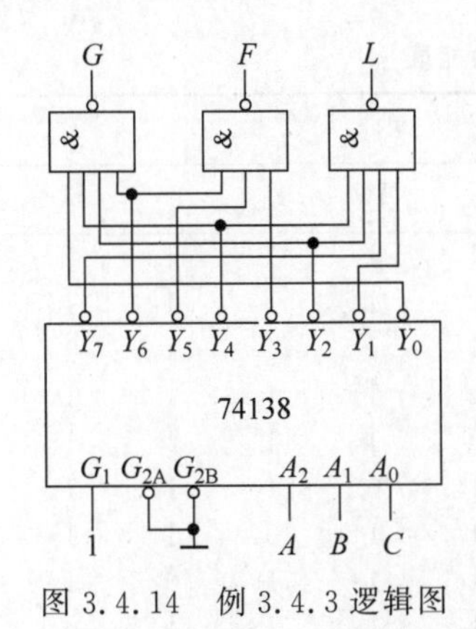

图 3.4.14 例 3.4.3 逻辑图

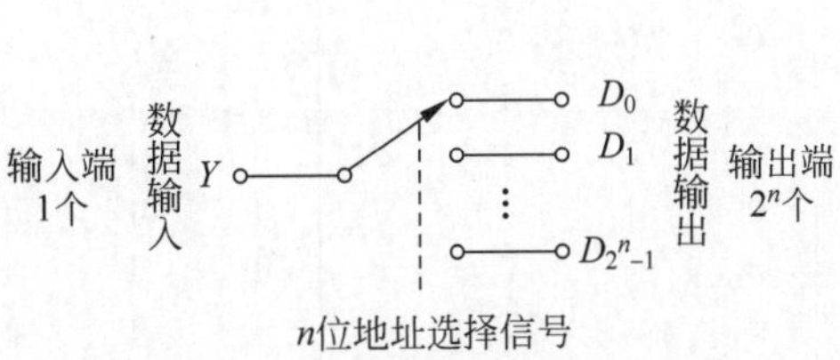

输入端 1个
数据输入
Y
D_0
D_1
⋮
D_{2^n-1}
数据输出
输出端 2^n个
n位地址选择信号

图 3.4.15 数据分配器示意图

数据分配器可以用译码器实现。例如，用 3 线-8 线译码器可以把 1 个数据信号分配到 8 个不同的通道。集成译码器 74138 作为数据分配器的真值表如表 3.4.7 所示。

如果将 G_{2A} 接低电平，G_1 作为使能端，A_2、A_1、A_0 作为选择通道地址输入，G_{2B} 作为数据输入，将会得到与输入相反的数据波形。

数据分配器的用途比较多，比如用它将一台个人计算机（PC）与多台外部设备连接，将计算机数据分送到外部设备中。它还可以与计数器结合组成脉冲分配器，与数据选择

器连接组成分时数据传送系统。

表 3.4.7 集成译码器 74138 作为数据分配器的真值表

输入						输出							
G_1	G_{2A}	G_{2B}	A_2	A_1	A_0	Y_0	Y_1	Y_2	Y_3	Y_4	Y_5	Y_6	Y_7
0	0	×	×	×	×	1	1	1	1	1	1	1	1
1	0	D	0	0	0	D	1	1	1	1	1	1	1
1	0	D	0	0	1	1	D	1	1	1	1	1	1
1	0	D	0	1	0	1	1	D	1	1	1	1	1
1	0	D	0	1	1	1	1	1	D	1	1	1	1
1	0	D	1	0	0	1	1	1	1	D	1	1	1
1	0	D	1	0	1	1	1	1	1	1	D	1	1
1	0	D	1	1	0	1	1	1	1	1	1	D	1
1	0	D	1	1	1	1	1	1	1	1	1	1	D

3.4.5 课中学习——二-十进制译码器 7442

第 1 章已经讨论过 8421 码，对应于 0～9 的十进制数，由 4 位二进制数 0000～1001 表示。由于人们不习惯直接识别二进制数，所以采用二-十进制译码器来解决。这种译码器应有 4 个输入端，10 个输出端。它的功能表如表 3.4.8 所示，其输出低电平有效。例如，当输入 8421 码 $A_3A_2A_1A_0=0010$ 时，输出 $Y_2=0$，它对应于十进制数 2，其余输出为高电平。当输入超过 8421 码的范围（1010～1111）时，输出均为高电平，即没有译码输出。

表 3.4.8 7442 二-十进制译码器功能表

数目	BCD 输入				输出									
	A_3	A_2	A_1	A_0	Y_0	Y_1	Y_2	Y_3	Y_4	Y_5	Y_6	Y_7	Y_8	Y_9
0	0	0	0	0	0	1	1	1	1	1	1	1	1	1
1	0	0	0	1	1	0	1	1	1	1	1	1	1	1
2	0	0	1	0	1	1	0	1	1	1	1	1	1	1
3	0	0	1	1	1	1	1	0	1	1	1	1	1	1
4	0	1	0	0	1	1	1	1	0	1	1	1	1	1
5	0	1	0	1	1	1	1	1	1	0	1	1	1	1
6	0	1	1	0	1	1	1	1	1	1	0	1	1	1
7	0	1	1	1	1	1	1	1	1	1	1	0	1	1
8	1	0	0	0	1	1	1	1	1	1	1	1	0	1
9	1	0	0	1	1	1	1	1	1	1	1	1	1	0
10	1	0	1	0	1	1	1	1	1	1	1	1	1	1
11	1	0	1	1	1	1	1	1	1	1	1	1	1	1
12	1	1	0	0	1	1	1	1	1	1	1	1	1	1
13	1	1	0	1	1	1	1	1	1	1	1	1	1	1
14	1	1	1	0	1	1	1	1	1	1	1	1	1	1
15	1	1	1	1	1	1	1	1	1	1	1	1	1	1

（三）课后篇

3.4.6 课后巩固——练习实践

1. 知识巩固练习

讲解视频

3.4.6.1 试用一片3线-8线译码器74138和一个与非门设计一个3位数 $X_2X_1X_0$ 奇偶校验器。要求：当输入信号为偶数个1(含0个1)时，输出信号 F 为1；否则，为0。

讲解视频

3.4.6.2 题图3.4.6.2为3线-8线译码器74138构成的电路，试分析电路的逻辑功能。要求：(1)列出输出表达式；(2)列出真值表；(3)说明逻辑功能。

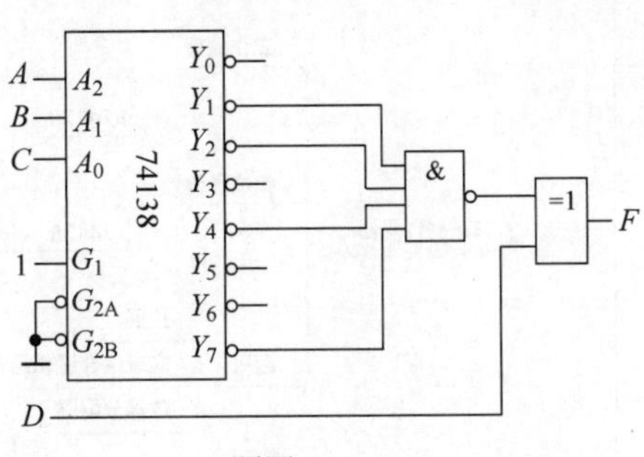

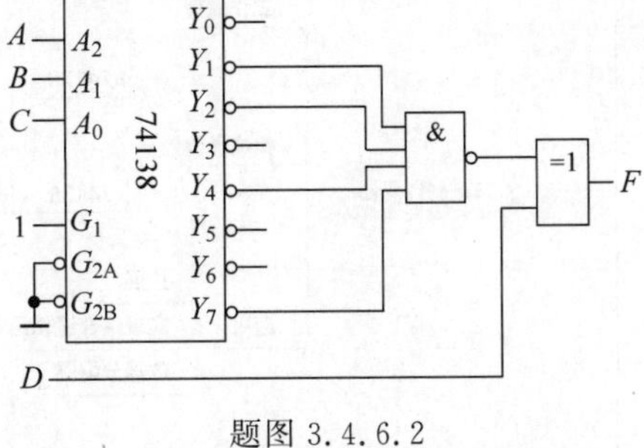

题图 3.4.6.2

讲解视频

3.4.6.3 试用3线-8线译码器74138和若干与非门设计一个1位全加器。

讲解视频

3.4.6.4 某雷达站有A、B、C三部雷达，其中雷达A和雷达B功率消耗相等，雷达C的功率是A的2倍。这些雷达由两台发电机X和Y供电，发电机X的最大输出功率等于雷达A的功率消耗，发电机Y的最大输出功率是X的3倍，要求用译码器74138和门电路设计一个逻辑电路，能够根据各雷达的启动和关闭信号，以最节约电能的方式启、停发电机。

讲解视频

3.4.6.5 已知函数 $F(D,C,B,A)=\sum m(2,5,7,8,10,12,15)$，试用3线-8线译码器74138和最少的门电路设计实现该逻辑函数的电路。

讲解视频

3.4.6.6 设计一个监视交通信号灯工作状态的逻辑电路。每一组信号灯由红、黄、绿三盏灯组成。正常工作情况下，任何时刻必有一盏灯点亮，而且只允许有一盏灯点亮。而当出现其他五种点亮状态时，电路发生故障，这时要求发出故障信号，以提醒维护人员前去修理。试用译码器74138及门电路设计满足上述控制要求的逻辑电路。要求：列出真值表，写出逻辑表达式，画出电路图。

讲解视频

3.4.6.7 某产品有A、B、C、D四项指标，至少有三项达标(必须包含A)时才算合格，试用一片3线-8线译码器74138和最少的门电路设计符合上述规定的逻辑电路。

2. 工程实践练习

3.4.6.8 利用口袋实验包完成数码管直观显示的10个按键显示系统电路的搭建与调试。要求：当某一个按键按下后，能够用数码管直观显示出该按键所对应的十进制数。

3.4.7 本节思维导图

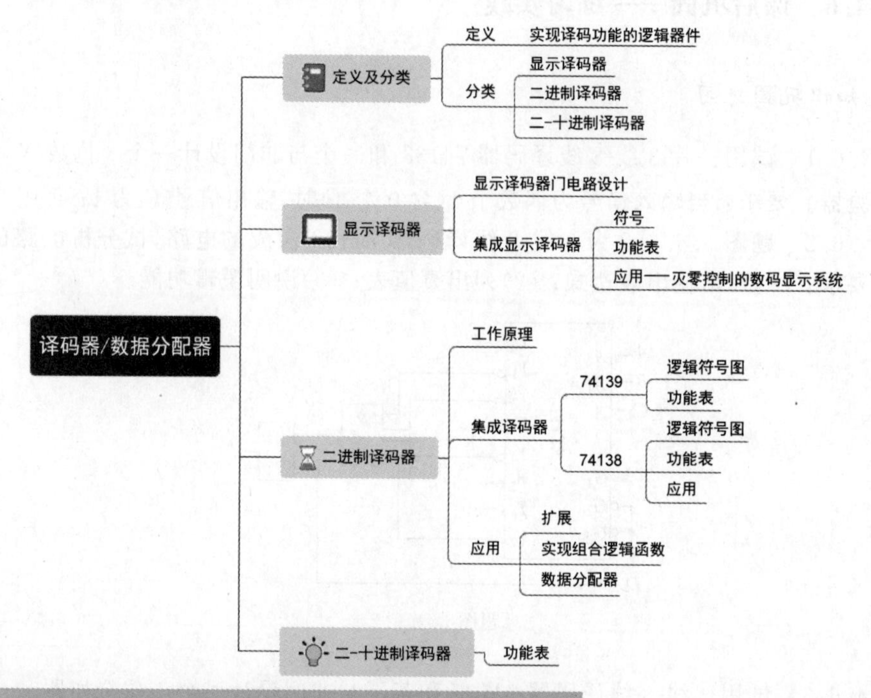

知识拓展——OLED 屏国产先锋：京东方公司 **集成电路国产化进程**

OLED 因拥有 LCD 无法比拟的画质、柔性和设计优势而成为目前手机首选屏幕，而这一领域技术被韩国三星公司、LG 公司等掌握，国内只能拿到二流产品。直到京东方 OLED 屏被华为公司、VIVO 公司等采用，2020 年，京东方公司首入苹果公司供应商名单，实现我国 OLED 屏的国产替代和技术自主可控。京东方公司就是我国在 1956 年建成的北京电子管厂（代号国营 774 厂），曾是 20 世纪 60 年代亚洲最大的电子管厂。

3.5 数据选择器

（一）课前篇

本节导学单

1. 学习目标

根据《布鲁姆教育目标分类学》，从知识维度和认知过程两方面进一步细化本节课的教学目标，明确学习本节课所必备的学习经验。

知识维度	认知过程					
	1. 回忆	2. 理解	3. 应用	4. 分析	5. 评价	6. 创造
A. 事实性知识		说出数据选择器基本概念				
B. 概念性知识	回忆常用逻辑门电路的逻辑符号，逻辑表达式及真值表					
C. 程序性知识	回忆组合逻辑电路设计的一般步骤	画出集成数据选择器引脚、功能、真值表	应用门电路设计数据选择器	应用集成数据选择器实现组合逻辑函数，序列信号发生器以及多路数据分时传送	对比评价数据选择器实现组合逻辑函数和译码器实现组合逻辑函数的方法和步骤	利用集成芯片设计应用电路，会借助仿真软件进行验证，会利用口袋实验包进行电路搭建与调试
D. 元认知知识	明晰学习经验是理解新知识的前提		根据概念及学习经验迁移得到新理论的能力	将知识分为若干任务，主动思考，举一反三，完成每个任务	类比评价也是知识整合吸收的过程	通过电路的设计、仿真、搭建、调试，培养工程思维

2. 导学要求

根据本节的学习目标，将回忆、理解、应用层面学习目标所涉及的知识点课前自学完成，形成自学导学单。

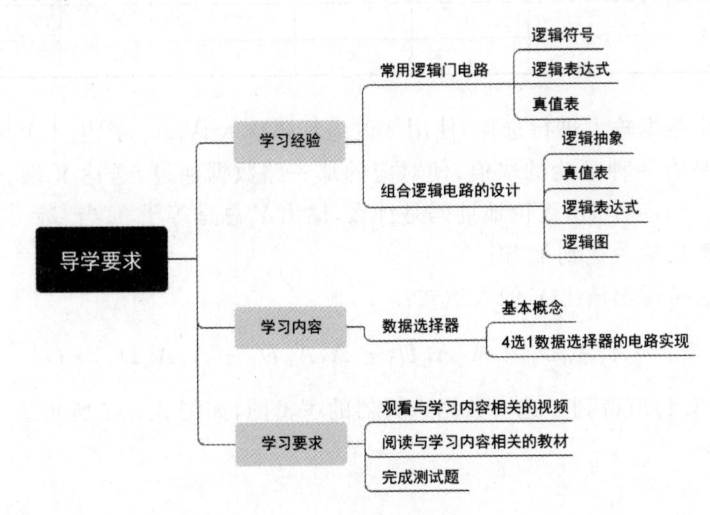

3.5.1 课前自学——数据选择器的定义

在数字信号的传输过程中,有时需要从多路输入数据中选出某一路数据传送到公共数据线上,实现数据选择功能的逻辑电路称为数据选择器。它的作用相当于多个输入的单刀多掷开关,如图 3.5.1 所示。根据 n 位地址选择信号,从 2^n 个输入信号中选择一个输入信号送到输出。

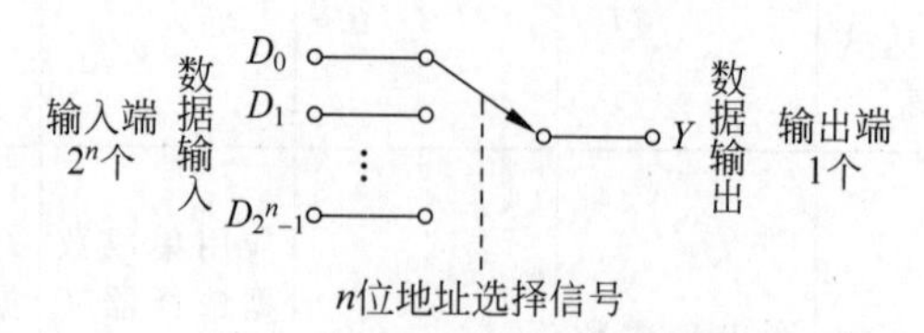

图 3.5.1 数据选择器示意图

下面以 4 选 1 数据选择器为例,说明数据选择器的工作原理及基本功能,其真值表如表 3.5.1 所示。

表 3.5.1 4 选 1 数据选择器真值表

输入							输出
G	A_1	A_0	D_3	D_2	D_1	D_0	Y
1	×	×	×	×	×	×	0
0	0	0	×	×	×	0	0
			×	×	×	1	1
	0	1	×	×	0	×	0
			×	×	1	×	1
	1	0	×	0	×	×	0
			×	1	×	×	1
	1	1	0	×	×	×	0
			1	×	×	×	1

为了对 4 个数据输入进行选择,使用 2 位地址码输入 A_1A_0,产生 4 个地址信号。任何时候 A_1A_0 只有一种可能的取值,使对应的那一路数据通过,送达 Y 端。使能输入 G 是低电平有效,当 $G=1$ 时,无论地址码是什么,输出 Y 总是等于 0;当 $G=0$ 时,根据地址码选择对应的数据输入送到 Y 端。

根据真值表可得出输出 Y 的表达式:

$$Y=(\overline{A}_1\overline{A}_0D_0+\overline{A}_1A_0D_1+A_1\overline{A}_0D_2+A_1A_0D_3)\cdot\overline{G} \qquad (3.5.1)$$

根据式(3.5.1)可得到 4 选 1 数据选择器的逻辑图,如图 3.5.2 所示。

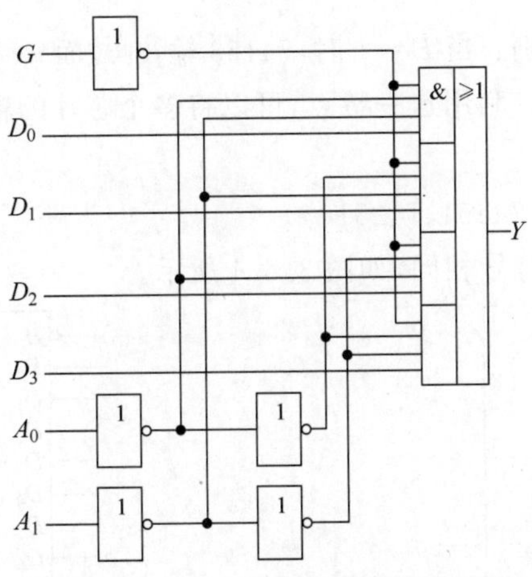

图 3.5.2　4 选 1 数据选择器的逻辑图

3.5.2　课前自学——预习自测

3.5.2.1　用十六进制数的方式写出 16 选 1 数据选择器的各地址码。

3.5.2.2　用 32 选 1 数据选择器选择数据，若选择的输入数据为 D_{20}、D_{17}、D_{18}、D_{27}、D_{31}，依次写出对应的地址码。

（二）课上篇

3.5.3　课中学习——集成数据选择器及其应用

1. 集成数据选择器

常见的集成数据选择器有双 4 选 1 数据选择器、8 选 1 数据选择器等。

1）双 4 选 1 数据选择器 74153、74253

74153、74253 的逻辑符号相同，如图 3.5.3 所示。

从图 3.5.3 中可以看出，一个芯片内部含有两个 4 选 1 数据选择器，所以称为双 4 选 1 数据选择器。两个数据选择器共用地址输入 A_1、A_0，使能信号 E、数据输入信号 $D_0 \sim D_3$、数据输出 Y 相互独立，实现根据地址输入从 4 路数据输入中选择一路送到输出的功能。74153 的真值表如表 3.5.2 所示。

表 3.5.2　74153 的真值表

输　入			输　出
使能 E	地址选择		Y
	A_1	A_0	
1	×	×	0
0	0	0	D_0
0	0	1	D_1
0	1	0	D_2
0	1	1	D_3

74253 与 74153 的区别：当 $E=1$ 时，74153 输出 0，而 74253 输出为高阻状态，因此 74253 具有三态输出功能。利用这一特点，可以将多个芯片的输出端连在一起，共用一根数据传输线。

2）8 选 1 数据选择器 74151、74251

74151、74251 的逻辑符号相同，如图 3.5.4 所示。

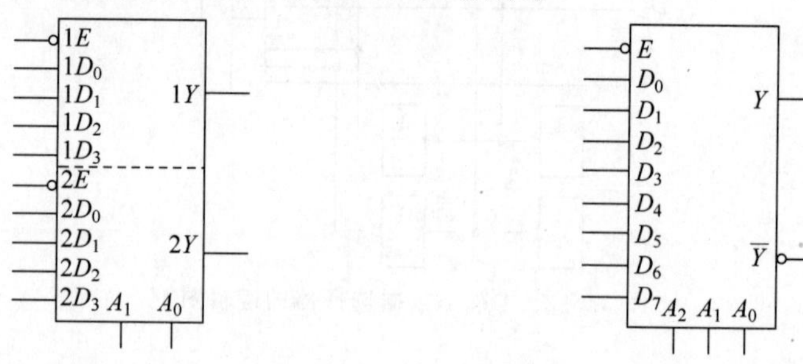

图 3.5.3　74153/74253 的逻辑符号　　图 3.5.4　74151/74251 的逻辑符号

从图 3.5.4 中可以看出，它有 3 个地址输入端 A_2、A_1、A_0，可选择 $D_0 \sim D_7$ 共 8 路数据，具有两个互补输出端 Y 和 $\bar{Y}$，使能输入端 E 低电平有效。74151 的真值表如表 3.5.3 所示。

表 3.5.3　74151 的真值表

输入				输出	
使能 E	地址选择			Y	$\bar{Y}$
	A_2	A_1	A_0		
1	×	×	×	0	1
0	0	0	0	D_0	$\bar{D}_0$
0	0	0	1	D_1	$\bar{D}_1$
0	0	1	0	D_2	$\bar{D}_2$
0	0	1	1	D_3	$\bar{D}_3$
0	1	0	0	D_4	$\bar{D}_4$
0	1	0	1	D_5	$\bar{D}_5$
0	1	1	0	D_6	$\bar{D}_6$
0	1	1	1	D_7	$\bar{D}_7$

74151 输出 Y 的表达式为

$$Y=\sum_{i=0}^{7} m_i D_i \tag{3.5.2}$$

74251 与 74151 的区别：当 $E=1$ 时，74151 输出 0，而 74251 输出为高阻状态，因此 74251 具有三态输出功能。利用这一特点，可以将多个芯片输出端连在一起，共用一根数据传输线。

2. 应用

1) 扩展

利用数据选择器的控制端可以方便地实现数据选择器的通道扩展。图3.5.5是将两片74151和3个门电路扩展为16选1数据选择器。其中74151(1)为低位片，74151(2)为高位片，将低位片74151(1)的使能控制端E经一个非门门反相后与高位片74151(2)的E相连，E作为最高位的地址选择信号A_3。若$A_3=0$，则74151(1)工作，根据$A_3 \sim A_0$从$D_0 \sim D_7$中选择一路输出；若$A_3=1$，则74151(2)工作，根据$A_3 \sim A_0$从$D_8 \sim D_{15}$中选择一路输出。因此，该电路实现了16选1功能。

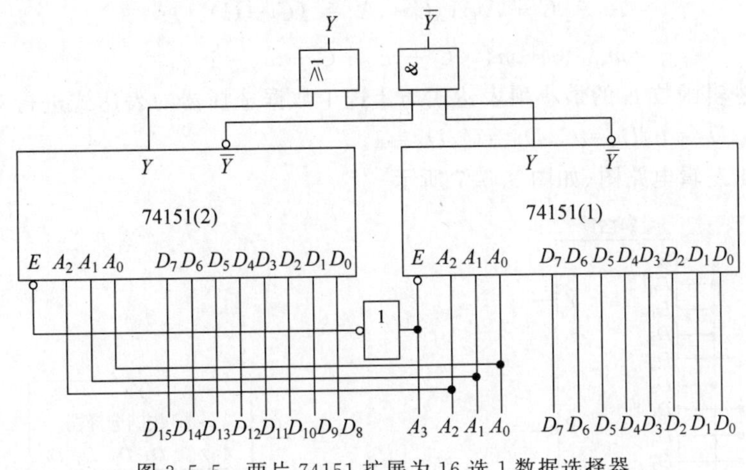

图3.5.5 两片74151扩展为16选1数据选择器

2) 构成组合逻辑函数

根据8选1数据选择器输出与输入的关系式(3.5.2)，有

$$Y=\sum_{i=0}^{7} m_i D_i$$

式中：m_i为地址选择输入端A_2、A_1、A_0构成的最小项。

数据输入作为控制信号，当$D_i=1$时，其对应的最小项m_i在表达式中出现；当$D_i=0$时，其对应的最小项就不出现。利用这一点将函数变换成最小项表达式，函数的变量接入地址选择输入端，就可以实现组合逻辑函数。

当逻辑函数的变量个数和数据选择器的地址输入变量个数相同时，可直接用数据选择器来实现逻辑函数。

例3.5.1 试用8选1数据选择器74151实现逻辑函数$L=AB+BC+AC$。

解：(1) 将逻辑函数转换成最小项表达式：

$$L=AB+BC+AC=\overline{A}BC+A\overline{B}C+AB\overline{C}+ABC=m_3+m_5+m_6+m_7$$

(2) 将输入变量接至数据选择器的地址输入端，即$A=A_2$，$B=A_1$，$C=A_0$。输出变量接至数据选择器的输出端，即$L=Y$。将逻辑函数L的最小项表达式与74151的功能表相比较，显然L式中出现的最小项对应的数据输入端接1，L式中没有出现的最小项对应的数据输入端接 0，即 $D_3=D_5=D_6=D_7=1, D_0=D_1=D_2=D_4=0$。

(3) 画出逻辑电路图，如图 3.5.6 所示。

当逻辑函数的变量个数大于数据选择器的地址输入变量个数时，不能用前述的简单办法，这时应分离出多余的变量，把它们加到适当的数据输入端。

例 3.5.2 试用 4 选 1 数据选择器实现逻辑函数 $L=AB+BC+AC$。

解：方法一。(1) 由于函数 L 有三个输入信号 A、B、C，而 4 选 1 数据选择器仅有两个地址输入端 A_1 和 A_0，所以选 A、B 接到地址输入端，且 $A=A_1, B=A_0$，将逻辑函数转换成最小项表达式：

$$\begin{aligned} L &= AB+BC+AC=\overline{A}BC+A\overline{B}C+AB\overline{C}+ABC \\ &= \overline{A}_1A_0C+A_1\overline{A}_0C+A_1A_0(C+\overline{C}) \\ &= m_0\cdot 0+m_1\cdot C+m_2\cdot C+m_3\cdot 1 \end{aligned}$$

(2) 将逻辑函数 L 的最小项表达式与 4 选 1 数据选择器的表达式进行对照，确定出数据输入端：$D_0=0, D_1=C, D_2=C, D_3=1$。

(3) 画出逻辑电路图，如图 3.5.7 所示。

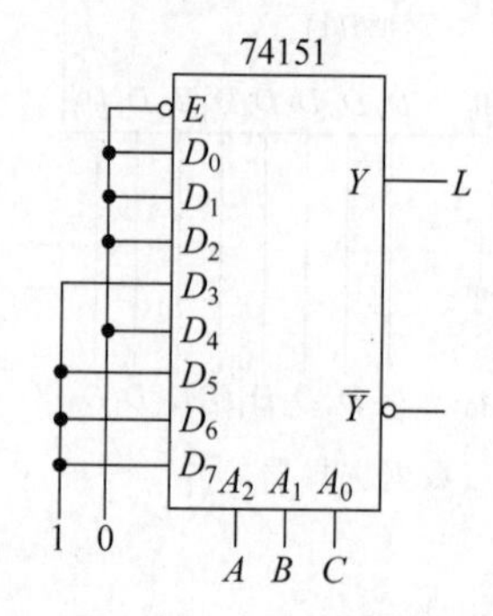

图 3.5.6 例 3.5.1 的逻辑电路图

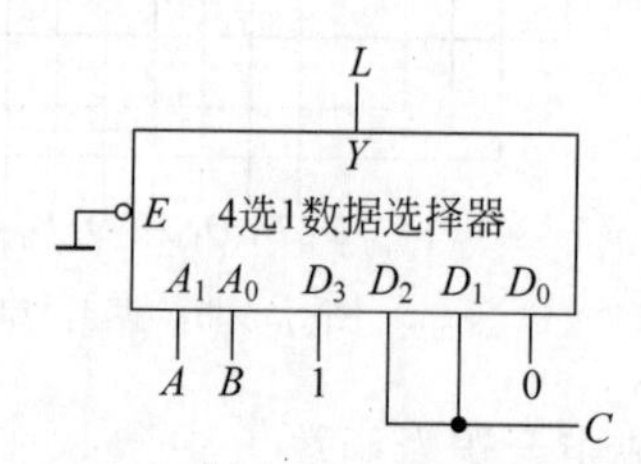

图 3.5.7 例 3.5.2 的逻辑电路图

方法二。(1) 由于函数 L 有三个输入信号 A、B、C，而 4 选 1 数据选择器仅有两个地址输入端 A_1 和 A_0，所以选 A、B 接到地址输入端，且 $A=A_1, B=A_0$。

(2) 将 C 加到适当的数据输入端。做出逻辑函数 L 的真值表，如表 3.5.4 所示。

表 3.5.4 例 3.5.2 真值表

A	B	C	L
0	0	0	0
0	0	1	0
0	1	0	0
0	1	1	1
1	0	0	0
1	0	1	1
1	1	0	1
1	1	1	1

当 $A=0,B=0$ 时(表中第一、二行),无论 C 取何值,L 都为 0,所以 $D_0=0$;当 $A=0$,$B=1$ 时(表中第三、四行),L 的取值与 C 相同,所以 $D_1=C$;当 $A=1,B=0$ 时(表中第五、六行),L 的取值与 C 相同,所以 $D_2=C$;当 $A=1,B=1$ 时(表中第七、八行),无论 C 取何值,L 都为 1,所以 $D_3=1$。

(3) 画出逻辑电路图,如图 3.5.7 所示。

3) 实现并行数据到串行数据的转换

图 3.5.8 为由 8 选 1 数据选择器构成的并/串行转换的电路图。数据选择器地址输入端 A_2、A_1、A_0 从 000 到 111 依次变化,则选择器的输出 Y 随之接通 $D_0,D_1,D_2,\cdots,D_7$。当选择器的数据输入端 $D_0\sim D_7$ 与一个并行 8 位数 11011001 相连时,输出端得到的数据依次为 1-1-0-1-1-0-0-1,即串行数据输出。

图 3.5.8 数据并行输入转换成串行输出

4) 多路数据的分时传送

数据选择器、数据分配器和传输总线连接构成的信号传输系统示意图如图 3.5.9 所示。该系统将多个数据信号中的一路信号连接到总线,经过远距离传送后,由数据分配器再将总线上的数据分配到被选中的多个目的地之一。这种信息传输的基本原理在通信系统、计算机网络系统以及计算机内部各功能部件之间的信息传送等都有广泛的应用。

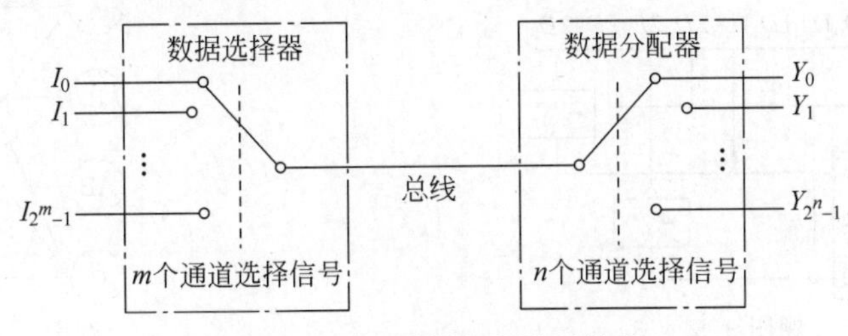

图 3.5.9 多路数据的分时传送

(三) 课后篇

3.5.4 课后巩固——练习实践

1. 知识巩固练习

3.5.4.1 试用 4 选 1 数据选择器分别实现下列逻辑函数:

讲解视频

(1) $L(A,B)=\sum m(0,1,3)$

(2) $L(A,B,C)=\sum m(0,1,5,7)$

(3) $L=A\bar{B}C+\bar{A}(\bar{B}+\bar{C})$

讲解视频

3.5.4.2　试用 8 选 1 数据选择器实现下列逻辑函数：

(1) $L(A,B,C)=\sum m(0,1,4,5,7)$　(2) $L(A,B,C,D)=\sum m(0,3,5,8,13,15)$

讲解视频

3.5.4.3　某保密锁的逻辑控制电路如题图 3.5.4.3 所示，图中的 A、B、C 为三个按钮，按下为 1；D 代表钥匙输入信号，插入为 1；F 代表开锁信号，Z 代表报警信号，均为 1 有效。试分析电路，列出真值表，写出 F、Z 的表达式并解出开锁信号的密码，指出何种情况下会报警。

讲解视频

3.5.4.4　试用 2 片 8 选 1 数据选择器 74151 扩展成 16 选 1 数据选择器，在 4 位地址输入选通下，产生一序列信号 0100101110011011。

讲解视频

3.5.4.5　设计一个监视交通信号灯工作状态的逻辑电路。每组信号灯由红、黄、绿三盏灯组成。正常工作情况下，任何时刻必有一盏灯点亮，而且只允许有一盏灯点亮。而当出现其他五种点亮状态时，电路发生故障，这时要求发出故障信号，以提醒维护人员前去修理。试用 8 选 1 数据选择器 74151 及门电路设计满足上述控制要求的逻辑电路。要求：列出真值表，写出逻辑表达式，画出电路图。

讲解视频

3.5.4.6　人有 A、B、AB、O 四种血型，输血时输血者血型与受血者血型必须符合题图 3.5.4.6 中用箭头指示的授受关系。试用数据选择器设计一个逻辑电路，判断输血者与受血者的血型是否符合上述规定。

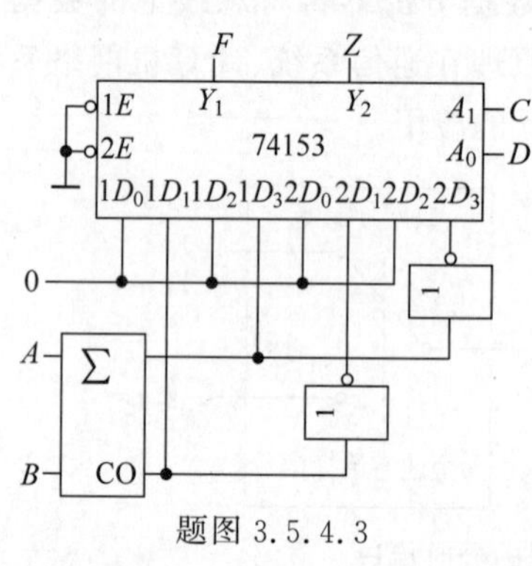

题图 3.5.4.3

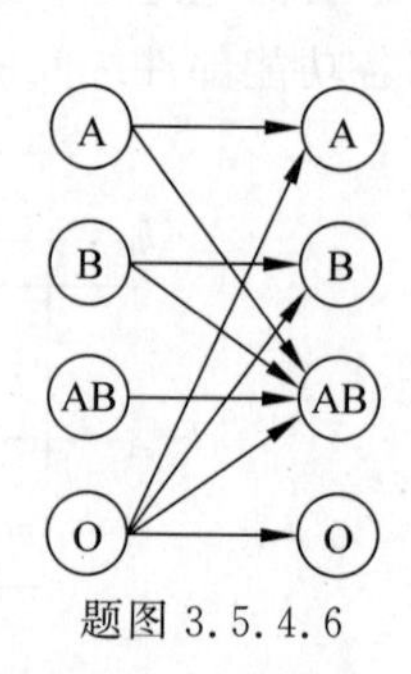

题图 3.5.4.6

3.5.4.7　试用 74253 扩展为 8 选 1 数据选择器并实现逻辑函数 $F=AB+B\overline{C}+\overline{A}C$。

3.5.4.8　试用 8 选 1 数据选择器设计一个 4 位奇偶校验判断电路，当输入为奇数个 1 时输出为 1，否则输出为 0。

3.5.4.9　设计一个多功能组合逻辑电路，M_1、M_0 为功能选择输入信号，a、b 为逻辑变量，F 为电路的输出。当 M_1、M_0 取不同的数值时，电路具有题表 3.5.4.9 所示的逻辑功能。试用 8 选 1 数据选择器 74151 和最少的门实现此电路。

题表 3.5.4.9　题 3.5.4.9 电路的功能表

M_1	M_0	Y
0	0	a
0	1	$a\oplus b$
1	0	ab
1	1	$a+b$

2. 工程实践练习

3.5.4.10　利用口袋实验包完成多路复用显示器电路的搭建与调试，要求用一个显示译码器驱动两个数码管分时显示。

3.5.5　本节思维导图

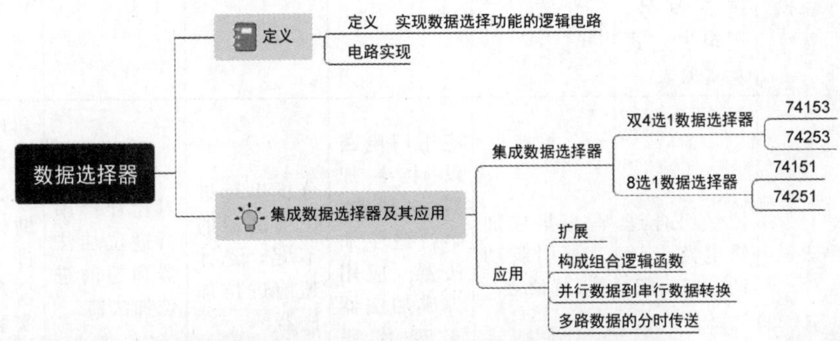

知识拓展——国内MCU芯片企业：兆易创新公司

集成电路国产化进程

兆易创新公司成立于2005年，是一家立足于IC解决方案和存储技术的芯片设计公司，随着多年的产品线不断拓宽与技术并购，目前已成为"存储＋MCU＋传感器"三位一体的国内领先的半导体解决方案供应商。在MCU芯片技术领域，4位、8位、16位等低端单片机芯片国内自给率较高，而32位以上中高端MCU市场则主要被Microchip、ST、Renesas、NXP等国外大厂垄断。兆易创新公司率先在32位MCU产品领域布局，在国内32位MCU的发展历史上创造了四个"第一颗"：2013年4月，发布第一颗国产Cortex-M3 32位MCU；2016年6月，发布第一颗国产Cortex-M4 32位MCU；2018年10月，发布第一颗Cortex-M23 32位MCU；2019年8月，发布第一颗国产RSIC-V 32位MCU。实现了中高端单片机产品的国产替代，主打产品已在汽车工业类、工控类、消费类的产品性能指标上达到国际大厂水平。

3.6　加法器

（一）课前篇

本节导学单

1. 学习目标

根据《布鲁姆教育目标分类学》，从知识维度和认知过程两方面进一步细化本节课的教学目标，明确学习本节课所必备的学习经验。

知识维度	认知过程					
	1. 回忆	2. 理解	3. 应用	4. 分析	5. 评价	6. 创造
A. 事实性知识		说出半加器、全加器的基本概念				
B. 概念性知识	回忆常用逻辑门电路的逻辑符号，逻辑表达式及真值表	阐释超前进位基本原理				
C. 程序性知识	回忆组合逻辑电路设计的一般步骤	画出集成加法器引脚功能、真值表	应用门电路设计半加器、全加器，串行进位加法器。应用集成加法器实现代码转换	分析串行进位加法器的不足，设计超前进位加法器	对比评价串行进位加法器和超前进位加法器	利用集成芯片设计应用电路，会借助仿真软件进行验证，会利用口袋实验包进行电路搭建与调试
D. 元认知知识	明晰学习经验是理解新知识的前提		根据概念及学习经验迁移得到新理论的能力	在不断地发现问题、分析问题、解决问题的过程中体会精益求精的科学态度	类比评价也是知识整合吸收的过程	通过电路的设计、仿真、搭建、调试，培养工程思维

2. 导学要求

根据本节的学习目标，将回忆、理解、应用层面学习目标所涉及的知识点课前自学完成，形成自学导学单。

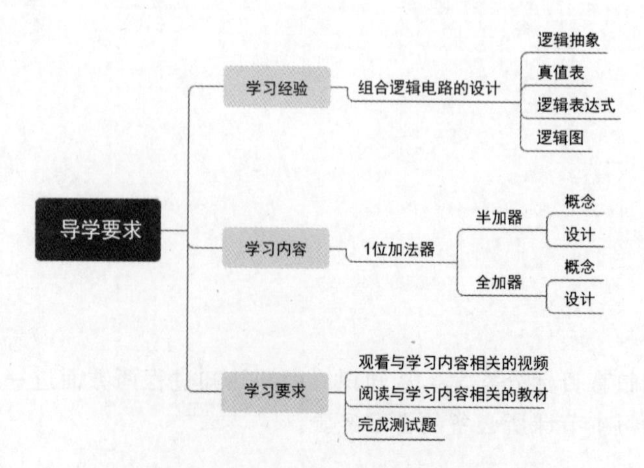

3.6.1 课前自学——1位加法器

1. 半加器

如果不考虑有来自低位的进位将两个1位二进制数相加，称为半加。实现半加运算的电路称为半加器。

按照二进制加法运算规则可以列出如表3.6.1所示的半加器的真值表。表中，A、B是两个加数，S是相加的和，CO是向高位的进位。

表3.6.1 半加器的真值表

输入		输出	
A	B	S	CO
0	0	0	0
0	1	1	0
1	0	1	0
1	1	0	1

将S、CO和A、B的关系写成逻辑表达式，即

$$\begin{cases} S=\overline{A}B+A\overline{B}=A\oplus B \\ \mathrm{CO}=AB \end{cases} \tag{3.6.1}$$

因此，半加器是由一个异或门和一个与门组成，如图3.6.1所示。

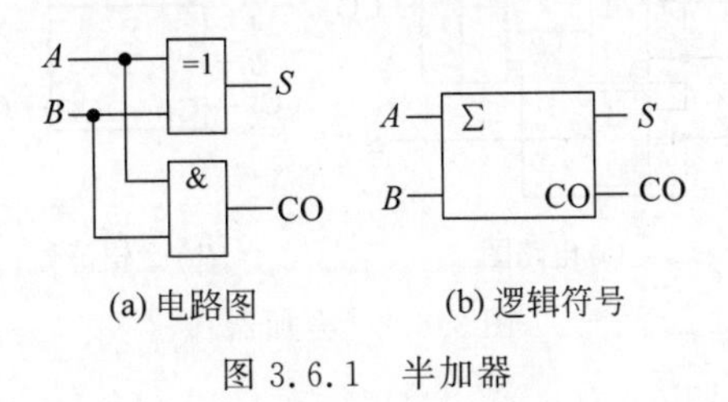

图3.6.1 半加器

2. 全加器

将两个多位二进制数相加时，除了最低位以外，每一位都应该考虑来自低位的进位，因此将加数、被加数和来自低位进位3个数相加，这种运算称为全加。实现全加运算的电路称为全加器。

根据二进制加法运算规则可列出1位全加器的真值表，如表3.6.2所示。

表 3.6.2　全加器的真值表

输　入			输　出	
A	B	CI	S	CO
0	0	0	0	0
0	0	1	1	0
0	1	0	1	0
0	1	1	0	1
1	0	0	1	0
1	0	1	0	1
1	1	0	0	1
1	1	1	1	1

根据真值表直接写出 S 和 CO 的逻辑表达式，再经代数法化简得

$$\begin{aligned} S &= \bar{A}\bar{B}\mathrm{CI} + \bar{A}B\overline{\mathrm{CI}} + A\bar{B}\overline{\mathrm{CI}} + AB\mathrm{CI} \\ &= \bar{A}(B \oplus \mathrm{CI}) + A(\overline{B \oplus \mathrm{CI}}) \\ &= A \oplus B \oplus \mathrm{CI} \end{aligned} \tag{3.6.2}$$

$$\begin{aligned} \mathrm{CI} &= \bar{A}B\mathrm{CI} + A\bar{B}\mathrm{CI} + AB\overline{\mathrm{CI}} + AB\mathrm{CI} \\ &= \mathrm{CI}(A \oplus B) + AB \end{aligned} \tag{3.6.3}$$

根据式(3.6.2)和式(3.6.3)画出全加器的逻辑电路图如图 3.6.2(a)所示，全加器的逻辑符号如图 3.6.2(b)所示。

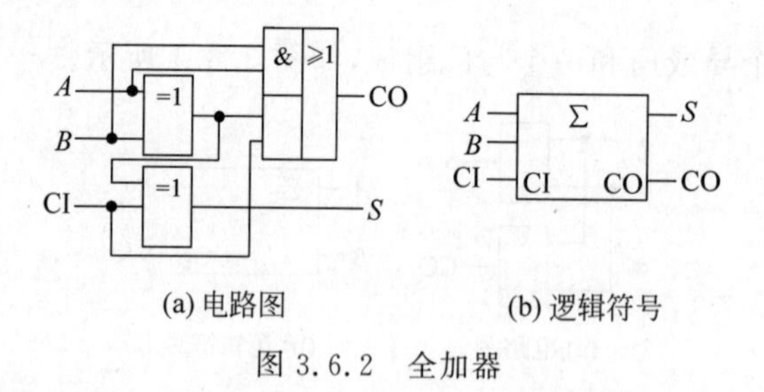

(a) 电路图　　(b) 逻辑符号

图 3.6.2　全加器

3.6.2　课前自学——预习自测

3.6.2.1　试用半加器设计全加器电路。

3.6.2.2　试用 8 选 1 数据选择器 74151 实现 1 位二进制全减器*。

* 将两个多位二进制数相减时，除了最低位以外，每一位都应该考虑来自低位的借位，因此将对应位的减数、被减数和来自低位借位 3 个数相减，这种运算称为全减，所用的电路称为全减器。

（二）课上篇

3.6.3 课中学习——多位加法器

1. 串行进位加法器

半加器、全加器只能实现1位二进制数相加，若有多位数相加如何实现？比如，有2个4位二进制数 $A_3A_2A_1A_0$ 和 $B_3B_2B_1B_0$ 相加，可以采用4个全加器构成4位数加法器，如图3.6.3所示。将低位的进位输出作为高位的进位输入。因此，任何一位的加法运算都必须等到第一位的运算完成之后才能进行，将这种进位方式称为串行进位。这种加法器的逻辑电路简单，n 位二进制数相加只需要 n 个全加器即可。

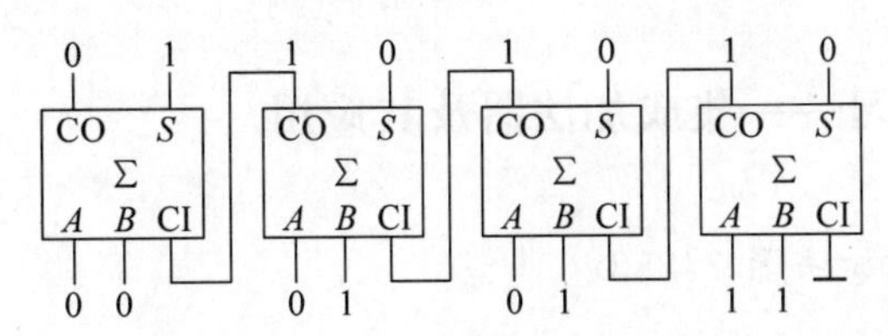

图3.6.3　4位串行进位加法器

串行进位加法器中每个全加器的进位输出连接到下一个高一级的全加器的输入（一级对应一个全加器），任何一级的输出及进位必须在上一级的进位到来后才能产生。这将引起加法过程中出现时间延迟，如图3.6.3所示。每个全加器进位传输延迟是指在假设输入 A 和 B 已经送入情况下从输入进位加到输出进位产生之间的时间。

2. 超前进位加法器

为了提高运算速度，必须设法减小或消除由于进位信号逐级传递所耗费的时间。那么高位的进位输入信号能否在相加运算开始时就知道？加到第 i 位的进位输入信号是这两个加数第 i 位以前各位状态的函数，所以第 i 位的进位输入信号 $(\mathrm{CI})_i$ 一定能由 $A_{i-1}A_{i-2}\cdots A_0$ 以及 $B_{i-1}B_{i-2}\cdots B_0$ 唯一确定。根据这个原理，就可以通过逻辑电路事先得出每一位全加器的进位输入信号，而无须再从最低位开始向高位逐位传递进位信号，这就有效地提高了运算速度。采用这种结构形式的加法器称为超前进位加法器。

下面具体分析超前进位信号的产生原理。从全加器的真值表3.6.2可以看出，以下两种情况下会产生进位输出信号：①A 和 B 都为1，也就是 $AB=1$ 时，此时 $\mathrm{CO}=1$；②A 或 B 有一个为1且 $\mathrm{CI}=1$，也就是 $A+B=1$ 且 $\mathrm{CI}=1$，此时 $\mathrm{CO}=1$。综合两种情况，两个多位数中第 i 位相加产生的进位输出 $(\mathrm{CO})_i$ 可表达为

$$(\mathrm{CO})_i = A_iB_i + (A_i + B_i)(\mathrm{CI})_i \tag{3.6.4}$$

若将 A_iB_i 定义为进位生成函数 G_i，同时将 A_i+B_i 定义为进位传递函数 P_i，则式(3.6.4)可改写为

$$(CO)_i = G_i + P_i(CI)_i \tag{3.6.5}$$

将上式展开后，得到

$$\begin{aligned}(CO)_i &= G_i + P_i(CI)_i \\ &= G_i + P_i[G_{i-1} + P_{i-1}(CI)_{i-1}] \\ &= G_i + P_iG_{i-1} + P_iP_{i-1}[G_{i-2} + P_{i-2}(CI)_{i-2}] \\ &\vdots \\ &= G_i + P_iG_{i-1} + P_iP_{i-1}G_{i-2} + \cdots + P_iP_{i-1}\cdots P_1G_0\end{aligned} \tag{3.6.6}$$

由式(3.6.6)可知，因为进位信号只与变量 G_i、P_i 和 C_0 有关，而 C_0 是向最低位的进位信号，其值是0，所以各位的进位信号都只与两个加数有关，它们是可以并行产生的。

3.6.4 课中学习——集成加法器及其应用

1. 集成超前进位加法器74283

集成超前进位加法器74283逻辑符号和芯片引脚图如图3.6.4所示。

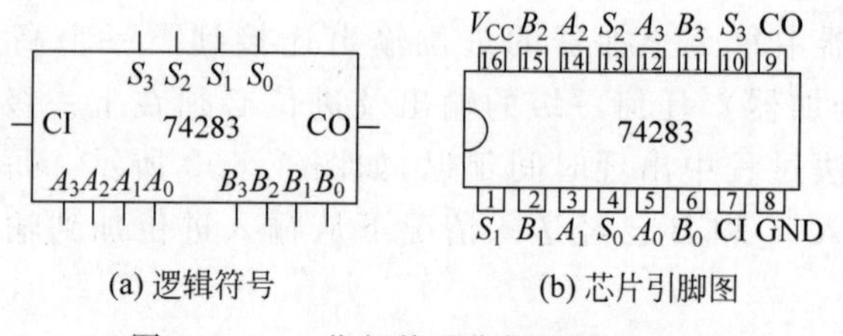

图3.6.4　4位超前进位加法器74283

2. 应用

1) 扩展

用两片74283构成一个8位二进制数加法器，如图3.6.5所示。该电路的级联是串行进位方式，低位片74283(1)的进位输出连到高位片74283(2)的进位输入。

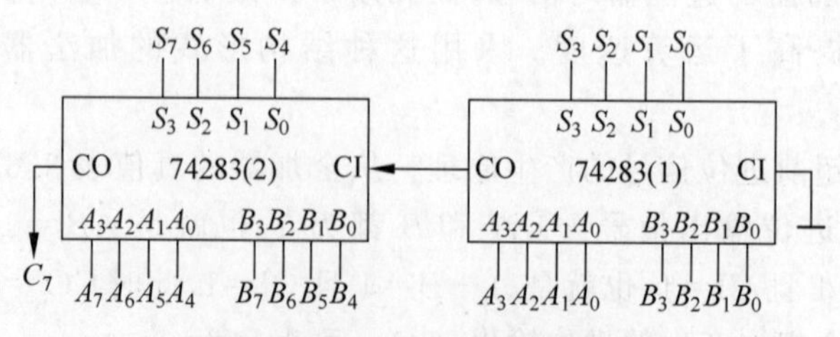

图3.6.5　加法器串行进位扩展

2）代码变换

加法器除了构成加法运算电路外，还可以实现代码变换。

例 3.6.1 试设计一个将 8421 码转换为余三码的逻辑电路。

解：余三码作为输出，用 $F_3F_2F_1F_0$ 表示；8421 码作为输入，用 $X_3X_2X_1X_0$ 表示。由第 1 章有关内容可知，8421 码与余三码之间算术表达式可写为

$$F_3F_2F_1F_0 = X_3X_2X_1X_0 + 0011 \tag{3.6.7}$$

由于输出与输入仅差一个常数，用加法器实现设计最简单。将 8421 码连接到 74283 的一组输入端，另一组输入端接二进制数 0011，输出即为余三码，电路如图 3.6.6 所示。

例 3.6.2 由 4 位二进制数加法器 74283 构成的逻辑电路如图 3.6.7 所示，试分析电路逻辑功能。

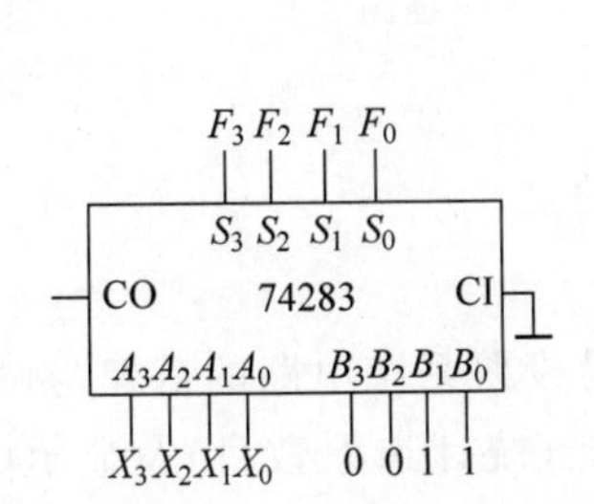

图 3.6.6 74283 实现代码变换电路

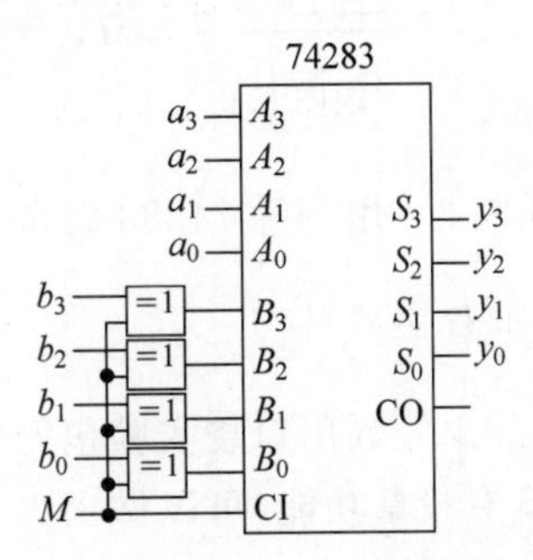

图 3.6.7 例 3.6.2 的逻辑电路图

解：该电路的突破口在 M，将 M 分两种情况分析：

（1）当 $M=0$ 时，有

$$B_i = b_i \oplus 0 = b_i \tag{3.6.8}$$

$$y_3y_2y_1y_0 = a_3a_2a_1a_0 + b_3b_2b_1b_0 \tag{3.6.9}$$

可以看出，当 $M=0$ 时，电路实现加法运算。

（2）当 $M=1$ 时，有

$$B_i = b_i \oplus 1 = \bar{b}_i \tag{3.6.10}$$

$$y_3y_2y_1y_0 = a_3a_2a_1a_0 + \bar{b}_3\bar{b}_2\bar{b}_1\bar{b}_0 + 1 \tag{3.6.11}$$

可以看出，当 $M=1$ 时，电路实现减法运算。

因此，该电路实现了 4 位二进制数的加/减法运算。

（三）课后篇

3.6.5 课后巩固——练习实践

讲解视频

1. 知识巩固练习

3.6.5.1 题图 3.6.5.1 为超前进位加法器 74283 构成的代码转换器，若该代码转

换器的输入 $ABCD$ 为 8421 码，求其在 M 控制下输出何种代码，要求列出真值表。

3.6.5.2 题图 3.6.5.2 为加法器 74283 构成的代码转换器，已知输入为 2421 码，试分析输出为何代码，并设计出输入与输出交换的电路。

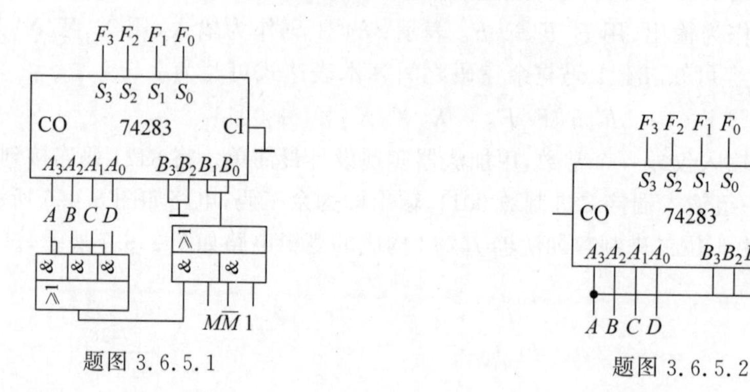

题图 3.6.5.1

题图 3.6.5.2

3.6.5.3 用一片 74283 将余 3 码转换为 8421 码。

2. 工程实践练习

3.6.5.4 利用口袋实验包完成 6 个投票位的简易投票系统电路的搭建与调试。要求系统具有投票功能(可以做出二选一决定)、统计功能(统计选票数目)及显示(直观显示统计结果)功能。

3.6.6 本节思维导图

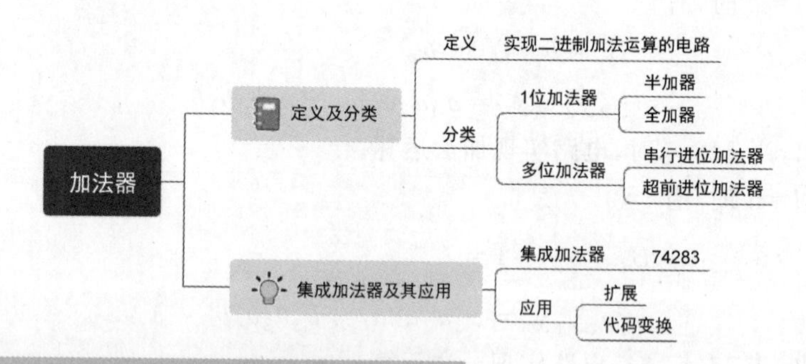

知识拓展——我国巨型计算机赶超史

中国集成电路发展历程

国防科技大学的慈云桂教授经历了我国计算机从电子管、晶体管到集成电路的更新换代。他带领的研究团队在 1958 年 9 月研制出代号为“901”的我国最早电子管专用计算机。当国产晶体管刚研制出来，性能很不稳定时，慈教授团队没有抱怨，而是利用巧妙的电路设计弥补了晶体管的不足，在 1964 年研制出全国产化晶体管计算机。20 世纪 70 年代国际计算机飞速发展之时，国内研制巨型机尚不具备科研条件，但慈教授团队没有停下步伐，继续埋头苦干，1977 年研制出我国第一台百万次集成电路计算机“151-3”，1983 年研制出我国第一台一亿次“银河”巨型计算机，2009年研制出我国首台千万亿次计算机“天河一号”，2013年研制成功“天河二号”，首夺世界第一。实现我国巨型机从无到有，从弱到强的历史性转变。

3.7 数值比较器

（一）课前篇

本节导学单

1. 学习目标

根据《布鲁姆教育目标分类学》，从知识维度和认知过程两方面进一步细化本节课的教学目标，明确学习本节课所必备的学习经验。

知识维度	认知过程					
	1. 回忆	2. 理解	3. 应用	4. 分析	5. 评价	6. 创造
A. 事实性知识		说出数值比较器基本概念				
B. 概念性知识	回忆常用逻辑门电路的逻辑符号，逻辑表达式及真值表					
C. 程序性知识	回忆组合逻辑电路设计的一般步骤	画出集成数值比较器符号图、真值表	应用门电路设计1位、2位数值比较器。应用集成数值比较器实现扩展	根据设计需求应用集成数值比较器设计电路		利用集成芯片设计应用电路，会借助仿真软件进行验证，会利用口袋实验包进行电路搭建与调试
D. 元认知知识	明晰学习经验是理解新知识的前提		根据概念及学习经验迁移得到新理论的能力	将知识分为若干任务，主动思考，举一反三，完成每个任务		通过电路的设计、仿真、搭建、调试，培养工程思维

2. 导学要求

根据本节的学习目标，将回忆、理解、应用层面学习目标所涉及的知识点课前自学完成，形成自学导学单。

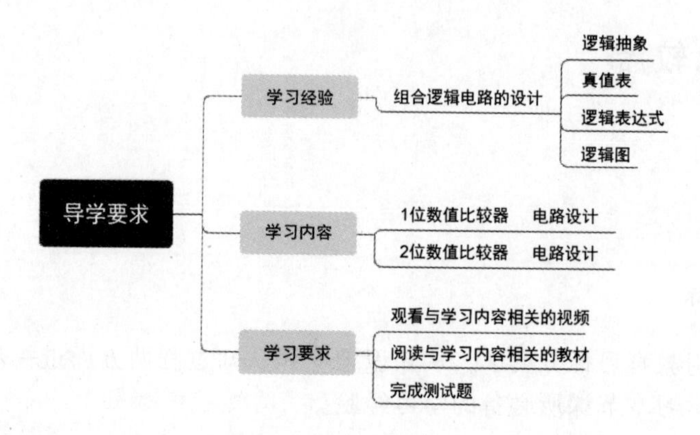

3.7.1 课前自学——1位数值比较器

在一些数字系统中(如数字计算机)经常要求比较两个数字的大小，为完成这一功能所设计的各种逻辑电路统称为数值比较器。数值比较器就是对两个二进制数 A、B 进行比较的逻辑电路，比较结果有 $A>B$、$A<B$ 以及 $A=B$ 三种情况。

1位数值比较器是多位数值比较器的基础。当 A 和 B 都是1位数时，它们只能取0或1两种值，由此可写出1位数值比较器的真值表，如表3.7.1所示。

表3.7.1　1位数值比较器的真值表

输入		输出		
A	B	$F_{A>B}$	$F_{A<B}$	$F_{A=B}$
0	0	0	0	1
0	1	0	1	0
1	0	1	0	0
1	1	0	0	1

由真值表得到如下逻辑表达式：

$$\begin{cases} F_{A>B}=A\overline{B} \\ F_{A<B}=\overline{A}B \\ F_{A=B}=\overline{A}\overline{B}+AB \end{cases} \tag{3.7.1}$$

根据表达式可以画出1位数值比较器的逻辑电路，如图3.7.1所示。

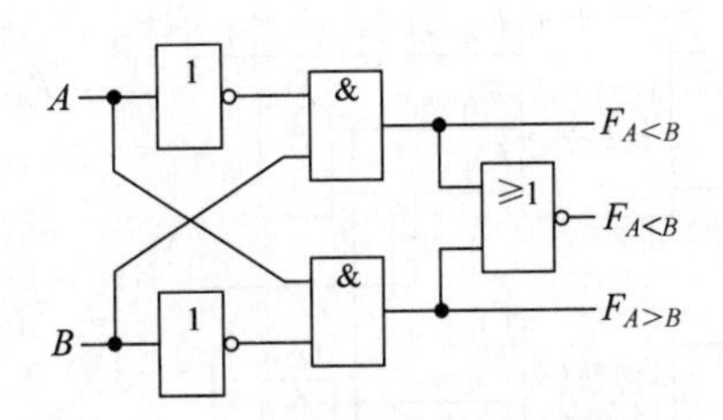

图 3.7.1　1 位数值比较器的逻辑电路

3.7.2　课前自学——2 位数值比较器

现在分析两位数字 A_1A_0 和 B_1B_0 的情况，用 $F_{A>B}$、$F_{A<B}$ 和 $F_{A=B}$ 表示比较结果。当高位（A_1、B_1）不相等时，无须比较低位（A_0、B_0），两个数的比较结果就是高位比较的结果。当高位相等时，两数的比较结果由低位比较的结果决定。利用 1 位数值的比较结果，可以写出简化的真值表，如表 3.7.2 所示。

表 3.7.2　2 位数值比较器的真值表

输　入		输　出		
A_1　B_1	A_0　B_0	$F_{A>B}$	$F_{A<B}$	$F_{A=B}$
$A_1>B_1$	×	1	0	0
$A_1<B_1$	×	0	1	0
$A_1=B_1$	$A_0>B_0$	1	0	0
$A_1=B_1$	$A_0<B_0$	0	1	0
$A_1=B_1$	$A_0=B_0$	0	0	1

由表 3.7.2 可以写出如下逻辑表达式：

$$\begin{cases} F_{A>B}=F_{A_1>B_1}+F_{A_1=B_1}F_{A_0>B_0} \\ F_{A<B}=F_{A_1<B_1}+F_{A_1=B_1}F_{A_0<B_0} \\ F_{A=B}=F_{A_1=B_1}F_{A_0=B_0} \end{cases} \tag{3.7.2}$$

根据式(3.7.2)可画出 2 位数值比较器的逻辑电路，如图 3.7.2 所示。电路由 1 位数值比较器和门电路构成。根据的原则是：如果高位不相等，则高位的比较结果就是两数的比较结果，与低位无关。这时，高位输出 $F_{A_1=B_1}=0$，使与门 G_1、G_2、G_3 均封锁，而或门都打开，低位比较结果不能影响或门，高位比较结果则从或门直接输出。如果高位相等，即 $F_{A_1=B_1}=1$，使与门 G_1、G_2、G_3 均打开，同时由于 $F_{A_1>B_1}=0$ 和 $F_{A_1<B_1}=0$ 作用，或门也打开，低位的比较结果直接送达输出端，即低位的比较结果决定两数谁大、谁小或者相等。

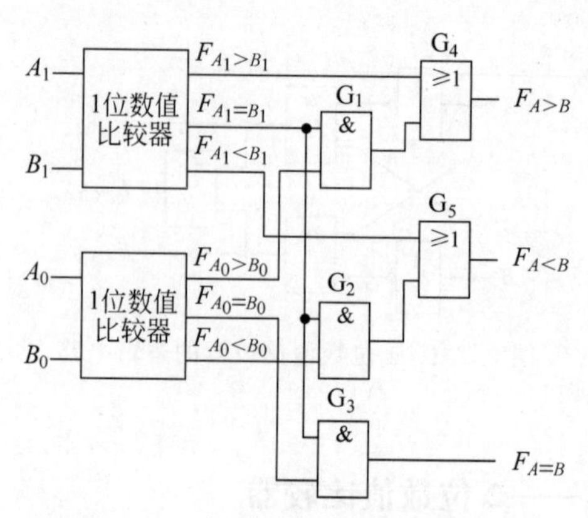

图 3.7.2　2 位数值比较器的逻辑电路

3.7.3　课前自学——预习自测

3.7.3.1　试用门电路设计 2 位二进制数的数值比较器。

（二）课上篇

3.7.4　课中学习——集成数值比较器及其位数扩展

1. 集成数值比较器 7485

7485 是 4 位集成数值比较器，其逻辑符号如图 3.7.3 所示。输入端包括 $A_3 \sim A_0$ 和 $B_3 \sim B_0$，输出端为 $F_{A>B}$、$F_{A<B}$、$F_{A=B}$，以及级联输入端 $I_{A>B}$、$I_{A<B}$、$I_{A=B}$，级联输入端便于与其他数值比较器输出相连，以便组成更多位数的数值比较器。

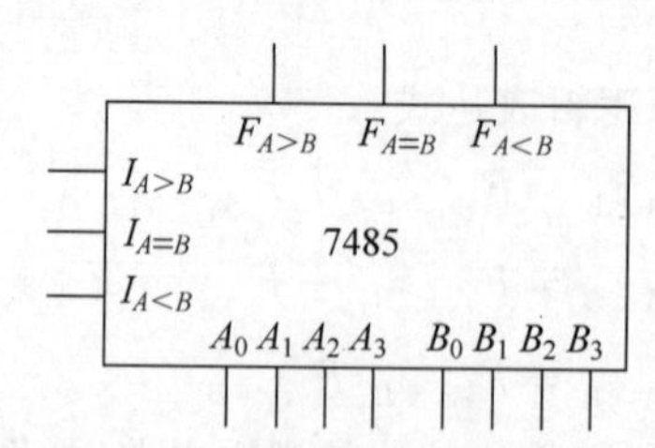

图 3.7.3　集成数值比较器 7485

4 位数值比较器 7485 的真值表如表 3.7.3 所示。4 位数值比较器的比较原理和 2 位数值比较器的比较原理相同，都是从最高位 A_3 和 B_3 开始比较，若不相等，则该位的比较结果就是两数的比较结果。若最高位 $A_3 = B_3$，则再比较次高位 A_2 和 B_2。以此类推。显然，若两数相等，则必须将比较进行到最低位才能得到结果。若 4 位数相等，最终的结果由级联输入决定。从表 3.7.3 可以看出，7485 的三个级联输入中 $I_{A=B}$ 的级别最高。

表 3.7.3 4 位数值比较器 7485 的真值表

比较输入				级联输入			输出		
A_3,B_3	A_2,B_2	A_1,B_1	A_0,B_0	$I_{A<B}$	$I_{A=B}$	$I_{A>B}$	$F_{A<B}$	$F_{A=B}$	$F_{A>B}$
$A_3<B_3$	×	×	×	×	×	×	1	0	0
$A_3=B_3$	$A_2<B_2$	×	×	×	×	×	1	0	0
$A_3=B_3$	$A_2=B_2$	$A_1<B_1$	×	×	×	×	1	0	0
$A_3=B_3$	$A_2=B_2$	$A_1=B_1$	$A_0<B_0$	×	×	×	1	0	0
$A_3>B_3$	×	×	×	×	×	×	0	0	1
$A_3=B_3$	$A_2>B_2$	×	×	×	×	×	0	0	1
$A_3=B_3$	$A_2=B_2$	$A_1>B_1$	×	×	×	×	0	0	1
$A_3=B_3$	$A_2=B_2$	$A_1=B_1$	$A_0>B_0$	×	×	×	0	0	1
$A_3=B_3$	$A_2=B_2$	$A_1=B_1$	$A_0=B_0$	0	0	1	0	0	1
$A_3=B_3$	$A_2=B_2$	$A_1=B_1$	$A_0=B_0$	1	0	0	1	0	0
$A_3=B_3$	$A_2=B_2$	$A_1=B_1$	$A_0=B_0$	×	1	×	0	1	0

2. 位数扩展

数值比较器的扩展方式有串联扩展和并联扩展两种。图 3.7.4 为两个 4 位数值比较器串联而成为一个 8 位的数值比较器。对于两个 8 位数而言，如果高 4 位不相等，则比较的结果就是最终的结果，因此 8 位数值比较器的输出芯片 7485(1)输出；如果高 4 位相等，则比较的结果则由低 4 位决定，因此芯片 7485(2)的输出接到芯片 7485(1)的级联输入端。这种级联方式简单，但这种方式中比较的结果是逐级传递的。级联芯片数越多，传递时间越长，工作速度越慢。因此，当扩展位数较多时，常采用并联方式。

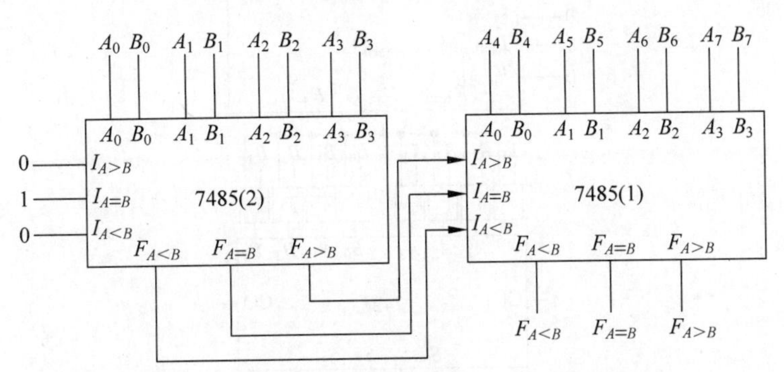

图 3.7.4 采用串联方式构成的 8 位数值比较器

图 3.7.5 是采用并联方式用 5 片 7485 组成的 16 位数值比较器。将 16 位二进制数按高低位次序分成 4 组，每组用 1 片 7485 进行比较，各组的比较是并行的。将每组的比较结果再经过 1 片 7485 芯片进行比较后得出比较结果。这样总的传递时间为 2 倍的 7485 的延迟时间。若用串联方式，则需要 4 倍的 7485 的延迟时间。

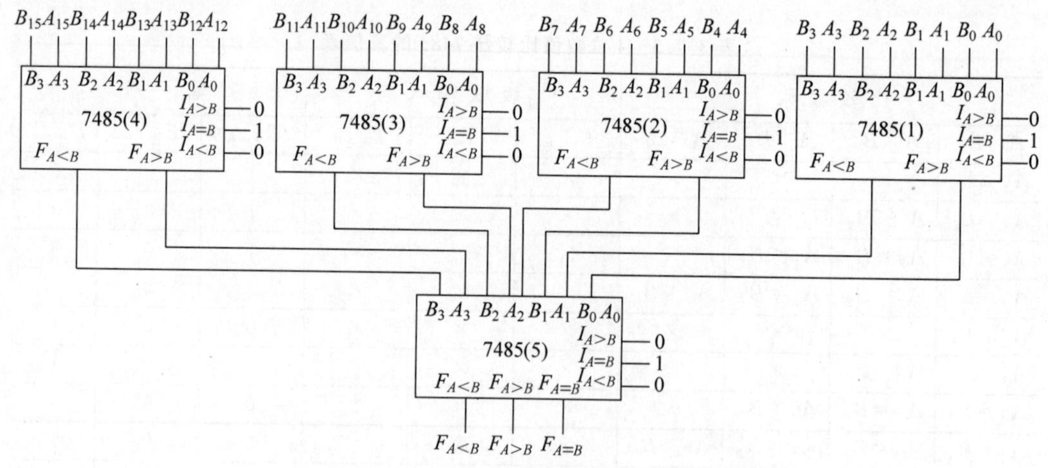

图 3.7.5　采用并联方式构成的 8 位数值比较器

（三）课后篇

3.7.5　课后巩固——练习实践

1. 知识巩固练习

讲解视频

3.7.5.1　由 4 位数加法器 74283 和数值比较器 7485 构成的电路如题图 3.7.5.1 所示，试分析电路的逻辑功能。

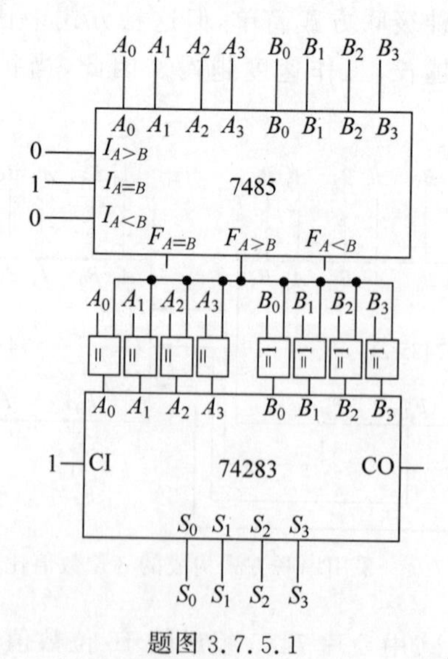

题图 3.7.5.1

讲解视频

讲解视频

3.7.5.2　试用两片 7485 芯片实现 9 位二进制数的比较。

3.7.5.3　试用两个 4 位数值比较器组成三个数判别电路。要求能够判别三个 4 位

二进制数 $A(a_3a_2a_1a_0)$、$B(b_3b_2b_1b_0)$、$C(c_3c_2c_1c_0)$是否相等、A 是否最大、A 是否最小,并分别给出“三个数相等”“A 最大”“A 最小”的输出信号。(可以附加必要门电路。)

2. 工程实践练习

3.7.5.4 利用口袋实验包完成 1 位十进制数加/减法器电路的搭建与调试。

3.7.6 本节思维导图

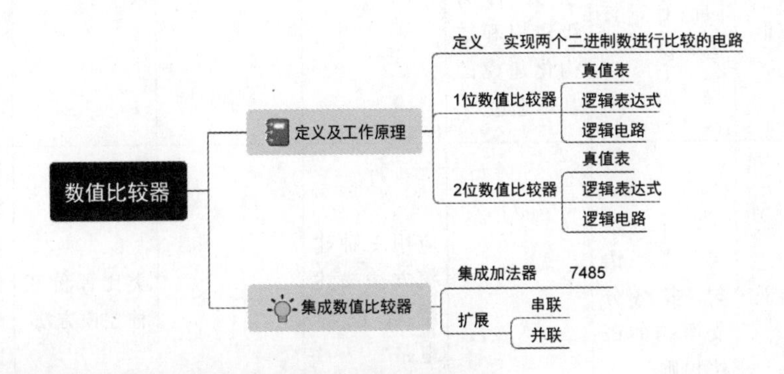

知识拓展——数字电路设计理论奠基人 世界集成电路发展历史

美国科学家克劳德·香农被誉为“信息论之父”,1938 年,他的硕士学位论文《继电器与开关电路的符号分析》(*A Symbolic Analysis of Relay and Switching Circuits*)将布尔代数的“真”与“假”和电路系统的“开”与“关”对应起来,用 1 和 0 表示,并用布尔代数分析和优化开关电路,奠定了数字电路的理论基础,论证了数字计算机及数字电路逻辑设计的可能性,哈佛大学的 Howard Gardner 教授说:“这可能是 20 世纪最重要、最著名的一篇硕士学位论文。”

3.8 用 Verilog HDL 描述组合逻辑电路

前面学习了各种组合逻辑电路功能模块,利用 Verilog HDL 可以实现硬件电路设计,本节将组合逻辑电路的三种建模技巧。

(一) 课前篇

本节导学单

1. 学习目标

根据《布鲁姆教育目标分类学》,从知识维度和认知过程两方面进一步细化本节课的教学目标,明确学习本节课所必备的学习经验。

知识维度	认知过程					
	1. 回忆	2. 理解	3. 应用	4. 分析	5. 评价	6. 创造
A. 事实性知识						
B. 概念性知识	回忆C语言运算符	阐释数据流建模、行为级建模和结构化建模的基本思想				
C. 程序性知识	回忆条件语句、循环语句、多路分支语句的语法规则		应用三种建模方法描述组合逻辑电路		类比评价三种建模方法	设计组合逻辑电路，会借助仿真软件进行验证，会利用FPGA开发板进行电路搭建与调试
D. 元认知知识	明晰学习经验是理解新知识的前提		根据基本思想及学习经验迁移得到新理论的能力			通过电路的设计、仿真、搭建、调试，培养工程思维

2. 导学要求

根据本节的学习目标，将回忆、理解、应用层面学习目标所涉及的知识点课前自学完成，形成自学导学单。

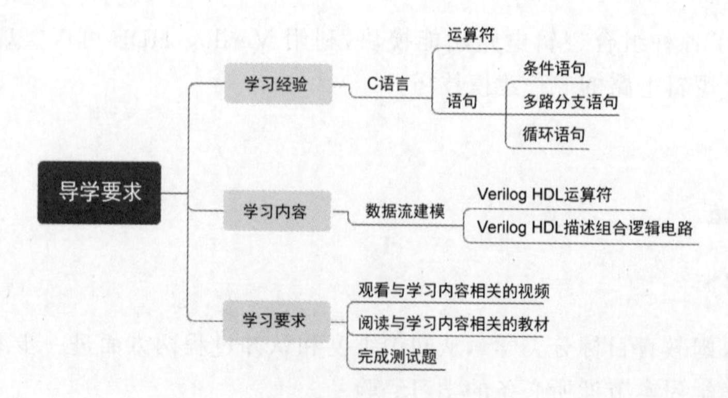

3.8.1 课前自学——组合逻辑电路的数据流建模

对于基本单元逻辑电路，使用 Verilog HDL 提供的门级元件模型描述电路非常方便，但随着电路的复杂性增加，使用的逻辑门较多时，工作效率会降低。而数据流建模能在较高的抽象级别描述电路的逻辑功能，能够自动地将数据流描述转换成为门级电路。

在 Verilog HDL 中，数据流建模使用连续赋值语句对于 wire 型变量进行赋值，由关键词 assign 开始，后面跟着由操作数和运算符组成的逻辑表达式。

连续赋值语句的执行过程：只要逻辑表达式右边变量的逻辑值发生变化，等式右边表达式的值会立即被计算出来并赋给左边的变量。注意，在 assign 语句中，左边变量的数据类型必须是 wire 型。

例如，2 线-4 线译码器的连续赋值描述：

```
module decoder_df (A1,A0,E,Y)
 input  A1,A0,E;
 output  [3:0] Y;
 assign  Y[0] = ~(~A1 & ~A0 & ~E);
 assign  Y[1] = ~(~A1 & A0 & ~E);
 assign  Y[2] = ~(A1 & ~A0 & ~E);
 assign  Y[3] = ~(A1 & A0 & ~E);
endmodule
```

不难发现，数据流建模根据电路的逻辑功能进行描述，不必考虑电路的组成以及元件之间的连接，是描述组合逻辑电路常用的一种方法。

3.8.2 课前自学——预习自测

3.8.2.1 假设 m=4'b0101，按要求填写下列运算的结果：

&m=________，|m=________，^m=________，~^m=________。

3.8.2.2 试写出带有使能控制端的 3 线-8 线译码器的 Verilog HDL 数据流描述。

（二）课上篇

3.8.3 课中学习——组合逻辑电路的行为级建模

行为级建模一般使用 always 结构，通过条件语句、多路分支语句和 for 循环语句等描述电路。

1. 条件语句

Verilog 语言中有三种形式的 if 语句，一般用法如下：

```
if (条件表达式) 语句或语句块 ;
```

或

```
if (条件表达式) 语句或语句块 1 ;
else 语句或语句块 1 ;
```

或

```
if (表达式 1) 语句或语句块 1 ;
else if (表达式 2) 语句或语句块 2 ;
else if(表达式 3) 语句或语句块 3 ;
......
else ;
```

例 3.8.1 使用 if-else 语句对 8 选 1 数据选择器的行为进行描述。

解：假设这个程序模块的名称为 mux8to1_bh，输出端口为 F，输入端口使用一个 8 位的向量 D 来表示数据输入 D_7、D_6、D_5、D_4、D_3、D_2、D_1、D_0，选择输入端口使用一个 3 位的向量 S 来表示地址输入 S_2、S_1、S_0。于是，得到 4 选 1 数据选择器的行为描述代码如下：

```
module  mux8to1_bh(D,S,F);            //Verilog 1995 module port syntax
 input [7:0] D;                       //输入端口声明
 input [2:0] S;                       //输入端口声明
 output reg F;                        //输出端口及变量的数据类型声明
 always  @  (D,S)                     //电路描述
      if( S = = 2'b000)              F = D[0];
      else if( S = = 3'b001)         F = D[1];
      else if( S = = 3'b010)         F = D[2];
      else if( S = = 3'b011)         F = D[3];
      else if( S = = 3'b100)         F = D[4];
      else if( S = = 3'b101)         F = D[5];
      else if( S = = 3'b110)         F = D[6];
      else                  F = D[7];
endmodule
```

注意：过程赋值语句只能给寄存器型变量赋值，因此，程序中将输出变量 Y 的数据类型定义成 reg。

2. 多路分支语句

多路分支语句 case 语句的一般形式如下：

```
case (控制表达式)
  分支语句 1: 语句块 1;
  分支语句 2: 语句块 2;
  ......
  分支语句 n: 语句块 n;
  default:语句块 n + 1;   //default 语句可以省略
endcase
```

例 3.8.2 根据表 3.4.1 所示的功能，对共阴极的七段显示译码器的行为进行描述。

解：case 语句是一条多路决策语句，因此使用 case 语句描述七段显示译码器更方便。

使用位拼接运算符将输入端口 D3D2D1D0 拼接成一个 4 位的变量，输出端口 abcdefg 拼接成一个 7 位的变量。case 语句的分支项按顺序排列，最后一个分支项 default 把其他非 8421 码输入的情况设置成全零输出，省去所有无用输入码的显示。其代码如下：

```
module seg7_decoder(                                    //Verilog 2001,2005 module port syntax
 input LE,RBI,BI,D3,D2,D1,D0,                            //输入端口声明
 output reg a,b,c,d,e,f,g                                //输出端口及变量的数据类型声明
);
always @ ( * ) //电路描述
begin
  if (LT == 0) {a,b,c,d,e,f,g} = 7'b111_1111 ;     //让显示器的七段都发光
  else if ((RBI == 0)&(D3D2D1D0 = 0000)) {a,b,c,d,e,f,g} = 7'b000_0000 ; //灭零显示
  else if (BI == 0) {a,b,c,d,e,f,g} = 7'b000_0000 ; //灭灯显示
  else
   case({D3,D2,D1,D0})
     4'd0: {a,b,c,d,e,f,g} = 7'b111_1110;        //7e
     4'd1: {a,b,c,d,e,f,g} = 7'b011_0000;        //30
     4'd2: {a,b,c,d,e,f,g} = 7'b110_1101;        //6d
     4'd3: {a,b,c,d,e,f,g} = 7'b111_1001;        //79
     4'd4: {a,b,c,d,e,f,g} = 7'b011_0011;        //33
     4'd5: {a,b,c,d,e,f,g} = 7'b101_1011;        //5b
     4'd6: {a,b,c,d,e,f,g} = 7'b001_1111;        //1f
     4'd7: {a,b,c,d,e,f,g} = 7'b111_0000;        //70
     4'd8: {a,b,c,d,e,f,g} = 7'b111_1111;        //7f
     4'd9: {a,b,c,d,e,f,g} = 7'b111_1011;        //7b
     default: {a,b,c,d,e,f,g} = 7'b000_0000;     //非 8421 码不显示
   endcase
 end
endmodule
```

3. for 循环语句

for 循环语句的一般形式如下：

```
for(循环变量初始值;循环的条件;循环变量的步长)  语句或语句块;
```

例 3.8.3 利用 Verilog HDL 描述一个具有使能输入端的 3 线-8 线译码器的行为，要求输出为低电平有效。

解：该模块实现的功能与集成 3 线-8 线译码器 74138 类似，唯一区别是该模块使能信号只有一个高电平有效的使能信号，74138 有三个使能信号。当使能信号 EN=1 时，针对循环变量 x 的变化，重复执行 if-else 语句 8 次。具体代码如下：

```
module decoder3to8 (
 input [2:0] A,                                          //输入端口声明
 input EN,                                               //输入端口声明
 output reg [7:0] Y                                      //输出端口及变量的数据类型声明
);
 integer x;                                              //声明一个整型变量 x
  always @ (A,EN)
  begin
```

```
    Y = 8'b1111_1111 ;                          //设置译码器输出的默认值
  for(x = 0;x < = 7;x++)                        //循环 8 次
     if ((EN == 1)&&(A == x))
       Y[x] = 0;
     else
       Y[x] = 1;
  end
    endmodule
```

（三）课后篇

3.8.4　课后巩固——练习实践

1. 知识巩固练习

3.8.4.1　试写出 8 线-3 线优先编码器的行为级描述，然后用 Quartus Ⅱ 软件进行逻辑功能仿真，并给出仿真波形。

3.8.4.2　试用 for 循环语句对 n 位串行加法器的行为进行描述。

2. 工程实践练习

3.8.4.3　利用 FPGA 开发板实现 3.3～3.7 节介绍的案例。

3.8.5　本节思维导图

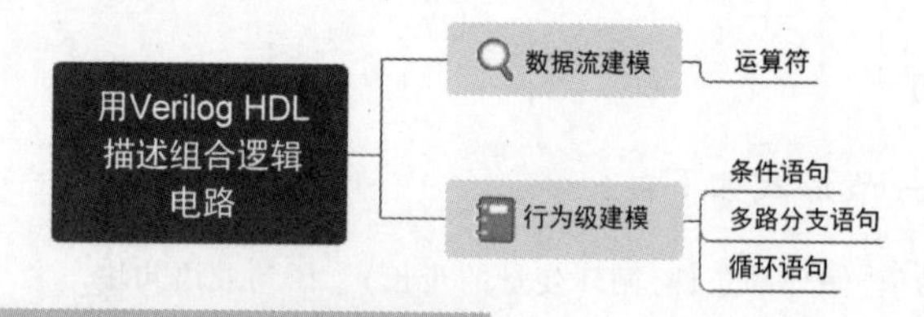

知识拓展——FPGA 主要应用领域

集成电路先进技术介绍

最初的 FPGA 就是一个可编程的数字电路，内含很多逻辑块和连接线，使得数字电路设计和验证通过编程就可完成，主要应用在数字逻辑电路、逻辑接口电路、ADC 采集电路、DAC 转换电路等。例如，用 FPGA 设计一个 24 位乘法器，SRAM、SRAM 或 Flash 存储芯片的接口控制器，计算机的 PCI 总线控制器等。近些年，FPGA 发展内含存储单元、总线和各种功能模块，FPGA 已可以完成配置成专用 CPU、专用控制器等复杂功能系统，各类 EDA 软件让开发者像点菜一样配置它的各类资源，完成设计。应用领域也扩展到通信系统、数字信号处理、视频图像处理、高速接口、人工智能（AI）、集成（IC）设计等领域，尤其在军事领域的安全通信、雷达和声呐、电子战和精确控制等方面得到了广泛应用。

3.9 子弹分装系统工程任务实现

3.9.1 基本要求分析

学习完了理论知识，再来看看本章开始布置的工程任务——子弹分装系统。该系统要求：按键输入每把枪安装子弹的数目并显示出来，系统自动按照输入数目将每把枪需要的子弹分装到瓶子中，同时将分装子弹总数存储在计算机上。虽然系统中计数器和寄存器在后续章中才会介绍，但是为了清楚阐述本章所介绍的逻辑模块在系统中的应用，这里仅介绍计数器和寄存器基本功能。与大多数系统一样，实现系统功能有很多种方法。通过学习系统结构和系统的工作原理，学会如何将多种逻辑功能模块相互连接起来形成一个完整的系统，以完成给定的任务。分析系统要求，可以将任务分为人机交互模块、代码转换模块、自动分装模块和数据传输模块，如图 3.9.1 所示。

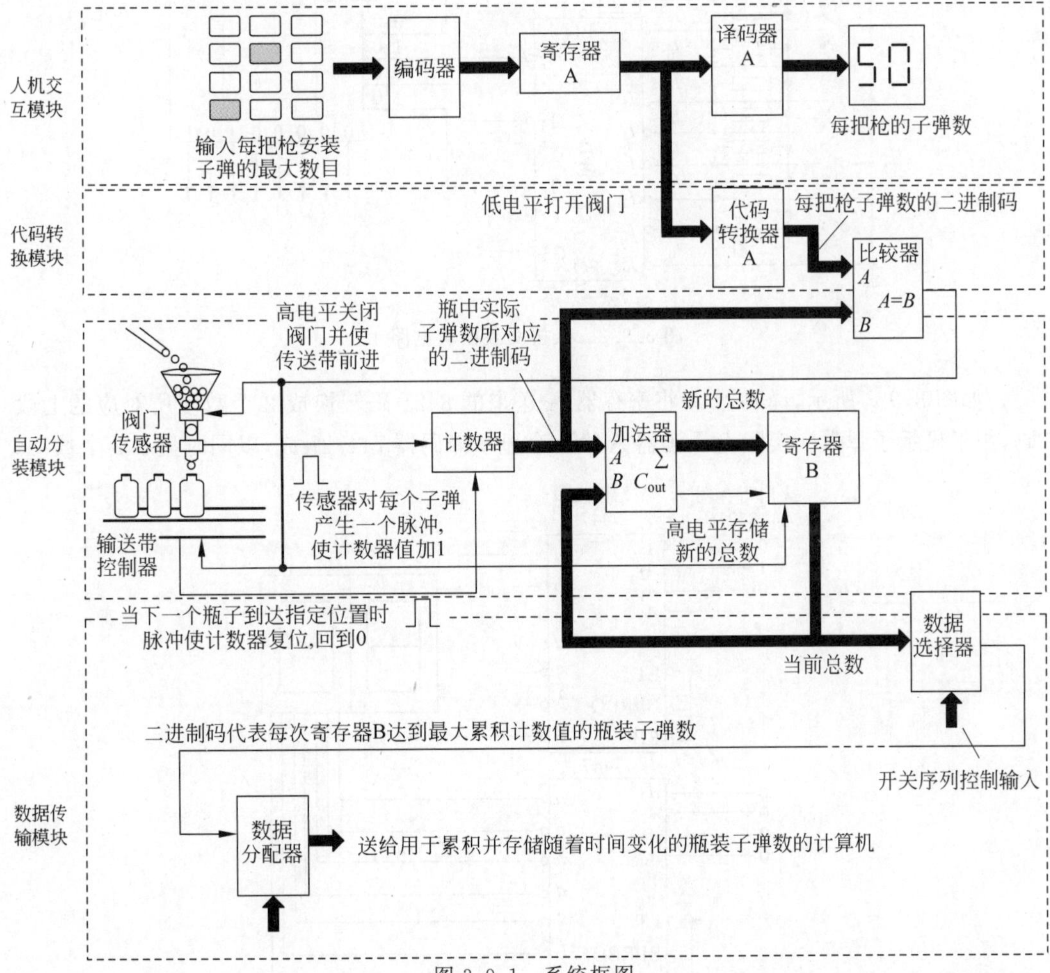

图 3.9.1　系统框图

3.9.2 模块电路设计

1. 人机交互模块

系统功能：每把枪安装子弹最大数目的输入并显示。

电路构成：编码器、寄存器、译码器、数码管。

如图 3.9.2 所示，键盘有 10 个按键，每个对应一个十进制数。当一个键按下时，编码器将有效电平转换为对应的 8421 码输出。寄存器 A 能够存储 8 位，对应于 2 个 8421 数。假定输入的子弹数目为 50 个，因此，首先通过键盘输入并转成对应的 8421 码 0101，存于寄存器中；接下来输入 0 并转成对应的 8421 码 0000 存入寄存器中。

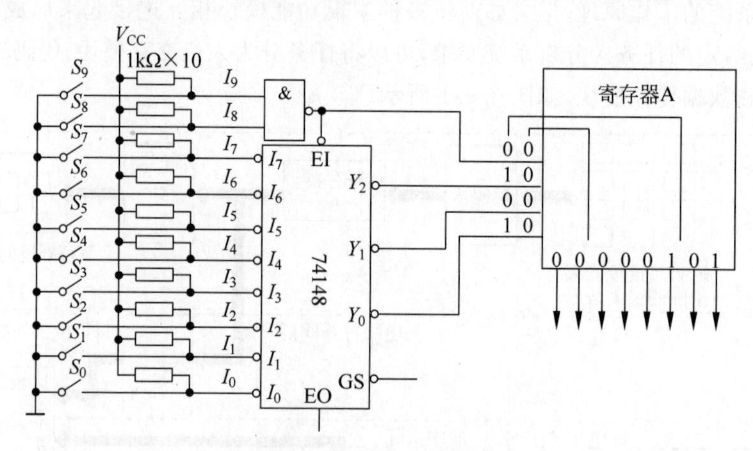

图 3.9.2 人机交互模块电路 1

如图 3.9.3 所示，译码器 A 将寄存器 A 送来的 8421 码转换成 2 个数字所对应的七段码，用于显示子弹数。实际上译码器 A 由 2 个显示译码器 7447 组成，以同时显示 2 个数字。

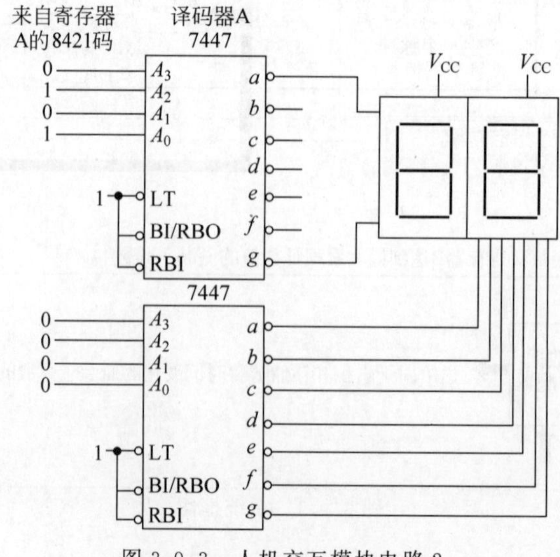

图 3.9.3 人机交互模块电路 2

2. 代码转换模块

系统功能：将 8421 码转换为二进制码。

电路构成：加法器。

自动分装模块根据键盘输入的子弹数目进行自动分装，首先需要比较器实现对于输入的每瓶子弹数目与瓶中装入的实际子弹数目进行比较。由于比较器输入的是二进制码，而寄存器存储的是 8421 码，因此需要一个能够把 8421 码转换为二进制码的代码转换电路。代码转换电路如图 3.9.4 所示。

二进制码左移一位等于未左移的二进制码×2。也就是说，二进制码左移 2 位加上左移 5 位加上左移 6 位就可以等效于二进制码乘以 100；二进制码左移 1 位加上左移 3 位就可以等效于二进制码乘以 10。由于 8421 码每一位的权重与二进制数前 4 位的权重相同，因此利用加法和移位即可实现 8421 码向二进制码的转换。代码转换电路如图 3.9.5 所示。

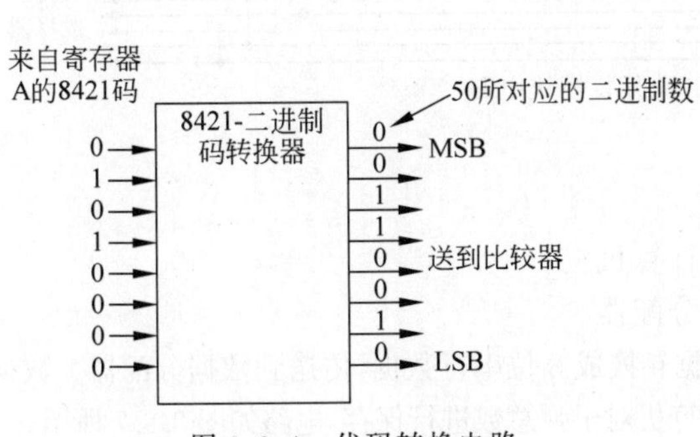

图 3.9.4　代码转换电路

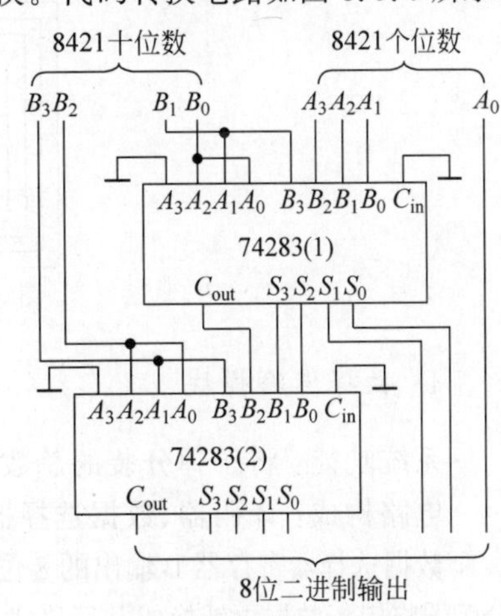

图 3.9.5　代码转换电路

3. 自动分装模块

系统功能：按照输入的子弹数目实现自动分装。

电路构成：编码器、寄存器、译码器、数码管。

需要设计的电路：计数器、加法器、寄存器、代码转换器、比较器。

将代码转换电路的输出送入比较器进行比较。计数器用于计数装入瓶中的子弹数，并不断将计数器的计数值与设置值进行比较，只要计数器中计数值小于设定值，阀门将一直保持打开的状态；当计数值达到设定值，比较器会产生一个高电平输出信号，关闭阀门，同时传送带送来另一个新的空瓶，计数器复位即计数值回到 0，当比较器的输出回到零时打开阀门，重新开始向新的瓶中装入子弹。

瓶中子弹数与寄存器 B 中先前存储的子弹总数进行相加，得到新的子弹总数存储在寄存器 B 中，电路如图 3.9.6 所示。图中给出了在瓶中子弹数满 50，先前在寄存器 B 中子弹总数为 100 时所对应的操作示意图。新的子弹总数值 150 代替原来的 100。图 3.9.6

中 8 位数值比较器用两片 4 位数值比较器 7485 扩展即可实现，8 位加法器用两片 4 位超前进位加法器 74283 串行扩展即可实现。

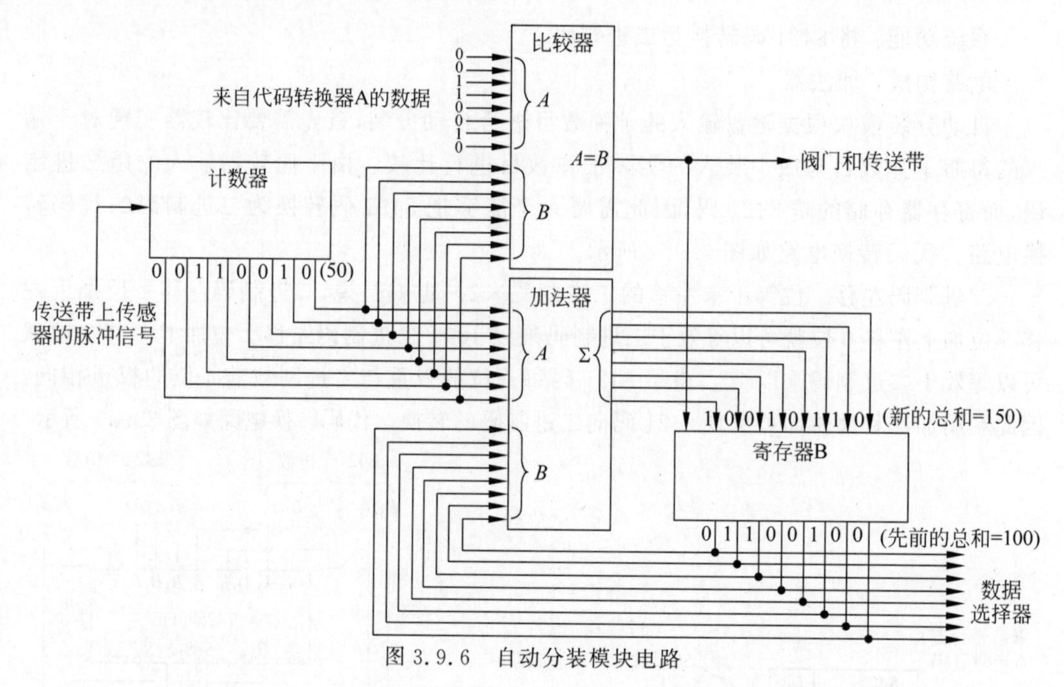

图 3.9.6　自动分装模块电路

4. 数据传输模块

系统功能：将子弹分装的总数传输到计算机上。

电路构成：译码器、数据选择器、数据分配器。

数据选择器寄存器 B 输出的 8 位并行数据转换成 8 位串行数据，传送到数据分配器。数据分配器将串行数据再转换成并行格式，送给计算机对子弹总数进行保存，电路如图 3.9.7 所示。

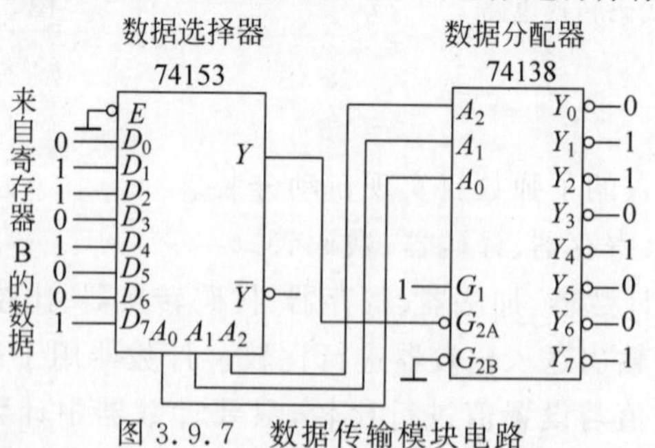

图 3.9.7　数据传输模块电路

3.9.3　系统搭建

将各个功能模块电路拼接起来就构建了子弹分装系统，如图 3.9.8 所示，读者可以自行仿真。

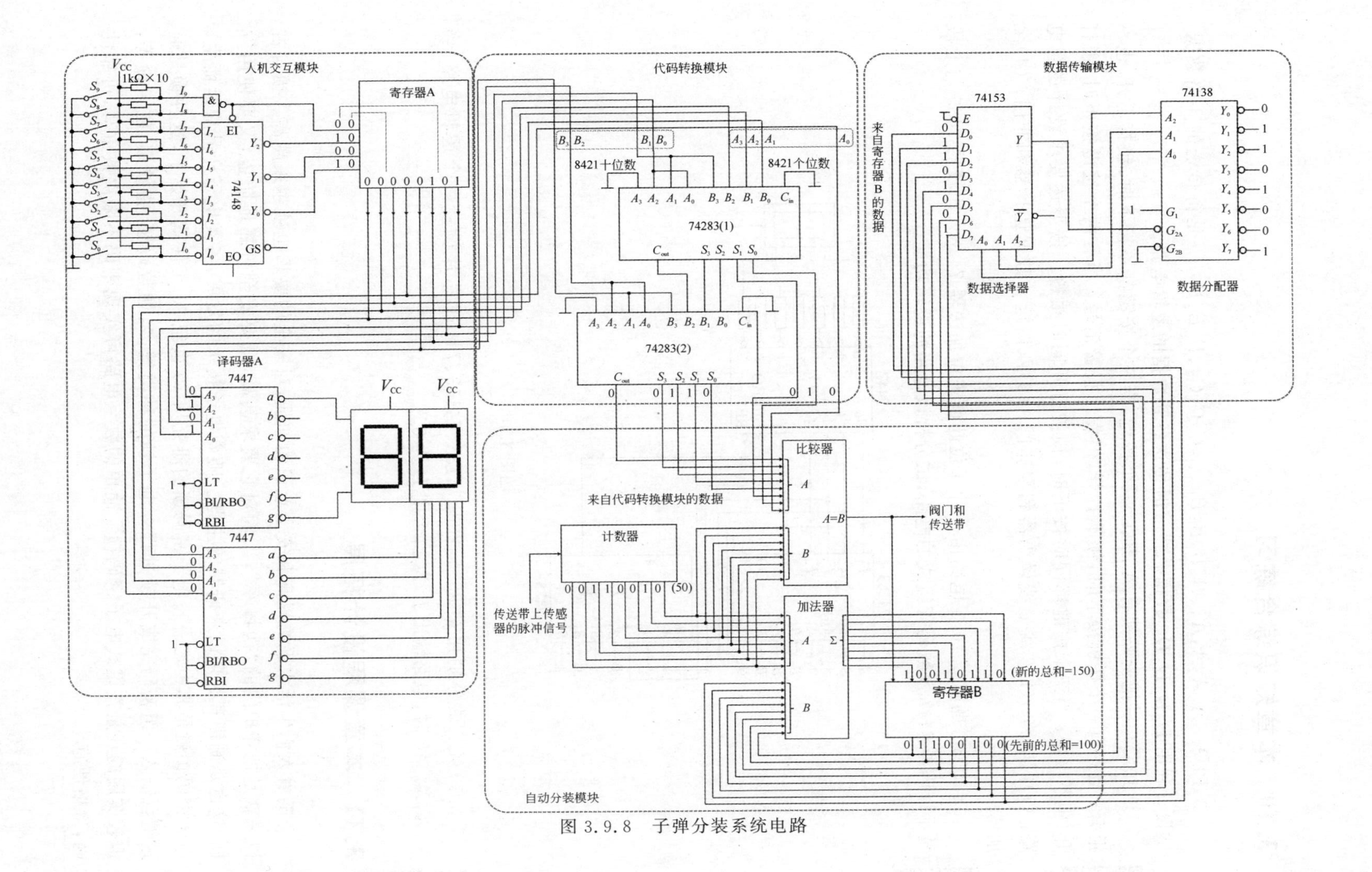

图 3.9.8 子弹分装系统电路

3.10 本章知识综合练习

3.10.1 $A_3A_2A_1A_0$、$B_3B_2B_1B_0$、$C_3C_2C_1C_0$、$E_3E_2E_1E_0$ 是待传送的4路数据，试设计利用 $D_3D_2D_1D_0$ 数据总线分时传送各路数据的逻辑电路。

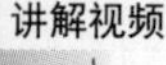

3.10.2 一把密码锁有 A、B、C 三个按键，当三个按键都不按下时，锁打不开，也不报警；当只有一个按键按下时，锁不打开，但发出报警信号；当有两个按键按下时，锁打开，但不报警；当三个按键都同时按下时，锁被打开同时报警。按下述要求设计逻辑电路：(1)门电路；(2)3线-8线译码器和与非门；(3)双四选一数据选择器和非门；(4)全加器。

讲解视频

3.10.3 题图3.10.3电路由一片4位超前进位加法器74283、比较器7485与七段显示译码器7447及数码管组成的电路，试分析该电路的逻辑功能。

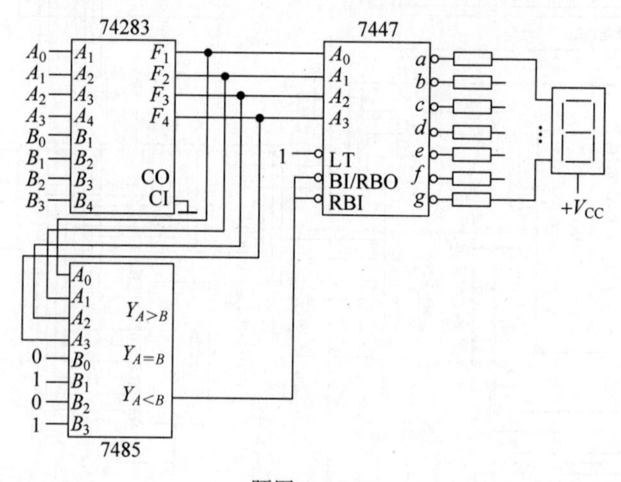

题图 3.10.3

讲解视频

3.10.4 试分别用7485、74283、74138、74153、74151芯片设计一个逻辑电路，当 $X_2X_1X_0>5$ 时，电路输出 L 为1，否则 L 为0。

3.11 本章课程设计拓展

随着人们生活水平的提高和安全意识的加强，对安全的要求也就越来越高。锁自古以来就是把守护门的“铁将军”，人们对它要求甚高，既要安全可靠地防盗，又要使用方便，这也是制锁者长期以来研制的主题。随着电子技术的发展，各类电子产品应运而生，电子密码锁就是其中之一。电子密码锁的研究从20世纪30年代就开始了，这种锁是通过键盘输入一组密码完成开锁过程。电子锁的种类繁多，如数码锁、指纹锁、磁卡锁等，但较实用的还是按键式电子密码锁。简单的数字电路可实现密码不限次数重写，可靠性高，价格便宜。

电子密码锁设计要求：

(1) 用按键输入4位十进制数字。

(2) 开锁信号。当输入正确密码时，给出开锁信号，用一个绿色指示灯表示输入密码正确；如果输入密码错误，用红灯表示。而且依次只能亮一盏灯，红灯亮、绿灯灭表示关锁，绿灯亮、红灯灭表示开锁。

(3) 设置倒计时电路和自锁电路。如果密码在5s内未能输入正确，则发出报警信号并且自锁电路。

(4) 设置密码设置开关，当开关闭合后，允许设置密码，设置好密码后，打开此开关。

(5) 需要在输入密码开始时识别输入，并由此触发计时电路。

3.12 本章思维导图

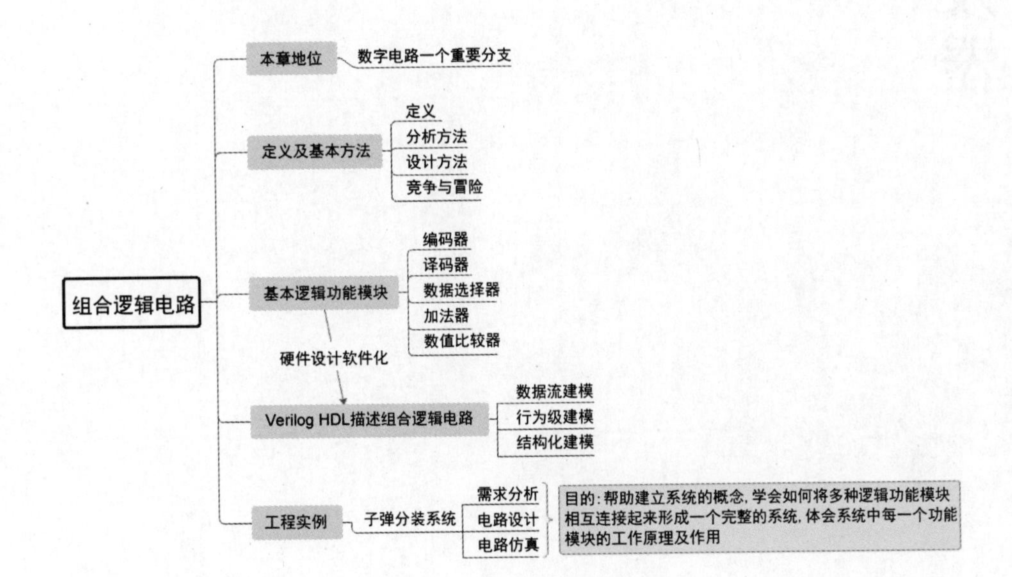

第4章 触发器

第3章学习了组合逻辑电路,不难看出组合逻辑电路花样迭出,功能各异。但是一个数字系统如果仅有组合逻辑电路够用吗?想想日常生活中自助售货机,每次只能投一个硬币,当投币面额=商品价格时,取物口会输出商品;当投币面额>商品价格时,取物口不仅输出商品还会找零。不难发现,取物口是否输出商品不仅取决于当前输入的硬币面额,还与之前输入的硬币面额有关,说明电路具有记忆功能,能够将之前输入的硬币面额记住。而组合逻辑电路的输出仅仅取决于该时刻的输入,不具备记忆功能,因此仅仅用组合逻辑电路无法满足要求。能够存储一位二进制数的电路——触发器闪亮登场。

触发器与组合逻辑电路有哪些区别是本章要解决的问题。本章按照电路结构和逻辑功能两条主线来介绍每种触发器的电路构成、工作原理、逻辑功能以及描述方法。在学习的过程中要细心体会它们的"记忆"功能。

4.1 工程任务:抢答器设计

4.1.1 系统介绍

抢答器是各类知识竞赛、文娱综艺节目等不可缺少的设备,将抢答结果、抢答规定时限、答题时间倒计时等在仪器面板上显示,不仅可以活跃现场气氛,也便于监督,做到公平竞争。

设计一个4人抢答逻辑电路,具体要求如下:

(1) 每位参赛者控制一个按钮,通过按动按钮发出抢答信号。

(2) 竞赛主持人另有一个按钮S,用于将系统清零和抢答控制,按下按钮系统清零,按钮松开允许抢答。

(3) 竞赛开始后,先按下按钮者将对应的一个发光二极管点亮,此后其他3人再按下按钮对电路不起作用。

4.1.2 任务需求

抢答器的工作过程:接通电源后,竞赛主持人首先按下按钮S,实现系统的清零,此时抢答器处于禁止工作状态,所有发光二极管灭。当松开按钮后,抢答开始,系统响应最先按下按钮的参赛者,点亮该参赛者对应的发光二极管,该发光二极管状态一直保持到主持人清除,同时禁止其他参赛者再次抢答。

分析抢答器的工作过程,可以用保存、封锁两个关键词描述。一方面要求电路具有记忆功能,能够保存最先抢答的参赛者的信息;另一方面需要封锁其他参赛者的抢答信息,使得其他参赛者再按下按钮对电路不起作用。显然,前面学习的组合逻辑电路都不具备记忆功能。

中国芯片发展④——大规模集成电路(1968—1978)

双极型电路量产成熟后,科学家将目光聚焦到寻找成本低、功耗小、集成度高的大规模集成电路方案,催生了MOS电路的研发。美国在20世纪60年代完成了金属氧化物半导体晶体管到CMOS电路的研制集成化工作,1971年,英特尔公司推出1kb动态随机存储器(DRAM),包含2000多只晶体管,标志着大规模集成电路出现。1968年,由上海无线电十四厂成功研制出PMOS电路。随后几年中,上海无线电十四厂和北京878厂等多个单位相继研制成功NMOS电路、CMOS电路。1972年,我国自研的PMOS型大规模集成电路在解放军一四二四研究所(现为中国电子科技集团公司第二十四研究所)诞生,实现了从中小集成电路发展到大规模集成电路的跨越。1975年,我国采用硅栅NMOS技术试制成功第一块1K DRAM存储芯片(类似于1970年英特尔公司研制的C1103)。

4.2 基本双稳态电路

(一)课前篇

本节导学单

1. 学习目标

根据《布鲁姆教育目标分类学》,从知识维度和认知过程两方面进一步细化本节课的教学目标,明确学习本节课所必备的学习经验。

知识维度	认知过程					
	1. 回忆	2. 理解	3. 应用	4. 分析	5. 评价	6. 创造
A. 事实性知识		说出双稳态的基本概念				
B. 概念性知识	回忆非门的符号及功能				评价双稳态电路的优势和不足	
C. 程序性知识			应用双稳态的基本概念设计双稳态电路	从逻辑状态和模拟特性两方面分析电路的工作过程		设计双稳态电路的改进方案

续表

知识维度	认知过程					
	1. 回忆	2. 理解	3. 应用	4. 分析	5. 评价	6. 创造
D. 元认知知识	明晰学习经验是理解新知识的前提		根据概念及学习经验迁移得到新理论的能力	主动思考，举一反三		通过发现问题、分析问题、解决问题来培养工程思维

2. 导学要求

根据本节的学习目标，将回忆、理解、应用层面学习目标所涉及的知识点课前自学完成，形成自学导学单。

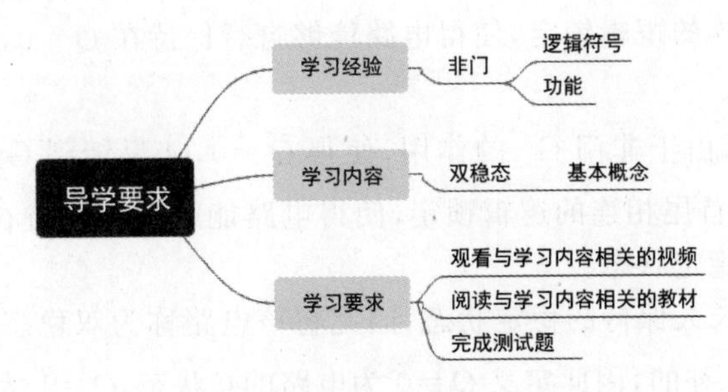

4.2.1 课前自学——双稳态概念

双稳态就是两个稳定的状态，为了便于理解，用球与山来进行模拟，如图4.2.1所示。用小球的位置来表示两种稳态(0,1)和一种介稳态。如果小球处于左边的稳态，想要把它踢到山的右边，会发生什么情况？如果踢得力量很大，那么球会越过山顶而停留在山右边的稳态，如果踢得力量较弱，那么球会落回到最初的稳态位置。即便踢得力量正好，那么球会到达山顶这一介稳态，在那儿摇摇欲坠，最终在随机外力的驱使下落回山的左边或右边的稳态。用这一模型形象地模拟双稳态以及在两种稳定状态间的变化。

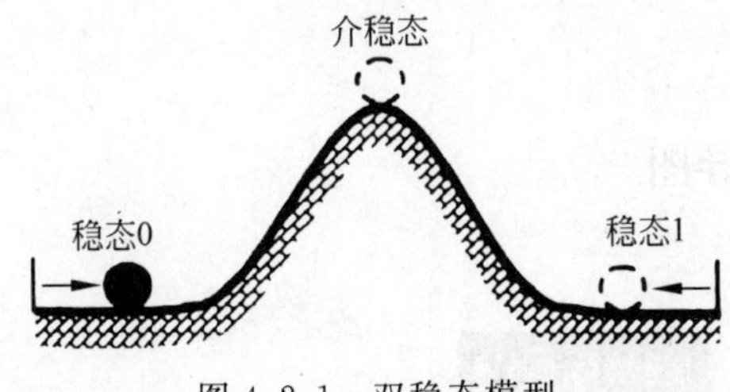

图4.2.1 双稳态模型

4.2.2 课前自学——预习自测

4.2.2.1 试举出发生在人们日常生活中的双稳态例子。

（二）课上篇

4.2.3 课中学习——基本双稳态电路

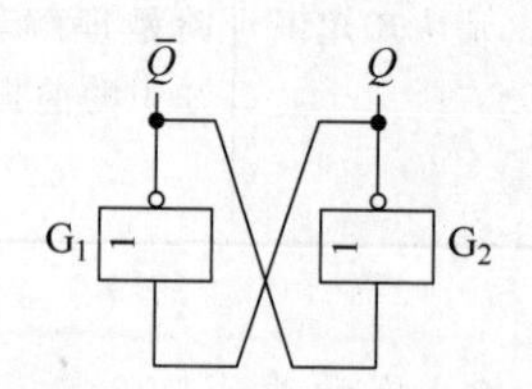

图 4.2.2 基本双稳态电路

非门是不具备记忆功能的门电路，输入发生变化，输出立刻发生变化。但是两个非门首尾相连，通过反馈连在一起（图 4.2.2），该电路的输出是什么呢？接下来分析下它的稳定状态是什么？是如何存储的？

假设 $Q=0$，由于非门 G_1 的作用，使得 $\bar{Q}=1$，$\bar{Q}$ 反馈到 G_2 门的输入，保证了 $Q=0$。由于两个非门首尾相连的逻辑锁定，使得电路能够自行保持在 $Q=0$，$\bar{Q}=1$ 的状态不变。这是第一个稳定状态。

同理，假设 $Q=1$，由于非门 G_1 的作用，使得 $\bar{Q}=0$，$\bar{Q}$ 反馈到 G_2 门的输入，保证了 $Q=1$。由于两个非门首尾相连的逻辑锁定，使得电路能够自行保持在 $Q=1$，$\bar{Q}=0$ 的状态不变。这是第二个稳定状态。

这两个状态可以长久保持的稳定状态，因此将该电路称为双稳态电路。在两种状态中，Q 和 $\bar{Q}$ 总是逻辑互补的，因此定义 $Q=0$ 为电路的 0 状态，$Q=1$ 为电路的 1 状态。只要接通电源，电路就随机进入两种状态中的一种并永久保持，因此电路具有存储或记忆 1 位二进制数的功能。

虽然双稳态电路具有了存储功能，但是由于该电路没有输入信号，因此无法改变或控制电路的状态。

（三）课后篇

4.2.4 课后巩固——练习实践

4.2.4.1 为什么图 4.2.2 所示电路能够长期保持状态不变？

4.2.4.2 从模拟分析的角度看，图 4.2.2 所示电路构成正反馈环路，为什么不会产生自激振荡？

4.2.5 本节思维导图

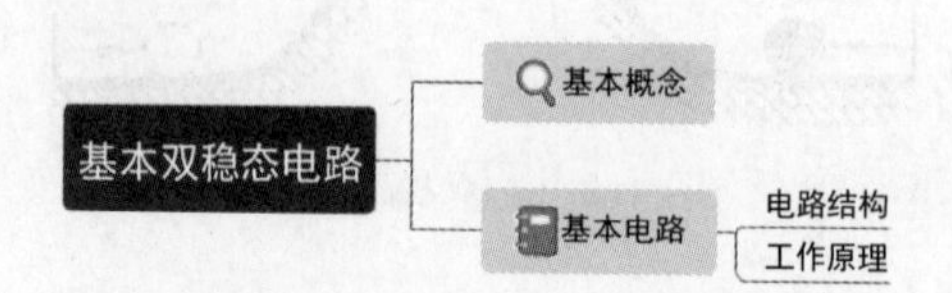

知识拓展——全国大学生电子设计竞赛

全国大学生电子设计竞赛是教育部、工业和信息化部共同发起的大学生(本科生)主要学科竞赛之一,在全国高校和企业中认可度非常高。全国大学生电子设计竞赛每逢单数年的8月举办,赛期四天三夜,面向所有工科大学生,分省赛和国赛,执行一赛两评制度。比赛时从6~8道题中选择一道题完成硬、软件设计和制作,比赛后专家进行现场测评,优秀者选送国家奖评奖。题目以电子技术为基础,包括机电控制、通信原理、信号处理、仪器仪表、无线高频、电源电路、模数混合电路等方面。

4.3 触发器的电路结构

双稳态电路实现了记忆功能,但是不能改变状态。保持双稳态电路结构的基础上,增加输入端即可构成触发器。触发器就是能够存储1位二值信号的基本单元电路。为了实现记忆功能,触发器必须具备以下两个基本特点:

(1) 具有两个能自行保持的稳定状态,用来表示逻辑状态0和1。

(2) 根据不同的输入信号可以置成0或1状态。

(一) 课前篇

本节导学单

1. 学习目标

根据《布鲁姆教育目标分类学》,从知识维度和认知过程两方面进一步细化本节课的教学目标,明确学习本节课所必备的学习经验。

知识维度	认知过程					
	1. 回忆	2. 理解	3. 应用	4. 分析	5. 评价	6. 创造
A. 事实性知识		说出触发器的基本概念				
B. 概念性知识	回忆非门、与非门、或非门、传输门的符号及逻辑功能					
C. 程序性知识			应用门电路设计基本RS触发器、同步触发器、主从触发器、边沿触发器	分析每一类触发器的电路结构及工作原理	评价每一类触发器的优缺点	设计每一类触发器的改进方案

续表

知识维度	认知过程					
	1. 回忆	2. 理解	3. 应用	4. 分析	5. 评价	6. 创造
D. 元认知知识	明晰学习经验是理解新知识的前提		根据概念及学习经验迁移得到新理论的能力	主动思考，举一反三	类比评价也是知识整合吸收的过程	通过发现问题、分析问题、解决问题来培养工程思维

2. 导学要求

根据本节的学习目标，将回忆、理解、应用层面学习目标所涉及的知识点课前自学完成，形成自学导学单。

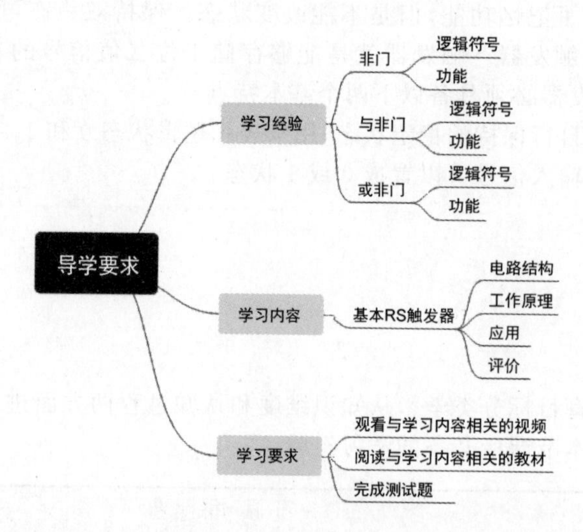

4.3.1 课前自学——基本 RS 触发器

基本双稳态电路首尾相连的结构实现了记忆功能，但由于非门是单输入单输出的门电路，所以电路没有输入信号，从而不能改变状态。保持基本双稳态电路的结构，将非门变为与非门，增加两个输入端 S_D 和 R_D，就构成了基本 RS 触发器，如图 4.3.1 所示。

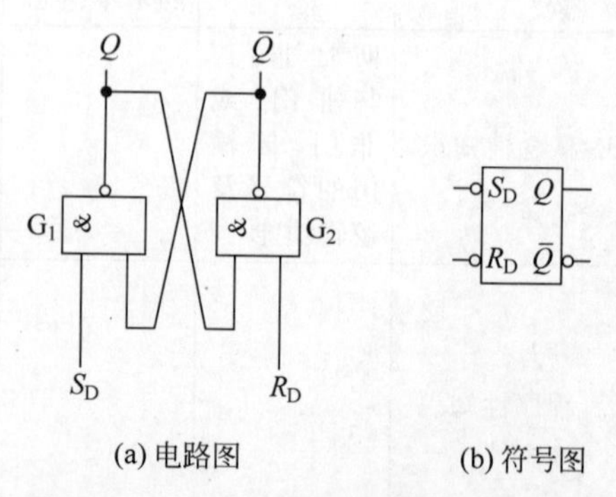

图 4.3.1 与非门构成的基本 RS 触发器

1. 电路结构

基本 RS 触发器由两个与非门构成，单独的与非门不具备记忆功能,输出状态需要输入状态的维持。但是用两个与非门首尾相连就能够实现记忆功能,存储1位二进制数据。有两个输入端 S_D 和 R_D(用来改变和控制状态),有一对互补输出端。该电路如何实现记忆功能?接下来分析电路的工作原理,体会触发器的"记忆"功能。

2. 工作原理

(1) 当 $R_D=0,S_D=1$ 时,$\bar{Q}=1$,$\bar{Q}$ 反馈到 G_1 门的输入端,使得 $Q=0$,Q 反馈到 G_2 门的输入端,此刻即便输入端 R_D 信号发生变化,由于有 Q 端的低电平接回到 G_2 门的另一个输入端,因而电路的0状态得以保持。

总之,$R_D=0,S_D=1$ 时,实现置0功能,因此将 R_D 端称为直接复位(置0)引脚。

(2) 当 $R_D=1,S_D=0$ 时,$Q=1$,Q 反馈到 G_2 门的输入端,使得 $\bar{Q}=0$,$\bar{Q}$ 反馈到 G_1 门的输入端,此刻即便输入端 S_D 信号发生变化,由于有 $\bar{Q}$ 端的低电平接回到 G_1 门的另一个输入端,因而电路的1状态得以保持。

总之,$R_D=1,S_D=0$ 时,实现置1功能,因此将 S_D 端称为直接置位(置1)引脚。

(3) 当 $R_D=1,S_D=1$ 时,此时电路的输出取决于电路之前的状态,假设电路之前的状态是0,即 $Q=0$,Q 反馈到 G_2 门的输入端,使得 $\bar{Q}=1$,$\bar{Q}$ 反馈到 G_1 门的输入端,从而维持住了输出 $Q=0$ 的状态;同理,假设电路之前的状态是1,即 $Q=1$,Q 反馈到 G_2 门的输入端,使得 $\bar{Q}=0$,$\bar{Q}$ 反馈到 G_1 门的输入端,从而维持住了输出 $Q=1$ 的状态。所以当 $R_D=1,S_D=1$ 时,电路维持原来的状态不变。

总之,$R_D=1,S_D=1$ 时,实现保持功能。

(4) 当 $R_D=0,S_D=0$ 时,$Q=\bar{Q}=1$,输出违反了互补原则,但此时的输出是确定的。如果这时输入端 R_D 和 S_D 同时由0变成1,这时电路的输出状态取决于门的速度,例如 G_1 门的速度快,则输出 $Q=0$,Q 反馈至 G_2 门的输入端,从而使得 $\bar{Q}=1$。由于事先并不知道哪个门的速度快,因此在这种情况下无法断定触发器将回到1状态还是0状态。因此,在正常工作时不允许 R_D 和 S_D 同时为0,即 $R_D+S_D=1$。

根据电路工作原理的分析,即可得到基本RS触发器真值表,如表4.3.1所示。

表4.3.1 基本RS触发器真值表

R_D	S_D	Q^n	Q^{n+1}
0	0	0	×
0	0	1	×
0	1	0	0
0	1	1	0
1	0	0	1
1	0	1	1
1	1	0	0
1	1	1	1

基本 RS 触发器逻辑符号图如图 4.3.1(b)所示，输入端小圆圈表示低电平有效。

例 4.3.1 在图 4.3.1 所示的基本 RS 触发器电路中，假设初始状态为 0，已知输入 R、S 的波形图如图 4.3.2(a)所示，试画出 Q 和 $\bar{Q}$ 的波形图。

解：该题是用已知的 R、S 的状态确定 Q 和 $\bar{Q}$ 状态的问题。只需要根据不同 R、S 的状态去查基本 RS 触发器的真值表，即可得出输出 Q 和 $\bar{Q}$ 的相应状态，并画出对应的波形图。

值得注意的是，当 $R=S=0$ 时，此时的输出是确定的，$Q=\bar{Q}=1$，只不过违反了输出应该互补的原则。如果此时输入端 R 和 S 同时由 0 变成 1 时，电路的输出取决于两个与非门的速度，而门的速度事先并不知道，因此此时电路输出是不定状态。

3. 应用

机械开关(如按键、拨动开关、继电器等)常常作为数字系统的输入装置。机械开关接通时，由于振动，触点会在短时间内多次接通和断开，使得 u_o 多次在 0 和 1 之间跳变，如图 4.3.3 所示。在电子电路中，一般不允许出现这种现象，因为这种信号会导致电路误操作。在设计数字系统时，通常要想方设法克服机械开关抖动现象。

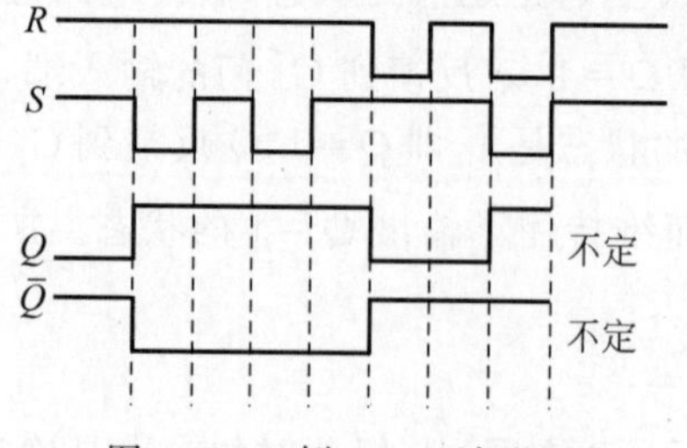

图 4.3.2 例 4.3.1 波形图

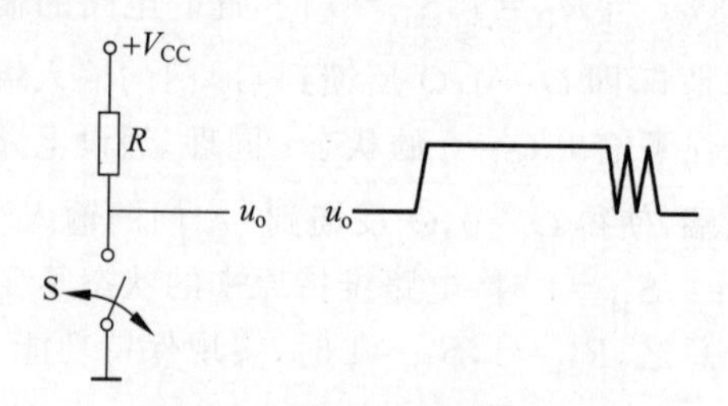

图 4.3.3 机械开关的抖动现象

利用基本 RS 触发器的记忆功能可以消除机械开关振动所产生的影响，这是解决机械开关抖动现象的一种硬件方案，如图 4.3.4(a)所示。图 4.3.4(b)表示了单刀双掷开关由 B 拨向 A，然后又拨回 B 过程中的波形。初始时，开关与 B 点接通，此时 $S_D=1$，$R_D=0$，触发器的状态为 0。当开关拨向 A 时，触点脱离 B 点瞬间产生的抖动并不影响触

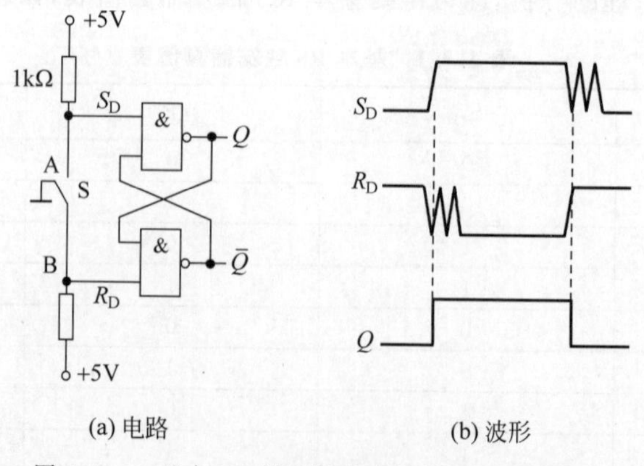

(a) 电路 (b) 波形

图 4.3.4 基本 RS 触发器构成机械开关去抖电路

发器的状态，在触点悬空瞬间，$S_D=R_D=1$，触发器保持状态不变，依然维持为0。当触点与A接通时，使得$S_D=0,R_D=1$，触发器的状态立即翻转为1。此后即便触点抖动，使得S_D端再次出现高、低电平的跳变，也不会改变触发器的状态，于是得到了输出端Q的波形，如图4.3.4(b)所示。由于电路是对称的，开关由A拨向B的过程与前述的情况类似。不难看出，开关每次变化时，触发器的状态只翻转一次，没有抖动波形。

4.3.2 课前自学——预习自测

4.3.2.1 单选题

(1) 与非门组成的RS触发器不允许输入的变量组合RS为(　　)

A. 00　　B. 01　　C. 10　　D. 11

(2) 触发器是由逻辑门电路组成，所以它的功能特点是(　　)

A. 和逻辑门电路功能相同　　B. 有记忆功能

C. 没有记忆功能　　D. 全部由门电路组成

(3) 若基本触发器的初始输入$R=1,S=0$，当S由“0”→“1”且同时R由“1”→“0”时，触发器的状态变化为(　　)

A. “0”→“1”　　B. “1”→“0”　　C. 不变　　D. 不定

4.3.2.2 题图4.3.2.2所示电路是由与非门组成的基本RS触发器，试根据输入端S_D和R_D波形画出输出Q和$\bar{Q}$波形。

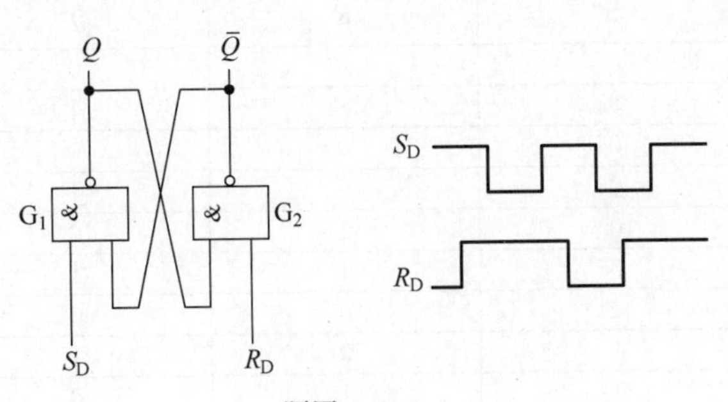

题图4.3.2.2

(二) 课上篇

4.3.3 课中学习——同步触发器

基本RS触发器虽然具有记忆功能，能够存储1位二进制信息，但是多个基本RS触发器不好协同工作。而数字系统中，为了协调各部分工作，经常要求多个触发器在同一时刻动作。这就需要引入同步信号，使得触发器只有在同步信号到达时才会按照输入信号改变状态。将这种同步信号称为时钟脉冲(CP)。

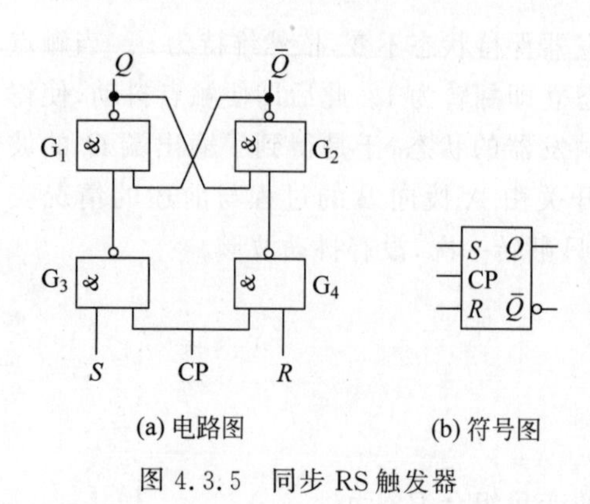

图 4.3.5　同步 RS 触发器

1. 同步 RS 触发器

1）电路结构

在基本 RS 触发器的基础上增加两个与非门 G_3、G_4 用来导引 CP，就构成了同步 RS 触发器，如图 4.3.5 所示。

(1) 当 CP=0 时，G_3、G_4 门封锁，输出为 1，此时 R、S 输入状态不起作用，触发器的状态保持不变。

(2) 当 CP=1 时，G_3、G_4 门打开，触发器的状态由 R、S 输入状态决定。

所以，同步 RS 触发器的翻转时刻受同步信号 CP 的控制，而触发器的状态则由输入信号 R、S 的状态决定。这样通过 CP 即可控制多个触发器同时动作。

2）工作原理

同步 RS 触发器只有当 CP=1 时，S、R 信号通过 G_3、G_4 门反相后加到由 G_1 和 G_2 构成的基本 RS 触发器，因此同步 RS 触发器输入端有效电平与基本 RS 触发器刚好相反。其真值表如表 4.3.2 所示。输入信号需要遵循 SR=0 的约束条件。

表 4.3.2　同步 RS 触发器的真值表

CP	S	R	Q^n	Q^{n+1}
0	×	×	0	0
0	×	×	1	1
1	0	0	0	0
1	0	0	1	1
1	0	1	0	0
1	0	1	1	0
1	1	0	0	1
1	1	0	1	1
1	1	1	0	不定
1	1	1	1	不定

在实际应用过程中，在 CP 信号到来之前需要给触发器设定初始状态，为此在图 4.3.5 电路的基础上设置异步置位输入端和异步复位输入端，如图 4.3.6 所示。

只要 R_D 或 S_D 加入低电平，触发器立即置 0 或置 1，不受 CP 和输入信号的控制。因此，将 R_D 称为异步复位(置 0)端，S_D 称为异步置位(置 1)端。

例 4.3.2　在图 4.3.6(a)所示的同步 RS 触发器中，假设初始状态为 0，已知输入 R、S 的波形图如图 4.3.7 所示，试画出 Q 和 $\bar{Q}$ 的波形图。

解：该题是用已知的 CP、R、S 的状态确定 Q 和 $\bar{Q}$ 状态的问题。根据同步 RS 触发器工作原理可知，CP=0 时，触发器的状态保持不变。只有在 CP=1 时，根据不同 R、S 的状态去查同步 RS 触发器的真值表，即可得出输出 Q 的状态，并画出对应的波形图。

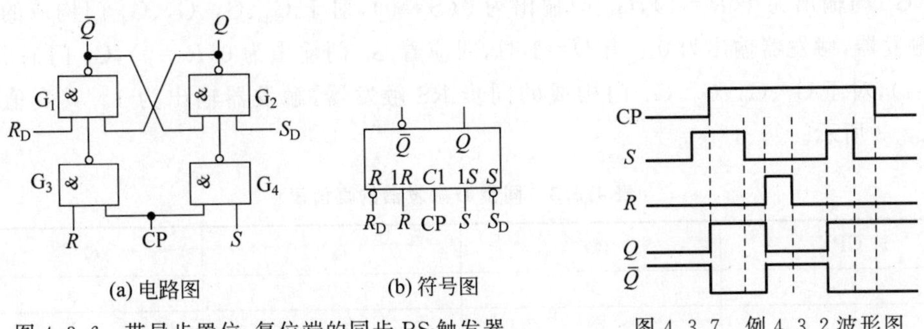

(a) 电路图　　(b) 符号图

图 4.3.6　带异步置位、复位端的同步 RS 触发器　　图 4.3.7　例 4.3.2 波形图

从该例不难看出，CP 控制状态转换的时刻，而 RS 控制状态转换的方向。一个 CP 作用期间，触发器的输出发生了两次以上的翻转，将这种现象称为空翻。

同步 RS 触发器引入了同步信号 CP，克服了基本 RS 触发器不好协同工作的不足，但是该触发器依然存在不定状态，而且 CP=1 期间输入信号多次发生变化，则触发器的状态也会发生多次翻转，降低了电路的抗干扰能力。

2. 同步 D 触发器

1）电路结构

同步 RS 触发器输入端必须满足约束条件 $R \cdot S=0$，如何能够从根本上克服不定状态的出现？在同步 RS 触发器的基础上再加入两个非门 G_5、G_6 则构成了同步 D 触发器，如图 4.3.8 所示。此时输入端 R 和 S 通过一个非门相连，使得 R 和 S 状态互反，从根本上消除了输出出现不定状态的可能。

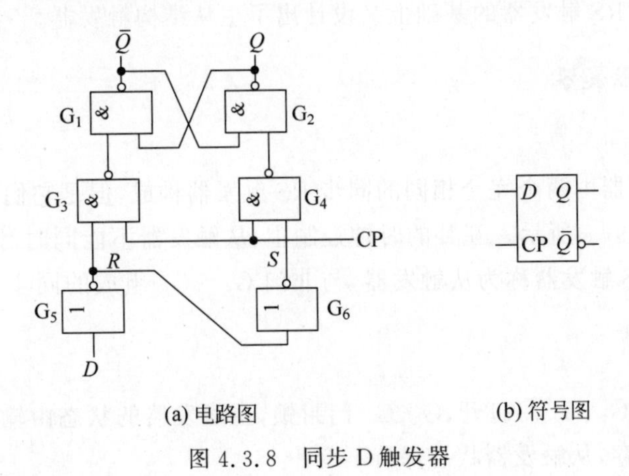

(a) 电路图　　(b) 符号图

图 4.3.8　同步 D 触发器

2）工作原理

(1) 当 CP=0 时，G_3、G_4 门封锁，输出为 1，此时 D 输入状态不起作用，触发器的状态保持不变。

(2) 当 CP=1 时，G_3、G_4 门打开，触发器的状态由 D 输入状态决定。当 $D=0$ 时，对

应着 G_5 门输出为 1($R=1$)，G_6 门输出为 0($S=0$)，对于 G_1、G_2、G_3、G_4 门构成的同步 RS 触发器，触发器输出为 0。当 $D=1$ 时，对应着 G_5 门输出为 0($R=0$)，G_6 门输出为 1($S=1$)，对于 G_1、G_2、G_3、G_4 门构成的同步 RS 触发器，触发器输出为 1。其真值表如表 4.3.3 所示。

表 4.3.3　同步 D 触发器的真值表

CP	D	Q^n	Q^{n+1}
0	×	0	0
0	×	1	1
1	0	0	0
1	0	1	0
1	1	0	1
1	1	1	1

不论同步 RS 触发器还是同步 D 触发器，在同步信号 CP=0 时，触发器保持状态不变；而在 CP=1 时的全部时间里，输入信号 R、S 或者 D 的变化都能够引起触发器输出端状态的变化。若 CP=1 期间输入信号多次发生变化，则触发器的状态也会发生多次翻转，这就是同步触发器产生空翻现象的根本原因。

4.3.4　课中学习——主从触发器

为了提高触发器的可靠性，希望触发器在一个 CP 周期中输出端的状态只能改变一次。因此，在同步 RS 触发器的基础上又设计出了主从结构触发器。

1. 主从 RS 触发器

1）电路结构

主从 RS 触发器由两个完全相同的同步 RS 触发器构成，但是它们的时钟信号 CP 相位相反，如图 4.3.9(a)所示。互补的时钟控制主、从触发器不能同时翻转。与非门 G_1～G_4 组成的同步 RS 触发器称为从触发器，与非门 G_5～G_8 组成的同步 RS 触发器称为主触发器。

2）工作原理

当 CP=1 时，G_7、G_8 门打开，G_3、G_4 门封锁，主触发器的状态由输入 R、S 的状态决定，接收信号并暂存，从触发器状态保持不变。

当 CP 由 1 变为 0 时，G_7、G_8 门封锁，无论输入信号 S、R 的状态如何变化，主触发器的状态保持不变。与此同时，G_3、G_4 门打开，从触发器按照与主触发器相同的状态翻转，因此称之为主从触发器。主从触发器在一个 CP 周期中，触发器的状态只改变一次。

例如，触发器的初始状态为 $Q=0$。当 CP=1 时，$S=1$，$R=0$，主触发器置 1，即 $Q'=1$，$\overline{Q'}=0$，从触发器保持 0 状态不变。当 CP 由 1 变为 0 时，从触发器 $CP'=1$，它的输入

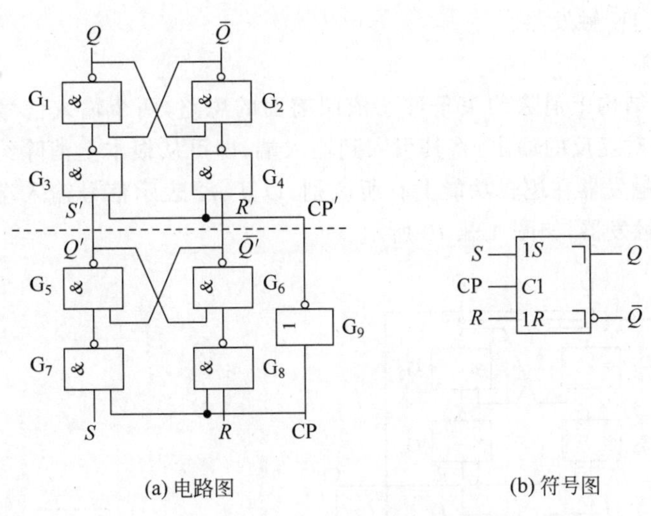

(a) 电路图　　(b) 符号图

图 4.3.9　主从 RS 触发器

$S'=Q'=1, R'=\overline{Q'}=0$，从而输出 $Q=1$。

主从触发器是由两个同步触发器构成，其功能与同步触发器相同，区别在于触发时刻不同。主从 RS 触发器的真值表如表 4.3.4 所示。

表 4.3.4　主从 RS 触发器的真值表

CP	S	R	Q^n	Q^{n+1}
1	×	×	0	0
1	×	×	1	1
↓	0	0	0	0
↓	0	0	1	1
↓	0	1	0	0
↓	0	1	1	0
↓	1	0	0	1
↓	1	0	1	1
↓	1	1	0	不定
↓	1	1	1	不定

主从 RS 触发器的符号图如图 4.3.9(b)所示，符号图中的“˥”表示延迟输出，即 CP 由 1 返回 0 以后输出状态才会更新，因此输出状态的变化发生在 CP 的下降沿。

从同步 RS 触发器到主从 RS 触发器的演变，克服了 CP=1 期间触发器输出状态可能多次翻转即空翻问题，但是由于主从 RS 触发器依然是由同步 RS 触发器构成，因此输入信号依然要遵守约束条件 $R \cdot S=0$。

2. 主从 JK 触发器

主从 RS 触发器输入信号需要遵守约束条件，给使用者带来了不便，将电路进一步改进就得到了主从 JK 触发器。

1）电路结构

如何从电路结构上消除约束条件？依照前面的思路，两个输入信号之间加非门，实际上电路中有一对互反的输出，将其引入到输入端，即可从根本上消除约束条件的限制。为了与主从 RS 触发器在逻辑功能上有所区别，以 J、K 表示信号输入端，由其构成的电路称为主从 JK 触发器，如图 4.3.10 所示。

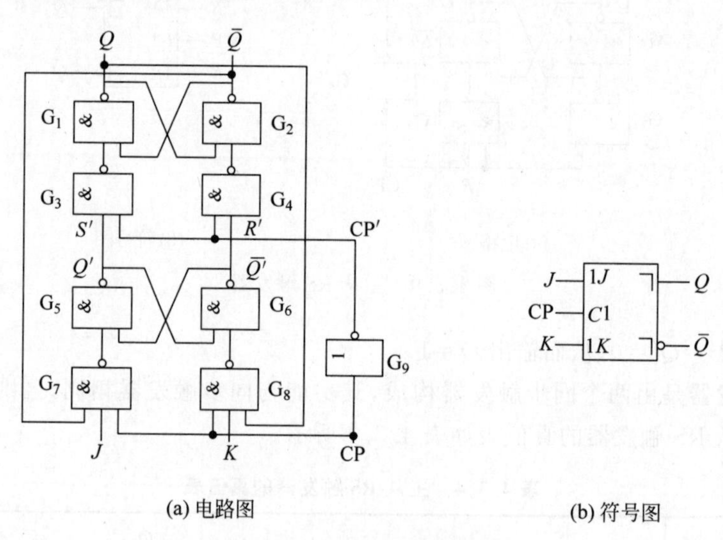

(a) 电路图　(b) 符号图

图 4.3.10　主从 JK 触发器

2）工作原理

当 CP=1 时，主触发器的状态由输入 J、K 的状态决定，接收信号并暂存，从触发器状态保持不变。

当 CP 由 1 变为 0 时，主触发器的状态保持不变，从触发器按照与主触发器相同的状态翻转，从而主从触发器在一个 CP 周期中，触发器的状态只改变一次。下面详细分析 J、K 不同取值下电路的工作情况。

(1) $J=0$，$K=0$。当 CP=1 时，主触发器工作，但是由于 $J=K=0$ 使得 G_7、G_8 门封锁，主触发器保持原状态不变。待 CP=0 后，从触发器工作，按照与主触发器相同的状态翻转。因此，当 $J=0$，$K=0$ 时，JK 触发器实现保持功能。

(2) $J=0$，$K=1$。当 CP=1 时，主触发器置 0(原来是 0 则保持 0，原来是 1 则置 0)。待 CP=0 后，从触发器随之置 0。因此，当 $J=0$，$K=1$ 时，JK 触发器实现置 0 功能。

(3) $J=1$，$K=0$。当 CP=1 时，主触发器置 1(原来是 0 则置 1，原来是 1 则保持 1)。待 CP=0 后，从触发器随之置 1。因此，当 $J=1$，$K=0$ 时，JK 触发器实现置 1 功能。

(4) $J=1$，$K=1$。需要分初始状态为 0 和初始状态为 1 两种情况：

① 初始状态为 0：当 CP=1 时，主触发器置 1；待 CP=0 后，从触发器随置 1。

② 初始状态为 1：当 CP=1 时，主触发器置 0；待 CP=0 后，从触发器随置 0。

因此，当 $J=1$，$K=1$ 时，JK 触发器实现翻转功能。

将上述的逻辑关系列表即可得到主从JK触发器的真值表,如表4.3.5所示。

表4.3.5 主从JK触发器的真值表

CP	J	K	Q^n	Q^{n+1}
1	×	×	0	0
1	×	×	1	1
↓	0	0	0	0
↓	0	0	1	1
↓	0	1	0	0
↓	0	1	1	0
↓	1	0	0	1
↓	1	0	1	1
↓	1	1	0	1
↓	1	1	1	0

4.3.5 课中学习——边沿触发器

为了提高电路的可靠性,增强电路的抗干扰能力,希望触发器的次态仅取决于CP的边沿(上升沿或下降沿)到达时刻输入信号的状态,而在边沿之前和之后输入信号变化对于触发器的状态均无影响。为了实现这一设想,人们研制出了各种边沿触发器电路,目前常用的边沿触发器有维持-阻塞边沿触发器、利用CMOS传输门的边沿触发器以及利用门电路传输延迟时间的边沿触发器,下面详细介绍前两种边沿触发器的电路结构及工作原理。

1. 维持-阻塞边沿触发器

1) 电路结构

图4.3.8所示的同步D触发器,缺点是在CP=1期间都能接收信号,即有空翻现象。为了克服空翻并具有边沿触发的特性,在图4.3.8电路的基础上引入三根反馈线L_1、L_2、L_3,就构成了维持-阻塞边沿D触发器,如图4.3.11所示。

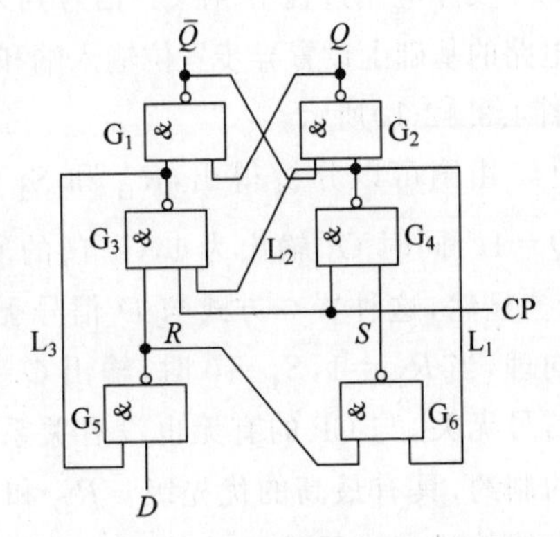

图4.3.11 维持-阻塞边沿D触发器

2) 工作原理

从以下两种情况分析电路的工作原理:

(1) 输入$D=1$。在CP=0时,G_3、G_4门被封锁,输出为1,G_1、G_2门构成的基本RS触发器保持原状态不变。在CP由0变1时,因为

$D=1$，所以 G_5 门输出为 0，G_6 门输出为 1，进而 G_3 门输出为 1，G_4 门输出为 0，最终输出 $Q=1$，$\bar{Q}=0$。一旦 G_4 门输出为 0，通过反馈线 L_1 封锁了 G_6 门，这时如果 D 信号发生变化，也不会影响 G_6 门的输出，进而维持了触发器的 1 状态。因此，称 L_1 线为置 1 维持线。同理，G_4 门输出为 0 后，通过反馈线 L_2 也封锁了 G_3 门的输出，从而阻塞了置 0 通路，故称 L_2 线为置 0 阻塞线。

(2) 输入 $D=0$。在 CP=0 时，G_3、G_4 门被封锁，输出为 1，G_1、G_2 门构成的基本 RS 触发器保持原状态不变。在 CP 由 0 变 1，因为 $D=0$，所以 G_5 门输出为 1，G_6 门输出为 0，进而 G_3 门输出为 0，G_4 门输出为 1，最终输出 $Q=0$，$\bar{Q}=1$。一旦 G_3 门输出为 0，通过反馈线 L_3 封锁了 G_5 门，这时如果 D 信号发生变化，也不会影响 G_5 门的输出，进而维持了触发器的 0 状态，故称 L_3 线为置 0 维持线。

可见，维持-阻塞触发器是利用了维持线和阻塞线，将触发器的触发翻转控制在 CP 上升沿到来的一瞬间，并接收 CP 上升沿到来前一瞬间的 D 信号。将上述的逻辑关系列表即可得到维持-阻塞边沿 D 触发器的真值表，如表 4.3.6 所示。

表 4.3.6　维持-阻塞边沿 D 触发器的真值表

CP	D	Q^n	Q^{n+1}
0	×	0	0
0	×	1	1
↑	0	0	0
↑	0	1	0
↑	1	0	1
↑	1	1	1

实际应用过程中，在 CP 信号到来之前需要给触发器设定初始状态，为此在图 4.3.11 电路的基础上设置异步置位输入端和异步复位输入端，如图 4.3.12(a)所示，逻辑符号图如图 4.3.12(b)所示。

由图可以分析得出，R_D 和 S_D 均为低电平有效。当 $R_D=0$，$S_D=1$ 时，G_1 输出 $\bar{Q}=1$。同时 G_4 输出为 1，G_2 门的所有输入均为 1，从而 G_2 门输出 $Q=0$，使触发器置 1。显然，这种置 0 方式与 D 信号无关，与 CP 的有无也没有关系，故称为直接置 0 端。同理，当 $R_D=1$，$S_D=0$ 时，输出 $Q=1$，$\bar{Q}=0$，使触发器置 1。显然，这种置 1 方式与 D 信号无关，与 CP 的有无也没有关系，故称为直接置 1 端。总之，R_D 和 S_D 信号不受 CP 的制约，具有最高的优先级。R_D 和 S_D 的作用主要是给触发器设置初始状态，或对触发器的状态进行特殊的控制。在使用时要注意，R_D 和 S_D 任何时刻只能一个信号有效，不能同时有效。

例 4.3.3　在维持-阻塞边沿 D 触发器电路中，已知输入 D 的波形图如图 4.3.13 所示，设电路初始状态为 0，试画出输出 Q 的波形。

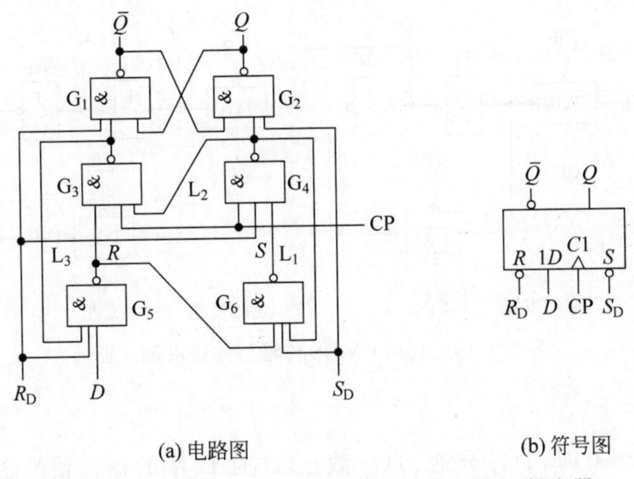

图 4.3.12　带有 R_D 和 S_D 的维持-阻塞边沿 D 触发器

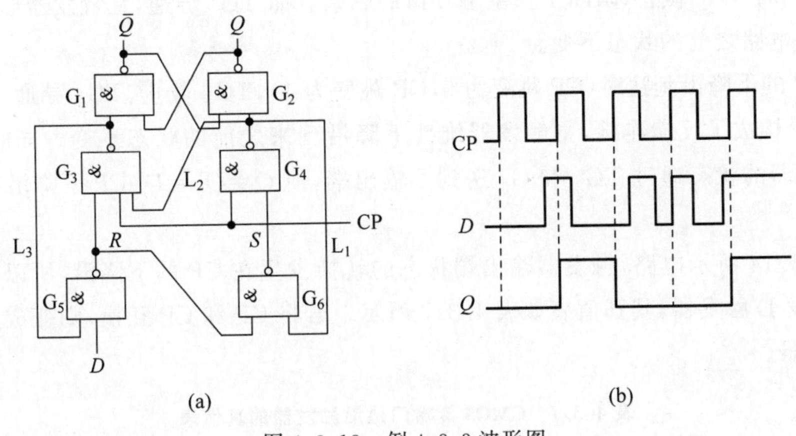

图 4.3.13　例 4.3.3 波形图

解：边沿触发器在画波形图时，应注意：

(1) 触发器的触发翻转发生在时钟脉冲的跳变沿(这里是上升沿)。

(2) 根据触发器时钟跳变沿前一瞬间输入端的状态决定触发器的次态。

根据维持-阻塞边沿 D 触发器工作原理，可画出维持-阻塞边沿 D 触发器输出 Q 的波形。

2. 利用 CMOS 传输门的边沿触发器

1) 电路结构

利用第 2 章学习的 CMOS 传输门也可以构成边沿触发器，如图 4.3.14 所示。非门 G_1、G_2 和传输门 TG_1、TG_2 构成了主触发器，非门 G_3、G_4 和传输门 TG_3、TG_4 构成了从触发器。TG_1 和 TG_3 分别为主触发器和从触发器的输入控制门。

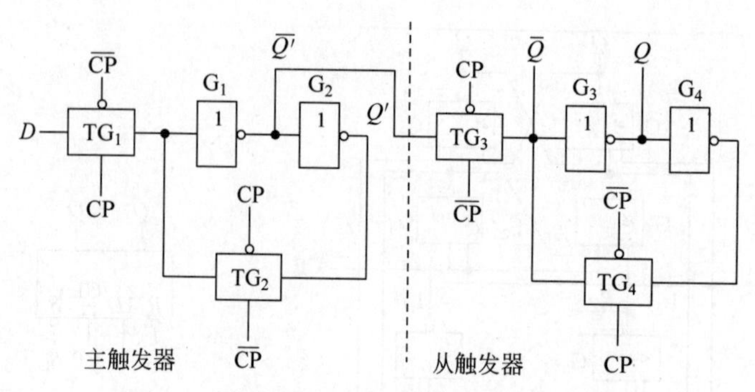

图 4.3.14　利用 CMOS 传输门的边沿触发器

2）工作原理

当 CP=1，$\overline{CP}$=0 时，TG_1 导通、TG_2 截止，此时 D 端的输入信号送入主触发器，使得 $Q'=D$。但此时主触发器并没有形成反馈连接，不能自行保持，所以 Q'将随 D 的变化而变化。同时 TG_3 截止，阻断了与主触发器的联系。而 TG_4 导通，从触发器形成了反馈连接，维持电路之前的状态不变。

当 CP 的下降沿到达时(CP 跳变为 0，$\overline{CP}$ 跳变为 1)，TG_1 截止、TG_2 导通，此时 G_1、G_2 和 TG_2 构成了反馈连接，主触发器维持下降沿到来之前的状态不变。同时 TG_3 导通，主触发器的状态通过 TG_3 和 G_3 送到了输出端，使 $Q=Q'=D$(CP 下降沿到达时 D 的状态)。

图 4.3.14 所示电路，触发器输出端状态的转换发生在 CP 的下降沿，所以这是一个下降沿触发 D 触发器，其真值表如表 4.3.7 所示。若将 CP 和 $\overline{CP}$ 互换，则变成上升沿触发 D 触发器。

表 4.3.7　CMOS 传输门边沿触发器的真值表

CP	D	Q^n	Q^{n+1}
×	×	×	Q^n
↓	0	0	0
↓	0	1	0
↓	1	0	1
↓	1	1	1

3. 集成触发器介绍

1）双 JK 触发器 7476

集成双 JK 触发器 7476 如图 4.3.15 所示，一片芯片含有两个完全独立的 JK 触发器，带有直接置 0 端 R_D 和直接置 1 端 S_D，低电平有效，CP 下降沿触发。其逻辑符号图和引脚图分别如图 4.3.15(a)和(b)所示。

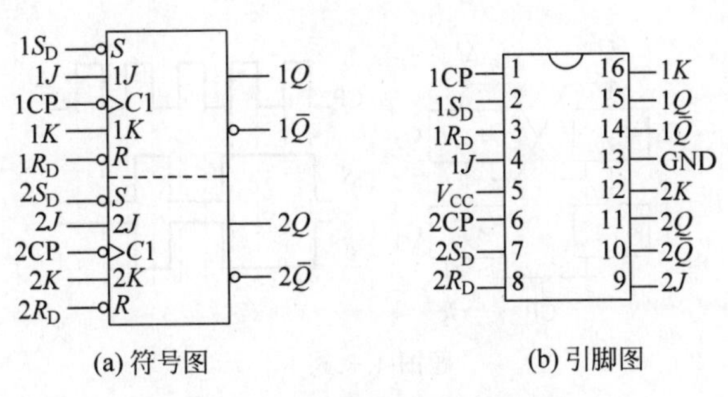

图 4.3.15 集成双 JK 触发器 7476

2) 双 D 触发器 7474

集成双 D 触发器 7474 如图 4.3.16 所示，一片芯片含有两个完全独立的 D 触发器，带有直接置 0 端 R_D 和直接置 1 端 S_D，低电平有效，CP 上升沿触发。其逻辑符号图和引脚图分别如图 4.3.16(a)和(b)所示。

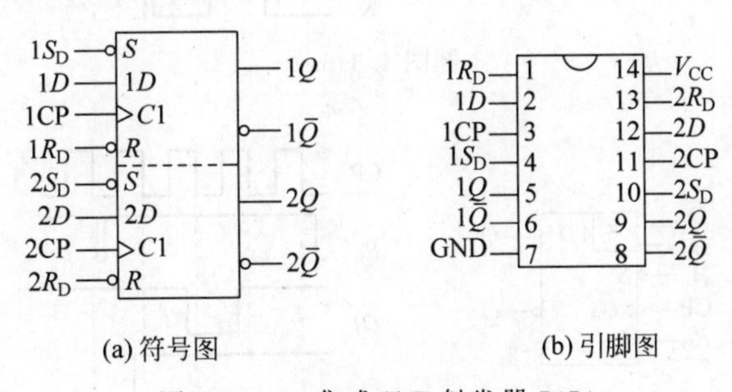

图 4.3.16 集成双 D 触发器 7474

通过分析边沿触发器的工作原理，不难发现它们有共同的特点：触发器次态仅取决于时钟信号上升沿(下降沿)到达时输入的逻辑状态，而在这以前或以后输入信号的变化对触发器输出的状态没有影响，有效提高了触发器的抗干扰能力，也提高了电路的工作可靠性。

(三) 课后篇

4.3.6 课后巩固——练习实践

1. 知识巩固练习

4.3.6.1 题图 4.3.6.1 所示为同步 RS 触发器，已知 CP、S、R 的电压波形，试画出输出 Q 和 $\bar{Q}$ 与之对应的波形(假设触发器的初始状态为 0)。

4.3.6.2 已知主从 JK 触发器各输入端波形如题图 4.3.6.2 所示，试画出输出 Q 和 $\bar{Q}$ 与之对应波形。

4.3.6.3 已知维持阻塞边沿 D 触发器各输入端波形如题图 4.3.6.3 所示，试画出输出 Q 和 $\bar{Q}$ 与之对应的波形。

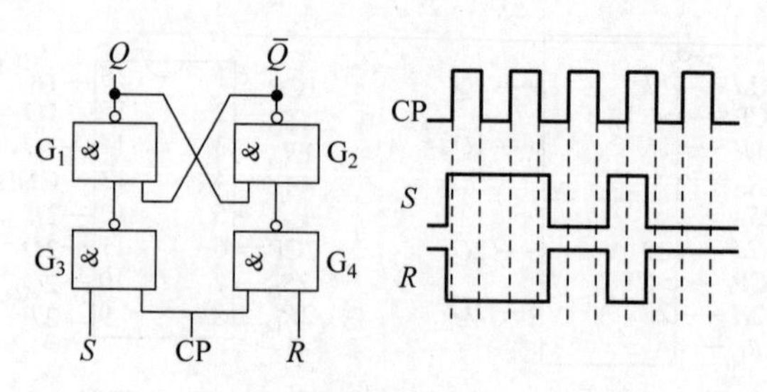

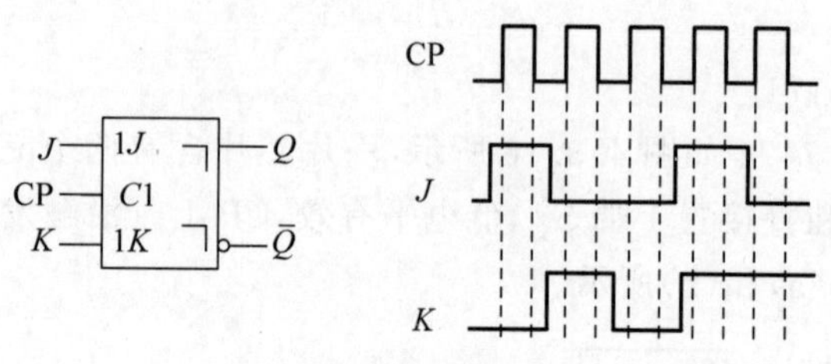

题图 4.3.6.1

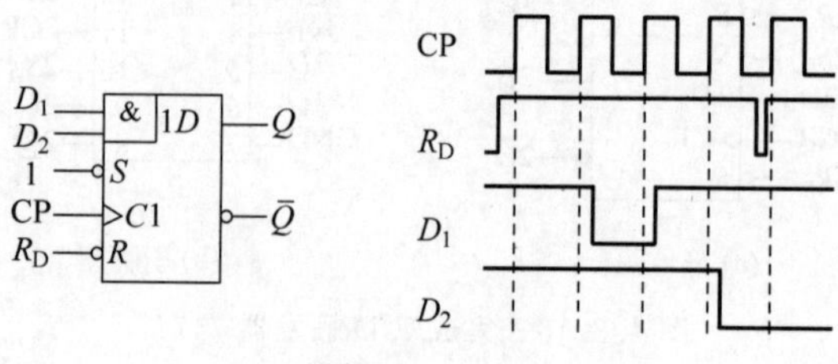

题图 4.3.6.2

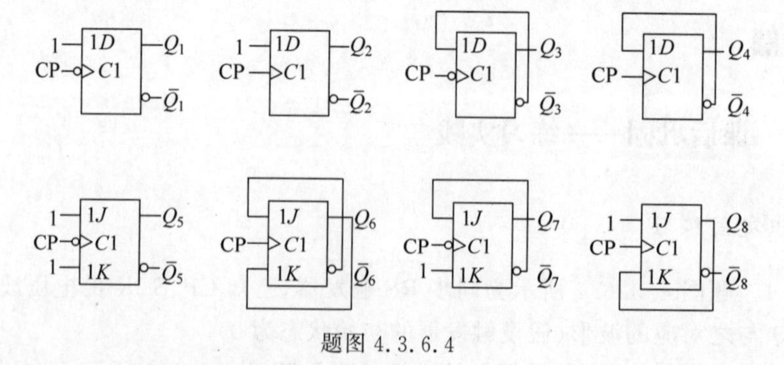

题图 4.3.6.3

讲解视频

4.3.6.4　题图 4.3.6.4 所示各触发器的初始状态 $Q=0$，试画出在触发脉冲 CP 作用下各触发器 Q 的波形。

题图 4.3.6.4

2. 工程实践练习

4.3.6.5　利用口袋实验包完成开关去抖电路的搭建与调试。

4.3.7 本节思维导图

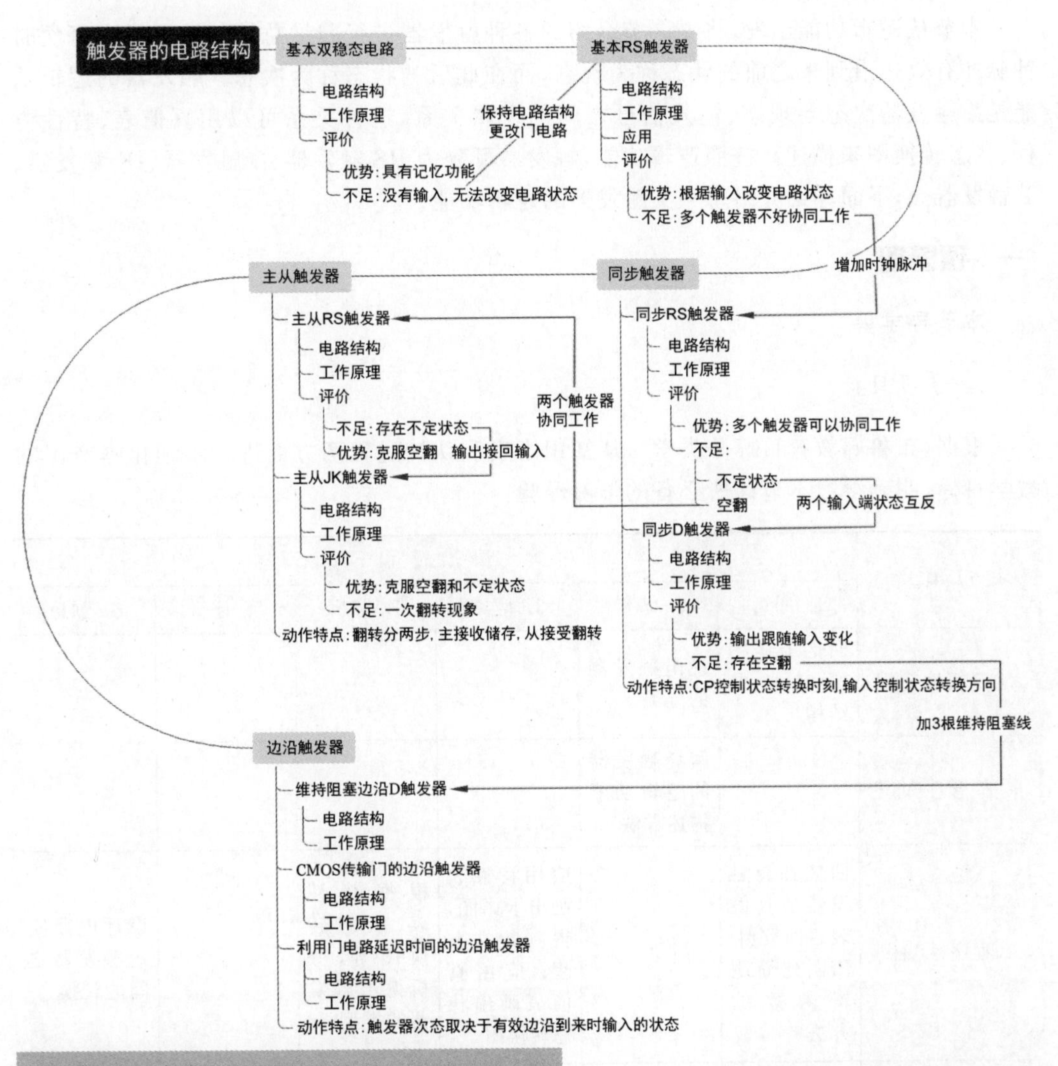

知识拓展——“汉芯一号”事件启示　集成电路国产化进程

我国虽然是全球电子产品生产中心，但“中国壳，外国芯”一直是我国集成电路产业之痛。一大批科学家投身集成芯片研制，都希望尽快实现突破。据报道，2003 年，留美博士陈进购买了一批摩托罗拉芯片，改头换面后宣布自己研发成功“汉芯一号”，因此得到大量的国家科研经费，事情暴露后不仅个人名誉扫地，也直接影响了我国集成电路的整个投资研发进程，让我们认识到不仅要有赶超的意识，更要有科学的态度及拼搏和实干的精神，急功近利只会适得其反。

4.4 触发器的逻辑功能

本节从逻辑功能出发，将4.3节介绍的各种触发器进行归纳总结。触发器在每次时钟脉冲有效边沿到来之前的状态称为现态，而在此后的状态称为次态。触发器的逻辑功能是指触发器次态与现态、输入信号之间的逻辑关系，这种关系可以用真值表、特性方程、状态转换图来描述。按照逻辑功能，触发器可分为RS触发器、D触发器、JK触发器、T触发器等，下面详细介绍每一类触发器的逻辑功能。

（一）课前篇

本节导学单

1. 学习目标

根据《布鲁姆教育目标分类学》，从知识维度和认知过程两方面进一步细化本节课的教学目标，明确学习本节课所必备的学习经验。

知识维度	认知过程					
	1. 回忆	2. 理解	3. 应用	4. 分析	5. 评价	6. 创造
A. 事实性知识	回忆卡诺图的定义及结构	说出触发器的分类				
B. 概念性知识		阐释触发器的逻辑功能描述方法				
C. 程序性知识	回忆各类触发器的真值表；回忆卡诺图化简逻辑函数的方法		应用特性表画出卡诺图，得到特性方程；应用真值表画出状态转换图	根据特性表、状态转换图等，分析得出触发器的类型		设计电路实现触发器之间的转换
D. 元认知知识	明晰学习经验是理解新知识的前提		根据概念及学习经验迁移得到新理论的能力	主动思考，举一反三		通过发现问题、分析问题、解决问题来培养工程思维

2. 导学要求

根据本节的学习目标，将回忆、理解、应用层面学习目标所涉及的知识点课前自学完成，形成自学导学单。

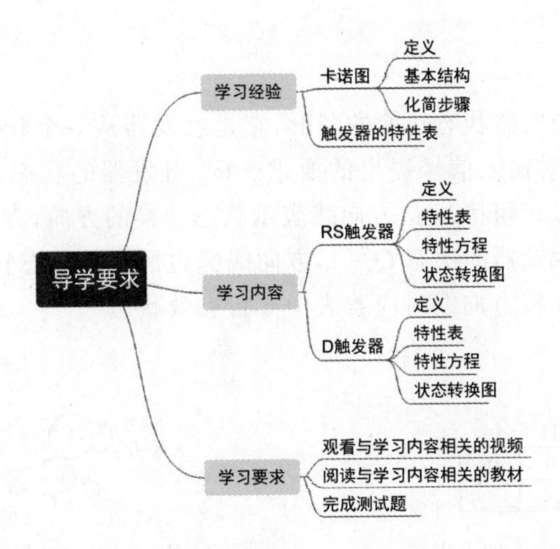

4.4.1 课前自学——RS 触发器

1. 真值表

以触发器的现态和输入信号为输入，以次态为输出，描述它们之间逻辑关系的真值表称为触发器的真值表。RS 触发器在时钟信号作用下满足表 4.4.1 所规定的逻辑功能。显然，同步 RS 触发器、主从 RS 触发器都属于 RS 触发器。

表 4.4.1 RS 触发器的真值表

R	S	Q^n	Q^{n+1}
0	0	0	0
0	0	1	1
0	1	0	1
0	1	1	1
1	0	0	0
1	0	1	0
1	1	0	×
1	1	1	×

2. 特性方程

将真值表中 S、R、Q^n 作为输入，Q^{n+1} 作为输出，即可画出真值表所对应的卡诺图，如图 4.4.1 所示。

借助于约束条件化简，即可得到 RS 触发器的特性方程：

$$\begin{cases} Q^{n+1} = S + \bar{R}Q^n \\ S \cdot R = 0 \end{cases} \tag{4.4.1}$$

3. 状态转换图

状态转换图表示触发器状态转换的图形，它是触发器从一个状态变化到另一个状态或保持原状态不变时，对输入信号提出的要求。RS触发器的状态转换图如图 4.4.2 所示。两个圆圈表示状态 0 和状态 1，方向线表示状态转换的方向，方向线的起点为触发器的现态 Q^n，箭头指向触发器的次态 Q^{n+1}，方向线旁边标注了状态转换的条件，即输入信号 R 和 S 的逻辑值。4 根方向线对应着表中 6 行有效状态。

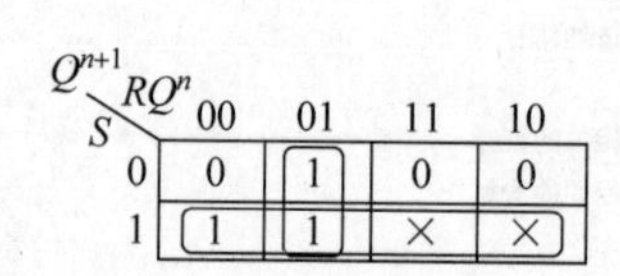

图 4.4.1　RS触发器 Q^{n+1} 的卡诺图

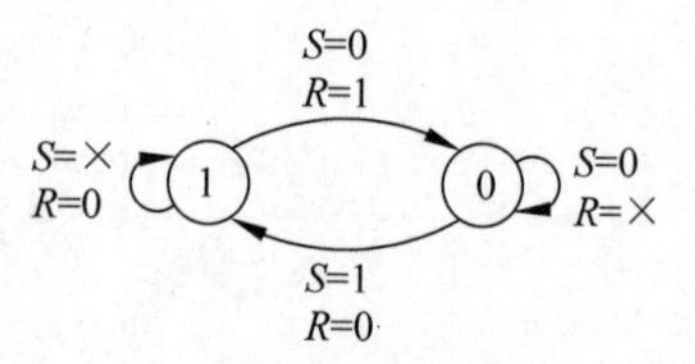

图 4.4.2　RS触发器的状态转换图

4.4.2　课前自学——D触发器

1. 真值表

D触发器在时钟信号作用下满足表 4.4.2 所规定的逻辑功能。显然，同步 D 触发器、维持-阻塞边沿 D 触发器都属于 D 触发器。

表 4.4.2　D触发器的真值表

D	Q^n	Q^{n+1}
0	0	0
0	1	0
1	0	1
1	1	1

2. 特性方程

根据表 4.4.2 即可得出 D 触发器的特性方程：

$$Q^{n+1} = D \tag{4.4.2}$$

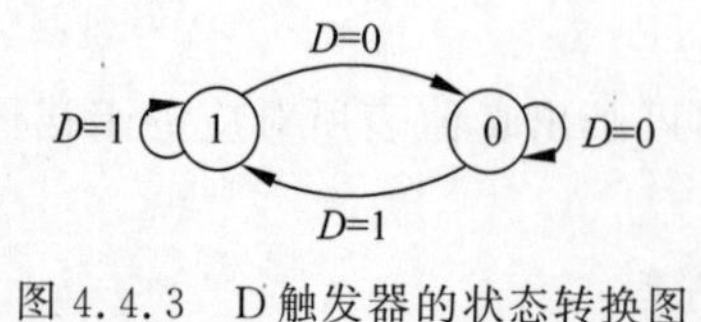

图 4.4.3　D触发器的状态转换图

3. 状态转换图

由 D 触发器的真值表即可得出 D 触发器的状态转换图，如图 4.4.3 所示。两个圆圈表示状态 0 和状态 1，箭头表示状态转换的方向，4 根方向线对应着真值表中的 4 行，方向线旁边标注了状态转换的条件，即输入信号 D 的逻辑值。

4.4.3 课前自学——预习自测

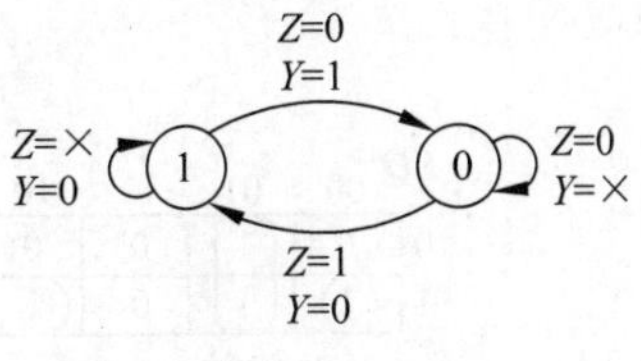

题图 4.4.3.1

4.4.3.1 某触发器的状态转换图如题图 4.4.3.1 所示,满足这个逻辑功能触发器是何种触发器?

4.4.3.2 写出 RS 触发器、D 触发器的特性方程,并画出它们的状态图。

(二) 课上篇

4.4.4 课中学习——JK 触发器

1. 真值表

JK 触发器在时钟信号作用下满足表 4.4.3 所规定的逻辑功能。表 4.4.3 列出了触发器现态 Q^n 和输入信号 J、K 在不同取值组合下的次态 Q^{n+1} 值。

表 4.4.3 JK 触发器的真值表

J	K	Q^n	Q^{n+1}
0	0	0	0
0	0	1	1
0	1	0	0
0	1	1	0
1	0	0	1
1	0	1	1
1	1	0	1
1	1	1	0

2. 特性方程

将真值表中 J、K、Q^n 作为输入,Q^{n+1} 作为输出,即可画出真值表所对应的卡诺图,如图 4.4.4 所示。

化简后即可得到 JK 触发器的特性方程:

$$Q^{n+1}=J\bar{Q}^n+\bar{K}Q^n \tag{4.4.3}$$

3. 状态转换图

JK 触发器的状态转换图如图 4.4.5 所示,它可从表 4.4.3 导出。4 根方向线对应着表中 8 行。

在所有类型触发器中,JK 触发器具有最强的功能,能执行保持、置 0、置 1、翻转四种操作,因此在数字电路中有较广泛的应用。

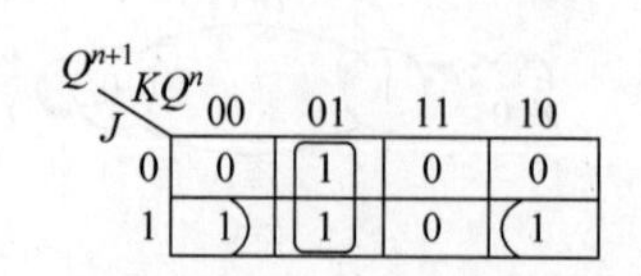

图 4.4.4　JK 触发器 Q^{n+1} 的卡诺图

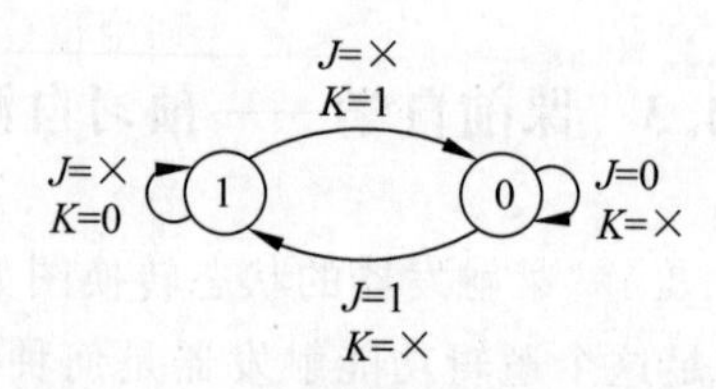

图 4.4.5　JK 触发器的状态转换图

4.4.5　课中学习——T 触发器

在某些应用场合需要这样一种触发器：当控制信号 $T=0$ 时，CP 信号到达后电路保持状态不变；当控制信号 $T=1$ 时，CP 信号达到后状态翻转。实现这一逻辑功能的触发器称为 T 触发器。

1. 真值表

T 触发器的真值表如表 4.4.4 所示。

表 4.4.4　T 触发器的真值表

T	Q^n	Q^{n+1}
0	0	0
0	1	1
1	0	1
1	1	0

2. 特性方程

从真值表即可得出 T 触发器的特性方程：

$$Q^{n+1}=T\oplus Q^n \tag{4.4.4}$$

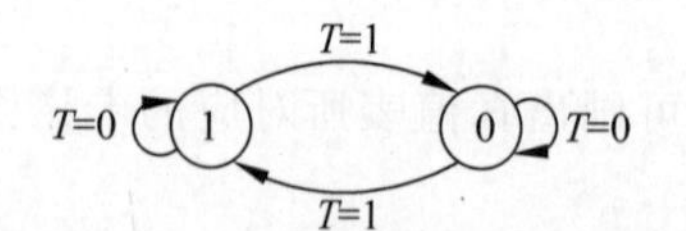

图 4.4.6　T 触发器的状态转换图

3. 状态转换图

T 触发器的状态转换图如图 4.4.6 所示，它可从表 4.4.4 导出。

T 触发器所具有的保持和翻转功能，JK 触发器也具有。若令 $J=K=T$，则式(4.4.3)和式(4.4.4)等效。因此，将 JK 触发器的 J、K 端连在一起作为 T 输入端，即可实现 T 触发器的功能。集成触发器产品中没有专门的 T 触发器，如果需要，可由 JK 触发器转换。

若 $T=1$，则式(4.4.4)变为

$$Q^{n+1}=\bar{Q}^n \tag{4.4.5}$$

即每来一个 CP，触发器就翻转一次，这种触发器也称为 T′触发器。

（三）课后篇

4.4.6 课后巩固——练习实践

4.4.6.1 触发器电路如题图 4.4.6.1 所示，设初始状态 $Q_0=Q_1=0$，试画出在 CP 作用下 Q_0、Q_1 波形。

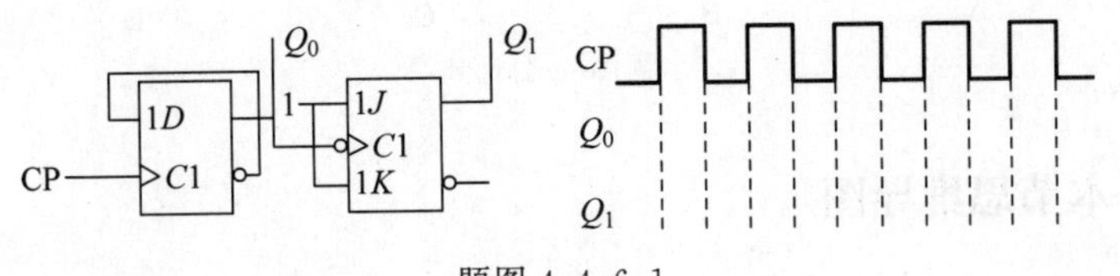

题图 4.4.6.1

4.4.6.2 设下降沿触发的 D 触发器初始状态为 0，CP、D 信号如题图 4.4.6.2 所示，试画出触发器输出端的波形。

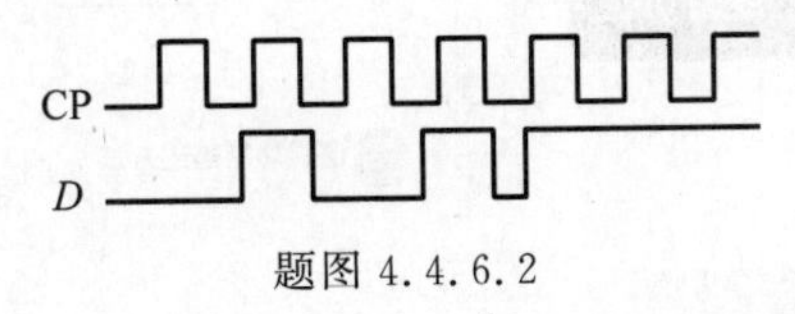

题图 4.4.6.2

4.4.6.3 题图 4.4.6.3 所示的时序电路中，能够实现 $Q^{n+1}=\bar{Q}^n$ 的电路是________。

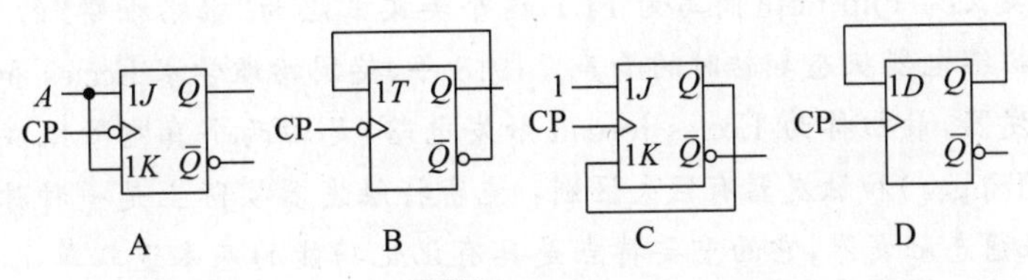

题图 4.4.6.3

4.4.6.4 试用 D 触发器和适当的门电路实现 JK 触发器的逻辑功能。

4.4.6.5 试用 JK 触发器和适当的门电路实现 D 触发器的逻辑功能。

4.4.6.6 题图 4.4.6.6 所示是由两个下降沿触发的 JK 触发器和一个同或门构成的电路，已知 CP 和 X 的波形，试画出输出 Q_1 和 Q_2 的波形，已知触发器的初始状态为 0。

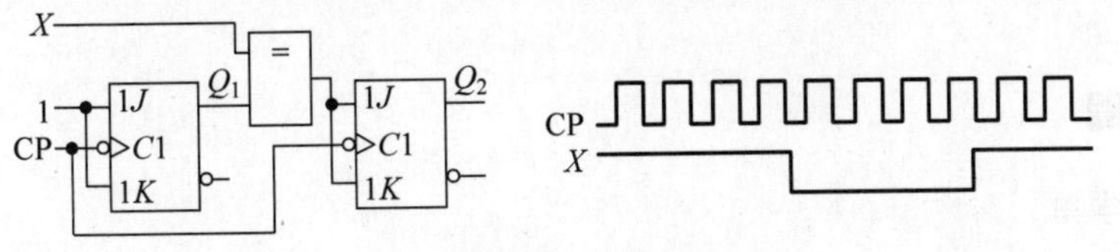

题图 4.4.6.6

4.4.6.7 下降沿触发的 JK 触发器在输入 $J=K=1$ 时，若时钟 CP 的频率为

32kHz，则 Q 端输出脉冲的频率为多少？

4.4.6.8　题图 4.4.6.8 所示，所有触发器的初始状态皆为 0，找出图中触发器在时钟信号作用下，输出 Q 恒为 0 的是(　　　　)。

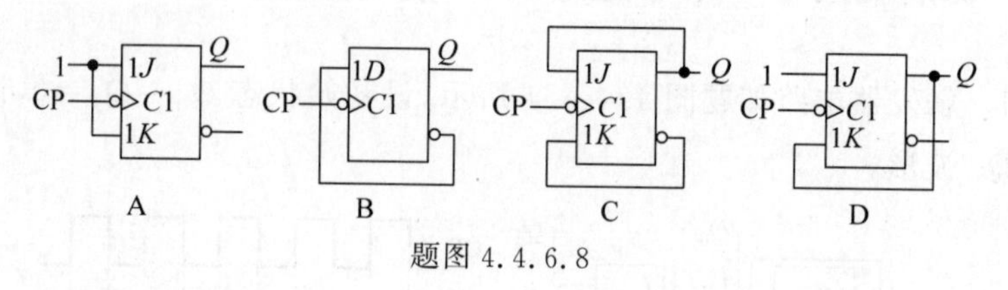

题图 4.4.6.8

4.4.7　本节思维导图

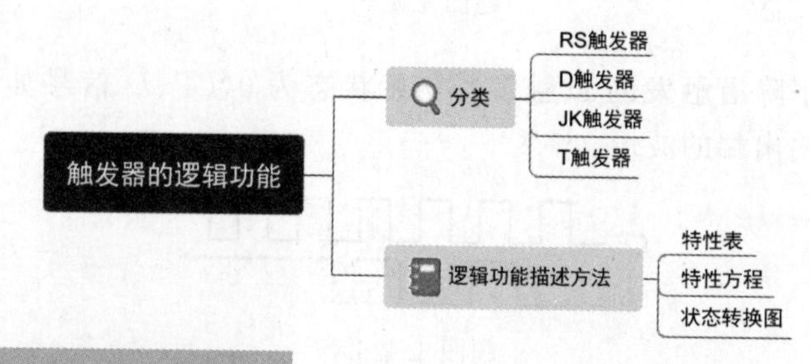

知识拓展——触发器名字

触发器的英文为 Flip-flop(简写为 FF)，这个英文意思为"啪嗒啪嗒"的响声，有人说用这个名字是模拟继电器状态翻转时的响声。1918 年，英国物理学家 Eccles 和 Jordan 发明了第一台电子触发器，最初称为 Eccles-Jordan 触发电路，是由两个真空管组成的。施密特触发器(Schmitt Trigger)和触发器有巨大区别：施密特触发器实际上是一种脉冲信号整形电路，触发器是双稳态触发器，它的重要特点是具有记忆功能的基本逻辑单元。JK 触发器的 JK，很多人说为纪念集成电路发明者杰克·基尔比(Jack Kilby)；有人说 Jack King，说明是 JK 触发器是触发器之王；还有人翻出发明者的论文，其实它只是作者搞研究把触发器输入端从 A 到 K 编码，这一类当时属于 J&K 类，所以就叫 JK 触发器了。究竟哪个有道理？

4.5　用 Verilog HDL 描述触发器

(一) 课前篇

本节导学单

1. 学习目标

根据《布鲁姆教育目标分类学》，从知识维度和认知过程两方面进一步细化本节课的教学目标，明确学习本节课所必备的学习经验。

知识维度	认知过程					
	1. 回忆	2. 理解	3. 应用	4. 分析	5. 评价	6. 创造
A. 事实性知识						
B. 概念性知识	回忆C语言运算符	阐释阻塞赋值语句和非阻塞赋值语句的特点				
C. 程序性知识	回忆条件语句、循环语句、多路分支语句的语法规则		应用Verilog HDL描述触发器	分析Verilog HDL程序，得出逻辑功能	评价阻塞赋值语句和非阻塞赋值语句的区别以及应用场合	Verilog HDL设计电路，借助仿真软件进行验证，会利用FPGA开发板进行电路搭建与调试
D. 元认知知识	明晰学习经验是理解新知识的前提		根据基本思想及学习经验迁移得到新理论的能力			通过电路的设计、仿真、搭建、调试，培养工程思维

2. 导学要求

根据本节的学习目标，将回忆、理解、应用层面学习目标所涉及的知识点课前自学完成，形成自学导学单。

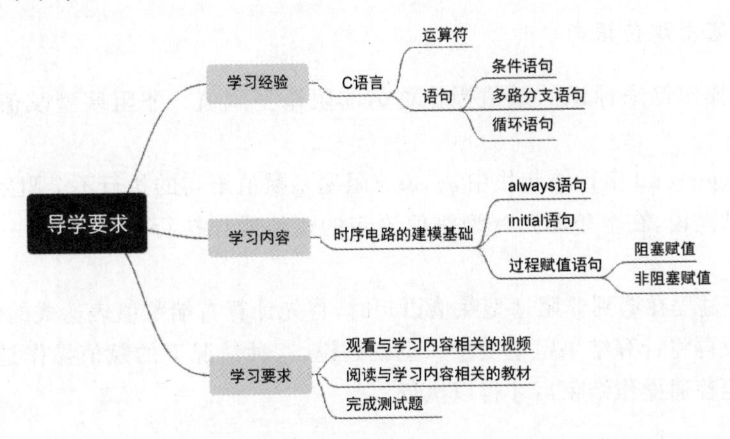

4.5.1　课前自学——时序逻辑电路建模基础

在进行较复杂的逻辑电路设计时，为了提高设计效率，通常采用较抽象的行为描述，Verilog HDL 使用一些顺序执行的过程语句来进行行为描述。这些语句封装在一个 always 或 initial 块中，initial 块仅在仿真开始的时候执行一次，而 always 块能够进行综合，生成能够执行逻辑运算或控制的电路模块。

always 本身是一个无限循环语句，它的一般用法如下：

```
always  @  (敏感信号列表)
begin
  块内部局部变量声明;
  过程赋值语句;
end
```

敏感事件列表时 always 块响应的信号和事件列表，也就是等待确定的事件发生或某一特定的条件变为真时，执行后面过程赋值语句。敏感事件可分为电平敏感和边沿敏感两种类型。

例如：

```
always  @  (A,B)
```

该语句说明，当 A 或 B 中任何一个信号发生变化(电平敏感事件发生)，后面的过程赋值语句才会执行一次。而触发器的状态更新发生在 CP 的有效边沿(上升沿或下降沿)，在 Verilog HDL 中用 posedge(上升沿)和 negedge(下降沿)表示边沿敏感事件。

例如：

```
always  @  (posedge  CP or  negedge  CR )
```

该语句说明，当 CP 的上升沿或 CR 的下降沿到来时，后面的过程赋值语句才会执行一次。注意，敏感列表中不能同时包含电平敏感和边沿敏感事件。

过程赋值语句通常有非阻塞型赋值语句和阻塞型赋值语句两种类型。

1. 非阻塞型赋值语句

用“<=”操作符来标识的赋值操作称为非阻塞型赋值。非阻塞型赋值语句的特点如下：

(1) 在 begin-end 串行语句块中，一条非阻塞型赋值语句的执行不会阻塞下一条语句的执行。也就是说，在本条非阻塞型赋值语句的赋值操作执行的同时，下一条语句也可以开始执行。

(2) 仿真过程在遇到非阻塞型赋值语句时，首先计算右端赋值表达式的值，然后等到仿真时间结束再将计算结果赋值变量。也就是说，这种情况下的赋值操作是在同一仿真时刻上的其他普通操作结束后才得以执行。

例如：

```
initial
 begin
  A <= B; //语句 S1
  B <= A; //语句 S2
end
```

上述语句中包含了两条非阻塞型过程赋值语句 S1 和 S2，当仿真遇到 initial 过程块后，语句 S1 首先开始执行，赋值表达式 B 值得到计算，同时由于 S1 是一条非阻塞型赋值语句，所以 S1 执行不会阻塞 S2 执行，S2 也开始执行，其对应的赋值表达式 A 的值得到计算。由于赋值操作待仿真结束才执行，因此 S1 语句对于 A 的赋值操作和 S2 语句对 B 的赋值操作都没有进行，所以当仿真结束时，S1、S2 语句对应的赋值操作同时执行，分别将计算得到的 A 和 B 初值赋给变量 B 和 A，交换了 A 和 B 的值。非阻塞型赋值语句一般应用于时序逻辑电路中。

2. 阻塞型赋值语句

用"="操作符来标识的赋值操作称为阻塞型赋值。阻塞型赋值语句的特点如下：

(1) 在 begin-end 串行语句块中，各条阻塞型赋值语句以它们在串行语句块中的排列次序依次得到执行。

(2) 阻塞型赋值语句的执行过程：首先计算右端赋值表达式的值，然后立即将计算结果赋值给"="左端的被赋值变量。

阻塞型赋值语句的两个特点表明：仿真过程在遇到阻塞型赋值语句时，将计算表达式值立即赋给等式左边的被赋值变量。在串行语句块中，下一条语句的执行会被本条阻塞型赋值语句所阻塞，只有当前这条阻塞赋值语句所对应的赋值操作执行完后，下一条语句才能开始执行。

例如：

```
initial
 begin
  a = 0;        //语句 S1
  a = 1;        //语句 S2
  end
```

上述语句中包含了两条阻塞型赋值语句 S1 和 S2，当仿真遇到 initial 过程块后，在执行 S1 语句时 S2 被阻塞而不能被执行，只有在 S1 执行完后，a 被赋值 0 以后，S2 才能开始执行。而 S2 的执行将使 a 被重新赋值为 1，所以上面这个过程块执行后，变量 a 的值最终为 1。阻塞型赋值语句一般应用于时序逻辑电路中。

4.5.2 课前自学——预习自测

4.5.2.1 阻塞型赋值语句和非阻塞型赋值语句有何区别？

4.5.2.2 在always语句中对电平敏感事件和边沿敏感事件的描述有何不同？

4.5.2.3 分析下列程序，说明阻塞型赋值语句与非阻塞型赋值语句之间的区别：

(1)
```
module CircuitA(clk, rst_n)
  input clk;
  input rst_n;
  always @ (posedge clk or negedge rst_n)
   begin
    if(!rst_n)
      begin
       a<=2;
       b<=1;
      end
     else
      begin
       a<=b;
       b<=a;
      end
   end
  endmodule
```

(2)
```
module CircuitB(clk, rst_n);
  input clk;
  input rst_n;
  always @ (posedge clk or negedge rst_n)
   begin
    if(!rst_n)
      begin
       b=1;
       a=2;
      end
     else
      begin
       b=a;
       a=b;
      end
   end
  endmodule
```

（二）课上篇

4.5.3 课中学习——触发器的Verilog HDL建模实例

例4.5.1 分析下列程序，说明程序所完成的逻辑功能：

```
module DFF(Q, QN, D,CP,Sd,Rd);
 input D, CP, Sd, Rd;
 output Q, QN;
 reg Q, QN;
```

```
always @ (posedge CP or negedge Sd or negedge Sd)
if(~Sd || ~Rd)
if(~Sd)
   begin
       Q <= 1'b1;
       QN <= 1'b0;
   end
else
   begin
       Q <= 1'b0;
       QN <= 1'b1;
   end
else
   begin
       Q <= D;
       QN <= ~D;
   end
endmodule
```

解：该模块描述了图 4.3.15 所示的具有直接置 1、置 0 功能的 D 触发器。在 always 语句的"事件控制表达式"中，除了时钟 CP 以外，还增加了两个异步触发事件 negedge Sd 和 negedge Rd。在这种表达式中，可以有一个或多个异步事件，但必须有一个事件是时钟事件，它们之间用关键词 or 进行连接。这个模块中的触发事件表示，在输入信号 CP 的上升沿到来时，或 Sd 或 Rd 跳变为低电平时，后面的 if-else 语句就会被执行一次。

negedge Sd 和 negedge Rd 两个异步事件，与 if(~Sd||~Rd)语句相匹配。如果 Sd 为逻辑 0，则输出 Q 置 1，QN 置 0；否则，Q 置 0，QN 置 1；如果 Sd 和 Rd 均不为 0，只能是 CP 上升沿到来，则将输入 D 传送到输出 Q，~D 传送到输出 QN。从语句的执行顺序可以看出，如果置 1 或置 0 事件和时钟事件同时发生，则置 1 或置 0 事件具有更高的优先级，与图 4.3.15 所示的功能完全一致。

例 4.5.2 对带有直接置位/复位的下降沿 JK 触发器的行为进行描述。

解：根据 JK 触发器的真值表，使用 case 多路分支语句进行描述。这里将输入变量 J、K 拼接起来成为一个两位二进制变量({J、K})，它的值可以是 00、01、10、11，case 语句后面的 4 条分支语句正好说明了在时钟信号 CP 下降沿作用后触发器的次态。而直接置位/复位端的级别更高，只要它们处于有效状态，输出可直接置 0 或置 1。其程序如下：

```
module JK_FF(CLK, J, K, Q, RS, SET);
 input CLK,J,K,SET,RS;
 output Q;
 reg Q;
 always @ (posedge CLK or negedge RS or negedge SET)
 begin
  if(!RS) Q <= 1'b1;
  else
   case({J,K})
```

```
    2'b00 : Q <= Q;
    2'b01 : Q <= 1'b0;
        2'b10 : Q <= 1'b1;
    2'b11 : Q <= ~Q;
    default: Q <= 1'bx;
  endcase
 end
 endmodule
```

（三）课后篇

4.5.4 课后巩固——练习实践

讲解视频

4.5.4.1 阅读下列两个程序，画出它们的逻辑图。

(1)
```
module DFF1(Qa,Qb,Qc,D,CP);
  input D,CP;
  output Qa, Qb,Qc;
  reg Qa, Qb,Qc;
  always @ (posedge CP)
  begin
   Qa = D;
   Qb = Qa;
   Qc = Qb;
  end
endmodule
```

(2)
```
module DFF2(Qa,Qb,Qc,D,CP);
  input D,CP;
  output Qa, Qb, Qc;
  reg Qa, Qb,Qc;
  always @ (posedge CP)
  begin
   Qa <= D;
   Qb <= Qa;
   Qc <= Qb;
  end
endmodule
```

4.5.5 本节思维导图

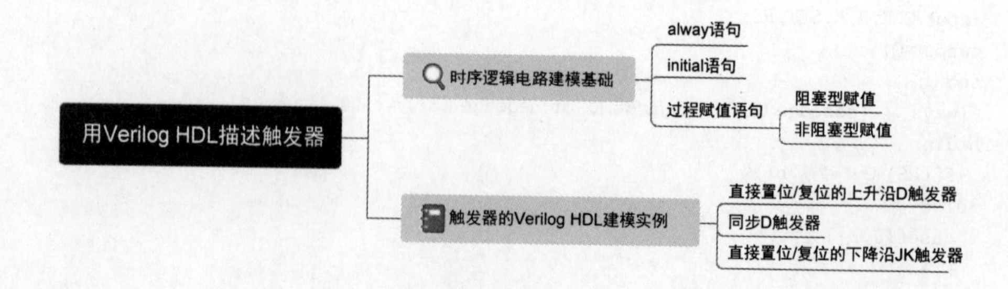

知识拓展——FPGA在图像处理上应用

集成电路先进技术介绍

随着数字技术的不断发展，人们对视频图像分辨率、清晰度、稳定性都有了更高的要求，在摄像头采集、图像处理和压缩编解码传输等方面只采用DSP或ASSP已无法实时处理。而FPGA精准控制时序在对高速摄像头的时序控制和像素信息读取输出方面发挥重要能力，目前超高速相机基本采用FPGA作为采集驱动主芯片。视频图像实时处理是算法复杂度高、执行重复性高、运算速度快的工作。例如，滤波类似于一个$n \times n$的小矩阵从图像大矩阵左上角从左到右、从上到小依次计算得到新矩阵的过程，而算法要求可方便快捷地替换修改。这就发挥了FPGA高速、可配置的优势，使得高速视频相机、视频采集剪辑设备、高清视频传输设备都广泛使用FPGA芯片，许多图像制导武器也采用FPGA完成图像高速采集、处理和识别目标。

4.6 抢答器工程任务实现

4.6.1 基本要求分析

根据分析抢答器系统需求分析可知，该系统有两个关键点，即保存和封锁。

1. 保存

通过本章的学习，明晰触发器是一个具有记忆功能的电路，利用触发器可以实现最快参赛者的信息保存。4人抢答器可用4个基本RS触发器实现，将4个R端连在一起接一个按钮开关由竞赛主持人控制，该按钮开关按下输出低电平弹开输出高电平，实现系统的清零及抢答的开始。4个S端分别接4个按钮开关，按下输出低电平弹开输出高电平，发出抢答信号。

2. 封锁

抢答器不仅仅具有保存功能，还需要在第一个参赛者抢答后封锁其他参赛者的信息，使得其他参赛者再按下按键也不起作用。由于基本RS触发器当$S=0$时输出为1，因此可以利用与非门的运算规则，当率先按下按钮的参赛者所对应的与非门输出为0，将该信号接入其他三个参赛者所对应的与非门的输入端实现信号封锁，此时其他参赛者再按按钮开关也无效。

4.6.2 系统搭建

如图 4.6.1 所示，利用基本 RS 触发器构成的抢答器电路。K_R 为复位键，由竞赛主持人控制。按下 K_R，即 4 个基本 RS 触发器的 R 信号为 0，使得 Q_A、Q_B、Q_C、Q_D 均置 0，4 个发光二极管不亮。开始抢答后，如 K_A 第一个被按下，则它所对应的基本 RS 触发器的 $S=0$，使 $Q_A=1$，G_A 门的输出变为 0，点亮发光二极管 D_A。由于基本 RS 触发器的记忆功能，即便此刻开关 K_A 松开，基本 RS 触发器的 $S=R=1$，触发器保持原状态不变，保持着 $Q_A=1$ 的状态不变，直到竞赛主持人重新按下 K_R 按键，新一轮抢答开始。

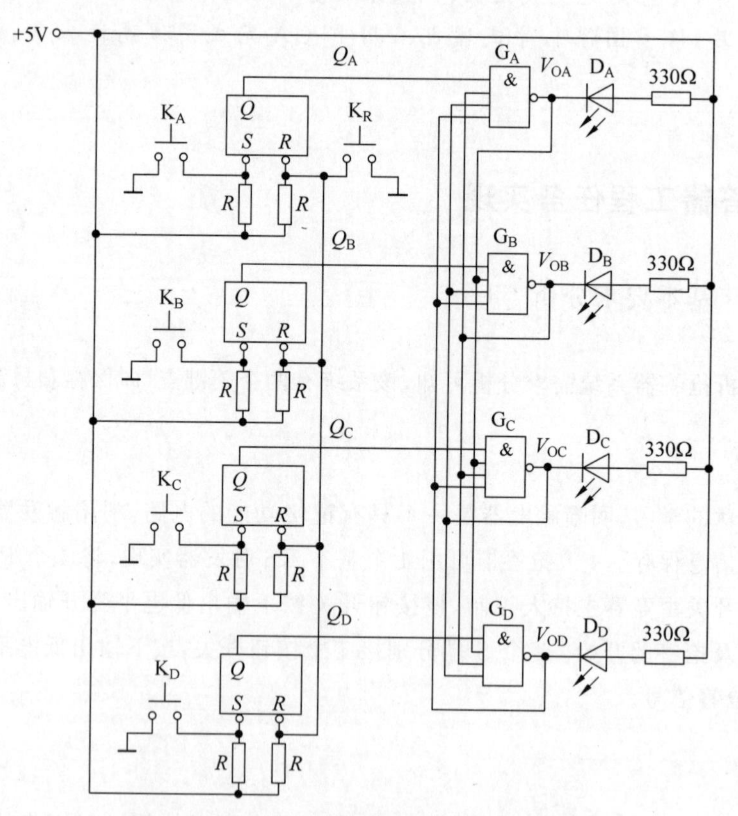

图 4.6.1　基本 RS 触发器构成的抢答器电路

此时 $V_{OA}=0$，这个信号接到了 G_B、G_C、G_D 三个与非门的输入端，封锁了三个门，使得三个门的输出为 1，即便 K_B、K_C、K_D 再按下也无效。

除了利用基本 RS 触发器实现抢答器功能以外，还可以利用其他触发器实现，如图 4.6.2 所示是利用 D 触发器实现的 4 路抢答器电路，试分析该电路是如何实现保存和封锁的。

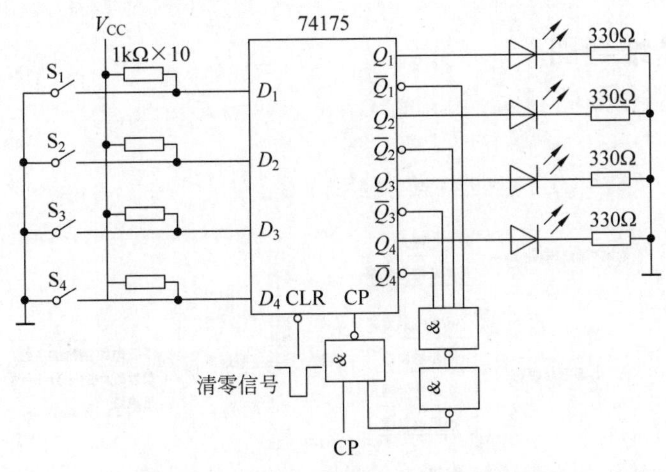

图 4.6.2　D触发器构成的抢答器电路

4.7　本章知识综合练习

讲解视频

4.7.1　逻辑电路如题图 4.7.1 所示，假设各触发器的初始状态为 0，已知信号 CP 和输入信号 A、B 的波形，试画出输出 Q_1、Q_2、Z 的输出波形。

讲解视频

4.7.2　逻辑电路如题图 4.7.2 所示，假设各触发器的初始状态为 0，已知信号 CP 和输入信号 A、R_D 的波形，试画出输出 Q_1、Q_2、Z 的输出波形。

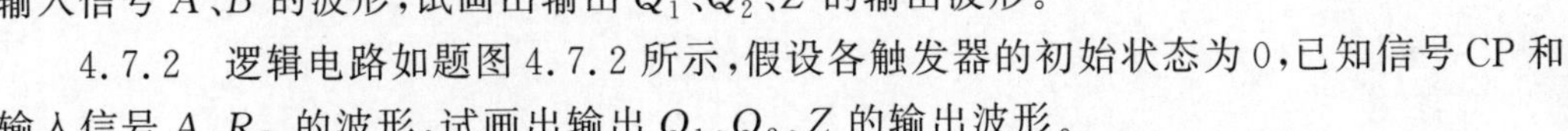

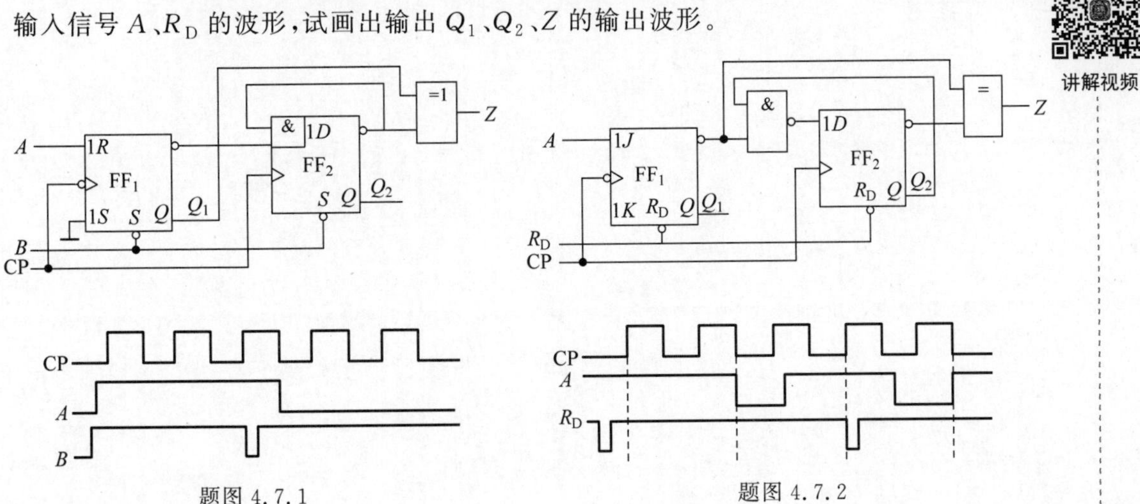

题图 4.7.1　　　　题图 4.7.2

4.8　本章课程设计拓展

信号发生器产生频率为 20～50kHz 的方波作为信号源，使用集成芯片 7474 设计电路实现对信号源四分频。要求：(1)完成电路仿真设计；(2)利用口袋实验包完成电路的搭建与调试。

思维导图

4.9 本章思维导图

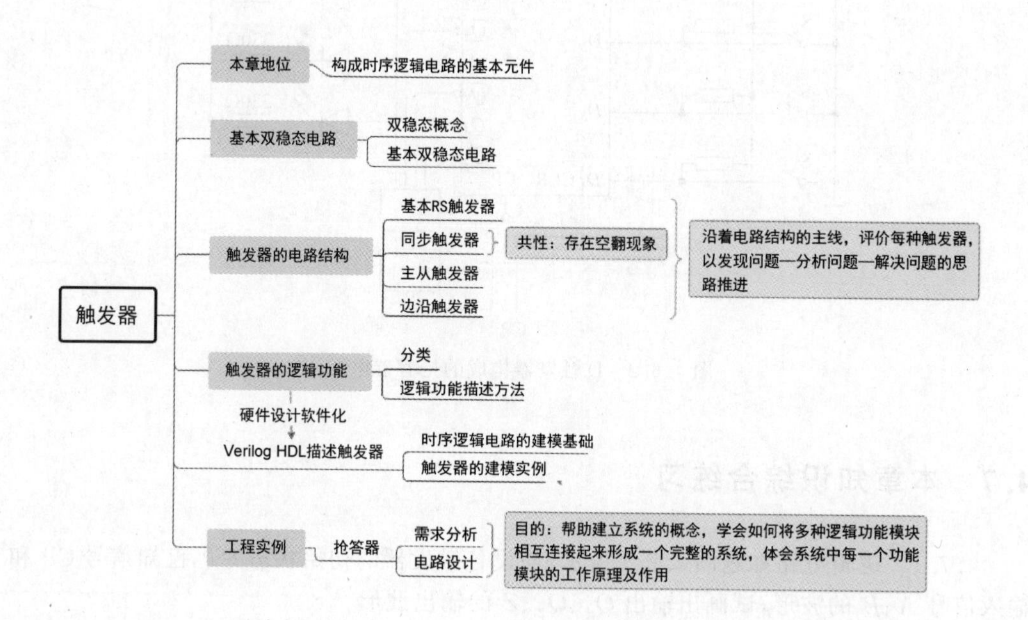

第5章 时序逻辑电路

通过前面的学习知道，数字电路主要分为组合逻辑电路和时序逻辑电路。目前已经学完组合逻辑电路相关知识，但是在实际中很多问题仅仅用组合逻辑电路是解决不了的，比如自动售饮料机，不仅要知道当前输入的硬币面值，还需要记住之前输入硬币的面值，累加后决定是否输出饮料。在这个系统中不仅有组合逻辑电路，还需要含有记忆元件，这样的电路就是时序逻辑电路。

时序逻辑电路基本结构，描述时序逻辑电路的方法，以及时序逻辑电路的分析和设计等，都是本章要学习的内容，在学习的过程中用心体会与组合逻辑电路的不同。为了能够将理论与实践联系起来，以工程实例为依托，边理论边实践。

5.1 工程任务：8路彩灯控制电路设计

5.1.1 系统介绍

在节日的时候，各种各样的彩灯遍布街头，五光十色，流光溢彩，非常漂亮。有没有想过自己来设计一个彩灯控制电路呢？以8路彩灯为例，系统要求如下：

(1) 期望彩灯能够实现三种花型的演示。三种花型变换样式：①8路灯分两半，从左至右渐亮，全亮后，再分两半从左至右渐灭；②从中间到两边对称地逐渐亮，全亮后仍由中间到两边逐渐灭；③从左至右顺次渐亮，全亮后逆序渐灭。

(2) 显示时将三种花型每种显示两遍，再总体重复一遍。

(3) 显示时能够实现快慢节拍的变换。

5.1.2 任务需求

分析8路彩灯控制电路的系统要求，不难得出如图5.1.1所示的系统框图，由时钟信号电路、节拍控制电路、花型控制电路以及花型演示电路四部分构成。

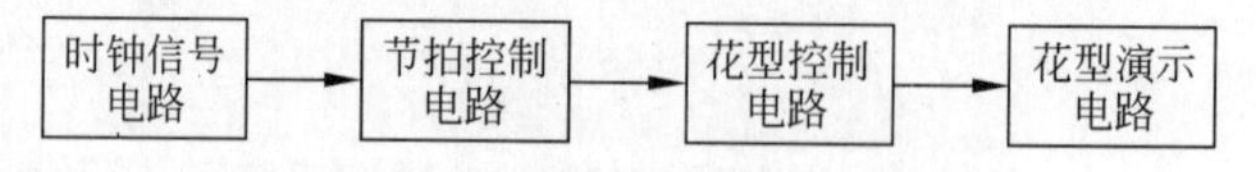

图5.1.1 8路彩灯控制电路系统框图

根据图5.1.1，即可得出8路彩灯控制电路的任务需求：①花型演示电路设计；②花型控制电路设计；③节拍控制电路设计；④时钟信号电路设计。

中国芯片发展⑤——技术引进(1978—1999) 芯片产业引进探索

改革开放、中美建交和国际大环境的变化，给东亚地区半导体工业发展带来了机遇。我国在1983年召开“全国计算机与大规模集成电路规划会议”，制定了集成电路要“建立南北基地一个点”的发展战略，南指苏沪浙，北指京津辽，一个点指西安的航天配套。中国半导体开始了技术引进制造之路，例如，1983年无锡742厂引进3英寸电视机集成电路生产线,1988 年上海贝岭微电子制造有限公司引进建成第一条 4 英寸芯片生产线,1992 年上海飞利浦半导体公司引进 5 英寸集成电路生产线等,先后启动“908”和“909”工程,建成华晶 6 英寸和华虹 8 英寸生产线及其配套。除制造产业外,1986 年我国第一家集成电路设计公司——北京集成电路设计中心(现归属华大半导体)成立,1999 年北京大学研制成功支持微处理器正向设计的开发平台,并研制成功 16 位微处理器原型系统,鼓舞国人的“中国芯”名称从这时开始出现。

5.2 时序逻辑电路的分析

(一) 课前篇

本节导学单

1. 学习目标

根据《布鲁姆教育目标分类学》,从知识维度和认知过程两方面进一步细化本节课的教学目标,明确学习本节课所必备的学习经验。

知识维度	认知过程					
	1. 回忆	2. 理解	3. 应用	4. 分析	5. 评价	6. 创造
A. 事实性知识	回忆触发器的基本概念	说出时序逻辑电路的基本概念				
B. 概念性知识	回忆常用触发器的逻辑符号、真值表、特性方程以及状态转换图	阐释时序逻辑电路的特点、分类	列举时序逻辑电路分析的一般步骤,解答每一个步骤所起的作用			
C. 程序性知识	回忆触发器多种表示方法之间的转换	阐释时序逻辑电路的功能描述方法		根据时序逻辑电路分析的一般步骤,分析组合逻辑电路的逻辑功能	对比评价异步时序逻辑电路和同步时序逻辑电路在分析过程中的异同	
D. 元认知知识	明晰学习经验是理解新知识的前提		根据概念及学习经验迁移得到新理论的能力	将知识分为若干任务,主动思考,举一反三,完成每个任务		

2. 导学要求

根据本节的学习目标,将回忆、理解、应用层面学习目标所涉及的知识点课前自学完成,形成自学导学单。

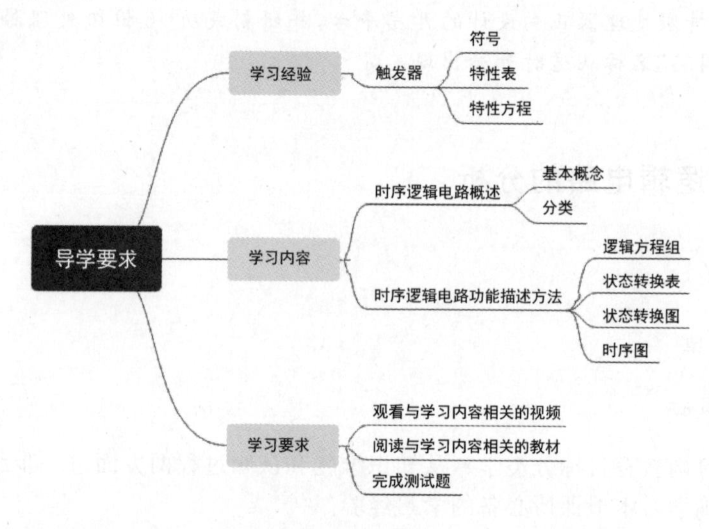

5.2.1 课前自学——时序逻辑电路概述

1. 时序逻辑电路的定义

日常生活中时序逻辑电路的例子很多,如图 5.2.1 所示,自助售货机的控制电路需要根据当前投入的硬币面额和已经投入的硬币面额来决定是否输出商品。这里的投币信号是时序逻辑的"输入信号",物品输出信号是"输出信号",显然控制电路中必须具有

图 5.2.1 自助售货机

存储单元，以记忆之前投币的面额。当投币面额小于商品价格时，不输出；当投币面额等于商品价格时，取物口会输出商品；当投币面额大于商品价格时，取物口不仅输出商品还会找零。

通过该例子不难看出，电路任何一个时刻的输出状态不仅取决于当前的输入信号，还与电路的原来状态有关，具备这种逻辑功能特点的电路称为时序逻辑电路。时序逻辑电路在电路结构上有以下两个显著特点：

(1) 时序逻辑电路通常包含组合逻辑电路和存储电路两部分，而存储电路是必不可少的。

(2) 存储电路的输出状态必须反馈至组合逻辑电路的输入端，与输入信号共同决定组合逻辑电路的输出。

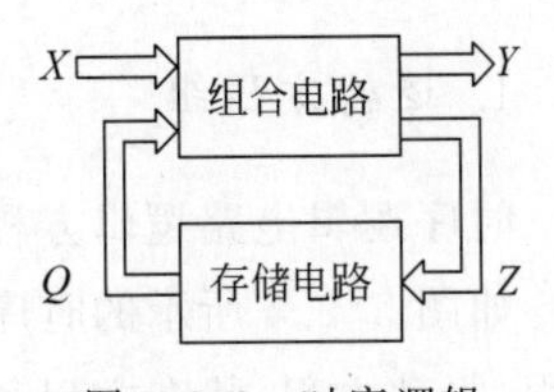

图 5.2.2 时序逻辑电路的结构框图

时序逻辑电路的结构框图如图 5.2.2 所示，$X(x_1, x_2, \cdots, x_i)$代表输入信号，$Y(y_1, y_2, \cdots, y_j)$代表输出信号，$Z(z_1, z_2, \cdots, z_m)$代表存储电路的输入信号，$Q(q_1, q_2, \cdots, q_k)$代表存储电路的输出信号。

它们之间的关系可以用以下三个公式表示：

输出方程

$$Y = F_1(X, Q^n) \tag{5.2.1}$$

驱动方程

$$Z = F_2(X, Q^n) \tag{5.2.2}$$

状态方程

$$Q^{n+1} = F_3(Z, Q^n) \tag{5.2.3}$$

2. 时序逻辑电路的分类

时序逻辑电路按照存储电路中触发器的动作特点不同分为同步时序逻辑电路和异步时序逻辑电路。在同步时序逻辑电路中，所有触发器有统一的时钟源，它们的状态在同一时刻更新。在异步时序逻辑电路中，触发器的状态变化不是同时发生的。

时序逻辑电路按照输出信号的特点不同分为米利(Mealy)型和穆尔(Moore)型两种，如图 5.2.3 所示。在米利型电路中，输出信号不仅取决于存储电路的状态，而且取决于输入变量；在穆尔型电路中，输出信号仅取决于存储电路的状态。

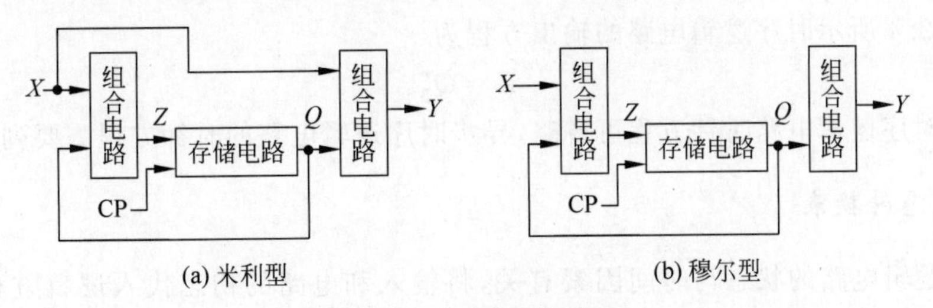

图 5.2.3 时序逻辑电路

在有些具体的时序电路中，并不都具备图 5.2.2 所示的完整形式，有的时序逻辑电路没有组合逻辑电路部分，有的时序逻辑电路没有输入变量，但它们在逻辑功能上都具有时序逻辑电路的基本特征。

5.2.2 课前自学——时序逻辑电路的描述方法

时序逻辑电路的逻辑功能可以用逻辑方程组、状态转换表、状态转换图、时序图四种方法来描述。

1. 逻辑方程组

时序逻辑电路逻辑方程组包括驱动方程、状态方程、输出方程以及时钟方程。

如图 5.2.4 所示的时序逻辑电路，根据电路的结构图可以写出时序逻辑电路的输出方程、驱动方程、状态方程和时钟方程。

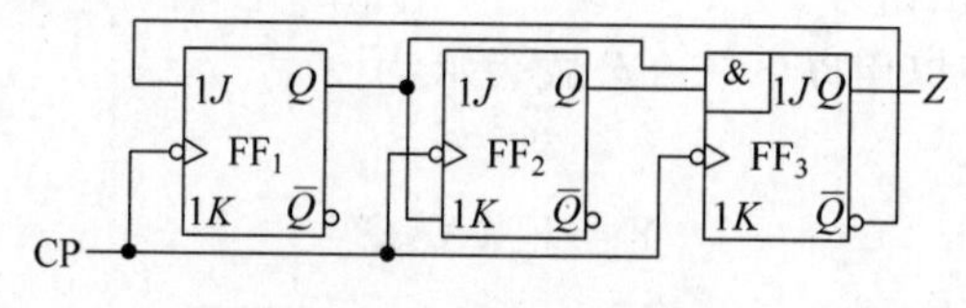

图 5.2.4 时序逻辑电路

触发器输入信号的逻辑表达式，图 5.2.4 所示时序逻辑电路的驱动方程为

$$\begin{cases} J_1=\overline{Q}_3^n, & K_1=1 \\ J_2=Q_1^n, & K_2=Q_1^n \\ J_3=Q_1^nQ_2^n, & K_3=1 \end{cases} \tag{5.2.4}$$

将驱动方程代入触发器的特性方程即可得到状态方程。图 5.2.4 所示时序逻辑电路的状态方程为

$$\begin{cases} Q_1^{n+1}=\overline{Q}_3^n\overline{Q}_1^n \\ Q_2^{n+1}=\overline{Q}_2^nQ_1^n+Q_2^n\overline{Q}_1^n \\ Q_3^{n+1}=\overline{Q}_3^nQ_2^nQ_1^n \end{cases} \tag{5.2.5}$$

图 5.2.4 所示时序逻辑电路的输出方程为

$$Z=Q_3^n \tag{5.2.6}$$

同步时序逻辑电路时钟方程可省略，异步时序逻辑电路的时钟方程需要列出。

2. 状态转换表

时序逻辑电路的状态与时间因素有关，将输入和电路的初态代入逻辑方程，即可得到电路的次态方程和输出；将得到的次态作为电路新的初态，和这时的输入代入逻辑方程，即可得到一组新的次态和输出。如此继续，将所有的结果列成表的形式，就得到了状态转换表。状态转换表反映的是输出 Z、次态 Q^{n+1} 和输入 X、现态 Q^n 之间的关系。图 5.2.4 所示时序逻辑电路的状态转换表如表 5.2.1 所示。

表 5.2.1 图 5.2.4 所示时序逻辑电路的状态转换表

Q_3^n	Q_2^n	Q_1^n	Q_3^{n+1}	Q_2^{n+1}	Q_1^{n+1}	Z
0	0	0	0	0	1	0
0	0	1	0	1	0	0
0	1	0	0	1	1	0
0	1	1	1	0	0	0
1	0	0	0	0	0	1
1	0	1	0	1	0	1
1	1	0	0	1	0	1
1	1	1	0	0	0	1

3. 状态转换图

为了更加形象、直观地展示时序逻辑电路的功能，可将状态转换表表示成状态转换图的形式。状态转换图反映出时序电路状态转换规律及相应输入、输出取值关系。图 5.2.4 所示时序逻辑电路的状态转换图如图 5.2.5 所示。

图 5.2.5 中圆圈表示电路的各个状态，箭头表明状态转换的方向，箭尾表示电路的现态，箭头指向的是电路的次态，箭头上方标注相应的输入和输出。通常输入写在斜线左边，输出写在斜线右边。如果电路没有输入逻辑变量，可以不写。

4. 时序图

时序图又称为工作波形图，它用波形形式表达输入信号、输出信号、电路状态等取值在时间上的对应关系。图 5.2.4 所示时序逻辑电路的时序图如图 5.2.6 所示。

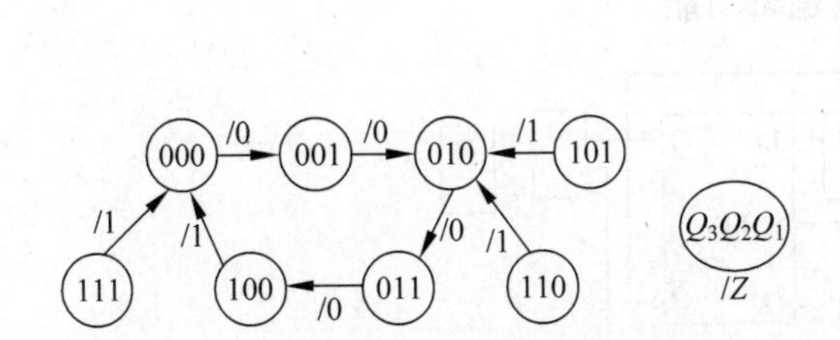

图 5.2.5 时序逻辑电路的状态转换图

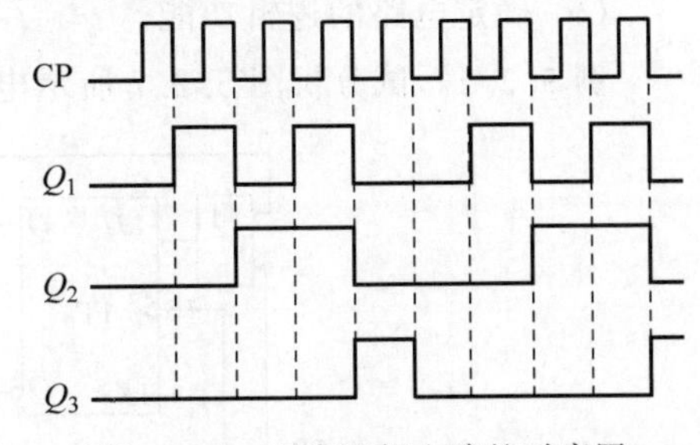

图 5.2.6 时序逻辑电路的时序图

时序逻辑电路的四种描述方法从不同侧面突出了时序电路逻辑功能的特点，它们在本质上是相同的，可以互相转换。

5.2.3 课前自学——预习自测

5.2.3.1 以下对时序逻辑电路描述正确的是(　　)。

A. 时序逻辑电路某一时刻的电路状态仅取决于电路该时刻的输入信号

B. 时序逻辑电路某一时刻的电路状态仅取决于电路进入该时刻前所处的状态

C. 时序逻辑电路某一时刻的电路状态不仅取决于当时输入信号，还取决于电路原来的状态

D. 时序逻辑电路通常包含组合逻辑电路和存储电路两个组成部分，其中组合逻辑电路是必不可少的

5.2.3.2　以下电路中属于时序逻辑电路的是(　　)。

A. TTL 与非门　　B. JK 触发器　　C. OC 门　　D. 异或门

5.2.3.3　时序逻辑电路一般是由门电路和(　　)组成。

A. 数据选择器　　B. 全加器　　C. 译码器　　D. 存储电路

(二) 课上篇

5.2.4　课中学习——同步时序逻辑电路的分析方法

分析时序逻辑电路的步骤大致如下。

(1) 根据给定的同步时序逻辑电路写出下列方程组：

① 根据时序逻辑电路写出每个触发器的驱动方程，构成驱动方程组；

② 根据时序逻辑电路写出输出方程。

(2) 将各个触发器的驱动方程代入相应触发器的特性方程，得到各个触发器的状态方程，构成状态方程组。

(3) 根据状态方程和输出方程，列出电路的状态转换表，画出电路的状态转换图和时序图。

(4) 确定电路的逻辑功能。

例 5.2.1　试分析图 5.2.7 所示电路的逻辑功能。

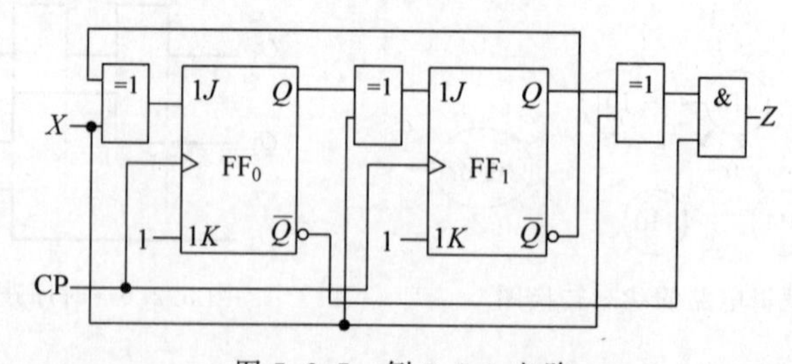

图 5.2.7　例 5.2.1 电路

解：该电路中含有两个上升沿触发的 JK 触发器，两个触发器受同一个 CP 脉冲的控制，因此是同步时序逻辑电路，有输入信号 X，输出信号 Z。

(1) 由图 5.2.7 所示电路写出逻辑方程组：

驱动方程为

$$\begin{cases} J_0 = X \oplus \bar{Q}_1^n, \quad K_0 = 1 \\ J_1 = X \oplus Q_0^n, \quad K_1 = 1 \end{cases}$$

输出方程为

$$Z = (X \oplus Q_1^n)\bar{Q}_0^n$$

(2) 将驱动方程代入 JK 触发器特性方程 $Q^{n+1} = J\bar{Q}^n + \bar{K}Q^n$,进而得到时序逻辑电路状态方程:

$$\begin{cases} Q_0^{n+1} = (X \oplus \bar{Q}_1^n)\bar{Q}_0^n \\ Q_1^{n+1} = (X \oplus Q_0^n)\bar{Q}_1^n \end{cases}$$

(3) 根据状态方程组和输出方程列写时序逻辑电路的状态转换表,如表 5.2.2 所示。

表 5.2.2 例 5.2.1 状态转换表

X	Q_1^n	Q_0^n	Q_1^{n+1}	Q_0^{n+1}	Z
0	0	0	0	1	0
0	0	1	1	0	0
0	1	0	0	0	1
0	1	1	0	0	0
1	0	0	1	0	1
1	0	1	0	0	0
1	1	0	0	1	0
1	1	1	0	0	0

(4) 根据状态转换表画出状态转换图,如图 5.2.8 所示。

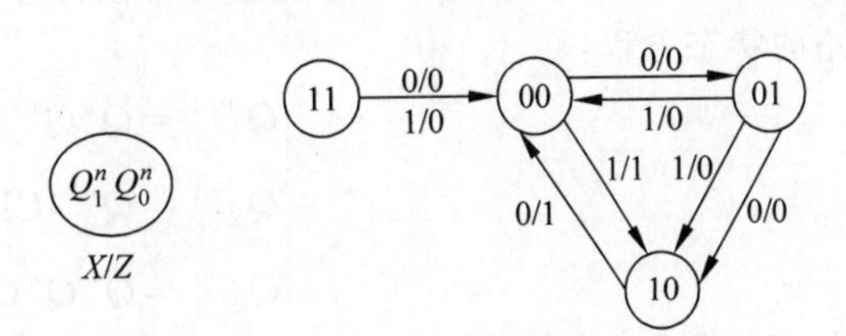

图 5.2.8 例 5.2.1 状态转换图

(5) 总结时序逻辑电路的逻辑功能。从状态转换图不难发现,图 5.2.7 所示电路状态转换规律及相应输入与输出关系:当 $X=0$ 时,按照加 1 规律从 00→01→10 循环变化,并每当转换为 10 状态(最大数)时,输出 $Z=1$;当 $X=1$ 时,按照减 1 规律从 10→01→00 循环变化,并每当转换为 00 状态(最小数)时,输出 $Z=1$。所以该电路是**能自启动的同步可控三进制计数器**,当 $X=0$ 时实现加法计数,Z 是进位信号,当 $X=1$ 时实现减法计数,Z 是借位信号。**关于计数器的详细内容将在 5.4 节讲述。**

5.2.5 课中学习——异步时序逻辑电路的分析方法

异步时序逻辑电路分析与同步时序逻辑电路分析的区别:在异步时序电路中,每次电路状态发生转换时并不是所有触发器的时钟信号都有效,时钟信号有效的触发器才能用特性方程计算次态,时钟信号无效的触发器保持原态不变。

例 5.2.2 分析图 5.2.9 所示电路的逻辑功能。

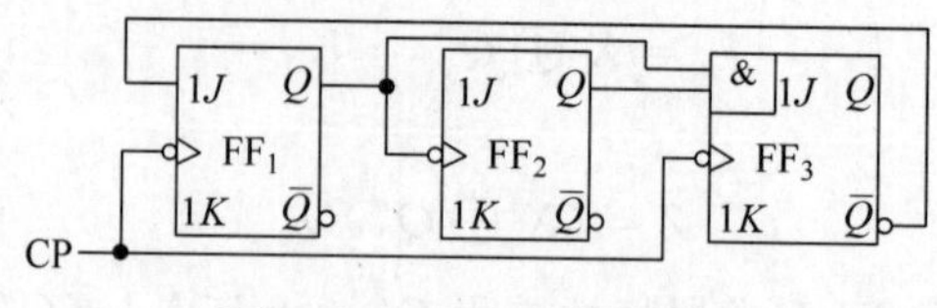

图 5.2.9 例 5.2.2 电路

解：该电路中含有三个下降沿触发的 JK 触发器，三个触发器不受同一个 CP 的控制，因此是异步时序逻辑电路。该电路没有外部输入信号，也没有输出信号。

(1) 由图 5.2.12 所示电路写出逻辑方程组：

驱动方程为

$$\begin{cases} J_1 = \bar{Q}_3^n, & K_1 = 1 \\ J_2 = 1, & K_2 = 1 \\ J_3 = Q_2^n Q_1^n, & K_3 = 1 \end{cases}$$

时钟方程为

$$\begin{cases} CP_1 = CP \downarrow \\ CP_2 = Q_1 \downarrow \\ CP_3 = CP \downarrow \end{cases}$$

(2) 将驱动方程代入 JK 触发器的特性方程 $Q^{n+1} = J\bar{Q}^n + \bar{K}Q^n$，进而得到时序逻辑电路的状态方程：

$$\begin{cases} Q_1^{n+1} = \bar{Q}_3^n \bar{Q}_1^n \cdot CP_1 \\ Q_2^{n+1} = \bar{Q}_2^n \cdot CP_2 \\ Q_3^{n+1} = \bar{Q}_3^n Q_2^n Q_1^n \cdot CP_3 \end{cases}$$

式中，CP 不是一个逻辑变量。CP=1，表示时钟输入端有有效时钟，此时触发器按照状态方程计算次态；CP=0，表示时钟输入端无有效时钟，此时触发器保持原来的状态不变。

(3) 根据状态方程组列写时序逻辑电路的状态转换表，如表 5.2.3 所示。

表 5.2.3 例 5.2.3 状态转换表

Q_3^n	Q_2^n	Q_1^n	CP_3	CP_2	CP_1	Q_3^{n+1}	Q_2^{n+1}	Q_1^{n+1}
0	0	0	1	0	1	0	0	1
0	0	1	1	1	1	0	1	0
0	1	0	1	0	1	0	1	1
0	1	1	1	1	1	1	0	0
1	0	0	1	0	1	0	0	0
1	0	1	1	1	1	0	1	0
1	1	0	1	0	1	0	1	0
1	1	1	1	1	1	0	0	0

(4) 根据状态转换表画出状态转换图,如图 5.2.10 所示。

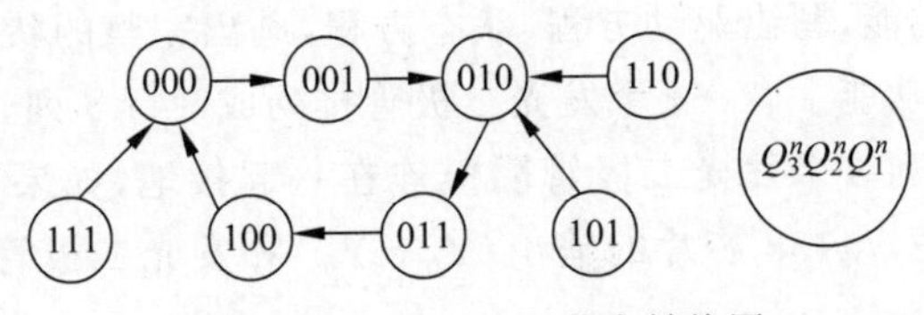

图 5.2.10 例 5.2.2 状态转换图

(5) 总结时序逻辑电路的逻辑功能。从状态图不难发现,图 5.2.10 所示电路是**能自启动的异步五进制(模五)加法计数器**。

(三) 课后篇

5.2.6 课后巩固——练习实践

5.2.6.1 在题图 5.2.6.1 所示电路中,触发器原状态 $Q_1Q_0=01$,则在下一个 CP 作用后,Q_1Q_0 为(　　)。

A. 00　　　　B. 01　　　　C. 10

题图 5.2.6.1　　　　题图 5.2.6.2

5.2.6.2 在题图 5.2.6.2 所示的电路中,触发器的原状态 $Q_1Q_0=00$,则在下一个 CP 作用后,Q_1Q_0 为(　　)。

A. 00　　　　B. 01　　　　C. 10

5.2.6.3 试分析题图 5.2.6.3 所示电路的逻辑功能,写出电路的驱动方程、状态方程,并画出电路的状态转换图。

讲解视频

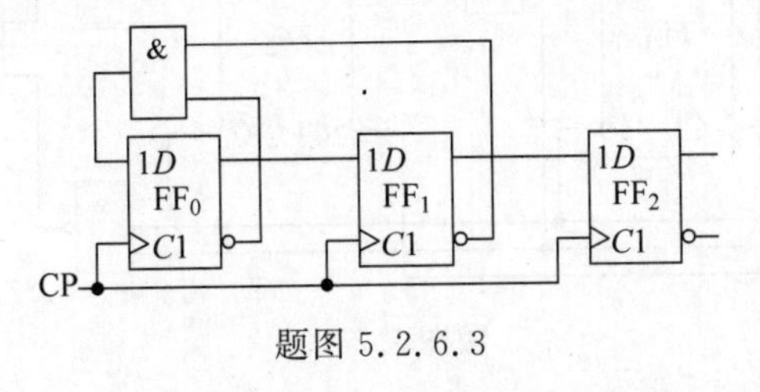

题图 5.2.6.3

讲解视频

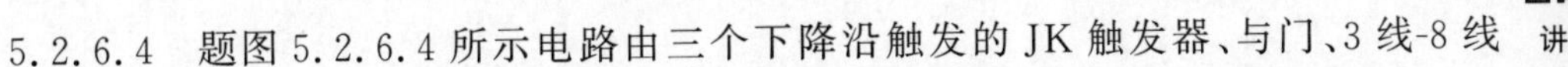

5.2.6.4 题图 5.2.6.4 所示电路由三个下降沿触发的 JK 触发器、与门、3 线-8 线

译码器 74138 和 64 个发光二极管构成。要求：(1)分析三个下降沿触发的 JK 触发器和与门构成电路的逻辑功能，写出驱动方程、状态方程，画出完整的状态转换表及状态转换图，用一句话总结逻辑功能。(2)64 个发光二极管排列成 8 行 8 列，每一行 8 个发光二极管阳极连在一起，每一列 8 个发光二极管阴极连在一起接地，如果期望 8 行发光二极管从行 0 到行 7 依次点亮，74138 芯片的输出($Y_0 \sim Y_7$)和发光二极管的阳极($A_0 \sim A_7$)之间如何连接？

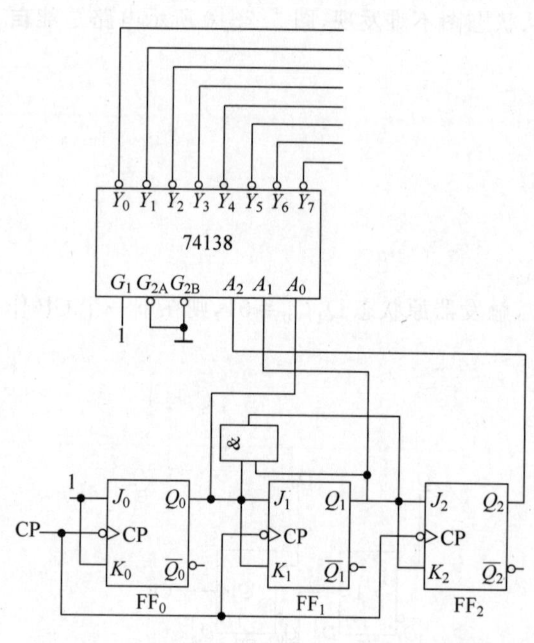

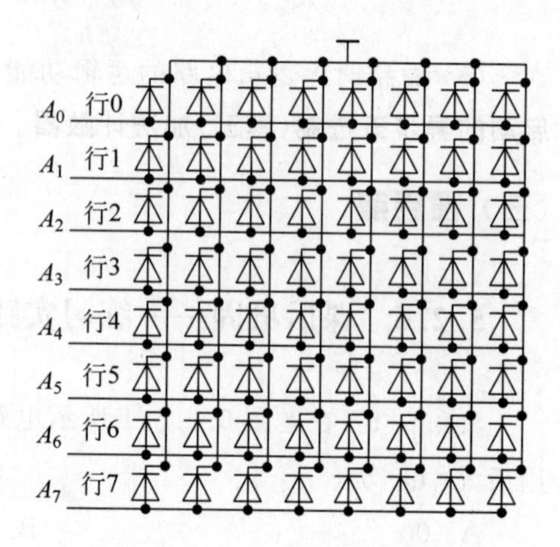

题图 5.2.6.4

讲解视频

5.2.6.5 试分析题图 5.2.6.5 所示时序逻辑电路的逻辑功能，写出电路的驱动方程、状态方程和输出方程，并画出电路的状态转换图。

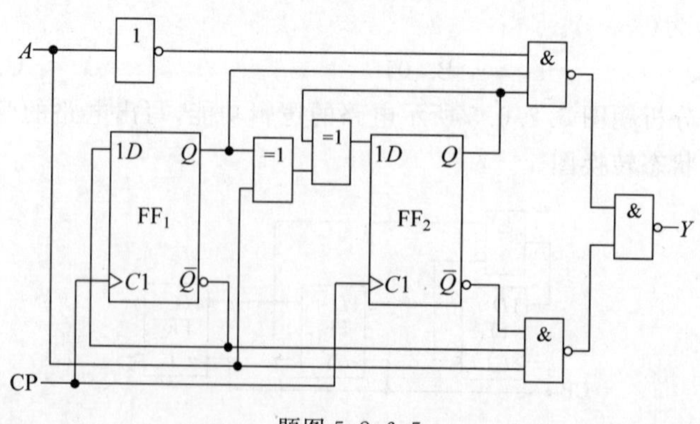

题图 5.2.6.5

5.2.7 本节思维导图

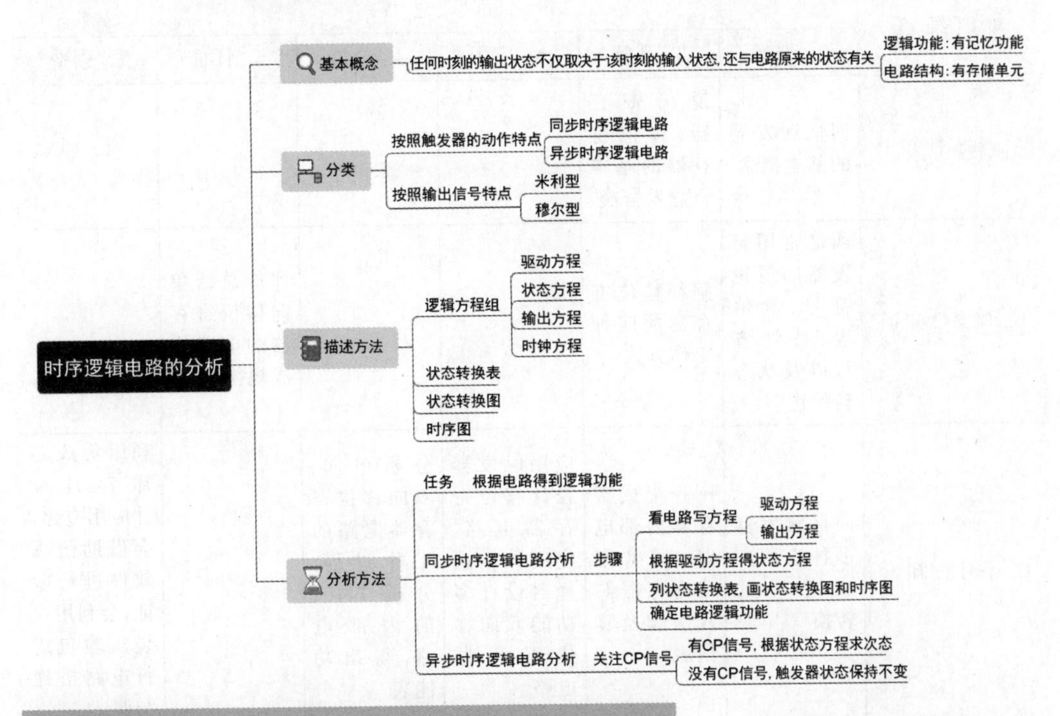

知识拓展——拯救摩尔定律的 FinFET 工艺　　集成电路先进技术

半导体工艺一直按照摩尔定律规律发展,也就是每 18 个月提升 1 倍晶体管密度。传统硅基半导体工艺在 28nm 之后,制造难度越来越大,已无法继续提高。1999 年,中国科学院外籍院士胡正明教授研究小组研制出世界上体积最小、通过电流最大的半导体晶体管——FinFET。因为晶体管的形状与鱼鳍相似,所以也叫鳍式晶体管或者 3D 晶体管。FinFET 可使芯片容量比从前提高 400 倍。英特尔公司首先在 2012 年正式采用 FinFET 技术,首发的是 22nm 工艺。当时台积电公司、三星公司还停留在 28nm 工艺,之后在 16/14nm 节点上他们才进入 FinFET 时代。

5.3 寄存器和移位寄存器

(一) 课前篇

本节导学单

1. 学习目标

根据《布鲁姆教育目标分类学》,从知识维度和认知过程两方面进一步细化本节课的教学目标，明确学习本节课所必备的学习经验。

知识维度	认知过程					
	1. 回忆	2. 理解	3. 应用	4. 分析	5. 评价	6. 创造
A. 事实性知识	回忆触发器的基本概念	说出寄存器、移位寄存器的基本概念及分类				
B. 概念性知识	回忆常用触发器的逻辑符号、真值表、特性方程以及状态转换图	阐释移位寄存器的四种工作方式			评价总结单向移位寄存器的电路构成规律	
C. 程序性知识	回忆触发器多种表示方法之间的转换	阐释集成寄存器内部电路，画出集成寄存器芯片引脚及真值表	应用触发器设计移位寄存器电路。应用数据选择器设计多功能双向移位寄存器电路	分析单向、双向移位寄存器电路的工作过程。分析 74194 的内部电路，得出功能表		利用集成芯片 74194 设计应用电路，会借助仿真软件进行验证，会利用口袋实验包进行电路搭建与调试
D. 元认知知识	明晰学习经验是理解新知识的前提		根据概念及学习经验迁移得到新理论的能力	将知识分为若干任务，主动思考，举一反三，完成每个任务	类比评价也是知识整合吸收的过程	通过电路的设计、仿真、搭建、调试，培养工程思维

2. 导学要求

根据本节的学习目标，将回忆、理解、应用层面学习目标所涉及的知识点课前自学完成，形成自学导学单。

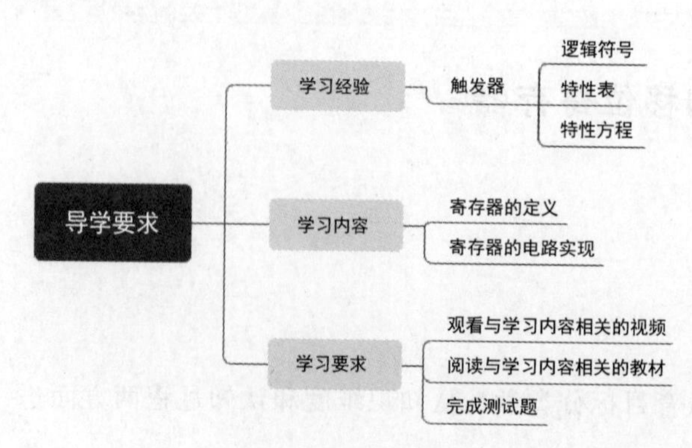

5.3.1 课前自学——寄存器

1. 定义

寄存器是数字系统中用来存储代码或数据的逻辑部件，它的主要组成部分是触发器。

如图5.3.1说明了D触发器存储1或0的原理。当$D=1$时，触发器的输出Q会在时钟CP的上升沿到来时变为1并存储下来。同理，当$D=0$时，触发器的输出Q会在时钟CP的上升沿到来时变为0并存储下来。

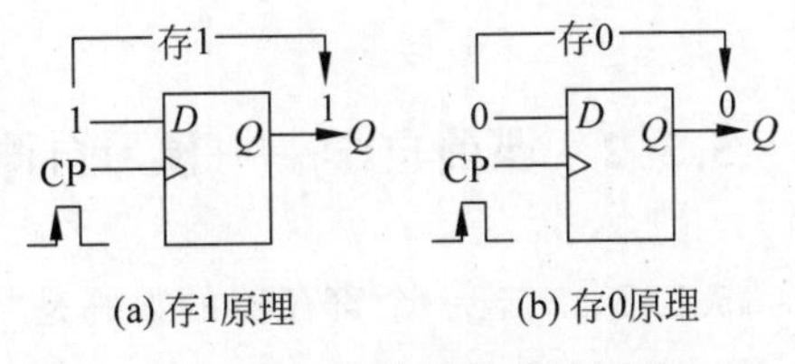

图5.3.1 触发器的存储原理

一个触发器能存储1位二进制代码，存储n位二进制代码的寄存器需要用n个触发器。寄存器实际上是若干触发器的集合。图5.3.2所示电路是由4个触发器构成的4位寄存器逻辑图。$D_0 \sim D_3$为4位数据输入端，$Q_0 \sim Q_3$为4位数据输出端，R_D为直接置零信号。

将4位数据送入数据输入端，在CP的下降沿到达后，数据便存入寄存器中，一直保持到下一个CP下降沿到达时。这种将数据同时存入又同时取出的方式称为并入并出方式。

2. 集成芯片

带输出缓冲器8位寄存器74374内部电路如图5.3.3所示，由8个D触发器和8个三态门构成。$D_0 \sim D_7$是8位数据输入端，在CP上升沿的作用下，8位数据同时存入D触发器的输出端。$\overline{\mathrm{OE}}$是输出使能控制信号，低电平有效。当$\overline{\mathrm{OE}}=0$时，触发器存储的数据通过三态门输出到输出端$Q_0 \sim Q_7$；当$\overline{\mathrm{OE}}=1$时，输出端$Q_0 \sim Q_7$输出高阻态。74374功能表如表5.3.1所示。

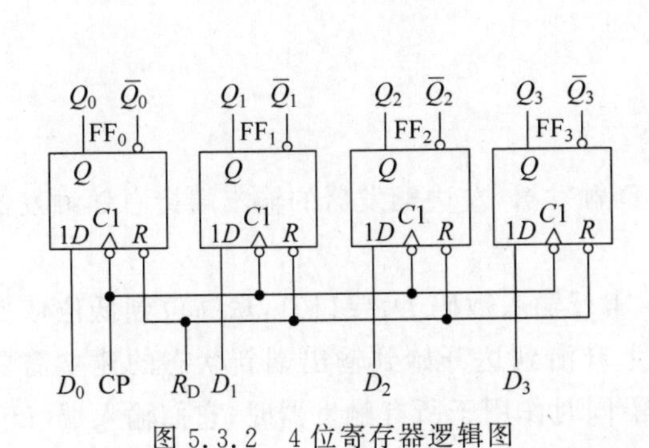

图5.3.2 4位寄存器逻辑图

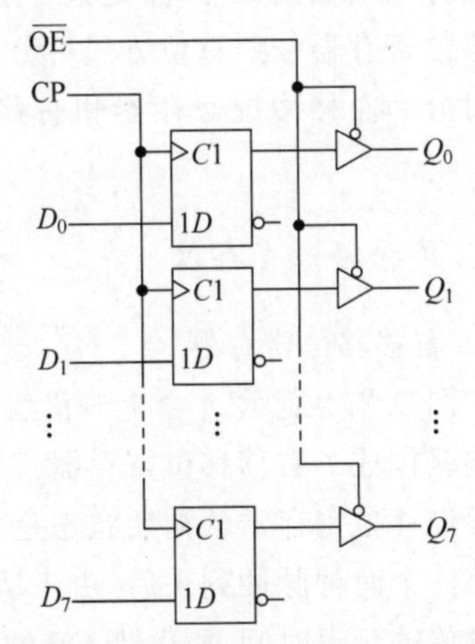

图5.3.3 8位寄存器74374内部电路

表 5.3.1　74374 功能表

输入			输出
$\overline{OE}$	CP	D_N	$Q_0 \sim Q_7$
0	↑	0	0
0	↑	1	1
1	↑	0	高阻
1	↑	1	高阻

5.3.2　课前自学——预习自测

5.3.2.1　若一个寄存器的数码是“同时输入，同时输出”，则该寄存器采用(　　)。

A. 串行输入串行输出　　B. 并行输入并行输出

C. 串行输入并行输出　　D. 并行输入串行输出

5.3.2.2　在数字系统和计算机中，不同部件的数据输入和输出一般是通过公共数据总线传送，试用三片 74374 设计与数据总线进行数据传送的电路。

(二) 课上篇

5.3.3　课中学习——移位寄存器

1. 定义及分类

移位寄存器既能寄存数码，又能在时钟脉冲的作用下使数码依次左移或右移。因此，移位寄存器应用广泛，不仅具有寄存器的功能，还可以实现数据的串行-并行转换、数值的运算以及数据处理等，是数字系统和计算机中的一个重要部件。

移位寄存器按照移位方式可分为单向移位寄存器和双向移位寄存器，单向移位寄存器又可分为左移移位寄存器和右移移位寄存器，双向移位寄存器则兼有左移和右移的功能。

2. 单向移位寄存器

1) 右移移位寄存器

如图 5.3.4 所示，4 个上升沿触发的 D 触发器，左边触发器的输出端接右邻触发器的输入端就构成了右移移位寄存器。

假设移位寄存器的初始状态是 0000，串行输入数码 $D_I=1101$，从高位到低位依次输入。第一个时钟脉冲到来后，由于从 CP 上升沿到达开始到输出端新状态的建立需要经过一段传输延迟时间，所以当 CP 的上升沿同时作用于所有触发器时，它们输入端(D 端)的状态还没有改变。于是 FF_1 触发器按 Q_0 原来的状态翻转($Q_1=0$)，FF_2 按 Q_1 原来的

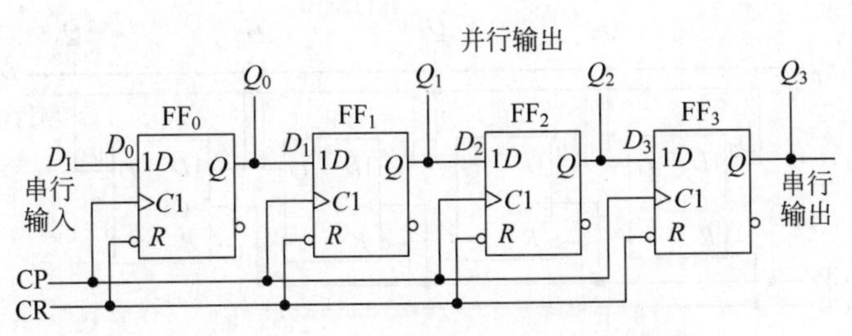

图 5.3.4　4 位右移移位寄存器电路

状态翻转($Q_2=0$)，FF_3 按 Q_2 原来的状态翻转($Q_3=0$)，加到 FF_0 输入端的 D_I 代码存入 FF_0($Q_0=1$)，总的效果相当于将 1 移入到 FF_0 触发器，其余触发器的输出依次右移一位。以此类推，经过 4 个 CP，即可将 1101 代码移入到移位寄存器中，同时在 4 个触发器的输出端得到了并行输出的代码，如表 5.3.2 所示。图 5.3.5 给出了各触发器输出端在移位过程中的电压波形图。该电路可以实现代码的串行输入串行输出(D_I 串行输入，Q_3 串行输出)，也可以实现代码的串行输入并行输出(D_I 串行输入，$Q_0Q_1Q_2Q_3$ 并行输出)。

表 5.3.2　4 位右移移位寄存器代码移动

移位脉冲	输入数码	输出			
CP	D_I	Q_0	Q_1	Q_2	Q_3
0		0	0	0	0
1	**1**	1	0	0	0
2	**1**	1	1	0	0
3	**0**	0	1	1	0
4	**1**	1	0	1	1

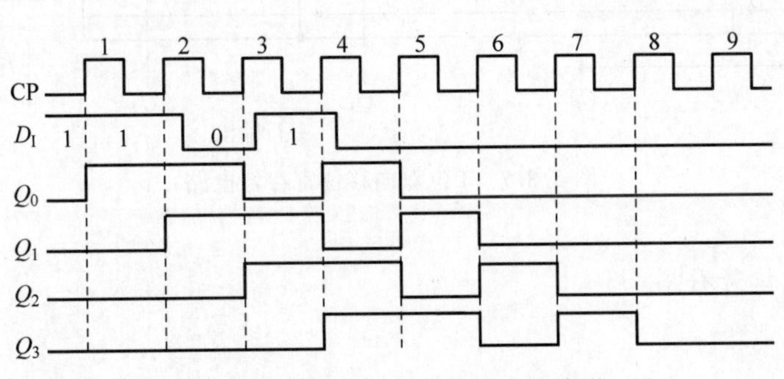

图 5.3.5　图 5.3.4 电路的电压波形

2) 左移移位寄存器

如图 5.3.6 所示，4 个上升沿触发的 D 触发器，右边触发器的输出端接左邻触发器的输入端就构成了左移移位寄存器。它依然可以实现代码的串行输入串行输出(D_I 串行输入，Q_0 串行输出)，也可以实现代码的串行输入并行输出(D_I 串行输入，Q_0 Q_1 Q_2 Q_3 并行输出)。读者自行分析电路的工作过程并画出代码移动状况。

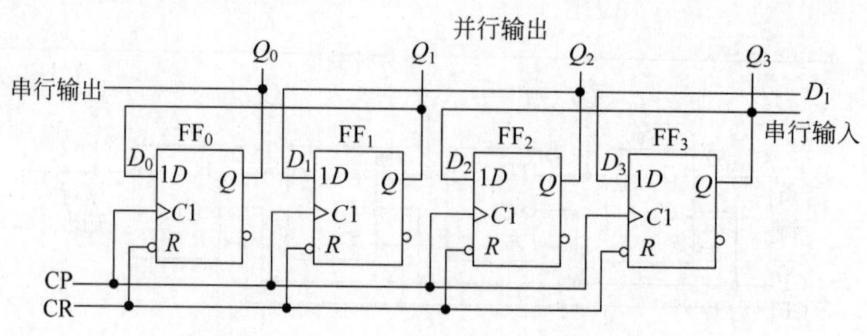

图 5.3.6　4 位左移移位寄存器电路

3. 双向移位寄存器

将左移移位寄存器和右移移位寄存器组合起来并引入一个控制端 S 便构成既可右移又可左移的双向移位寄存器，如图 5.3.7 所示。其中，D_{SR} 为右移串行输入端，D_{SL} 为左移串行输入端。

当 $S=1$ 时，$D_0=D_{SR}$，$D_1=Q_0$，$D_2=Q_1$，$D_3=Q_2$，实现右移操作；当 $S=0$ 时，$D_0=Q_1$，$D_1=Q_2$，$D_2=Q_3$，$D_3=D_{SL}$，实现左移操作。

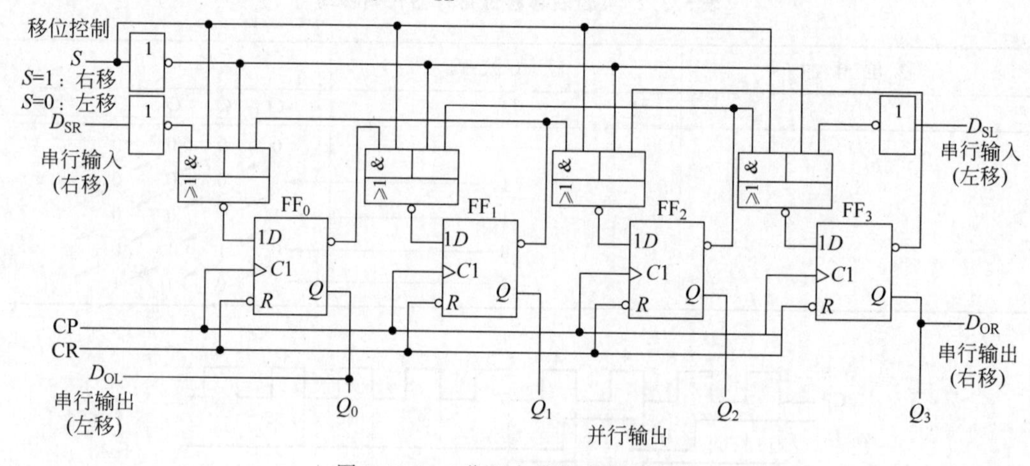

图 5.3.7　4 位双向移位寄存器电路

4. 集成移位寄存器

1）功能

集成 4 位双向移位寄存器 74194 的逻辑图如图 5.3.8(a)所示。采用了 4 个 RS 触发器，根据 RS 触发器特性方程 $Q^{n+1}=S+\bar{R}Q^n=D+\bar{\bar{D}}Q^n=D$，实现了 D 触发器的功能。$D_{SR}$ 是右移串行数据输入端，D_{SL} 是左移串行数据输入端，$D_{I0}\sim D_{I3}$ 是并行数据输入端，$\overline{CR}$ 连接到每个触发器的直接置 0 端，可控制触发器异步清零。图中输入端接入的缓冲器用于减轻前级的负载，而输出缓冲器可以提高驱动能力。

74194 的符号图如图 5.3.8(b)所示，功能表如表 5.3.3 所示。表 5.3.3 中，第一行表明移位寄存器异步清零操作，第二行为保持功能，第三、四行为右移操作，第五、六行为

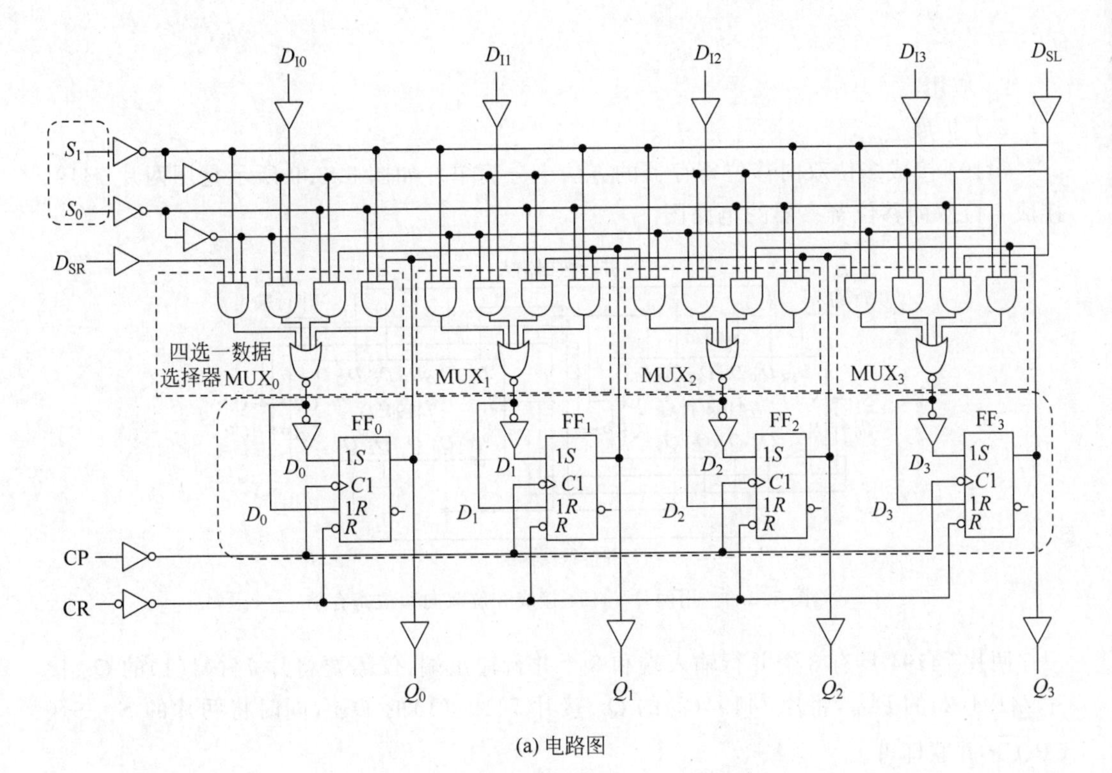

(a) 电路图

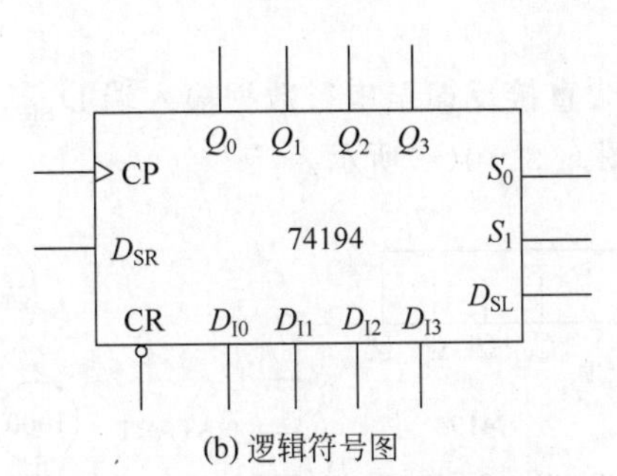

(b) 逻辑符号图

图 5.3.8 4 位双向移位寄存器 74194

左移操作，第七行为并行置数操作。74194 输出默认排列顺序为 $Q_0Q_1Q_2Q_3$。

表 5.3.3 74194 功能表

输入					输出	工作模式
清零 CR	控制 S_1S_0	串行输入 $D_{SL}D_{SR}$	时钟 CP	并行输入 $D_{I0}D_{I1}D_{I2}D_{I3}$	$Q_0Q_1Q_2Q_3$	
0	××	××	×	××××	0000	异步清零
1	00	××	×	××××	$Q_0Q_1Q_2Q_3$	保持
1	01	×1	↑	××××	$1Q_0Q_1Q_2$	右移
1	01	×0	↑	××××	$0Q_0Q_1Q_2$	右移
1	10	1×	↑	××××	$Q_1Q_2Q_31$	左移
1	10	0×	↑	××××	$Q_1Q_2Q_30$	左移
1	11	××	↑	$D_{I0}D_{I1}D_{I2}D_{I3}$	$D_{I0}D_{I1}D_{I2}D_{I3}$	并行置数

2）应用

(1) 扩展。

74194 接成多位双向移位寄存器的方法十分简单。如图 5.3.9 所示是用两片 74194 接成 8 位双向移位寄存器的电路图。

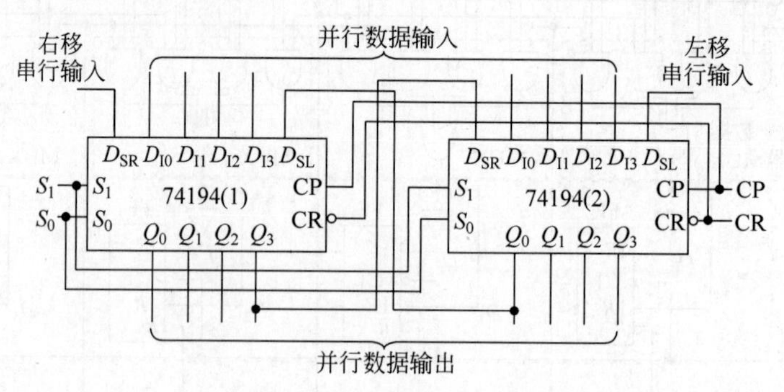

图 5.3.9 用两片 74194 接成 8 位双向移位寄存器

两片 74194 具有 8 个并行输入端和 8 个并行输出端，仅需要将片 74194(1)的 Q_3 接片 74194(2)的 D_{SR}，将片 74194(2)的 Q_0 接片 74194(1)的 D_{SL}，同时将两片的 S_1、S_0、CP、$\overline{CR}$ 并联即可。

(2) 环形计数器。

将移位寄存器输出 Q_3 直接反馈至串行数据输入端 D_{SR}，使寄存器工作在右移状态，就构成了环形计数器，如图 5.3.10(a)所示。

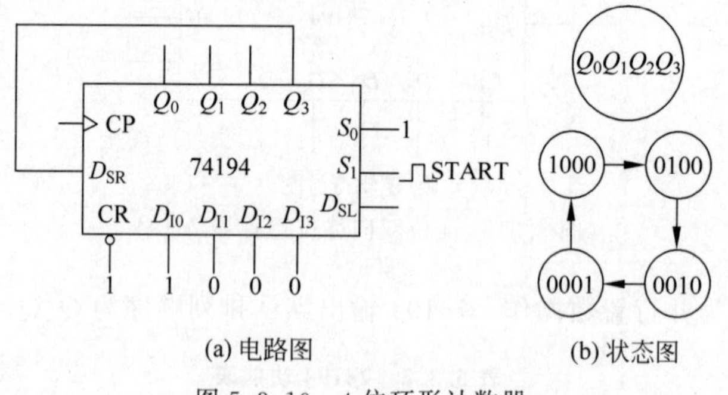

图 5.3.10 4 位环形计数器

在 S_1 启动脉冲的作用下，将初始状态 1000 置入移位寄存器 74194 中。之后 $S_1S_0=01$，电路实现右移操作，将 Q_3 反馈至 D_{SR}，在时钟脉冲的作用下，移位寄存器 74194 的数码依次变为 0100、0010、0001，然后又回到 1000。如此周而复始，实现了将寄存的数码循环右移。

图 5.3.11 为 4 位环形计数器的工作波形图。从波形图可以看出，将一个 CP 周期的脉冲宽度依次分配到各输出端，将这种电路称为顺序脉冲发生器。其主要应用于需要按照事先规定的顺序进行一系列操作的系统中，可以给系统的控制部分产生一组在时间上有一定先后顺序的脉冲信号。

可以看出，4位移位寄存器74194构成的4位环形计数器，每4个脉冲构成一个循环，显然，N位移位寄存器可以构成N进制的环形计数器。

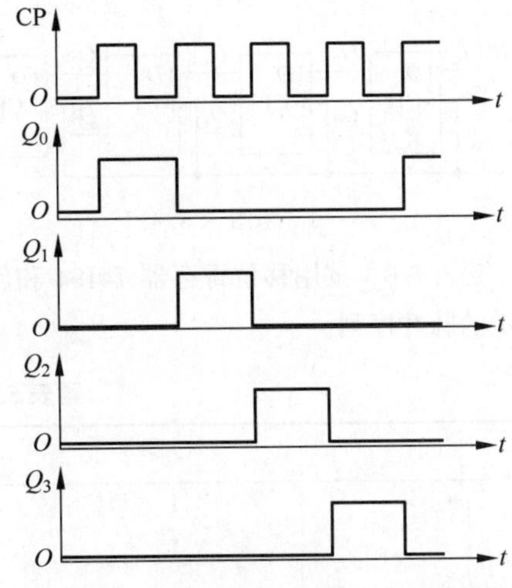

图 5.3.11 4位环形计数器的工作波形图

(3) 扭环形计数器。

如果将移位寄存器74194的输出Q_3取反后再反馈至串行数据输入端D_{SR}，如图5.3.12(a)所示，就构成了4位扭环形计数器。

利用清零引脚CR加入负脉冲，使得电路的初始状态为0000。$S_1S_0=01$，电路实现右移，将Q_3取反反馈至D_{SR}，在时钟脉冲的作用下，移位寄存器74194的数码依次变为1000、1100、1110……然后又回到0000，状态图如图5.3.12(b)所示。4位移位寄存器74194可以构成八进制的扭环形计数器。显然，N位移位寄存器可以构成$2N$进制的扭环形计数器。

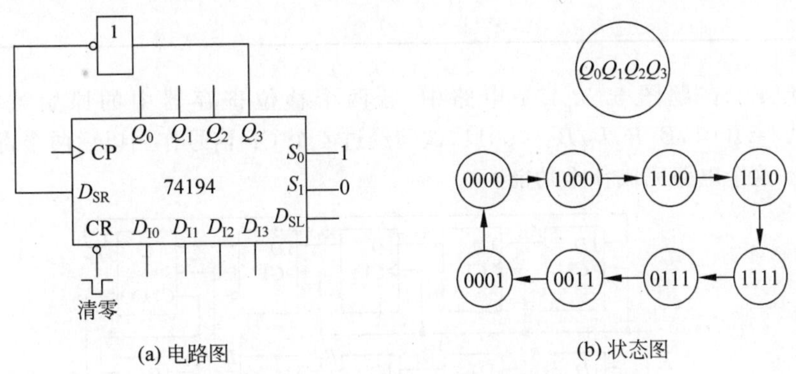

图 5.3.12 4位扭环形计数器

(三) 课后篇

5.3.4 课后巩固——练习实践

1. 知识巩固练习

5.3.4.1 题图5.3.4.1所示的移位寄存器，若$Q_0Q_1Q_2Q_3=1010$，而在4个CP内输入的代码依次为0011，则4个脉冲后，串出端依次输出的数值为(　　)。

A. 1010　　B. 0101　　C. 0011　　D. 1100

5.3.4.2 利用74194构成的移位寄存器如题图5.3.4.2所示，在图示的工作模式下，数据输出的端口是(　　)。

A. Q_0　　B. Q_1　　C. Q_2　　D. Q_3

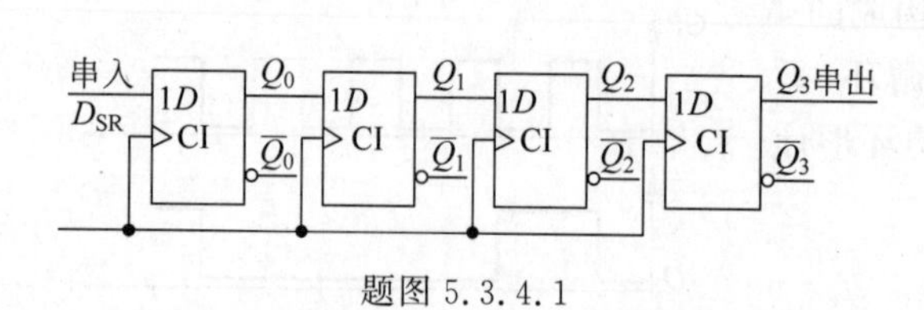

题图 5.3.4.1

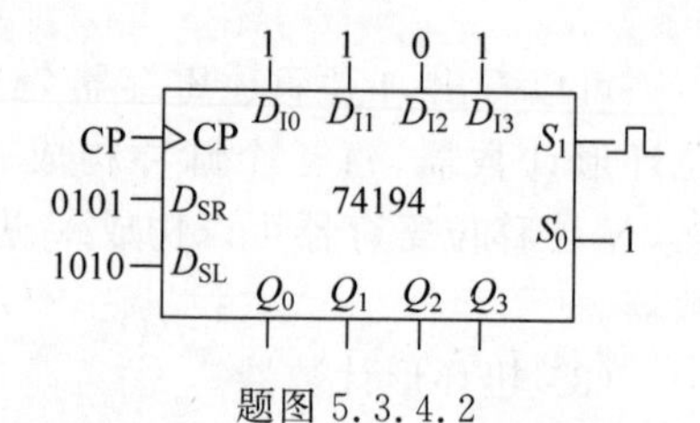

题图 5.3.4.2

讲解视频

5.3.4.3 试用移位寄存器 74194 和门电路设计一个时序逻辑电路，可产生题表 5.3.4.3 所示的脉冲序列。

题表 5.3.4.3 脉冲序列

CP	Q_0	Q_1	Q_2	Q_3
0	1	0	0	0
1	1	1	0	0
2	1	1	1	0
3	1	1	1	1
4	0	1	1	1
5	0	0	1	1
6	0	0	0	1

讲解视频

5.3.4.4 在题图 5.3.4.4 电路中，若两个移位寄存器中的原始数据分别为 $A_3A_2A_1A_0=1001$，$B_3B_2B_1B_0=0011$，试问经过 4 个 CP 信号作用以后两个寄存器中的数据如何？这个电路完成什么功能？

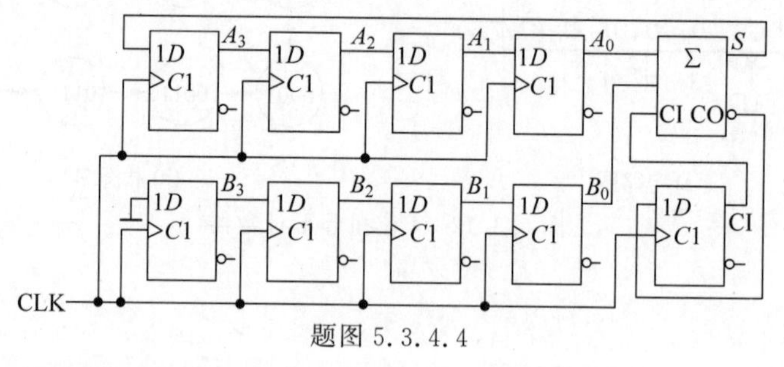

题图 5.3.4.4

讲解视频

5.3.4.5 时序电路如题图 5.3.4.5 所示，其中 R_A、R_B 和 R_S 均为 8 位移位寄存器，其余电路分别为全加器和 D 触发器，要求：

(1) 说明电路的逻辑功能；

讲解视频

(2) 若电路工作前先清零，且两组数码 $A=10001000$，$B=00001110$，8 个 CP 后，R_A、R_B 和 R_S 中的内容为何？

(3) 再来 8 个 CP，R_S 中的内容为何？

5.3.4.6 由移位寄存器 74194 和 3 线-8 线译码器 74138 组成的时序电路如题图 5.3.4.6 所示，分析该电路：(1)画出 74194 的态序表；(2)求出 Z 的输出序列。

讲解视频

5.3.4.7 试画出题图 5.3.4.7 所示电路的输出($Q_0 \sim Q_3$)波形，并分析该电路的逻辑功能。

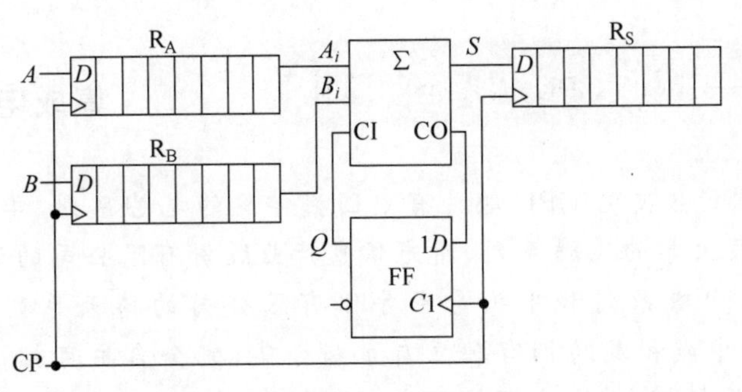

题图 5.3.4.5

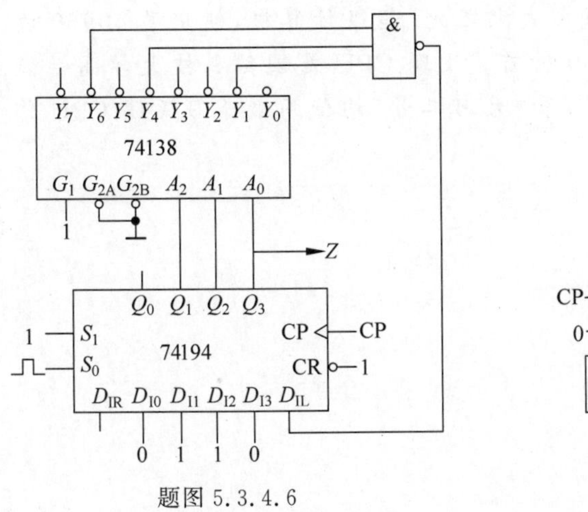

题图 5.3.4.6

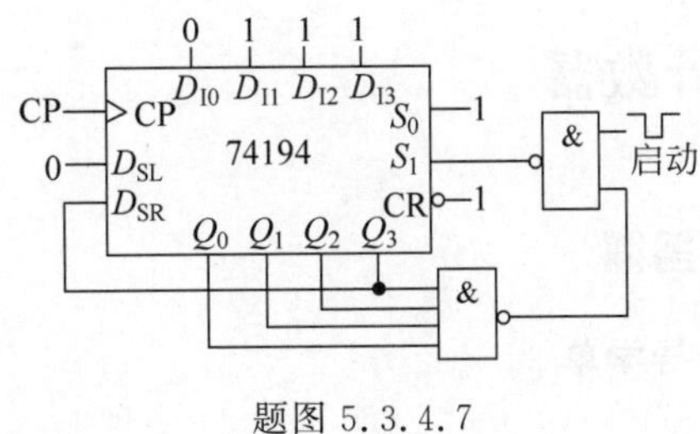

题图 5.3.4.7

5.3.4.8 试用两片 74194 构成 8 位双向移位寄存器。

2. 工程实践练习

5.3.4.9 利用口袋实验包完成环形计数器和扭环形计数器电路的搭建与调试。

5.3.5 本节思维导图

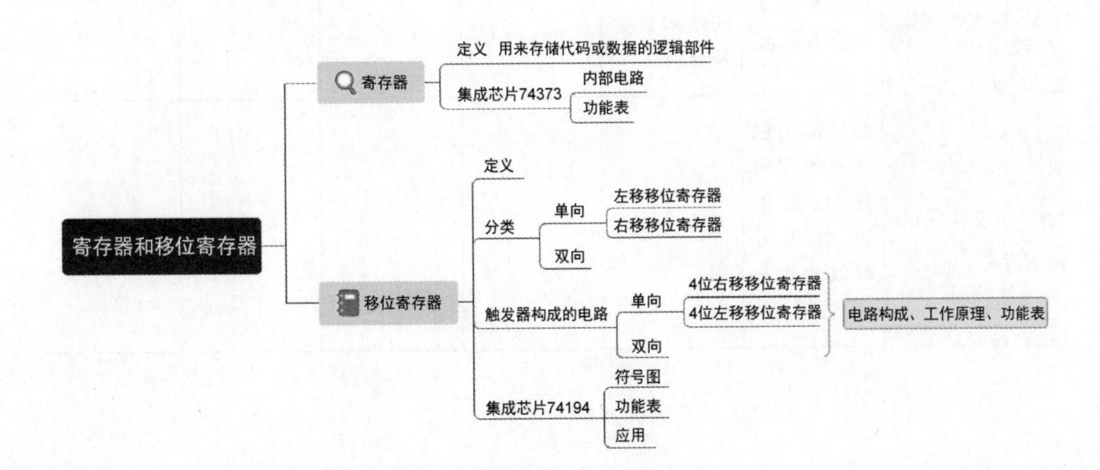

知识拓展——国产CPU芯片企业巡礼 **集成电路国产化进程**

目前，中国国产主要的CPU芯片有中国科学院的龙芯系列、华为海思公司的鲲鹏系列、国防科技大学的飞腾系列、曙光信息产业股份有限公司的海光系列、江南计算技术研究所的申威系列和平头哥半导体有限公司的倚天系列。主要采用7～28nm工艺制造，申威和龙芯拥有独立自主指令集，完全自主可控；鲲鹏、飞腾是指令集架构ARM授权模式，自主可控程度高；海光、兆芯则是IP核授权模式，自主可控程度低。其中搭载申威CPU的"神威·太湖之光"超级计算机，使用了40960块申威处理器，曾位列超级计算机TOP500榜首。飞腾CPU是国防科技大学高性能处理器研究团队研发的产品，"天河一号"和"天河二号"均使用数千颗飞腾CPU作为服务节点。

5.4 计数器

(一) 课前篇

本节导学单

1. 学习目标

根据《布鲁姆教育目标分类学》，从知识维度和认知过程两方面进一步细化本节课的教学目标，明确学习本节课所必备的学习经验。

知识维度	认知过程					
	1. 回忆	2. 理解	3. 应用	4. 分析	5. 评价	6. 创造
A. 事实性知识	回忆触发器的基本概念	说出计数器的基本概念及分类				
B. 概念性知识	回忆常用触发器的逻辑符号、真值表、特性方程以及状态转换图					

续表

知识维度	认知过程					
	1. 回忆	2. 理解	3. 应用	4. 分析	5. 评价	6. 创造
C. 程序性知识	回忆触发器多种表示方法之间的转换	画出集成计数器符号图以及功能表	应用触发器设计二进制计数器	分析触发器构成的二进制计数器电路，分析集成计数器构成的电路，应用集成计数器实现任意进制计数器	对比两种不同情况下集成计数器构成任意进制计数器的原理、思路及实现方法	利用集成计数器设计24小时制数字电子钟电路，会借助于仿真软件进行验证，会利用口袋实验包进行电路搭建与调试
D. 元认知知识	明晰学习经验是理解新知识的前提		根据概念及学习经验迁移得到新理论的能力	将知识分为若干任务，主动思考，举一反三，完成每个任务	类比评价也是知识整合吸收的过程	通过电路的设计、仿真、搭建、调试，培养工程思维

2. 导学要求

根据本节的学习目标，将回忆、理解、应用层面学习目标所涉及的知识点课前自学完成，形成自学导学单。

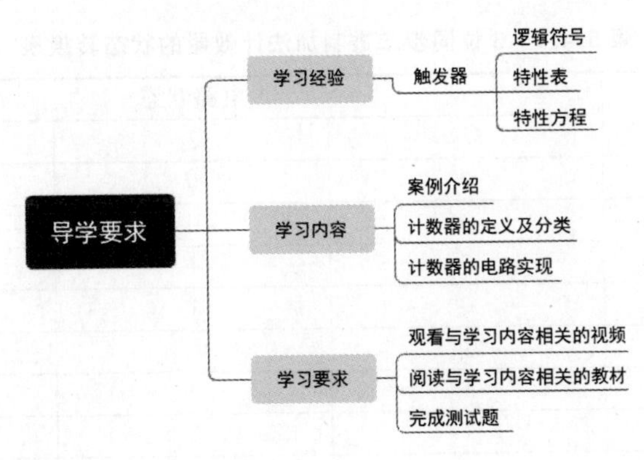

5.4.1 课前自学——计数器的定义及分类

1. 计数器的定义

计数器是数字系统中应用最广泛的时序电路，其基本功能是对时钟脉冲进行计数

(数字钟就是计数器的典型应用);此外,还可以用于分频、定时、产生节拍脉冲和脉冲序列等多种数字逻辑。

2. 计数器的分类

计数器按照内部触发器的动作方式分为同步计数器和异步计数器。在同步计数器中,所有触发器受同一个 CP 的控制。在异步计数器中,至少有一个触发器不直接受 CP 的控制。

计数器按照运算功能可分为加法计数器、减法计数器和可逆计数器。随着计数脉冲输入做递增计数电路称为加法计数器。随着计数脉冲输入做递减计数电路称为减法计数器。在控制信号作用下,可递增计数也可递减计数的电路称为可逆计数器。

按照计数编码方式可分为二进制计数器和非二进制计数器。非二进制计数器中典型的是十进制计数器。计数器进制是计数器电路中有效状态个数,计数器进制又称为计数器的“模”。例如,十进制计数器中有 10 个有效状态,也称为模 10 计数器。

5.4.2 课前自学——计数器的电路实现

如何能够用触发器来实现计数器功能?下面以二进制计数器为例介绍计数器电路的设计过程。

1. 同步计数器

1) 同步二进制加法计数器

根据计数器定义画出 3 位同步二进制加法计数器的状态转换表,如表 5.4.1 所示。

表 5.4.1 3 位同步二进制加法计数器的状态转换表

计数顺序	电路状态		
	Q_2	Q_1	Q_0
0	0	0	0
1	0	0	1
2	0	1	0
3	0	1	1
4	1	0	0
5	1	0	1
6	1	1	0
7	1	1	1

电路状态的每一位均用一个触发器来实现,来观察各个触发器的动作特点。Q_0:每来一个 CP,Q_0 翻转一次;Q_1:$Q_0=1$ 时,来一个 CP,Q_1 翻转一次;Q_2:$Q_1Q_0=11$ 时,来一个 CP,Q_2 翻转一次。

因此,3 位同步二进制加法计数器可以用 3 个 T 触发器构成,3 个 T 触发器时钟端连在一起接CP，每次CP到达时，应翻转的触发器输入控制端 $T_i=1$，不翻转的触发器输入控制端 $T_i=0$。3位同步二进制加法计数器电路如图5.4.1所示，对应时序图如图5.4.2所示。

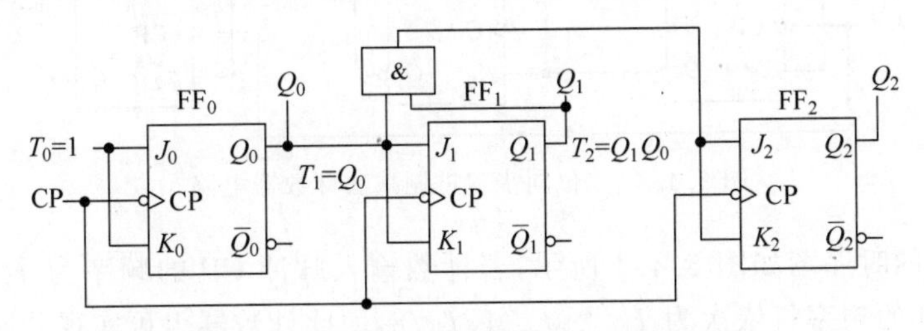

图5.4.1　3位同步二进制加法计数器电路

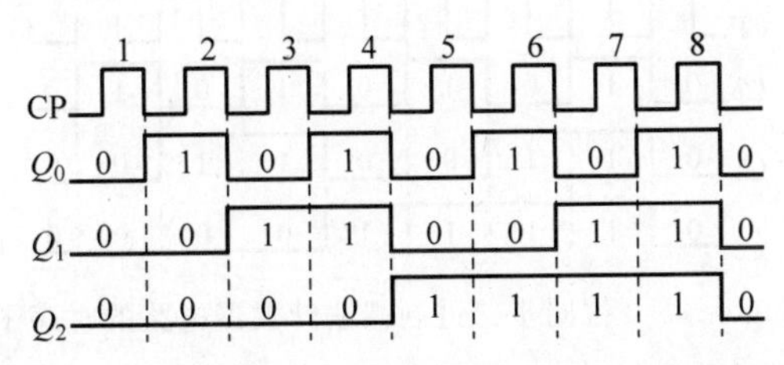

图5.4.2　3位同步二进制加法计数器电路的时序图

2）同步二进制减法计数器

根据计数器的定义，可以画出3位同步二进制减法计数器的状态转换表，如表5.4.2所示。

表5.4.2　3位同步二进制减法计数器的状态转换表

计数顺序	电路状态		
	Q_2	Q_1	Q_0
0	0	0	0
1	1	1	1
2	1	1	0
3	1	0	1
4	1	0	0
5	0	1	1
6	0	1	0
7	0	0	1

电路状态的每一位均用一个触发器来实现，因此3位同步二进制减法计数器电路由3个触发器构成，来观察各个触发器的动作特点。Q_0：每来一个CP，Q_0 翻转一次；Q_1：$Q_0=0$ 时，来一个CP，Q_1 翻转一次；Q_2：$Q_1Q_0=00$ 时，来一个CP，Q_2 翻转一次。

因此，3位同步二进制减法计数器电路可以用3个T触发器构成，3个T触发器的时钟端连在一起接CP，每次CP到达时应翻转的触发器输入控制端 $T_i=1$，不翻转的触发器输入控制端 $T_i=0$。3位同步二进制减法计数器电路如图5.4.3所示。

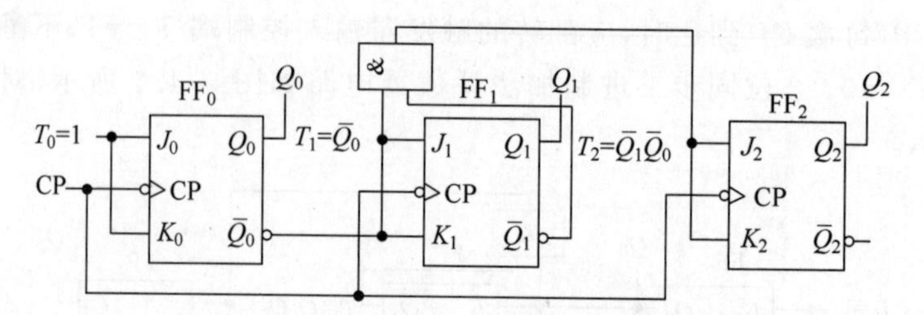

图 5.4.3　3 位同步二进制减法计数器电路

电路对应的时序图如图 5.4.4 所示，若计数输入脉冲 CP 的频率为 f_0，则 Q_0、Q_1、Q_2 端输出脉冲的频率将依次为 $f_0/2$、$f_0/4$、$f_0/8$，因此计数器也可实现分频功能。

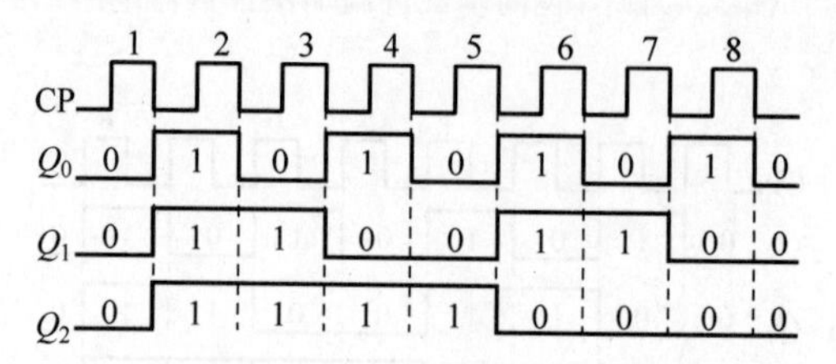

图 5.4.4　3 位同步二进制减法计数器电路的时序图

3）同步二进制可逆计数器

将加法计数器和减法计数器合并起来，并且引入一加/减控制信号 X，便构成 3 位二进制同步可逆计数器。各触发器的驱动方程为

$$T_0 = 1$$

$$T_1 = XQ_0 + \overline{X}\overline{Q}_0$$

$$T_2 = XQ_1Q_0 + \overline{X}\overline{Q}_1\overline{Q}_0$$

3 位同步二进制可逆计数器电路如图 5.4.5 所示。当控制端 $X=1$ 时，FF$_1$、FF$_2$ 触发器各 T 端分别与低位触发器的 Q 端相连，实现加法计数；当控制端 $X=0$ 时，FF$_1$、FF$_2$ 触发器各 T 端分别与低位触发器的 $\bar{Q}$ 端相连，实现减法计数。由此可见，该电路实现了可逆计数器的功能。

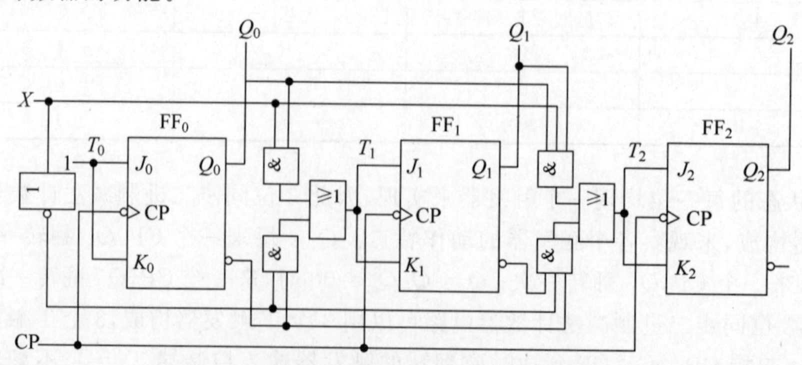

图 5.4.5　3 位同步二进制可逆计数器电路

同步二进制计数器构成方法总结：因为计数脉冲 CP 连到各个触发器的时钟端，因此电路通过控制触发器的输入端来控制触发器是否翻转。通常采用 T 触发器构成，最低位触发器 $T=1$，其余位触发器的驱动方程：

加法计数器：$T_i = Q_{i-1}Q_{i-2}\cdots Q_0$

减法计数器：$T_i = \bar{Q}_{i-1}\bar{Q}_{i-2}\cdots Q_0$

可逆计数器：$T_i = XQ_{i-1}Q_{i-2}\cdots Q_0 + \bar{X}\bar{Q}_{i-1}\bar{Q}_{i-2}\cdots\bar{Q}_0$

2. 异步计数器

1）异步二进制加法计数器

3 位异步二进制加法计数器与 3 位同步二进制加法计数器的状态转换表相同，区别在于异步计数器的各个触发器不是同步翻转的，各个触发器的动作特点：Q_0，每来一个 CP，Q_0 翻转一次；Q_1，当 Q_0 出现下降沿时，Q_1 翻转一次；Q_2，当 Q_1 出现下降沿时，Q_2 翻转一次。

因此，3 位异步二进制加法计数器电路可以用 3 个 T′触发器构成，通过控制触发器的时钟端来控制触发器是否翻转，电路如图 5.4.6 所示。下降沿触发的 JK 触发器当 $J=K=1$ 时得到 T′触发器，CP 是要记录的计数输入脉冲，接 FF_0 的时钟端，将 Q_0 接 FF_1 的时钟端，将 Q_1 接 FF_2 的时钟端。用上升沿触发器的 T′触发器同样可以组成异步二进制加法计数器，但是高位触发器的时钟端接低位触发器的 $\bar{Q}$ 端输出。

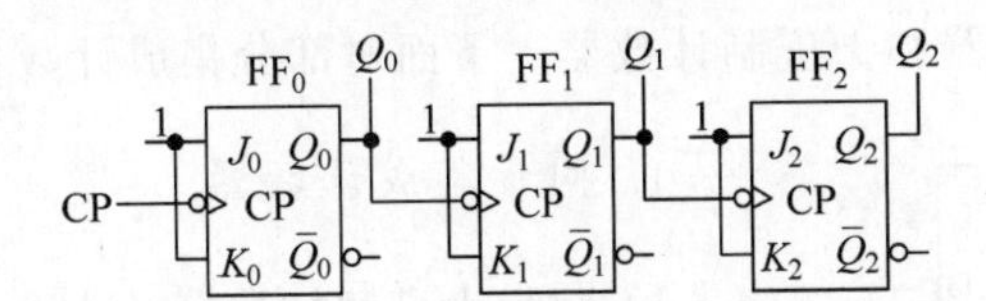

图 5.4.6　3 位异步二进制加法计数器电路

2）异步二进制减法计数器

将 T′触发器之间按照二进制减法计数规则连接，即可得到二进制减法计数器。观察表 5.4.2，不难得出各个触发器的特点：Q_0，每来一个 CP，Q_0 翻转一次；Q_1，当 Q_0 出现上降沿时，Q_1 翻转一次；Q_2，当 Q_1 出现上降沿时，Q_2 翻转一次。

仍采用 JK 触发器构成的 T′触发器实现 3 位异步二进制减法计数器如图 5.4.7 所示。CP 是要记录的计数输入脉冲，接 FF_0 的时钟端，将 $\overline{Q_0}$ 接 FF_1 的时钟端，将 $\overline{Q_1}$ 接 FF_2 的时钟端。

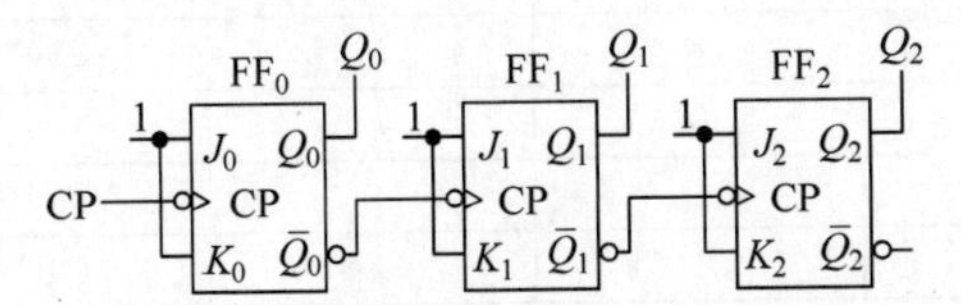

图 5.4.7　3 位异步二进制减法计数器电路

异步二进制计数器构成方法总结：每个触发器都处在计数状态，通过时钟信号控制各个触发器计数，最低位触发器接CP，其余各位触发器接各自低一位触发器的输出端。

加法计数器：如果采用下降沿触发的触发器，则高位触发器的时钟端CP接低一位触发器的输出Q端；如果采用上升沿触发的触发器，则高位触发器的时钟端CP接低一位触发器的输出$\bar{Q}$端。

减法计数器：如果采用下降沿触发的触发器，则高位触发器的时钟端CP接低一位触发器的输出$\bar{Q}$端；如果采用上升沿触发的触发器，则高位触发器的时钟端CP接低一位触发器的输出Q端。

5.4.3 课前自学——预习自测

5.4.3.1 试用下降沿触发JK触发器组成5位异步二进制减法计数器电路。

5.4.3.2 试用下降沿触发D触发器组成5位异步二进制加法计数器电路。

（二）课上篇

5.4.4 课中学习——集成计数器及其应用

常用的中规模集成计数器品种较多，主要分为同步计数器和异步计数器两大类，每一类又分为二进制计数器和十进制计数器。下面对部分集成计数器进行介绍。

1. 同步集成计数器

1）同步十进制计数器74160

同步十进制加法计数器74160的符号图如图5.4.8所示。

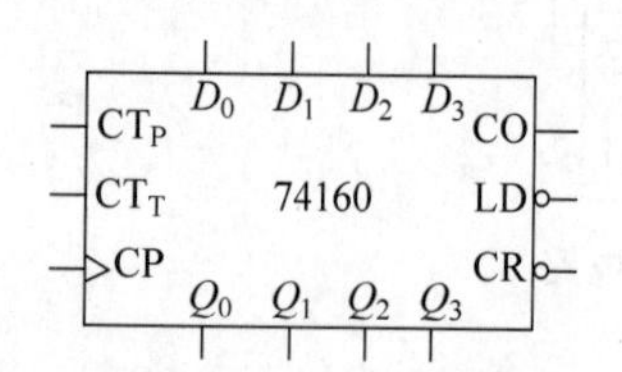

图5.4.8 74160的符号图

74160计数翻转是在时钟信号的上升沿完成的，CT_P、CT_T是使能控制端，LD是置数端，CR是清零端，$D_0D_1D_2D_3$是四个数据输入端（D_3为最高位，D_0为最低位），$Q_0Q_1Q_2Q_3$是四个数据输出端（Q_3为最高位，Q_0为最低位），CO是进位输出端。74160具有清零、置数、保持以及计数功能。其功能表如表5.4.3所示。

表5.4.3 74160的功能表

CP	CR	LD	CT_T	CT_P	工作状态
×	0	×	×	×	清零
↑	1	0	×	×	置数
×	1	1	0	×	保持
×	1	1	×	0	保持
↑	1	1	1	1	计数

（1）异步清零：当CR=0时，其他输入任意，可以使计数器立即清零。

(2) 同步置数：当 CR＝1 且 $D_3D_2D_1D_0=DCBA$ 时，若置数控制信号 LD＝0，在 CP 的上升沿到来时，完成置数操作，使 $Q_3Q_2Q_1Q_0=DCBA$。使能控制信号 CT_T、CT_P 的状态不影响置数操作。

(3) 保持：当 CR＝LD＝1 时，若使能控制信号 CT_T（或者 CT_P）为 0，都能使计数器保持状态不变。

(4) 计数：当 CR＝LD＝1 时，$CT_T=CT_P=1$ 时，在 CP 的上升沿到来时，计数器进行计数。

CO 是进位输出信号，$CO=Q_3Q_0CT_T$，当 $Q_3Q_2Q_1Q_0=1001$（计数到 9）且 $CT_T=1$ 时，CO＝1 产生进位输出。

与 74160 相似的还有同步二进制计数器 74161，它是 4 位二进制计数器，它的进位输出 $CO=Q_3Q_2Q_1Q_0CT_T$。

2) 同步二进制计数器 74163

同步二进制加法计数器 74163 的符号图如图 5.4.9 所示。

74163 计数翻转是在时钟信号的上升沿完成的，CT_P、CT_T 是使能控制端，LD 是置数端，CR 是清零端，$D_0D_1D_2D_3$ 是四个数据输入端（D_3 为最高位，D_0 为最低位），$Q_0Q_1Q_2Q_3$ 是四个数据输出端（Q_3 为最高位，Q_0 为最低位），CO 是进位输出端。74163 具有清零、置数、保持以及计数功能。其功能表如表 5.4.4 所示。从表中不难看出，除了 CR 位同步清零外，其余功能与 74160 完全相同，这里不再赘述。

表 5.4.4 74163 的功能表

CP	CR	LD	CT_T	CT_P	工作状态
↑	0	×	×	×	清零
↑	1	0	×	×	置数
×	1	1	0	×	保持
×	1	1	×	0	保持
↑	1	1	1	1	计数

与 74163 相似的还有同步十进制计数器 74162，芯片的符号图和功能表完全相同。与 74163 不同的是，74162 是十进制计数器，它的进位输出 $CO=Q_3Q_0CT_T$。

2. 异步集成计数器 74290

74290 是异步二-五-十进制加法计数器，逻辑符号图如图 5.4.10 所示。

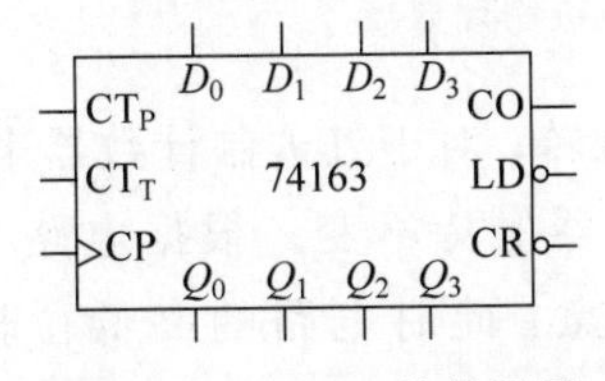

图 5.4.9 74163 的符号图

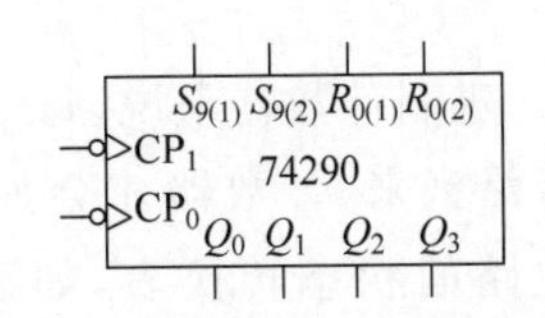

图 5.4.10 74290 的符号图

74290有CP_1、CP_0两个时钟脉冲，说明内部触发器并不是受同一个脉冲控制，因此是异步集成计数器，计数翻转在时钟信号的下降沿完成。CT_P、CT_T是使能控制端，$S_{9(1)}$、$S_{9(2)}$是置9端，$R_{0(1)}$、$R_{0(2)}$是清零端，$Q_3Q_2Q_1Q_0$是四个数据输出端。74290具有清零、置9以及计数功能。其功能表如表5.4.5所示。

表5.4.5　74290的功能表

输入						输出	工作模式
$R_{0(1)}$	$R_{0(2)}$	$S_{9(1)}$	$S_{9(2)}$	CP_0	CP_1	$Q_3Q_2Q_1Q_0$	
1	1	0	×	×	×	0000	异步清零
1	1	×	0	×	×	0000	
×	×	1	1	×	×	1001	异步置9
$R_{0(1)}R_{0(2)}=0$		$S_{9(1)}S_{9(2)}=0$		CP	0	二进制	加法计数
				0	CP	五进制	
				CP	Q_0	8421十进制	
				Q_3	CP	5421十进制	

(1) 异步清零：当$R_{0(1)}=R_{0(2)}=1$时，$S_{9(1)}$、$S_{9(2)}$至少有1个为0，可以使计数器立即清零。

(2) 异步置9：当$S_{9(1)}=S_{9(2)}=1$时，可以使计数器立即置9。

(3) 加法计数：当CP仅送入CP_0，由Q_0输出，电路为二进制加法计数器；当CP仅送入CP_1，由$Q_3Q_2Q_1$输出，电路为五进制加法计数器；当CP送入CP_0，Q_0接置CP_1，则构成2×5十进制加法计数器，$Q_3Q_2Q_1Q_0$输出8421码；当CP送入CP_1，Q_3接置CP_0，则构成5×2十进制加法计数器，$Q_0Q_3Q_2Q_1$输出5421码。下面具体介绍为什么能构成8421码和5421码的十进制加法计数器。

74290包含一个独立的二进制计数器和一个独立的五进制计数器。二进制计数器的时钟输入端为CP_0，输出为Q_0；五进制计数器的时钟输入端为CP_1，输出为$Q_3Q_2Q_1$。如果将二进制计数器的输出作为五进制计数器的时钟端，如图5.4.11所示。

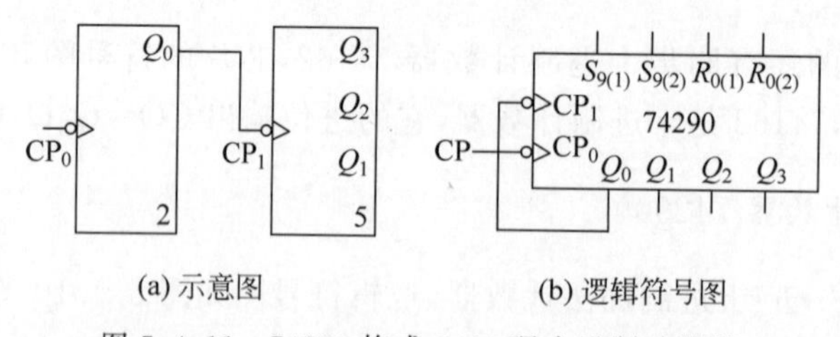

(a) 示意图　　(b) 逻辑符号图

图5.4.11　74290构成8421码十进制计数器

对于二进制计数器来说，每来一个脉冲，Q_0就翻转；对于五进制计数器来说，只有Q_0的下降沿到来，计数器才会加1计数，否则计数器保持不变。根据电路的工作过程，列出电路的状态转换表，如表5.4.6所示。注意：此时电路的高低位排列顺序是$Q_3Q_2Q_1Q_0$。

表 5.4.6 图 5.4.11 状态转换表

Q_3^n	Q_2^n	Q_1^n	Q_0^n	Q_3^{n+1}	Q_2^{n+1}	Q_1^{n+1}	Q_0^{n+1}
0	0	0	0	0	0	0	1
0	0	0	1	0	0	1	0
0	0	1	0	0	0	1	1
0	0	1	1	0	1	0	0
0	1	0	0	0	1	0	1
0	1	0	1	0	1	1	0
0	1	1	0	0	1	1	1
0	1	1	1	1	0	0	0
1	0	0	0	1	0	0	1
1	0	0	1	0	0	0	0
1	0	1	0	×	×	×	×
1	0	1	1	×	×	×	×
1	1	0	0	×	×	×	×
1	1	0	1	×	×	×	×
1	1	1	0	×	×	×	×
1	1	1	1	×	×	×	×

将五进制计数器的输出 Q_3 作为二进制计数器的时钟端，如图 5.4.12 所示。

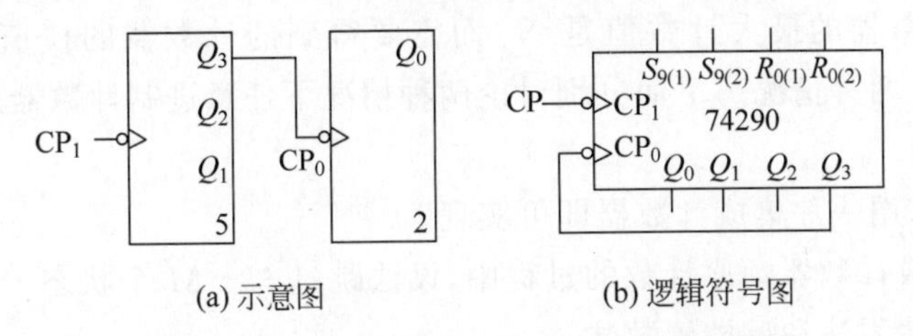

图 5.4.12 74290 构成 5421 码十进制计数器

对于五进制计数器来说，每来一个脉冲，计数器就加 1 计数；对于二进制计数器来说，只有 Q_3 的下降沿到来，计数器输出 Q_0 才会翻转。根据电路的工作过程，列出电路的状态转换表，如表 5.4.7 所示。注意：此时电路的高低位排列顺序是 $Q_0Q_3Q_2Q_1$。

表 5.4.7 图 5.4.12 状态转换表

Q_0^n	Q_3^n	Q_2^n	Q_1^n	Q_0^{n+1}	Q_3^{n+1}	Q_2^{n+1}	Q_1^{n+1}
0	0	0	0	0	0	0	1
0	0	0	1	0	0	1	0
0	0	1	0	0	0	1	1
0	0	1	1	0	1	0	0
0	1	0	0	1	0	0	0
0	1	0	1	×	×	×	×
0	1	1	0	×	×	×	×

续表

Q_0^n	Q_3^n	Q_2^n	Q_1^n	Q_0^{n+1}	Q_3^{n+1}	Q_2^{n+1}	Q_1^{n+1}
0	1	1	1	×	×	×	×
1	0	0	0	1	0	0	1
1	0	0	1	1	0	1	0
1	0	1	0	1	0	1	1
1	0	1	1	1	1	0	0
1	1	0	0	0	0	0	0
1	1	0	1	×	×	×	×
1	1	1	0	×	×	×	×
1	1	1	1	×	×	×	×

3. 集成计数器的应用

由于中规模集成计数器体积小、功耗低、可靠性高等特点而获得了广泛应用。但是出于成本方面的考虑，集成计数器的定型产品追求大批量，因而目前市售集成计数器产品主要是应用较广泛的十进制、十六进制等几种产品，在需要其他任意进制计数器时，只能在现有中规模集成计数器基础上，经过外电路的不同连接来实现。这就是集成计数器的应用——任意进制计数器的实现。

假设集成计数器的最大计数值是 N，而需要得到的计数器的模值是 M，这时就有 $N>M$ 和 $N<M$ 两种情况。下面分别讨论两种情况下任意进制计数器的实现方法。

1) $N>M$

这种情况下，用一片集成计数器即可实现。

思路：在集成计数器顺序计数的过程中，设法跳过 $N-M$ 个状态。

方法：反馈清零法和反馈置数法。

反馈清零法适用于有置零输入端计数器。其工作原理是：N 进制计数器从全 0 状态 S_0 开始计数，接收了 $M-1$ 个计数脉冲后电路进入 S_{M-1} 状态，将该状态译码产生一个置零信号加到计数器的置零输入端，则计数器将立刻返回 S_0 状态，这样就跳过了 $N-M$ 个状态而得到 M 进制计数器，如图 5.4.13(a)所示。

反馈置数法适用于有置数输入端的计数器。与反馈清零法的区别在于，它是通过给计数器置入某个数值的方法来跳过 $N-M$ 个状态，从而获得 M 进制计数器，如图 5.4.13(b)所示，置数操作可以在电路的任何一个状态下进行。

例 5.4.1 试利用同步十进制计数器 74160 实现六进制计数器。

解：74160 既有清零端又有置数端，所以两种方法均可采用。

(1) 反馈清零法。

按照反馈清零法的工作原理，当计数器计数到 $Q_3Q_2Q_1Q_0=0101$(S_{M-1} 状态)时，担任译码电路的与非门输出低电平使得 74160 芯片的清零端 CR 有效，使得计数器回到 0000 状态。如果取 5 作为反馈，5 的状态仅持续一个与非门的传输延迟时间，而这

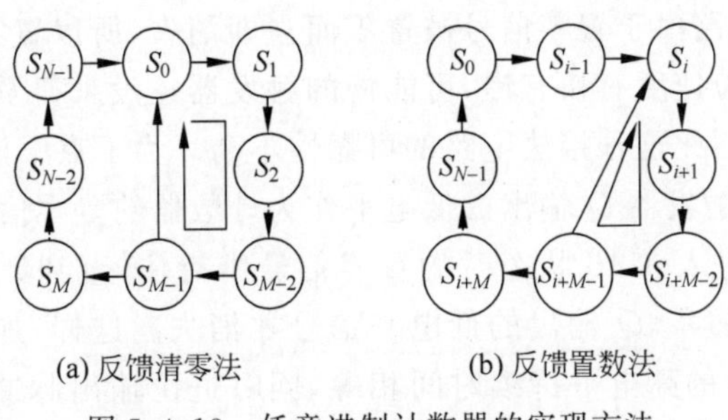

图 5.4.13 任意进制计数器的实现方法

个时间非常短(纳秒级),因此在稳定的状态循环中不包括 5。因此,对于异步清零的芯片,需要多取一个状态 S_M 作为反馈。但是对于同步清零的芯片,因为清零的动作不仅与清零端有关,还与 CP 有关,所以只需要取有效循环的最后一个状态 S_{M-1} 作为反馈,如图 5.4.14 所示。

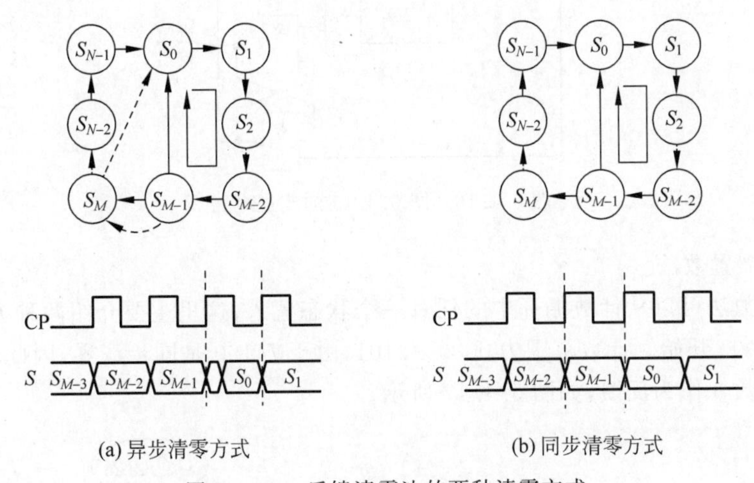

图 5.4.14 反馈清零法的两种清零方式

因此,74160 采用反馈清零法实现六进制计数器必须多取一个状态 6 作为反馈,如图 5.4.15 所示。

仿真视频

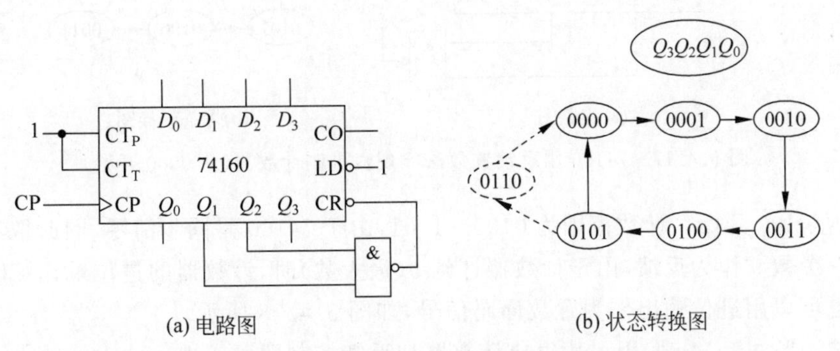

图 5.4.15 74160 用反馈清零法实现六进制计数器(取 6 作为反馈)

图 5.4.15 所示电路由于置零信号被置零而立即消失，所以置零信号持续时间较短。芯片内部触发器的复位速度有快有慢，可能慢的触发器还没来得及复位置零信号就消失了，导致电路误动作，因此这种接法电路的可靠性不高。为了克服该缺点，采用图 5.4.16 所示电路，将基本 RS 触发器 $\bar{Q}$ 输出的低电平作为计数器的置零信号，利用基本 RS 触发器的记忆功能将电路进入 0110 状态时的置零信号维持住，直到计数脉冲回到低电平以后，基本 RS 触发器被置零，$\bar{Q}$ 输出的低电平信号才消失。这样，加到计数器 CR 端的置零信号与输入脉冲 CP 的高电平持续时间相等，同时进位输出脉冲也可以从基本 RS 触发器的 Q 端引出，这个脉冲的宽度与计数脉冲高电平宽度相等。

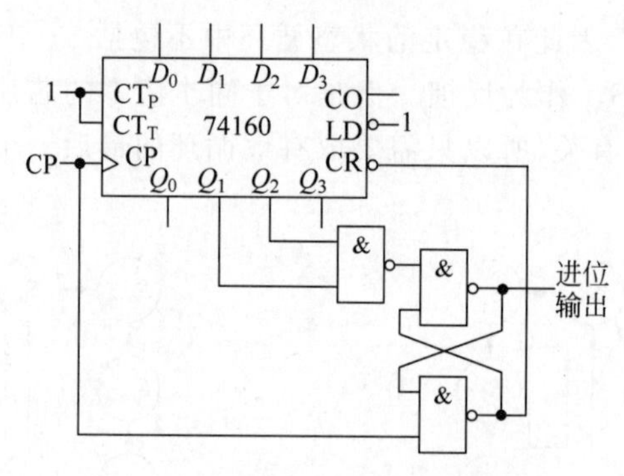

图 5.4.16　图 5.4.15 的改进电路

(2) 反馈置数法。

反馈置数法可以从计数循环中的任意一个状态置入，这里主要介绍两种方案。

① 从 0000 开始。计数范围为 0000～0101，由于 74160 是同步清零，因此取有效循环的最后一个数 5 作为反馈，如图 5.4.17 所示。

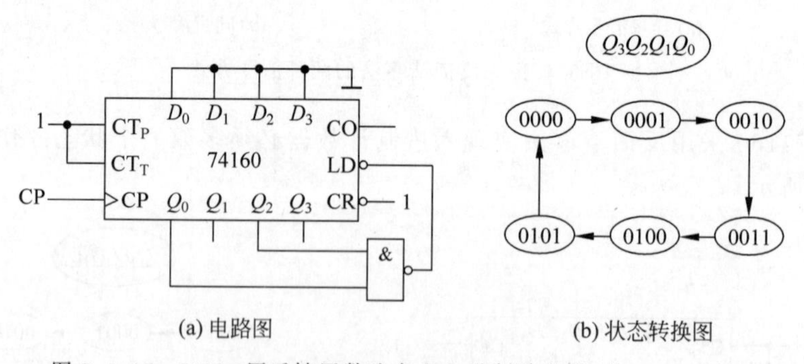

图 5.4.17　74160 用反馈置数法实现六进制计数器(从 0000 开始)

② 从 0100 开始。计数范围为 0100～1001，由于 74160 是同步清零，因此取有效循环的最后一个数 9 作为反馈，由于计数器计到 9(最大数)时，计数器的进位输出 CO 输出为 1，因此也可以用进位输出作为置数译码信号，如图 5.4.18 所示。

总结：当 $N>M$ 时，用一片集成计数器加反馈控制即可实现。

思路：跳过$(N-M)$个状态。

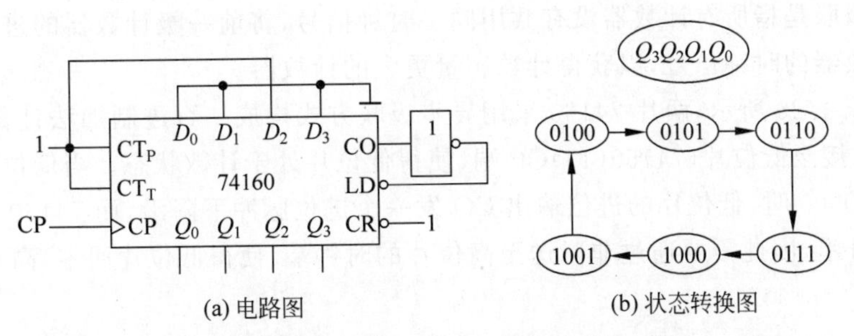

图 5.4.18　74160 用反馈置数法实现六进制计数器(从 0100 开始)

方法：反馈清零法和反馈置数法。

原理：通过芯片的清零或者置数引脚，当计数到 M 个状态时产生清零/置数译码信号，使得芯片清零或置数，从而跳过 $N-M$ 个状态，如图 5.4.13 所示。

注意：不管是反馈清零法还是反馈置数法，关键看集成芯片的清零或置数方式，如果是异步，需要多取一个数作为反馈；如果是同步，取有效循环中的最后一个数作为反馈。

2) $N<M$

这种情况下，需要用多片 N 进制计数器组合起来，才能构成 M 进制计数器。

方法：整体法和分体法。

(1) 整体法。

其工作原理是先用多片 N 进制计数器级联，组成 $N\times\cdots\times N$ 进制计数器，再利用芯片的清零或者置数引脚通过反馈控制电路跳过 $N\times\cdots\times N-M$ 个状态，从而实现 M 进制计数器。级联分为同步级联和异步级联，下面以两片同步十进制加法计数器 74160 芯片的连接为例详细介绍两种级联方式。

同步级联是指所有计数器使用同一时钟信号，将前一级计数器的进位输出作为后一级计数器的使能信号，以获得计数容量更大的计数器。

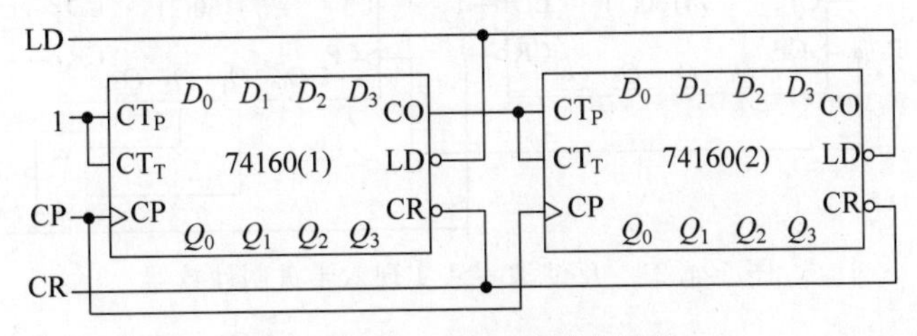

图 5.4.19　74160 的同步级联

如图 5.4.19 所示，两片 74160 采用同步级联方式构成一百进制加法计数器。两片 74160 共用 CP，低位片(74160(1))使能信号 $CT_T=CT_P=1$，所以总是工作在计数状态；而高位片(74160(2))使能信号 CT_T、CT_P 接低位片进位输出 CO，所以只有当低位片计数到最大值 1001 时，CO=1，使得高位片使能信号 $CT_T=CT_P=1$，满足计数条件，在下一个脉冲到来时，低位片回零，高位片加 1，实现了进位。

异步级联是指所有计数器没有共用同一时钟信号,将前一级计数器的进位输出作为后一级计数器的时钟信号,以获得计数容量更大的计数器。

如图 5.4.20 所示,两片 74160 采用异步级联方式构成一百进制加法计数器,外部时钟信号 CP 接至低位片(74160(1))CP 端,使得低位片处于计数状态。当低位片计数值由 1001 回到 0000 时,低位片的进位输出 CO 发一个进位脉冲下降沿,而 74160 芯片的有效边沿是上升沿,因此需要通过非门送至高位片的时钟端,使得低位片回零,高位片加 1,实现了进位。

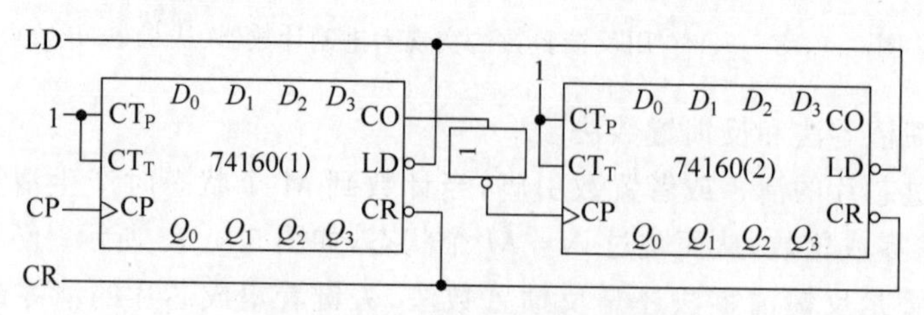

图 5.4.20　74160 的异步级联

例 5.4.2　试利用同步十进制计数器 74160 实现六十进制计数器。

解:芯片 74160 是同步十进制加法计数器,而要实现的是六十进制计数器,很显然一片芯片无法实现,因此需要两片芯片采用级联方式实现一百进制计数器,将两片芯片看作一个整体,整体计数器的模值是 100>60,利用清零或者置数引脚跳过 100－60 个状态,实现六十进制计数器。

反馈清零法。如图 5.4.21 所示,两片 74160 芯片采用同步级联的方式实现一百进制计数器。采用反馈清零法,因此计数器的计数范围为 0～59,由于 74160 芯片是异步清零方式,因此取 60 作为反馈数,当计数器计数到 60,即 01100000 时,担任译码电路的与非门输出低电平使得两片 74160 芯片的清零端 CR 处在有效状态,计数器回到 0 状态。

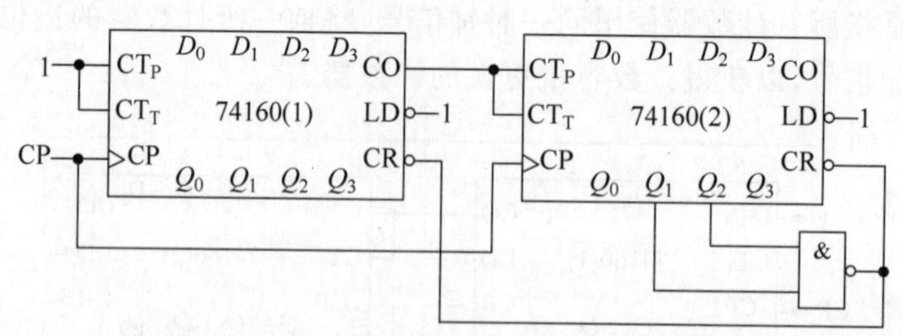

图 5.4.21　反馈清零法实现六十进制计数器

反馈置数法。如图 5.4.22 所示,两片 74160 采用同步级联方式实现一百进制计数器。反馈置数法可以从计数循环中任意一个状态置入,假如从 0 开始,计数范围依然是 0～59。

反馈置数法与反馈清零法的区别:①初始数 0 需要从数据输入端体现;②由于 74160 是同步置数方式,因此取 59 作为反馈数,当计数器计数到 59,即 01011001 时,担任译码电路的与非门输出低电平使得两片 74160 的置数端 LD 处在有效状态,下一个脉冲到来,计数器回到起始数 0 状态。

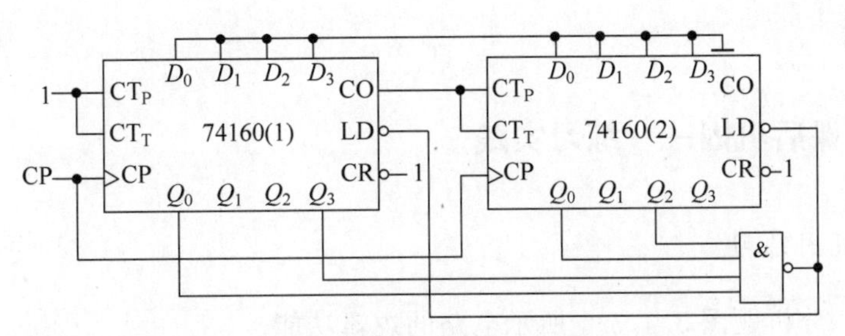

图 5.4.22　反馈置数法实现六十进制计数器

(2) 分体法。

其工作原理是将 M 分解为两个小于 N 的因数相乘，即 $M=N_1\times N_2$，然后将 N_1 进制计数器和 N_2 进制计数器连接起来构成 M 进制计数器。注意：当 M 为大于 N 的素数时，不能分解为 N_1 和 N_2，分体法就行不通了，此时必须采用整体法实现 M 进制计数器。

例 5.4.3　试利用同步十进制计数器 74160 采用分体法实现六十进制计数器。

解：60=10×6，因此用两片 74160 分别实现十进制和六进制，十进制作为低位芯片，六进制作为高位芯片，将低位芯片的进位输出作为高位芯片的使能信号，而两片芯片共用同一个 CP，电路如图 5.4.23 所示。片 74160(1)是低位芯片，使能信号处于有效，由于 74160 就是十进制计数器，因此只需将 CR 和 LD 处于无效，在时钟脉冲 CP 的作用下处于计数状态即可实现十进制。片 74160(2)是高位芯片，采用反馈清零法实现六进制。将低位芯片的进位输出作为高位芯片的使能信号，当低位芯片计数到最大值 1001 时，CO=1，使得高位片的使能信号 $CT_T=CT_P=1$，满足计数条件，在下一个脉冲到来时，低位片回零，高位片加 1，实现了进位，最终实现六十进制计数器。

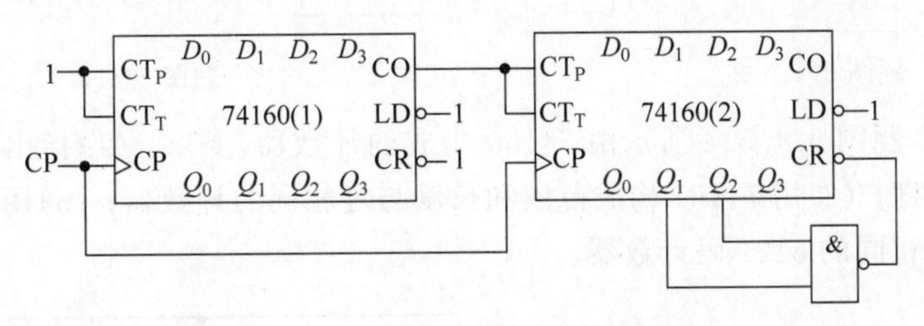

图 5.4.23　分体法实现六十进制计数器

总结：当 $N<M$ 时，用多片集成计数器加反馈控制即可实现。

方法：整体法和分体法。

原理：**整体法**先用多片 N 进制计数器通过同步级联或异步级联组成 $N\times\cdots\times N$ 进制计数器，再利用芯片的清零或者置数引脚通过反馈控制电路跳过 $N\times\cdots\times N-M$ 个状态，从而实现 M 进制计数器。**分体法**将 M 分解为若干小于 N 的因数相乘，即 $M=N_1\times\cdots\times N_i$，然后将多个小于 N 的计数器连接起来实现 M 进制计数器。

（三）课后篇

5.4.5 课后巩固——练习实践

1. 知识巩固练习

讲解视频

5.4.5.1 分析题图 5.4.5.1 所示电路的逻辑功能。

讲解视频

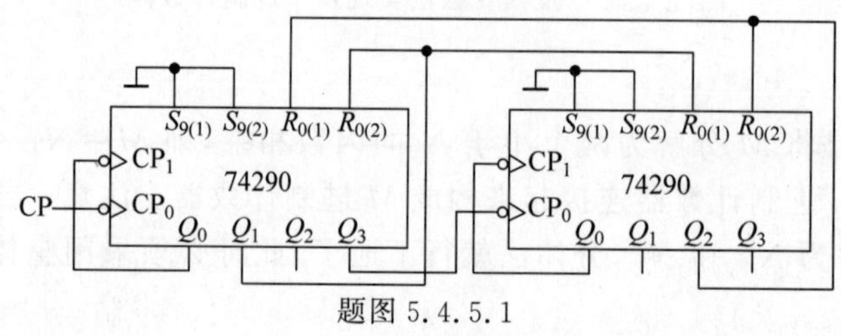

题图 5.4.5.1

5.4.5.2 分析题图 5.4.5.2 所示的计数器在 $M=1$ 和 $M=0$ 时各为几进制。

讲解视频

5.4.5.3 分析题图 5.4.5.3 所示电路的逻辑功能。

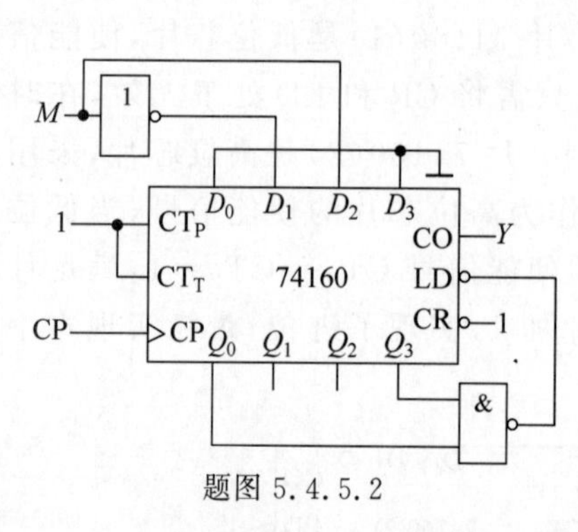

题图 5.4.5.2

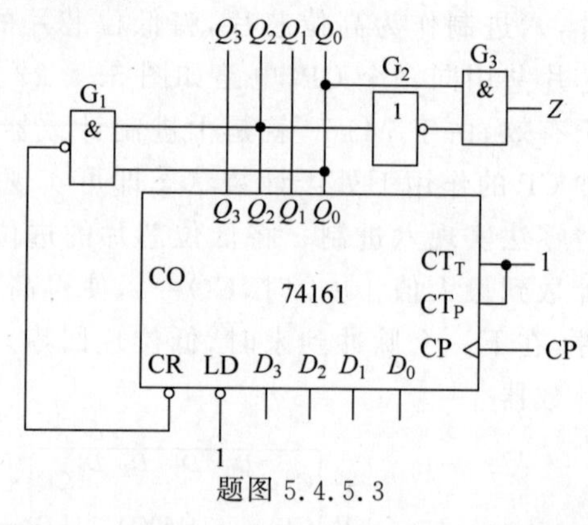

题图 5.4.5.3

讲解视频

5.4.5.4 题图 5.4.5.4 所示由 74160 构成的计数器，要求：(1)指出计数器的计数范围和计数长度；(2)用 74161 构成范围和长度与之相同的计数器；(3)用 74290 构成范围和长度与之相同的 5421 码计数器。

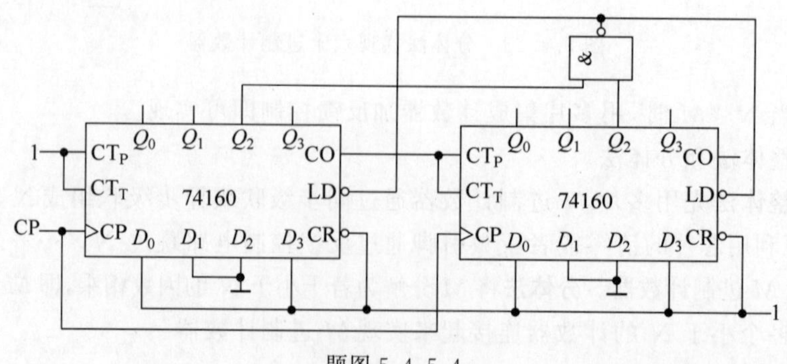

题图 5.4.5.4

5.4.5.5 题图5.4.5.5所示电路由74161构成的计数器，要求：(1)分析该计数器的计数范围及计数长度；(2)用74162实现与(1)计数长度相同的计数器。

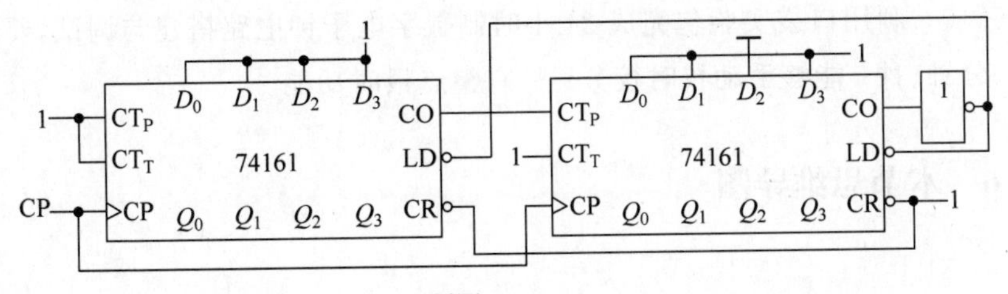

题图 5.4.5.5

5.4.5.6 试分别用74160和74161及最少的门电路实现计数长度为8，计数范围6～9，0～3的计数器。

5.4.5.7 (1)分析题图5.4.5.7所示74160(十进制、异步清零同步置数器件)构成的计数器，指出计数范围和计数长度。(2)用74290(二-五-十进制、异步清零异步置9器件)构成与图示电路计数范围和计数长度相同的5421码计数器。

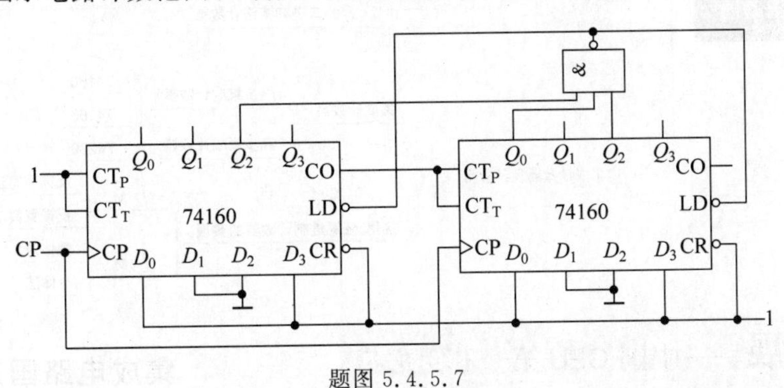

题图 5.4.5.7

5.4.5.8 用同步十进制计数器芯片74162设计一个三百六十五进制的计数器，要求各位间为十进制关系，允许附加必要的门电路。

5.4.5.9 题图5.4.5.9所示电路是可变进制计数器，试分析当控制变量A为1和0时电路各为几进制计数器。

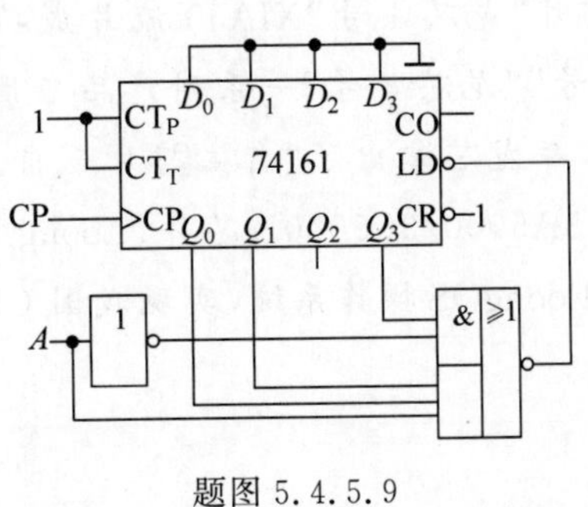

题图 5.4.5.9

2. 工程实践练习

5.4.5.10 利用口袋实验包完成24小时制数字电子钟电路搭建与调试,要求：能够显示小时、分钟、秒；能够手动校时校分；具有整点报时功能。

5.4.6 本节思维导图

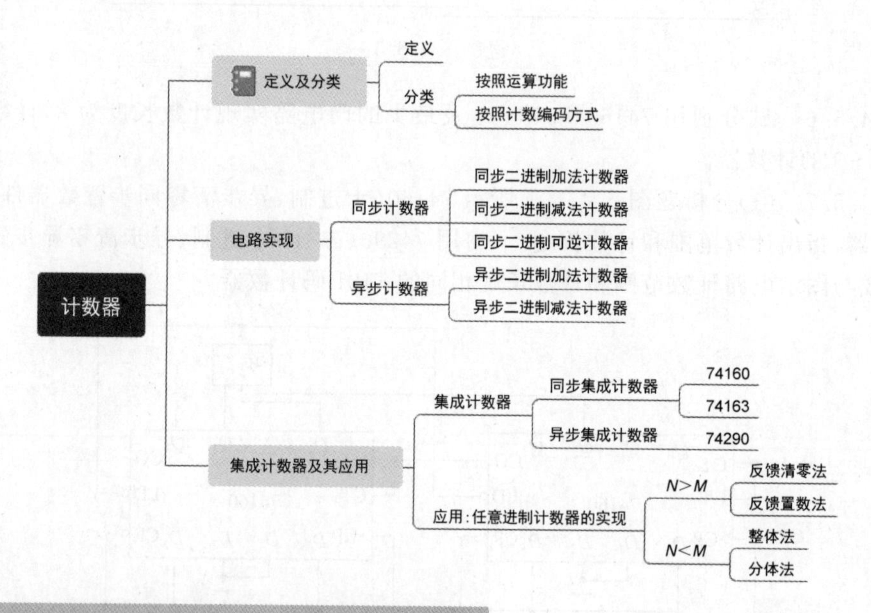

知识拓展——中国CPU第一芯：龙芯

集成电路国产化进程

CPU(中央处理器)作为集成电路中的重要元器件,一直是国家集成电路发展的标志性芯片。如果没有CPU的国产化与自主化,国家信息安全将无从谈起。我国的第一个CPU芯片研制开始于2001年中国科学院计算机研究所成立的一个芯片研发课题组,2002年8月10日,首片"龙芯1号"XIA50流片成功,这一天称为龙芯诞生日。经过20年的发展,"龙芯2号""龙芯3号"一系列产品应用到金融、通信、教育、交通、军工各个领域,尤其是2021年龙芯拿出了"自主芯片+自主指令+自主操作系统"三大杀手锏,分别对应新一代3A5000/3C5000L芯片、LoongArch自主指令集、信息行业的Loongnix以及工控类的LoongOS操作系统,实现我国CPU从硬到软到系统的全国产化。

5.5 同步时序逻辑电路的设计方法

(一) 课前篇

本节导学单

1. 学习目标

根据《布鲁姆教育目标分类学》,从知识维度和认知过程两方面进一步细化本节课的教学目标,明确学习本节课所必备的学习经验。

知识维度	认知过程					
	1. 回忆	2. 理解	3. 应用	4. 分析	5. 评价	6. 创造
A. 事实性知识	回忆触发器的基本概念	说出序列信号发生器和序列信号检测器的基本概念				
B. 概念性知识	回忆常用触发器的逻辑符号、真值表、特性方程以及状态转换图	阐释等价状态的概念	应用等价状态的基本概念,判断电路状态转换图是否最简			
C. 程序性知识	回忆触发器多种表示方法之间的转换	阐释触发器个数与电路状态个数之间的关系	列举同步时序逻辑电路的设计步骤,解答每一个步骤所起的作用	根据同步时序逻辑电路的设计步骤,设计计数器和序列信号检测器	对比同步时序逻辑电路设计和同步时序逻辑电路分析步骤	利用集成芯片设计应用电路,会借助仿真软件进行验证,会利用口袋实验包进行电路搭建与调试
D. 元认知知识	明晰学习经验是理解新知识的前提		根据概念及学习经验迁移得到新理论的能力	将知识分为若干任务,主动思考,举一反三,完成每个任务	通过类比学习是知识整合吸收的过程	通过电路的设计、仿真、搭建、调试,培养工程思维

2. 导学要求

根据本节的学习目标，将回忆、理解、应用层面学习目标所涉及的知识点课前自学完成，形成自学导学单。

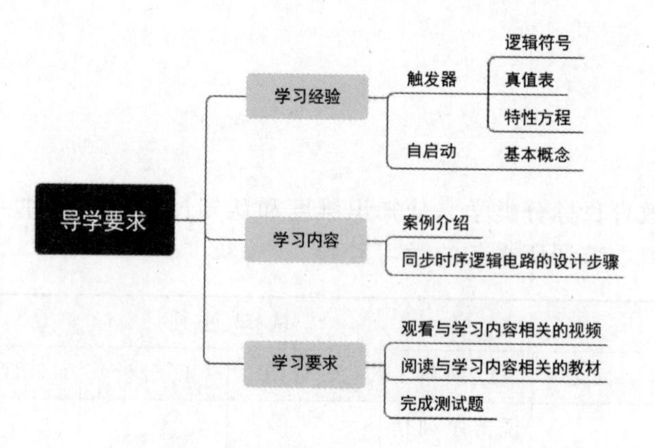

5.5.1 课前自学——同步时序逻辑电路的设计步骤

同步时序逻辑电路的设计步骤(图 5.5.1)如下：

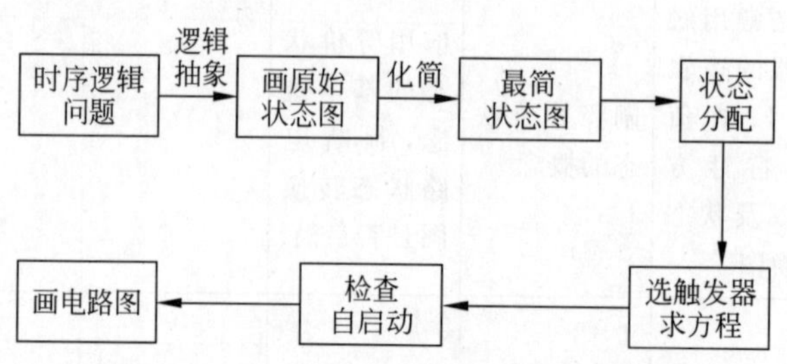

图 5.5.1 同步时序逻辑电路的设计步骤

(1) 逻辑抽象。根据设计要求，确定输入、输出变量以及电路的状态数目。通常将引起事件的原因作为输入变量，将事件的结果作为输出变量。定义输入变量、输出变量的逻辑状态，确定电路每个状态含义并进行编号。根据设计要求，画出电路的状态转换图。

(2) 状态化简。为了使设计电路达到最简单，需检查电路的状态转换图是否最简单。状态转换图中状态数越少，设计出来电路就越简单。如果电路的两个状态在相同输入的条件下有相同的输出，同时转换到相同的次态，则这两个状态为等价状态，可以合并。

(3) 状态分配。将时序逻辑电路中的状态用触发器状态的不同组合来表示，需要首先确定触发器个数 n。触发器个数 n 与电路状态个数 M 满足下列关系：

$$2^n \geqslant M > 2^{n-1} \tag{5.5.1}$$

为了便于记忆和识别，一般选用的状态编码和它们的排列顺序都遵循一定的规律。

(4) 选定类型,求出方程。不同触发器的驱动方式不同,选用不同的触发器设计出的电路也不一样。因此,在设计具体电路前必须选定触发器的类型。根据状态转换表以及采用的触发器的逻辑功能,即可得出待设计电路的输出方程和驱动方程。

(5) 检查自启动。当电路有效状态不是 2^n 时,应检查设计电路能否自启动。若电路不能够自启动,则需要重新设计电路,或者在电路开始工作时通过预置数将电路状态置成有效循环中的一种。

(6) 画电路图。根据驱动方程和输出方程画出电路图。

同步时序逻辑电路设计步骤与分析过程正好相反。

5.5.2 课前自学——预习自测

5.5.2.1 根据同步时序逻辑电路的设计步骤,试画出五进制加法计数器的状态转换图、状态转换表。

5.5.2.2 某时序逻辑电路的状态转换图如题图 5.5.2.2 所示,该图中是否有等效状态?如果有,画出简化后的状态转换图。

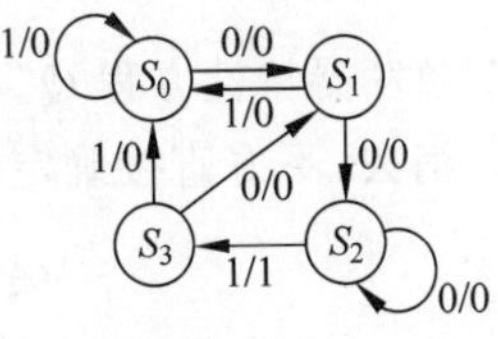

题图 5.5.2.2

(二) 课上篇

5.5.3 课中学习——同步时序逻辑电路设计举例

例 5.5.1 试设计一个带进位输出端的同步五进制加法计数器。

解:(1) 逻辑抽象,确定输入、输出及状态数目。

根据设计要求,该电路无输入变量,有进位输出 CO,电路状态数目为 5,分别用 S_0、S_1、S_2、S_3、S_4 表示。

(2) 根据设计要求,画出状态转换图,如图 5.5.2 所示。显然,该状态转换图是最简单的,不需化简。

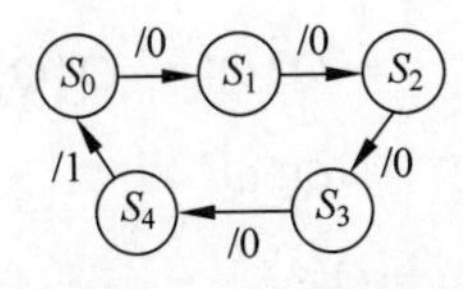

图 5.5.2 例 5.5.1 状态转换图

(3) 状态分配,列状态转换表。根据式(5.5.1),五个状态需要三个触发器,为了便于记忆与识别,S_0 用 000 表示,S_1 用 001 表示,S_2 用 010 表示,S_3 用 011 表示,S_4 用 100 表示。根据图 5.5.2 所示的状态转换图画出对应的状态转换表,如表 5.5.1 所示。由于计数器正常工作时不会出现 101、110、111 三个状态,因此三个状态看作无关项,状态转换表中用"×"表示。

表 5.5.1　例 5.5.1 状态转换表

Q_2^n	Q_1^n	Q_0^n	Q_2^{n+1}	Q_1^{n+1}	Q_0^{n+1}	CO
0	0	0	0	0	1	0
0	0	1	0	1	0	0
0	1	0	0	1	1	0
0	1	1	1	0	0	0
1	0	0	0	0	0	1
1	0	1	×	×	×	×
1	1	0	×	×	×	×
1	1	1	×	×	×	×

(4) 选择 JK 触发器，求方程。

根据状态转换表，可以画出 Q_2^{n+1}、Q_1^{n+1}、Q_0^{n+1}、CO 卡诺图，如图 5.5.3 所示。从 Q_2^{n+1} 卡诺图中不难看出，利用无关项可以使得 Q_2^{n+1} 表达式更简单。之所以不借助无关项，是因为借助无关项虽然表达式最简单 $Q_2^{n+1}=Q_1^nQ_0^n$，但要根据状态方程和 JK 触发器特性方程 $Q^{n+1}=J\overline{Q^n}+\overline{K}Q^n$，最终求出 J、K 表达式。借助于无关项已经将 Q_2^n 消去，不好直接确定 J、K 表达式。可见，最简和最佳可能是一对矛盾的两方面。

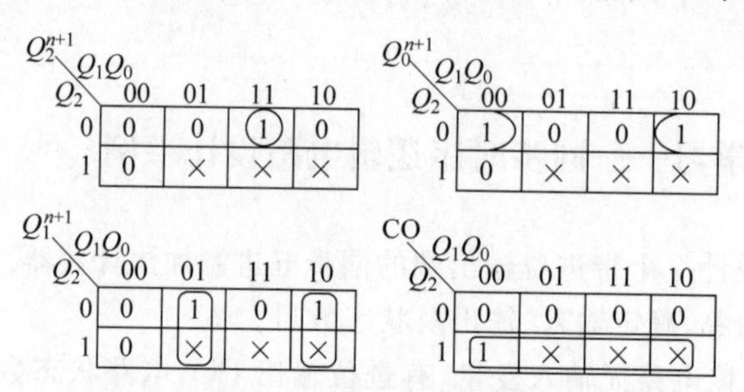

图 5.5.3　例 5.5.1 电路次态和输出的卡诺图

根据卡诺图可以得出电路的状态方程和输出方程为

$$\begin{cases} Q_2^{n+1}=\overline{Q}_2^nQ_1^nQ_0^n \\ Q_1^{n+1}=\overline{Q}_1^nQ_0^n+Q_1^n\overline{Q}_0^n \\ Q_0^{n+1}=\overline{Q}_2^n\overline{Q}_0^n \\ \text{CO}=Q_2^n \end{cases}$$

由状态方程和触发器特性方程 $Q^{n+1}=J\overline{Q}^n+\overline{K}Q^n$，得出电路驱动方程为

$$\begin{cases} J_2=Q_1^nQ_0^n \\ K_2=1 \end{cases},\quad \begin{cases} J_1=Q_0^n \\ K_1=Q_0^n \end{cases},\quad \begin{cases} J_0=\overline{Q}_2^n \\ K_0=1 \end{cases}$$

(5) 检查自启动。

根据第 1 章含有无关项的卡诺图化简可知，在卡诺图中用符号“×”表示无关项。在化简函数时既可以认为它是 1，也可以认为它是 0。与 1 一起画在圈内它就是 1，否则它

就是0。根据图5.5.3所示的卡诺图可以直接读出101→010,110→010,111→000,因此电路可以自启动。

(6) 根据驱动方程和输出方程画出电路图,如图5.5.4所示。

例5.5.2 用下降沿触发的JK触发器设计高电平输出的同步001序列信号检测器。该检测器有一个输入端X,它的功能是对输入信号进行检测,当连续输入001时,该电路输出$Y=1$,否则输出$Y=0$。

解:(1) 逻辑抽象,确定输入、输出及状态数目。

根据设计要求,取输入数据为输入变量,用X表示;取检测结果作为输出变量,用Y表示。设电路在没有收到0时的状态为S_0,收到一个0后的状态为S_1,连续收到两个0后的状态为S_2,连续收到001后的状态为S_3。

(2) 根据题意画出状态转换图,如图5.5.5所示。

(3) 状态化简。

比较状态S_0和S_3即可发现,它们在相同输入下有相同输出,进入相同的次态。因此,S_0和S_3为等价状态,可以合并,于是可得到图5.5.6化简后的状态转换图。

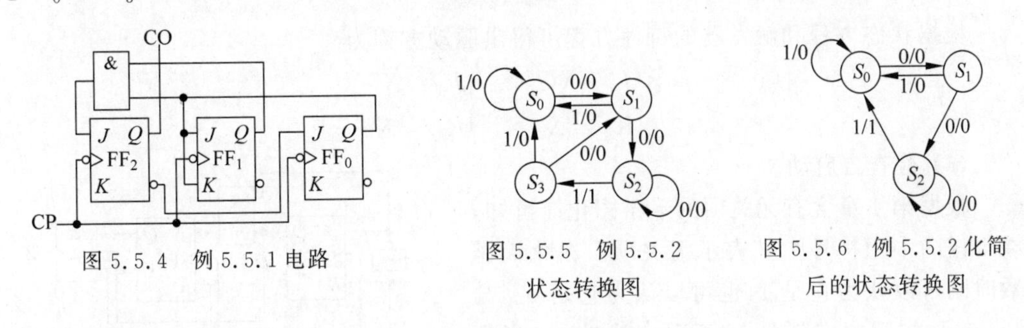

图5.5.4 例5.5.1电路

图5.5.5 例5.5.2状态转换图

图5.5.6 例5.5.2化简后的状态转换图

(4) 状态分配。

该电路有3个状态,根据式(5.5.1)可知触发器个数为2。取触发器Q_1Q_0状态为00、01、11,分别代表S_0、S_1、S_2,根据图5.5.6可得出该电路状态转换表,如表5.5.2所示。

表5.5.2 例5.5.2状态转换表

X	Q_1^n	Q_0^n	Q_1^{n+1}	Q_0^{n+1}	Z
0	0	0	0	1	0
0	0	1	1	1	0
0	1	0	×	×	×
0	1	1	1	1	0
1	0	0	0	0	0
1	0	1	0	0	0
1	1	0	×	×	×
1	1	1	0	0	1

(5) 选择 JK 触发器,求方程。

根据状态转换表可画出 Q_1^{n+1}、Q_0^{n+1} 的卡诺图,如图 5.5.7 所示。

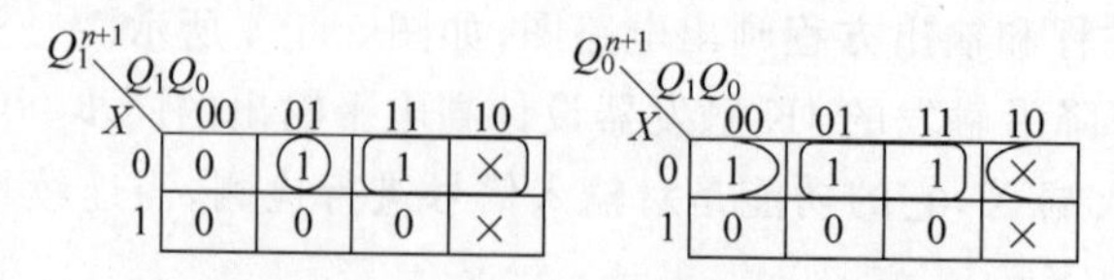

图 5.5.7　例 5.5.2 电路次态的卡诺图

由于采用 JK 触发器,根据其特性方程 $Q^{n+1}=J\overline{Q}^n+\overline{K}Q^n$,卡诺图画圈的原则:在保留 Q_i^n 或 $\overline{Q}_i^n$ 的前提下,尽可能借助无关项使状态方程最简单。

根据卡诺图可以得出电路的状态方程:

$$\begin{cases}Q_1^{n+1}=\overline{X}\overline{Q}_1^nQ_0^n+\overline{X}Q_1^n\\Q_0^{n+1}=\overline{X}\overline{Q}_0^n+\overline{X}Q_0^n\end{cases}$$

电路的输出方程为

$$Z=XQ_1^nQ_0^n$$

根据状态方程和触发器的特性方程可得出驱动方程为

$$\begin{cases}J_1=\overline{X}Q_0^n\\K_1=X\end{cases},\quad\begin{cases}J_0=\overline{X}\\K_0=X\end{cases}$$

(6) 检查自启动。

根据第 1 章含有无关项的卡诺图化简可知,在卡诺图中用符号"×"表示无关项。在化简函数时既可以认为它是 1,也可以认为它是 0。与 1 一起画在圈内它就是 1,否则它就是 0。根据图 5.5.7 所示的卡诺图可以直接读出以 10 作为现态,在输入为 0 的情况下次态为 11,输出为 0;以 10 作为现态,在输入为 1 的情况下次态为 00,输出为 0。因此,电路可以自启动。

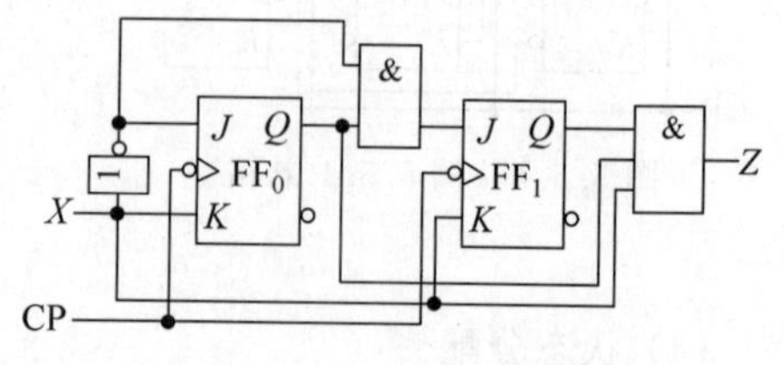

图 5.5.8　例 5.5.2 电路图

(7) 根据驱动方程和输出方程画出电路图,如图 5.5.8 所示。

(三) 课后篇

5.5.4　课后巩固——练习实践

讲解视频

讲解视频

1. 知识巩固练习

5.5.4.1　试分别用下降沿触发的 JK 触发器设计一个可重复触发的 101 序列信号检测器和一个不可重复触发的 101 序列信号检测器。

5.5.4.2　试用 JK 触发器和门电路设计一个同步七进制加法计数器,并检查设计电路能否自启动。

5.5.4.3 试用下降沿触发的D触发器设计一个1010序列检测器,输入为串行编码序列,输出为检出信号。

讲解视频

5.5.4.4 设计一个控制步进电动机三相六状态工作的逻辑电路。若用1表示电动机绕组截止,则3个绕组 ABC 的状态转换图如题图5.5.4.4所示。M 为输入控制变量,当 $M=1$ 时,电动机为正转,当 $M=0$ 时,电动机为反转。

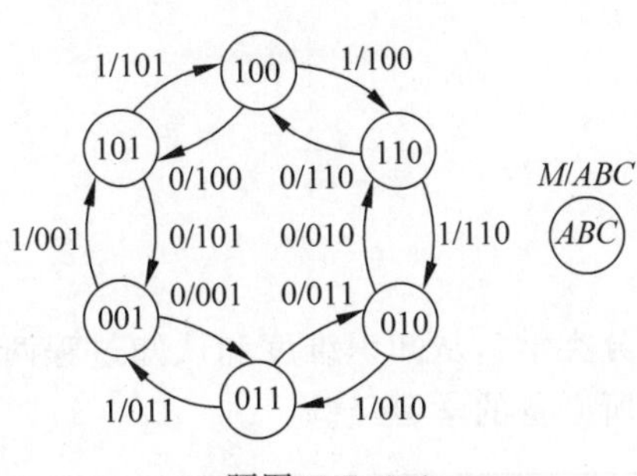

题图5.5.4.4

5.5.4.5 试用边沿JK触发器设计一个同步可控模三计数器,当控制端 $X=0$ 时完成加法运算,$X=1$ 时完成减法运算,进借位输出公用端为 Z。

讲解视频

2. 工程实践练习

5.5.4.6 设计一个自动售饮料机电路。投币口每次只能投入一枚五角或一元硬币。投入一元五角钱硬币后机器自动给出一杯饮料;投入两元(两枚一元)硬币后,在给出饮料同时找回一枚五角的硬币。利用口袋实验包完成自动售饮料机电路搭建与调试。

讲解视频

5.5.5 本节思维导图

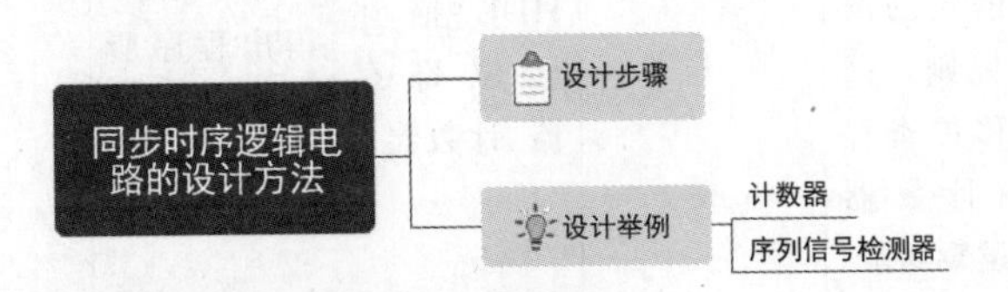

知识拓展——GPU国产先锋:景嘉微

集成电路国产化进程

每一个爱玩游戏的人都知道独立显卡的重要性,也知道英伟达这家图形处理器(Graphics Processing Unit,GPU)芯片设计公司,2020年它超越英特尔公司成为美国市值最高的芯片厂商。在中国有一家被称为"中国英伟达"的公司——长沙景嘉微电子股份有限公司(简称景嘉微),它主要有图形显控领域产品、小型专业化雷达领域产品和GPU芯片领域产品。例如,JM5400、JM7200和JM9系列GPU都是独立自主国产GPU。

5.6 用 Verilog HDL 描述时序逻辑电路

前面学习了各种时序逻辑电路功能模块，利用 Verilog HDL 可以实现硬件电路设计，本节将介绍时序逻辑电路的三种建模技巧。

（一）课前篇

本节导学单

1. 学习目标

根据《布鲁姆教育目标分类学》，从知识维度和认知过程两方面进一步细化本节课的教学目标，明确学习本节课所必备的学习经验。

知识维度	认知过程					
	1. 回忆	2. 理解	3. 应用	4. 分析	5. 评价	6. 创造
A. 事实性知识						
B. 概念性知识	回忆 C 语言运算符	阐释结构化建模的基本思想				
C. 程序性知识	回忆条件语句、循环语句、多路分支语句的语法规则。回忆移位寄存器、计数器的逻辑功能		应用 Verilog HDL 描述移位寄存器、计数器	分析 Verilog HDL 程序，得出程序所描述的逻辑功能		设计时序逻辑电路，会借助仿真软件进行验证，会利用 FPGA 开发板进行电路搭建与调试
D. 元认知知识	明晰学习经验是理解新知识的前提		根据基本思想及学习经验迁移得到新理论的能力			通过电路的设计、仿真、搭建、调试，培养工程思维

2. 导学要求

根据本节的学习目标，将回忆、理解、应用层面学习目标所涉及的知识点课前自学完成，形成自学导学单。

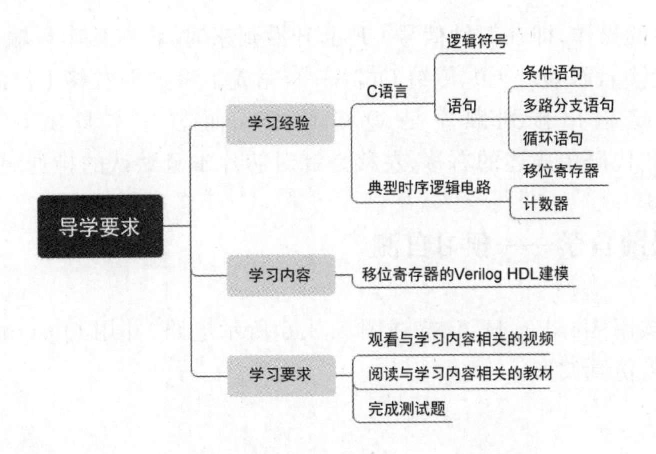

5.6.1 课前自学——移位寄存器的 Verilog 建模

5.3.3 节介绍了集成移位寄存器 74194 的逻辑符号及功能，本节用 Verilog HDL 描述 74194 的逻辑功能。描述代码如下：

```
module shift74194 (
   input S1,S0,                    //功能选择端口声明
  input Dsl, Dsr,                  //串行数据输入端口声明
  input CP, CR,                    //时钟和清零输入端口声明
  input [3:0]D,                    //并行数据输入端口声明
  output reg [3:0]Q                //输出端口及变量数据类型声明
);
always @ (posedge CP, negedge CR)
if(~CR) Q<=4'b0000;                //实现异步清零功能
else
 case({S1, S0})
   2'b00: Q<=Q;                    //输出保持不变
   2'b01: Q<={Q[2:0],Dsr};         //右移
   2'b10: Q<={Dsl, Q[3:1]};        //左移
   2'b11: Q<=D;                    //并行置数
 endcase
endmodule
```

从程序代码的结构来看，整个代码分为端口声明和逻辑功能描述两部分。首先对于 74194 芯片的输入、输出端口进行声明，接下来对于 74194 的异步清零、保持、左移、右移、置数这五种逻辑功能进行描述。

当清零信号 CR=0 时，输出立即置 0；当 CR=1 时，与时钟信号相关的四种功能由 case 语句的两个选择输入信号 S1、S0 决定。移位通过串行输入和触发器的输出拼接起来描述的，例如：

```
Q<={Q[2:0],Dsr};
```

说明了右移的操作，即在时钟信号 CP 上升沿到来时，将右移串行输入端 Dsr 的数据直接传给输出 Q[0]，而 Q[2：0]传给 Q[3：1]，完成了将数据右移 1 位的操作，注意：由于计算机中规定输出排列顺序是 $Q_3Q_2Q_1Q_0$，而芯片本身默认的排列顺序是 $Q_0Q_1Q_2Q_3$，因此代码中描述的右移、左移是针对芯片本身默认的排列顺序而言。

5.6.2 课前自学——预习自测

5.6.2.1 试用 Verilog HDL 描述图 5.3.6 所示电路，并用 Quartus Ⅱ 软件进行逻辑功能仿真，给出仿真波形。

（二）课上篇

5.6.3 课中学习——计数器的 Verilog 建模

5.4.2 节介绍了同步二进制计数器和异步二进制计数器的电路实现，本节用 Verilog HDL 描述同步二进制计数器、异步二进制计数器以及同步十进制计数器的逻辑功能。

1. 同步二进制计数器

```
module syncounter(
  output Q0, Q1, Q2;                //输出端口声明
 input CP;                          //输入端口声明
 );
 JK_FF FF0 ( Q0, Q0not,1, 1,CP);//实例化 JK 触发器
 JK_FF FF1 ( Q1, Q1not, Q0, Q0,CP);
  JK_FF FF2 ( Q2, Q2not, Q0&Q1, Q0&Q1,CP);
 endmodule

 module JK_FF ( output reg Q, output Qnot, input J, K, CP ); //JK 触发器模块
 assign Qnot = ～Q;
always @ (negedge CP)
    case({J,K})
      2'b00: Q <= Q;
      2'b01: Q <= 1'b0;
      2'b10: Q <= 1'b1;
      2'b11: Q <= ～Q;
   endcase
endmodule
```

从代码中不难看出，该程序采用结构化描述方式，第一个模块通过三次调用第二个模块完成计数功能，作为底层的第二个模块是下降沿触发的 JK 触发器。在第一个模块中，第一个触发器 FF0 的 J、K 接 1，实现 T′触发器的功能。第二个触发器 FF1 的 J、K 接前一个触发器的输出 Q_0，第三个触发器 FF2 的 J、K 是前两个触发器输出相与，三个

触发器的时钟信号都接CP，因此是同步二进制计数器。代码描述与图5.4.1一致。

2. 异步二进制计数器

```
module ripplecounter(
  output Q0, Q1, Q2;                //输出端口声明
 input CP, CR;                      //输入端口声明
 );
 D_FF FF0 ( Q0, ~Q0, CP, ~CR);//实例化D触发器
 D_FF FF1 ( Q1, ~Q1, Q0, ~CR);
  D_FF FF2 ( Q2, ~Q2, Q1, ~CR);
 endmodule

 module D_FF ( output reg Q, input D, CP, Rd ); //D触发器模块
  always @ (negedge CP, negedge Rd)
    if(~Rd) Q<=1'b0;               //实现异步清零功能
    else Q<=D;
endmodule
```

从代码中不难看出，该程序采用结构化描述方式，第一个模块通过三次调用第二个模块完成计数功能，作为底层的第二个模块是带有异步置零的D触发器。在第一个模块中，第一个触发器FF0的时钟接外部时钟CP，其输出Q_0取反后与数据输入D相连，实现T′触发器的功能。第二个触发器FF1的时钟信号接前一个触发器的输出端，其输出Q_1取反后接数据输入D。以此类推，将三个触发器级联构成异步二进制计数器，描述与图5.4.3类似。

3. 同步十进制计数器

```
module m10_counter(
  output reg[3:0]Q,                 //输出端口声明
 input CE, CP, CR;                  //输入端口声明
);
always @ (negedge CP, negedge CR)
    if(~CR) Q=4'b0000;             //实现异步清零功能
    else if (CE)
     begin
      if (Q>= 4'b1001 ) Q<=4'b0000;
      else Q<=Q+4'b0001;
     end
    else Q<=Q;
endmodule
```

从代码中不难看出，该程序描述的是带有使能端和异步清零端的同步十进制计数器。当清零信号CR跳变到低电平时，计数器输出被置0。当CR=1，CE=1时，在CP的上升沿作用下，计数器值小于9时，计数器的值加1；计数值大于或等于9时，计数器的输出被置0。当CR=1，CE=0时，计数器保持原来的状态不变，实现了十进制计数器的功能。

5.6.4 课中学习——任意分频的 Verilog 建模

分频在 FPGA 的设计中一直都担任着很重要的角色，而说到分频，很多人都已经想到了利用计数器来计算达到想要的时钟频率，但问题是仅仅利用计数器来分频，只可以实现偶数分频，而如果需要三分频、五分频、七分频等奇数类分频，究竟怎么办？在这里介绍一个可以实现任意整数分频的方法，这个办法也同样利用了计数器来计算，跟偶数分频不一样的是任意整数分频利用两个计数器来实现。三分频实现的时序图如图 5.6.1 所示。

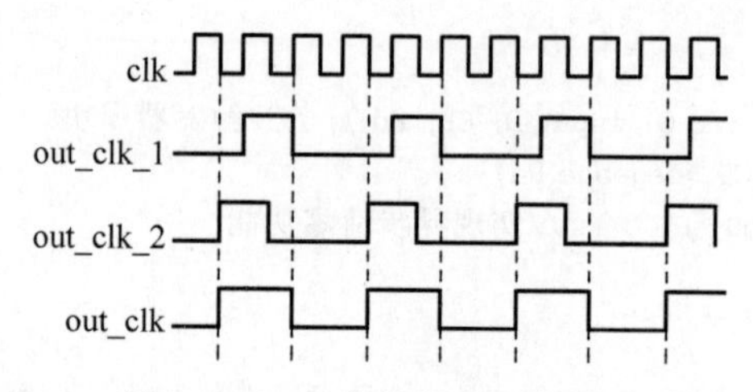

图 5.6.1　三分频实现的时序图

由图 5.6.1 所示的时序图可以知道，奇数分频是利用主时钟信号的上升沿和下降沿产生一对脉冲信号，将两个脉冲信号相或即可实现奇数分频。

理解了基本原理，接下来用代码实现，N 代表着需要多少分频，只要把 N 修改成需要的分频数即可，注意 $N>1$。

```
module divider(clk, rst_n, out_clk);
  input clk, rst_n;              //定义输入时钟,复位信号端口
  output out_clk;                //定义输出时钟信号端口
  parameter N = 6;               //N 是定义几分频
  reg out_clk_1;                 //由上升沿产生的时钟信号
  reg [9:0]count_1;              //负责产生上升沿时钟信号的计数器
always @ (posedge clk or negedge rst_n)
  begin
    if (!rst_n)
      begin
        count_1 <= 10'd0;
        out_clk_1 <= 1'd0;
      end
    else
      begin
        if (N == 2)
          out_clk_1 <= ~out_clk_1;
        else if (count_1 <= ((N - 1'd1)/2) - 1'd1)
          begin
            count_1 <= count_1 + 1'd1;
```

```
            out_clk_1 <= 1'd1;
          end
      else if (count_1 <= (N - 2'd2))
          begin
            count_1 <= count_1 + 1'd1;
            out_clk_1 <= 1'd0;
          end
      else
          begin
            count_1 <= 10'd0;
            out_clk_1 <= 1'd0;
          end
      end
 end
      reg out_clk_2;          //由下降沿产生的时钟信号
      reg [9:0]count_1;       //负责产生下降沿时钟信号的计数器
always @ (negedge clk or negedge rst_n)
 begin
   if (!rst_n)
     begin
       count_2 <= 10'd0;
       out_clk_2 <= 1'd0;
     end
   else
     begin
       if (N == 2)
         out_clk_2 <= 1'd0;
       else if (count_2 <= ((N - 1'd1)/2) - 1'd1)
         begin
           count_2 <= count_2 + 1'd1;
           out_clk_2 <= 1'd1;
         end
       else if (count_2 <= (N - 2'd2))
         begin
           count_2 <= count_1 + 1'd1;
           out_clk_2 <= 1'd0;
         end
       else
         begin
           count_2 <= 10'd0;
           out_clk_2 <= 1'd0;
         end
     end
 end
 assign out_clk = out_clk_1 | out_clk_2;
```

```
endmodule
```

仿真代码如下：

```
`timescale 1ns/1ps                //仿真时间单位是 ns,仿真时间精度是 ps
module divider_tb();
reg clk, rst_n;                   //仿真激励时钟,复位信号
wire out_clk;                     //仿真输出分频信号
initial begin
      clk = 0;                    //时钟信号初始化
      rst_n = 0;                  //复位信号初始化
      #200 rst_n = 1;             //200.1ns 之后复位结束
      end

      always #10 clk = ~clk;      //产生 50MHz 的时钟信号
      divider #(.N(3))            //设置 divider 模块中的参数 N
           u1(.clk(clk),          /把激励信号送进 divider 模块
                 .rst_n(rst_n),
                 .out_clk(out_clk)
                 );
endmodule
```

三分频仿真波形图如图 5.6.2 所示，奇数分频的占空是 50%，clk 的周期是 20ns，而 out_clk 的周期 20+40=60(ns)，达到了三分频的目标。

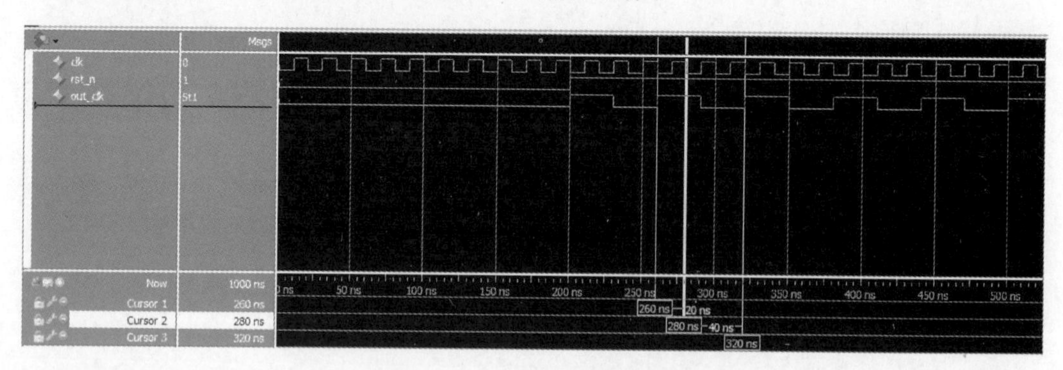

图 5.6.2　三分频仿真波形图

现在把 N 设置成 4，仿真代码如下：

```
`timescale 1ns/1ps                //仿真时间单位是 ns,仿真时间精度是 ps
  module divider_tb();
  reg clk, rst_n;                 //仿真激励时钟,复位信号
  wire out_clk;                   //仿真输出分频信号
  initial begin
        clk = 0;                  //时钟信号初始化
        rst_n = 0;                //复位信号初始化
        #200 rst_n = 1;           //200.1ns 之后复位结束
```

```
    end

    always #10 clk = ~clk; //产生 50MHz 的时钟信号
    divider #(.N(4))         //设置 divider 模块中的参数 N
        u1(.clk(clk), /把激励信号送进 divider 模块
              .rst_n(rst_n),
              .out_clk(out_clk)
              );
endmodule
```

四分频仿真波形图如图 5.6.3 所示，奇数分频的占空是 50%，而偶数分频却不是 50%，但偶数分频的目的也达到了，clk 的周期是 20ns，而 out_clk 的周期 20＋60＝80(ns)，达到了四分频的目标。

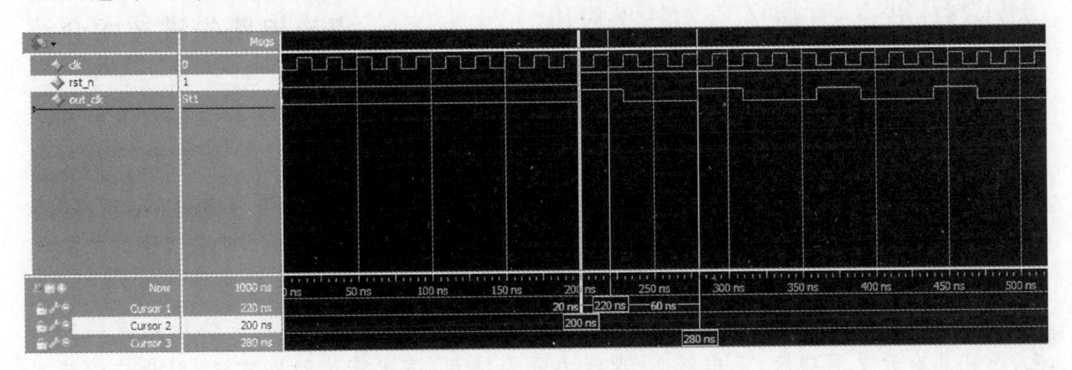

图 5.6.3　四分频仿真波形图

（三）课后篇

5.6.5　课后巩固——练习实践

1. 知识巩固练习

5.6.5.1　试用 Verilog HDL 描述二-五-十进制计数器 74290 的行为，用 Quartus Ⅱ 软件实现逻辑功能仿真，并给出仿真波形。

5.6.5.2　试用 Verilog HDL 描述一个 110 序列信号检测器电路，用 Quartus Ⅱ 软件对模块进行逻辑功能仿真，并给出仿真波形。

2. 工程实践练习

5.6.5.3　利用 FPGA 开发板设计一个具有时、分、秒计时的数字钟电路，按照 24 小时制计时。要求：(1)输出时、分、秒的 8421 码，计时输入脉冲频率为 1Hz；(2)具有分、时校正功能，校正输入脉冲频率为 1Hz；(3)采用分层次、分模块的方法，用 Verilog HDL 进行设计。

5.6.6 本节思维导图

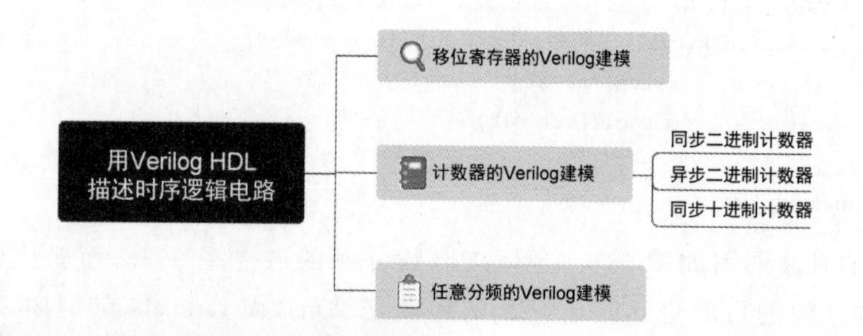

知识拓展——FPGA 在雷达上应用

集成电路先进技术介绍

雷达原理类似于蝙蝠回声定位，由雷达信号产生发送、反馈回波接收和信号处理三部分组成。雷达信号产生包括信号产生、调制、上变频和波束形成等，回波接收包括解调、下变频、滤波、检测和成像等，信号处理包括 A/D 变换和解算出目标距离、方位、高度、速度等参数。随着数字电子技术的不断发展，雷达信号产生调制、回波信号滤波检测都已使用 FPGA 芯片完成，尤其是雷达信号处理使用 FPGA 使雷达信号处理进入了一个新的时代。FPGA 比较易于实现硬件时序控制、高速并行运算和算法编程处理的模块化，而且具有开发周期短、费用低、处理能力强等特点，适应雷达研发需求，因此广泛应用于各类数字雷达设备中。

5.7 8 路彩灯控制电路工程任务实现

5.7.1 基本要求分析

根据图 5.7.1 所示的 8 路彩灯控制电路系统框图，可得出 8 路彩灯控制电路的设计任务：①花型演示电路设计；②花型控制电路设计；③节拍控制电路设计；④时钟信号电路设计。

有了理论知识储备，明晰了系统各个模块的功能，一起来设计各个模块电路。

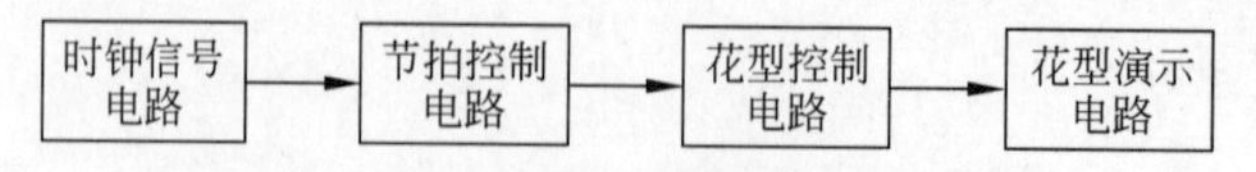

图 5.7.1　8 路彩灯控制电路系统框图

5.7.2 模块电路设计

1. 花型演示电路设计

花型演示电路由两片移位寄存器74194级联实现，其8个输出信号接8个发光二极管，用74194的输出信号控制发光二极管的亮灭实现花型演示。根据三种花型可以列出移位寄存器的输出状态表，如表5.7.1所示。

表5.7.1 三种花型对应的输出状态表

节拍序号	花型1	花型2	花型3	节拍序号	花型1	花型2	花型3
1	00000000	00000000	00000000	9	00000000	00000000	11111111
2	10001000	00011000	10000000	10	10001000	00011000	11111110
3	11001100	00111100	11000000	11	11001100	00111100	11111100
4	11101110	01111110	11100000	12	11101110	01111110	11111000
5	11111111	11111111	11110000	13	11111111	11111111	11110000
6	01110111	11100111	11111000	14	01110111	11100111	11100000
7	00110011	11000011	11111100	15	00110011	11000011	11000000
8	00010001	10000001	11111110	16	00010001	10000001	10000000

由于每种花型需要循环显示两次，因此三种花型完全显示一遍需要64拍，即0～15显示第一个花型，16～31显示第二个花型，32～63显示第三个花型。要用74194实现三个花型的连续显示必须对两片74194的S_1、S_0和D_{SL}、D_{SR}根据节拍的变化进行相应的改变。现将两片74194分为低位片(1)和高位片(2)，再将其输出端从低位到高位记为L_0～L_7。列出各花型和其对应的74194的S_1、S_0、D_{SL}、D_{SR}的输入信号以及节拍控制信号之间的对应关系，如表5.7.2所示。

表5.7.2 花型与74194以及节拍控制信号之间的对应关系

	低位片				高位片				节拍控制信号
花型	D_{SL}	D_{SR}	S_1	S_0	D_{SL}	D_{SR}	S_1	S_0	$Q_7 \sim Q_0$
1	×	$\bar{L}_3$	0	1	×	$\bar{L}_7$	0	1	00000000
2	$\bar{L}_0$	×	1	0	×	$\bar{L}_7$	0	1	00010000
3	×	$\bar{L}_7$	0	1	×	L_3	0	1	00100000
	L_4	×	1	0	$\bar{L}_0$	×	1	0	00101000

经过分析，可得出 74194 高低位片各控制量与输出、节拍控制信号之间关系如下：

低位片：$D_{SL}=\bar{L}_0\bar{Q}_5+L_4Q_5$，　$D_{SR}=\bar{L}_3\bar{Q}_5+\bar{L}_7Q_5$

$S_1=Q_4\bar{Q}_5+Q_3Q_5$，　$S_0=\bar{S}_1$

高位片：$D_{SL}=\bar{L}_0$，　$D_{SR}=\bar{L}_7\bar{Q}_5+L_3Q_5$

$S_1=Q_3Q_5$，　$S_0=\bar{S}_1$

根据表达式可画出电路图，如图 5.7.2 所示。

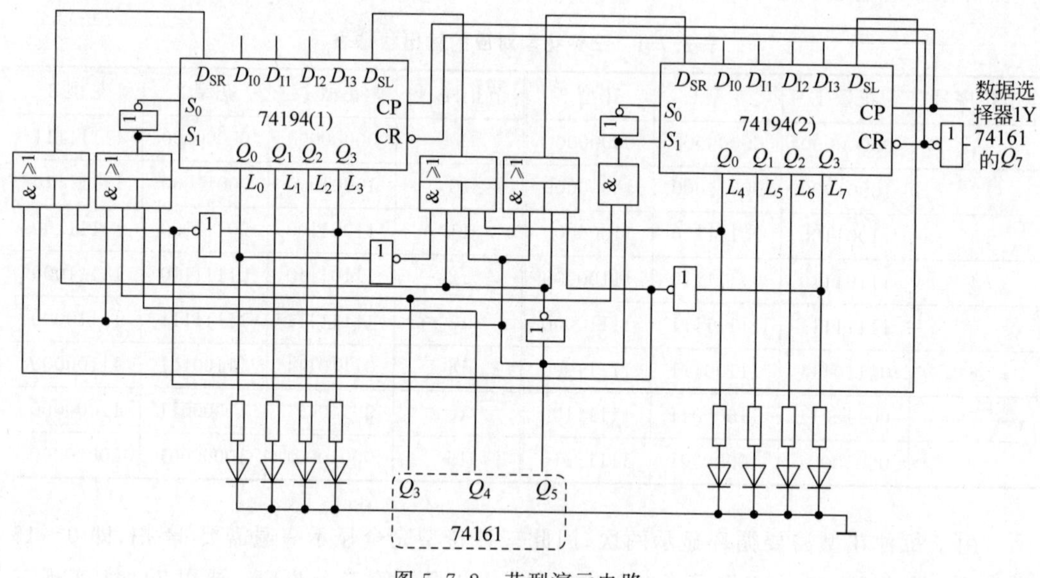

图 5.7.2　花型演示电路

2. 花型控制电路设计

根据花型演示要求，三种花型每种显示两遍，再总体重复一遍，共 128 个节拍，因此用两片 74161 实现 128 进制的计数器。花型控制电路如图 5.7.3 所示。

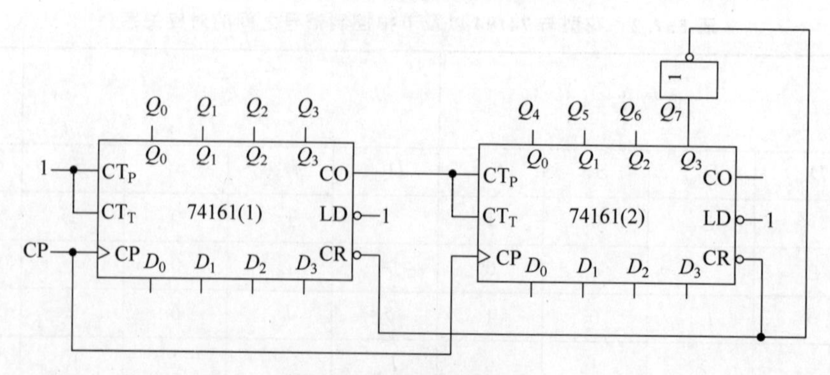

图 5.7.3　花型控制电路

3. 节拍控制电路设计

为了实现快慢节拍交替产生，利用4选1数据选择器74153和D触发器级联实现，如图5.7.4所示。D触发器的时钟输入接555定时器的输出(周期为1s时钟信号)，利用D触发器接成T′触发器实现二分频，D触发器输出周期为2s时钟信号。

利用4选1数据选择器实现时钟信号的切换，进而实现快慢节拍的交替产生。由于三种花型全部显示一遍(总共64拍)，74161输出为01000000，因此将74161(2)的Q_2端接到4选1数据选择器74153地址输入最低位A_0，A_1接0，D_0接1s时钟脉冲，D_1接2s时钟脉冲。一开始选择1s时钟脉冲，当三种花型全部显示一遍时，74161(2)的$Q_2=1$，时钟切换到2s时钟脉冲。

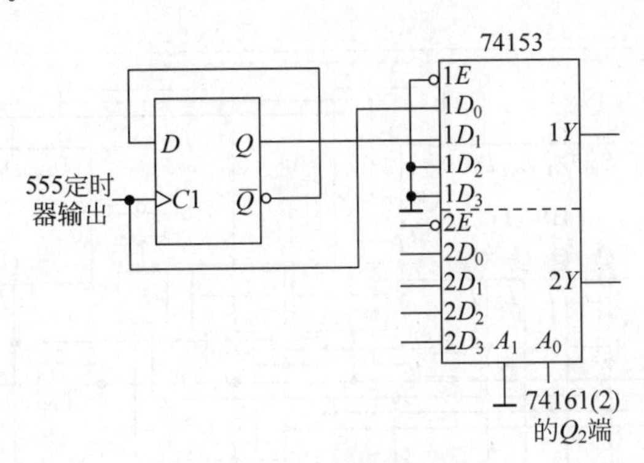

图5.7.4 节拍控制电路

4. 时钟信号电路设计

可利用555定时器构成的多谐振荡器实现，如图5.7.5所示(详细内容可以参考7.5节)。取$R_1=4.7\text{k}\Omega$，$R_2=150\text{k}\Omega$，$C=47\mu\text{F}$，即可得到周期为1s的时钟信号。

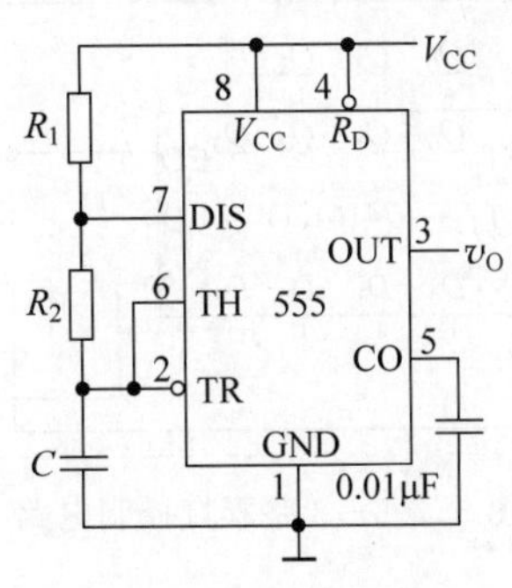

图5.7.5 多谐振荡器

5.7.3 系统搭建

将各个功能模块电路拼接起来，就构建了8路彩灯控制电路，如图5.7.6所示，该系统能不能实现之前设想？自己动手仿真。

图 5.7.6　8 路彩灯控制电路

5.8　本章知识综合练习

讲解视频

5.8.1　分析题图 5.8.1 所示电路的逻辑功能。已知时钟脉冲的频率 $f_{\mathrm{CP}}=1\mathrm{Hz}$，$f_{\mathrm{x}}$ 是待测脉冲的频率。

5.8.2 试用计数器和译码器设计一个能产生题图 5.8.2 所示的顺序脉冲发生器。

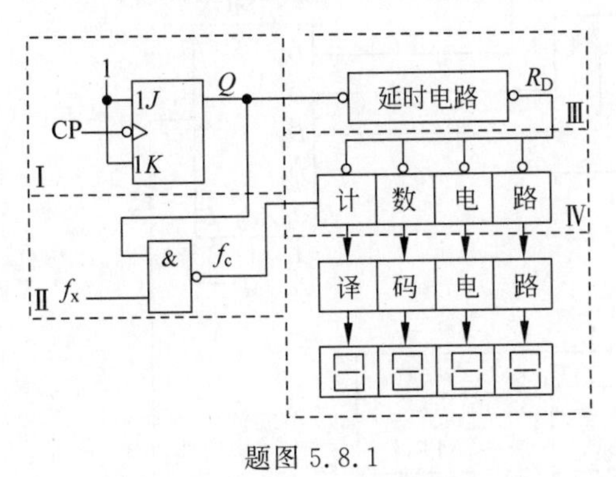

题图 5.8.1

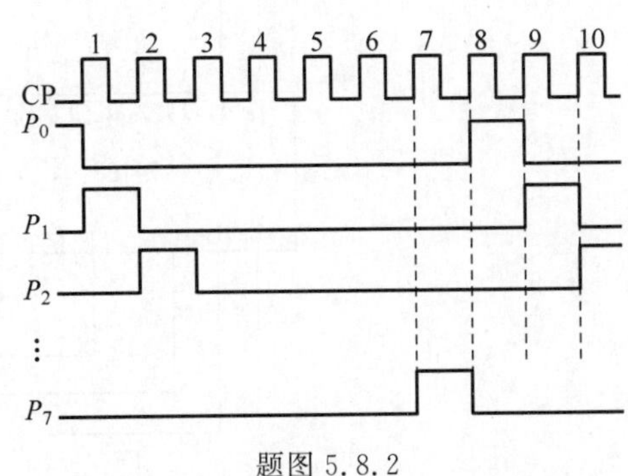

题图 5.8.2

5.8.3 由 4 位双向移位寄存器 74194 和 3 线-8 线译码器 74138 组成的电路如题图 5.8.3 所示，试列出在时钟 CP 作用下 74194 的态序表，并写出 Z 的输出序列。

5.8.4 4 位双向移位寄存器 74194 和 8 选 1 数据选择器 74151 构成电路如题图 5.8.4 所示，试列出电路状态迁移关系(设初始状态为 0110)，并写出 F 输出序列。

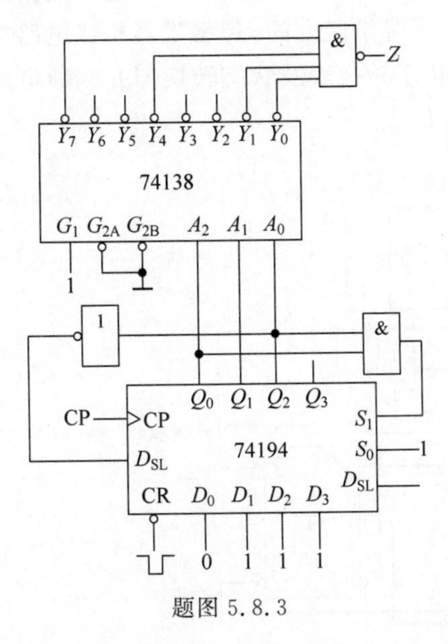

题图 5.8.3

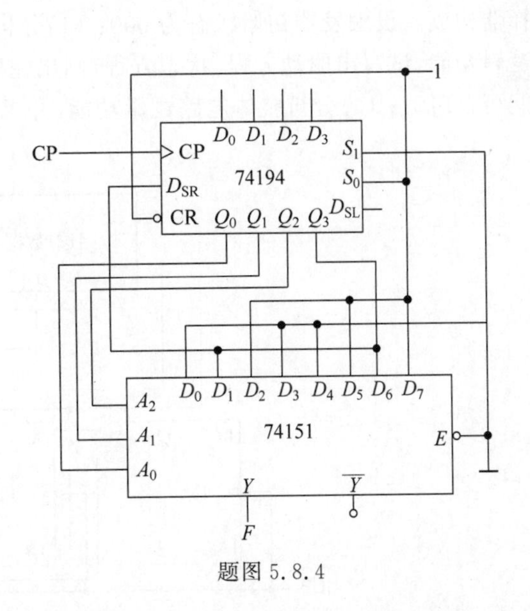

题图 5.8.4

5.8.5 题图 5.8.5 所示电路是由 3 线-8 线译码器 74138、4 选 1 数据选择器和 4 个下降沿触发的 JK 触发器构成的可变进制计数器。触发器的初始状态为 0000：(1)假设 $R_D=1$，试分析 4 个下降沿触发的 JK 触发器构成电路的逻辑功能，试写出触发器的驱动方程、状态方程，并列写完整的状态转换表；(2)当 MN 分别为 00、01、10 时，计数器是几进制？列出状态转换图。

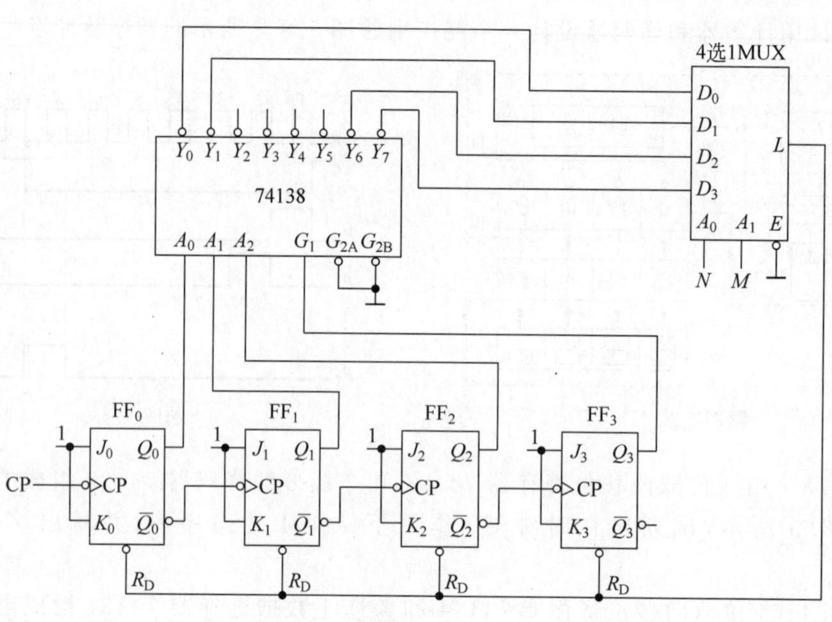

题图 5.8.5

讲解视频

5.8.6　题图 5.8.6 所示电路由三个下降沿触发的 JK 触发器和一个 4 选 1 数据选择器构成。设触发器初始状态为 000：(1)分析三个下降沿触发的 JK 触发器构成电路的逻辑功能，试写出驱动方程、状态方程，画出完整的状态转换表及状态转换图并判断电路能否自启动；(2)分析整体电路逻辑功能，并求输出 L。

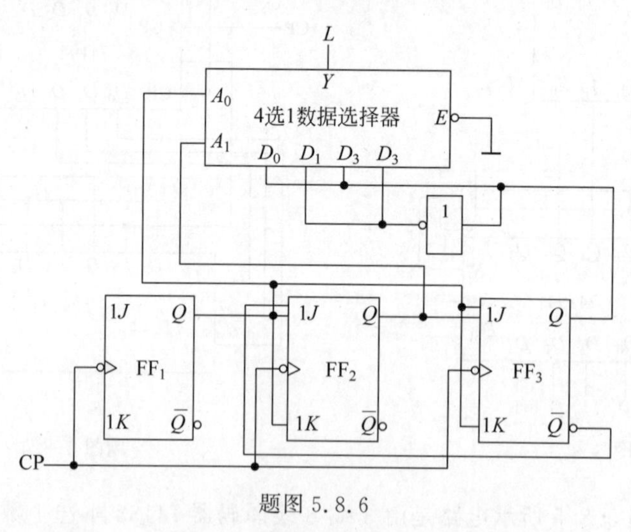

题图 5.8.6

讲解视频

5.8.7　题图 5.8.7(一)为某非接触式转速表的原理框图，由 A～H 共 8 部分构成。转动体每转动一周，传感器就发出一个正弦波。

(1) A 框传感器输出正弦波，B 框要求输出同频率的矩形波，说明 B 框中应为何种电路？

(2) C 框要求输出 1s 的定时门控信号，电路如题图 5.8.8 所示，说明 555 定时器构成的电路名称，分析电路的工作原理并说明 1s 定时的实现过程，确定电阻 R 的值。

(3) 已知测速范围为 0～99r/s，用 74161 芯片设计 E 框中的电路。

(4) 若 G 框中采用 7447 芯片，则 H 框中应为共阴极数码管还是共阳极数码管？当译码器 7447 输入代码为 0110 和 1001 时，显示的字形是什么？

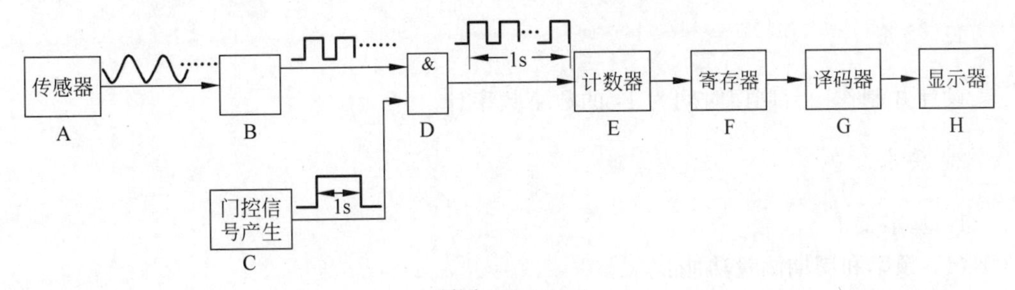

题图 5.8.7(一)

5.8.8　题图 5.8.8 所示电路由一片 4 位数值比较器 7485、一片同步十六进制计数器 74161 以及非门组成的电路，试分析该电路的逻辑功能。

讲解视频

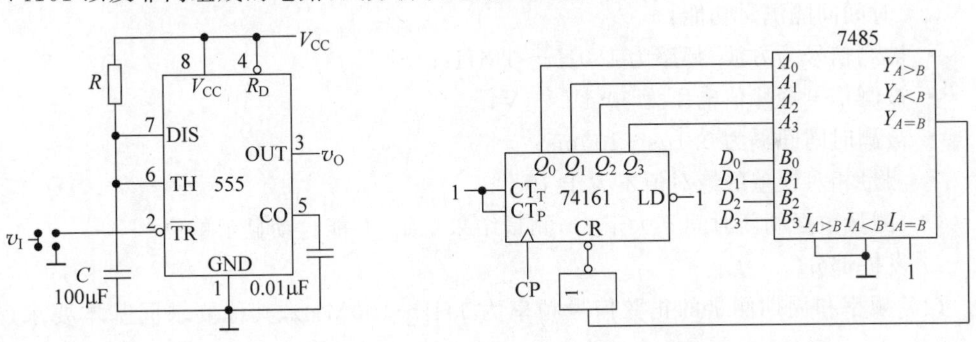

题图 5.8.7(二)　　题图 5.8.8

5.8.9　如题图 5.8.9 所示电路，设输出逻辑变量 R、Y、G 分别为红灯、黄灯和绿灯的控制信号，时钟脉冲 CP 的周期为 10s，试分析电路的逻辑功能。

讲解视频

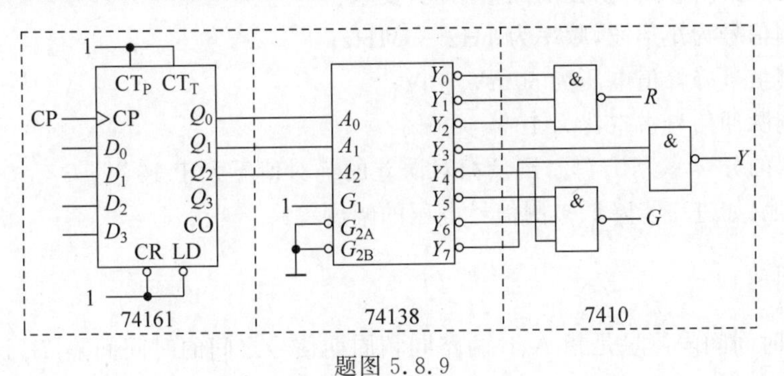

题图 5.8.9

5.8.10 设计产生8位序列信号00010111的电路。

5.9 本章课程设计拓展

2015年全国大学生电子设计竞赛本科组F题：数字频率计

1. 任务

设计并制作一台闸门时间为1s的数字频率计。

2. 要求

1）基本要求

（1）频率和周期测量功能：

- 被测信号为正弦波，频率为1Hz～10MHz；
- 被测信号有效值电压为50mV～1V；
- 测量相对误差的绝对值不大于10^{-4}。

（2）时间间隔测量功能：

- 被测信号为方波，频率为100Hz～1MHz；
- 被测信号峰峰值电压为50mV～1V；
- 被测时间间隔为0.1μs～100ms；
- 测量相对误差的绝对值不大于10^{-2}。

（3）测量数据刷新时间不大于2s，测量结果稳定，并能自动显示单位。

2）发挥部分

（1）频率和周期测量的正弦信号频率为1Hz～100MHz，其他要求同基本要求（1）和（2）。

（2）频率和周期测量时被测正弦信号的最小有效值电压为10mV，其他要求同基本要求（1）和（3）。

（3）增加脉冲信号占空比的测量功能，要求：

- 被测信号为矩形波，频率为1Hz～5MHz；
- 被测信号峰峰值电压为50mV～1V；
- 被测脉冲信号占空比为10%～90%；
- 显示的分辨率为0.1%，测量相对误差的绝对值不大于10^{-2}。

（4）其他（如进一步降低被测信号电压的幅度等）。

3. 说明

本题的时间间隔测量是指A、B两路同频周期信号之间的时间间隔$T_{A\text{-}B}$。测试时可使用双通道DDS函数信号发生器，提供A、B两路信号。

5.10 本章思维导图

思维导图

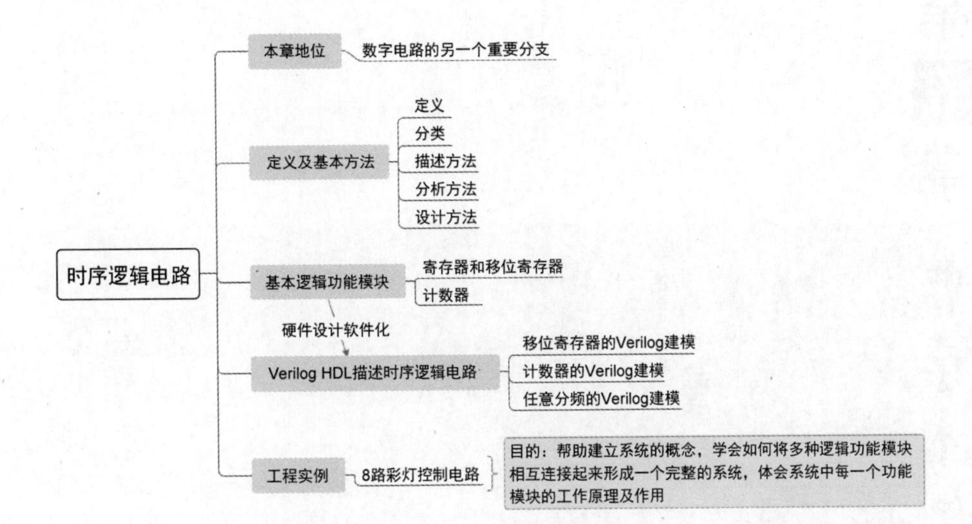
时序逻辑电路
本章地位
数字电路的另一个重要分支
定义及基本方法
定义
分类
描述方法
分析方法
设计方法
基本逻辑功能模块
寄存器和移位寄存器
计数器
硬件设计软件化
Verilog HDL描述时序逻辑电路
移位寄存器的Verilog建模
计数器的Verilog建模
任意分频的Verilog建模
工程实例
8路彩灯控制电路
目的：帮助建立系统的概念，学会如何将多种逻辑功能模块相互连接起来形成一个完整的系统，体会系统中每一个功能模块的工作原理及作用

第6章 半导体存储器与可编程逻辑器件

说起存储器,大家都不陌生吧,光盘、U盘、SD卡都是存储器。随着电子技术的发展,存储器与人们的日常生活越来越接近。比如买台新计算机,就要考虑内存多少,硬盘多大。存储器到底是如何工作的呢?电路结构又如何呢?本章将解答这些问题。相信学习完本章,会对存储器有一个新认识,对于内存等这些术语也会更加了解。

存储器是一种能够将大量二值数据存储起来并可被取出的器件,是计算机及数字系统重要的组成部分。半导体存储器是由半导体器件构成实现数据存储的集成电路,常用的存储卡、U盘等都是半导体存储器。有关存储的术语如下。

存储单元:在存储器中用于存储一位二进制信息(0或1)的器件或电路。

存储字:由一个或一组存储单元组成并被赋予一个地址代码。一个字能存储一位或多位二进制信息。

字长:一个存储字所能存储的二进制数信息的位数。

容量:存储器中存储单元的总数。容量=字数×字长(位数)。

读与写:从存储器中取信息称为读,往存储器中存信息称为写。

6.1 工程任务:任意波形发生器设计

6.1.1 系统介绍

波形发生器在信号源、变频电源、逆变器和检测仪表等电子设备中得到广泛应用,在信号源等设备中采用的波形发生电路多采用专用芯片来实现,如ICL8038可产生正弦波、三角波、矩形波,555定时器附加一定电路可产生矩形波。一些复杂波形的产生采用专用芯片来实现有一定困难,可采用存储器附加必要的数字逻辑电路产生任意波形。

任意波形发生器的基础是直接数字合成,原理如图6.1.1所示。波形形成过程:存储器存储波形数据,通过地址计数器的每一计数值对应于波形存储器的一个存储单元的地址,依次循环读出存储器各存储单元的内容,然后送给D/A转换器,转换成相应的模拟量输出电压,最后经低通滤波器得到平滑的波形。修改存储器的内容,可产生用户定义任意波形,如正弦波、三角波、矩形波、梯形波或其他波形。

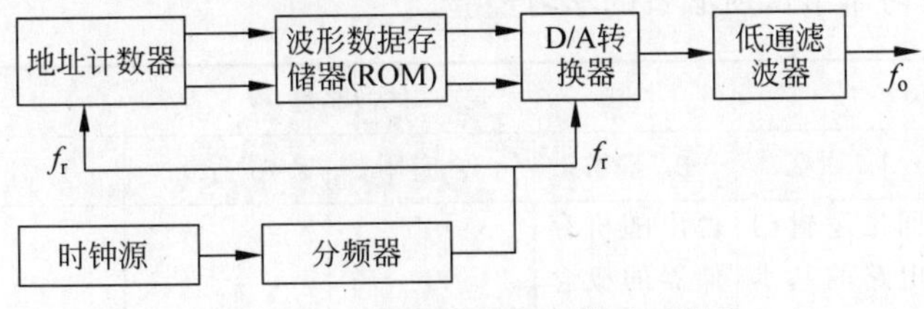

图6.1.1 任意波形发生器原理框图

6.1.2 任务需求

分析原理框图得出任意波形发生器的工作过程：石英晶体振荡器产生高频脉冲波形，经分频器得到地址计数器所需的计数频率，若地址计数器为 N 位，则把波形的一个周期分为 2^N 个等间隔数据点存入数据存储器，地址计数器不断地循环计数，存储器内数据被逐个读出，经 D/A 转换器和低通滤波器可得所需波形。因此该系统的任务需求为时钟源、分频器、地址计数器、波形存储器和 D/A 转换器。

中国芯片发展⑥——产业链基本形成(2000—2016)

2000 年，国家发布了《鼓励软件产业和集成电路产业发展的若干政策》(简称 18 号文)，加大了对集成电路的扶持力度。尤其是 2006 年发布的《国家中长期科学和技术发展规划纲要(2006—2020)》进一步加强了政策支持力度和产业布局。2000 年中芯国际在上海浦东新区张江高科技园区打下第一桩，2002 年我国自主设计采用 CMOS 工艺的“龙芯 1 号”正式上市，2004 年华为海思公司宣告成立。随后 10 年中芯国际从 12 英寸晶圆、90nm、45nm 一直到 28nm 制程量产，从一个企业发展看到了中国芯片行业的全面建设。2013 年我国集成电路进口额突破 2000 亿美元，中国集成电路产业链基本形成。

6.2 随机存储器

随机存储器(RAM)在工作时可以随时将数据写入一个指定的存储单元中，也可以从任何一个指定地址读出数据，因此其最大的优势是读写方便，使用灵活，然而一旦断电所存储的数据将随之丢失。

(一) 课前篇

本节导学单

1. 学习目标

根据《布鲁姆教育目标分类学》，从知识维度和认知过程两方面进一步细化本节课的教学目标，明确学习本节课所必备的学习经验。

知识维度	认知过程					
	1. 回忆	2. 理解	3. 应用	4. 分析	5. 评价	6. 创造
A. 事实性知识	回忆逻辑门电路的基本概念	说出随机存储器的概念和特点				

续表

知识维度	认知过程					
	1. 回忆	2. 理解	3. 应用	4. 分析	5. 评价	6. 创造
B. 概念性知识	回忆常用逻辑门的逻辑符号及逻辑表达式。回忆译码器的逻辑符号、工作原理	阐释随机存储器基本结构	应用存储容量概念分析集成RAM62256的符号图、功能表	区分容量不足的两种情况		
C. 程序性知识	回忆逻辑门多种表示方法之间的转换。回忆基本RS触发器的工作原理	阐释静态存储单元和动态存储单元的基本结构	应用译码器、逻辑门分析随机存储器电路结构中每一部分的作用	分析静态存储单元、动态存储单元的存储原理。得出位扩展和字扩展的方法	对比评价静态存储单元和动态存储单元在结构上的异同以及优缺点	利用随机存储器设计应用电路，会借助仿真软件进行验证，会利用口袋实验包进行电路搭建与调试
D. 元认知知识	明晰学习经验是理解新知识的前提		根据概念及学习经验迁移得到新理论的能力	将知识分为若干任务，主动思考，举一反三，完成每个任务	通过类比学习是知识整合吸收的过程	通过电路的设计、仿真、搭建、调试，培养工程思维

2. 导学要求

根据本节的学习目标，将回忆、理解、应用层面学习目标所涉及的知识点课前自学完成，形成自学导学单。

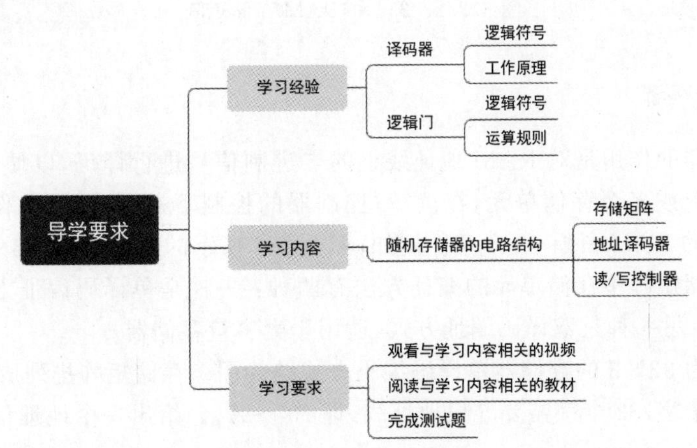

6.2.1 课前自学——电路结构

随机存储器由地址译码器、存储矩阵和读写控制器组成，如图 6.2.1 所示。

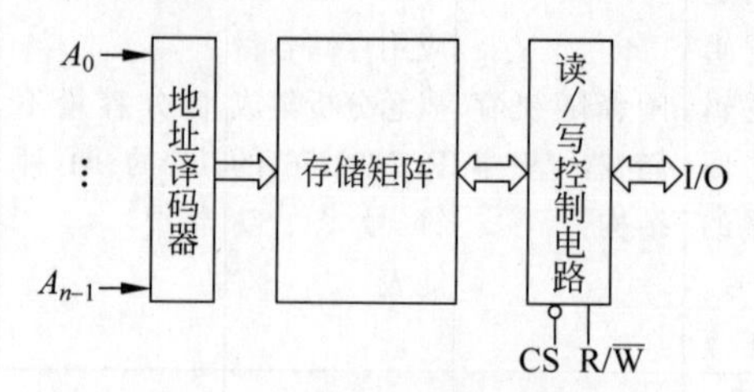

图 6.2.1 随机存储器基本结构

1. 存储矩阵

存储矩阵由大量的存储单元构成，每个存储单元可以存储一位二进制数，在译码器和读/写控制电路的控制下，既可以写入 0 或 1，也可以将存储数据读出。图 6.2.2 是 256×4RAM 存储矩阵。256 个字排列成 32×8 的矩阵，每个矩形框代表一个存储单元，每 4 个矩形框表示一个字。每次读或写时，一个字的 4 位数据同时读出或写入。为了读写方便，给每一个字编上号，32 行编号为 $X_0, X_1, \cdots, X_{31}$，8 列编号为 $Y_0, Y_1, \cdots, Y_7$，这样每个字都有了一个固定的编号，如(3,1)表示第 3 行第 1 列，将这种编号称为地址。

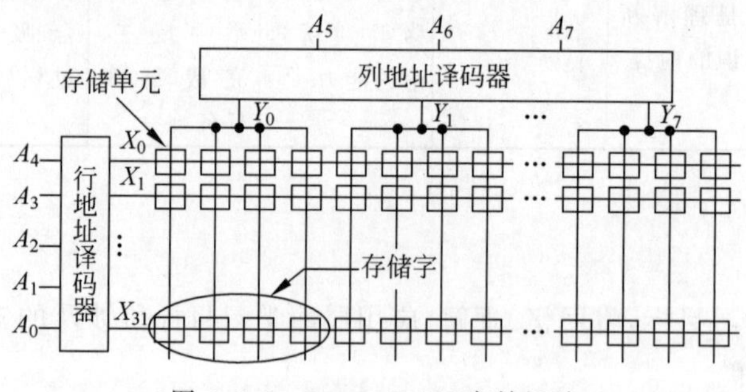

图 6.2.2 256×4RAM 存储矩阵

2. 地址译码器

地址译码器的作用是对 RAM 地址线上的二进制信号进行译码，以便选中与该地址码对应字的一个或多个存储单元，在读/写控制器的控制下进行读/写操作。一般来说，有 n 根地址线的 RAM 具有 2^n 个字。例如，图 6.2.2 所示的 RAM 有 256 个字，就需要 8 根地址线。存储矩阵中存储单元的编址方法有两种：一种是单译码编址方式，适用于小容量的存储器；另一种是双译码编址方式，适用于大容量存储器。

图 6.2.3 为 32×8 的存储器单译码编码方式结构图。存储矩阵排列成 32 行×8 列，每一行对应一个字，32 个字需要 5 根地址线，即 $A_0 \sim A_4$。给出一个地址信号，即可选中

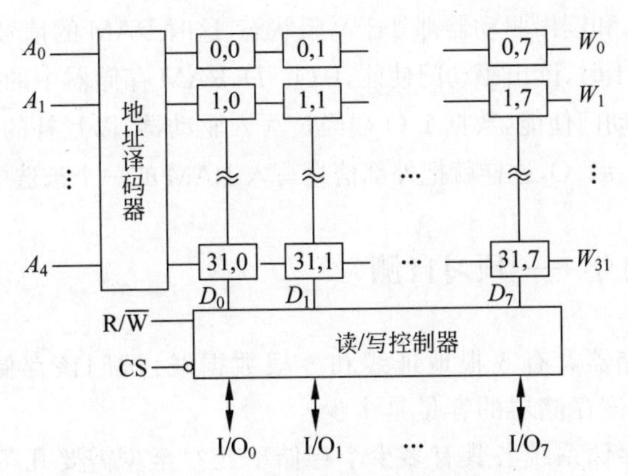

图 6.2.3　单地址译码器结构图

存储矩阵中相应字的所有存储单元。如当地址输入信号为 00001 时，选中第 1 号字线(W_1)，可对(1,0)～(1,7)的 8 个基本存储单元同时进行读/写操作。各列位线经过读/写控制器与外部的数据线 D_0～D_7 相连。

双地址编码方式将地址译码器分为 X 和 Y 两个，图 6.2.4 为一个 256 个字的双地址译码器结构图。一共有 8 根地址线分为 A_0～A_3 和 A_4～A_7 两组。A_0～A_3 送入 X 地址译码器，产生 16 根 X 地址线；A_4～A_7 送入 Y 地址译码器，产生 16 根 Y 地址线。根据 X 地址信号和 Y 地址信号共同作用来选择存储矩阵中的字，例如，当 8 位地址输入信号为 11110000 时，Y_{15} 和 X_0 地址线交叉的字 W_{15} 被选中。

3. 读/写控制器

读/写控制器的基本作用是控制通过地址译码器选中的基本存储单元的数据读出或写入。图 6.2.5 是读/写控制器的逻辑电路。其中 I/O 为存储器的数据输入/输出端，$D/\overline{D}$ 为 RAM 内部的数据线，$\overline{CS}$ 为片选控制输入信号，R/$\overline{W}$ 为读/写控制输入信号。

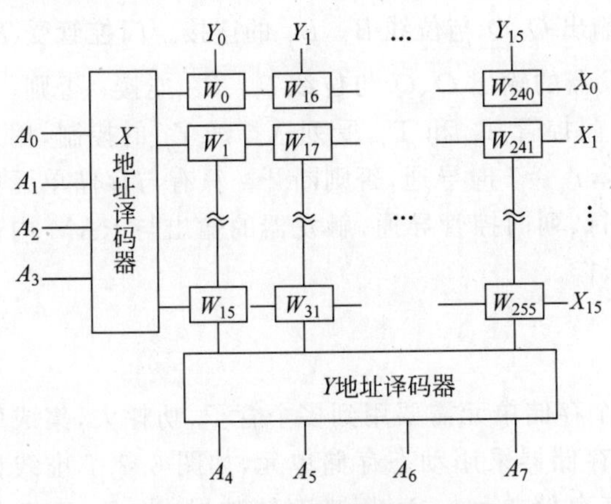

图 6.2.4　双地址译码器结构图

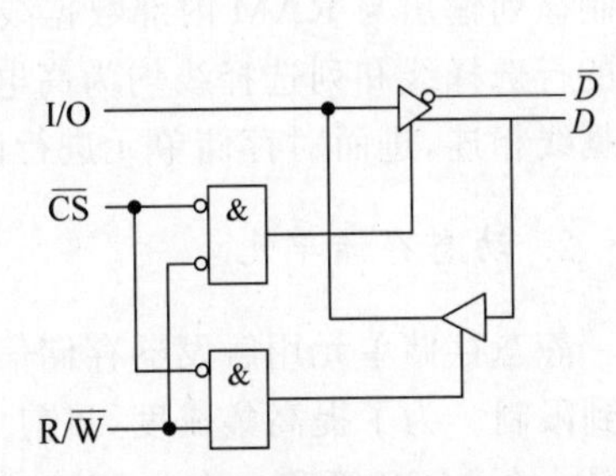

图 6.2.5　读/写控制器的逻辑电路

当$\overline{\mathrm{CS}}=1$时,写入和读出驱动器都处于高阻状态,这时RAM的信号既不能读出也不能写入。当$\overline{\mathrm{CS}}=0$,$\mathrm{R}/\overline{\mathrm{W}}=1$时,读出驱动门使能,$\mathrm{I/O}=D$,RAM存储器中的信息被读出;当$\overline{\mathrm{CS}}=0$,$\mathrm{R}/\overline{\mathrm{W}}=0$时,写入驱动门使能,数据I/O端经过写入驱动器,以互补的方式加在内部数据线D和$\bar{D}$上,$D=\mathrm{I/O}$,$\bar{D}=\overline{\mathrm{I/O}}$,这样就把外部信息写入RAM的一个被选中的存储单元中。

6.2.2 课前自学——预习自测

6.2.2.1 某存储器具有6根地址线和8根数据线,试问该存储器有多少个字?每个字的字长是多少?该存储器的容量是多少?

6.2.2.2 下列存储系统各具有多少个存储单元?至少需要几条地址线和数据线?

(1) 64K×1　　(2) 256K×4　　(3) 1M×1　　(4) 128K×8

6.2.2.3 设存储器的起始地址全为0,下列存储系统的最高地址为多少?

(1) 2K×1　　(2) 16K×4　　(3) 256K×32

(二)课上篇

6.2.3 课中学习——存储单元

6.2.2节介绍了RAM的基本结构,熟悉了每一部分作用,分析了电路工作原理,但是对于RAM的最基本存储细胞——存储单元,都是以方框的形式表示。本节主要介绍RAM的存储单元,分为静态存储单元和动态存储单元。

1. 静态存储单元

静态存储单元的电路结构如图6.2.6所示,虚线框中是由6个MOS管组成的静态存储单元。

其中$T_1 \sim T_4$构成基本RS触发器,用以寄存1位二进制数码。T_5和T_6是门控管,作为模拟开关使用,以控制RS触发器的输出Q、$\bar{Q}$与位线B_j、$\bar{B}_j$的连接。门控管受X_i的控制,当$X_i=1$时,T_5和T_6导通,触发器的输出Q、$\bar{Q}$与位线B_j、$\bar{B}_j$连接;否则,二者断开。同时,每一列存储单元共用两个门控管T_7和T_8,受列选择线Y_j的控制,用来控制该列输出与RAM内部数据线的连接,$Y_j=1$时导通,否则断开。只有与存储单元相连的行选择线和列选择线均为高电平时,行、列门控管导通,触发器的输出与RAM内部数据线相连,进而对存储单元进行读/写操作。

2. 动态存储单元

静态存储单元用触发器存储信息,一个存储单元需要用到多个管子,功耗大,集成度受到限制。为了提高集成度,目前大容量存储器采用动态存储单元,如图6.2.7虚线框中是一个MOS管和一个电容构成的动态存储单元。C_S用来存储数据,当C_S充有电荷,电容上电压为高电平时,相当于存"1";当C_S放掉电荷,电容上电压为低电平时,相当于存“0”。T 为门控管，相当于电子开关，当它导通时，把信息从位线送给存储单元或者把信息从存储单元读到位线上。写入时，当字线 $X_i=1$ 时，T 导通，如果位线 B_j 上的数为 1(高电平)，向电容 C_S 充电，相当于写入 1；如果位线 B_j 上的数为 0，电容 C_S 上的电压为 0，相当于写入 0。读出时，将电容 C_S 的信息送到位线。

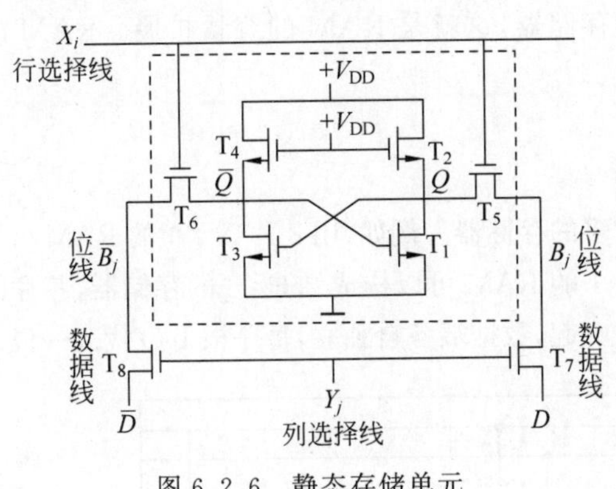

图 6.2.6　静态存储单元

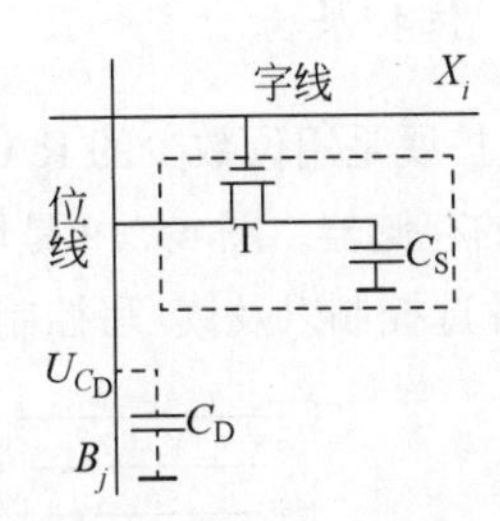

图 6.2.7　动态存储单元

6.2.4　课中学习——集成 RAM 举例

随机存储器应用极为广泛，本节以 62256 为例介绍集成 RAM。62256 是一种存储容量为 32K×8 的静态 RAM，有 32K 个字，需要 15 根地址线，对应着图 6.2.8 所示的逻辑符号图中的 $A_0 \sim A_{14}$，8 根数据线对应着 $I/O_0 \sim I/O_7$。此外，还有片选输入 CS、输出允许端 OE 和读写控制端 WR 三个控制端。

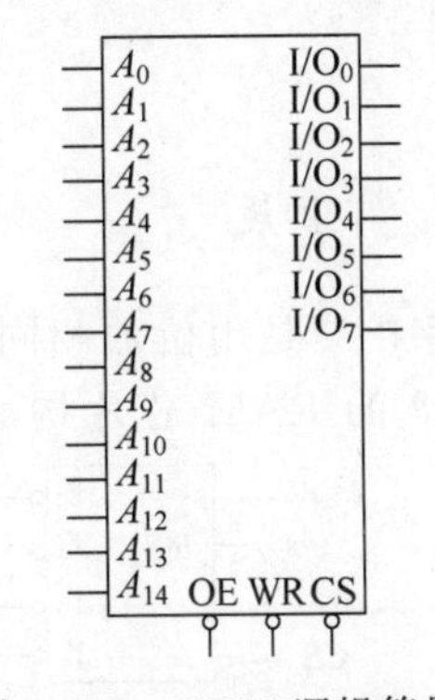

图 6.2.8　62256 逻辑符号图

62256 的功能表如表 6.2.1 所示，当片选输入 CS 为高电平时，不论读写控制 WR 和输出允许 OE 为何种状态，芯片内部数据线与外部数据 I/O 端是相互隔离的，该芯片既不能写入也不能读出，I/O 端为高阻状态。当 CS 为低电平且 WR 为低电平时，信号由外部数据线写入存储器。当 CS 为低电平，WR 为高电平且输出允许端 OE 为低电平时，内部存储的信息送到外部数据线上。当 OE 和 WR 均为高电平时，芯片处于禁止输出状态，I/O 端为高阻。

表 6.2.1　62256 的功能表

CS	WR	OE	I/O	方式
1	×	×	Z	无片选
0	1	0	DO	读
0	0	×	DI	写
0	1	1	Z	禁止输出

6.2.5 课中学习——容量扩展

在数字系统设计过程中，有时一片 RAM 并不能满足系统对于存储容量的要求，可以将几片 RAM 组合在一起构成较大容量存储器，这就是 RAM 的容量扩展。RAM 的容量扩展可分为位扩展和字扩展两种情况。

1. 位扩展

位扩展是用位数少的 RAM 组成位数多的存储器。例如，用 8 片 $N\times1$ 的 RAM 可以构成 $N\times8$ 的存储器。图 6.2.9 是用 8 片 256×1 的 RAM 可以构成 256×8 的存储器，芯片的地址输入、片选控制以及读/写控制端分别连在一起，数据端各自独立，每一根 I/O 代表一位。

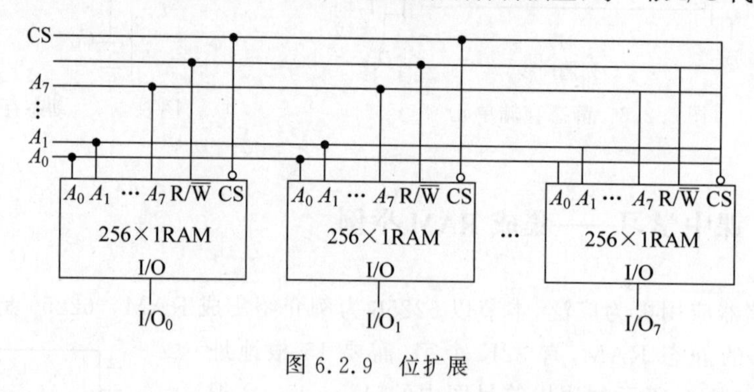

图 6.2.9 位扩展

2. 字扩展

字扩展是用位数相同的 RAM 芯片构成字数更多的存储器。图 6.2.10 是用 4 片 256×8 的 RAM 芯片构成 1024×8 的存储器。1024×8 的存储器需要 10 根地址线

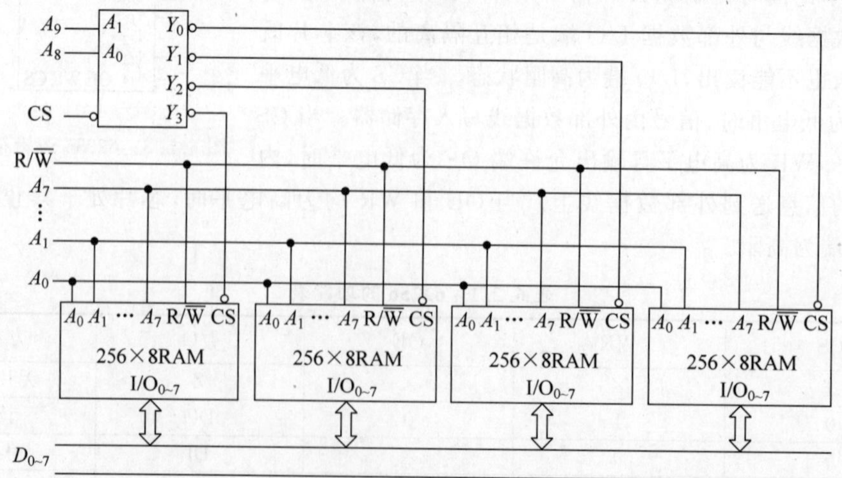

图 6.2.10 字扩展

$(A_0 \sim A_9)$，而 256×8 的存储器仅有 8 根地址线 $(A_0 \sim A_7)$，因此可将 4 片 256×8 存储器的地址输入端连在一起构成 1024×8 存储器的低 8 位地址，1024×8 存储器的高两位地址 A_9、A_8 加到 2 线-4 线译码器的地址输入端，译码器的输出分别与 4 片 256×8 存储器的片选控制端 CS 相连。

如果字数和位数都不够，可以进行复合扩展，也就是先进行位扩展再进行字扩展。

（三）课后篇

6.2.6　课后巩固——练习实践

6.2.6.1　已知 Intel 2114 是 1K× 4 位的 RAM 集成电路芯片，它有几条地址线？几条数据线？

6.2.6.2　试用两片 1024×4 的 RAM 和一个非门组成 2048×4 的 RAM。

6.2.7　本节思维导图

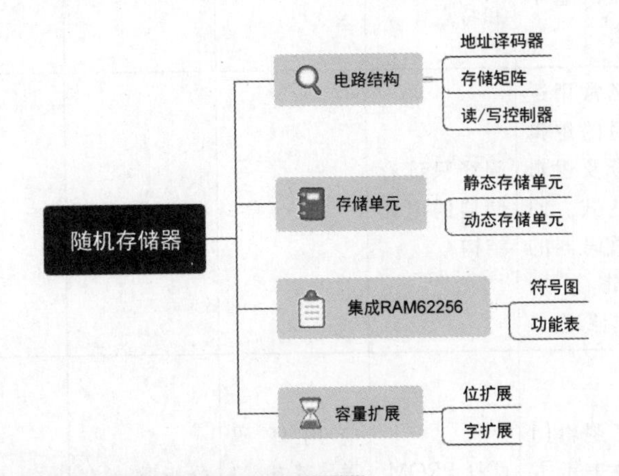

知识拓展——英特尔公司第一桶“金”

世界集成电路发展历史

1968 年，仙童公司的诺伊斯和摩尔辞职成立了集成电子公司(Integrated Electronics Corporation)，也就是现在英特尔公司。1969 年公司第一款产品 3010 双极随机存储器诞生，到 1971 年连续发布了 64 位容量的 3101、256 位容量的 1101 和第一款划时代量产动态随机存储器(DRAM)芯片 1KB 容量的 i1103 芯片，这不仅让英特尔公司赚到了第一笔利润，也宣告了磁芯存储器的灭亡。同时，1971 年英特尔公司推出人类历史上第一枚通用芯片 4004，所带来的计算革命改变了整个世界。

6.3 只读存储器

（一）课前篇

本节导学单

1. 学习目标

根据《布鲁姆教育目标分类学》，从知识维度和认知过程两方面进一步细化本节课的教学目标，明确学习本节课所必备的学习经验。

知识维度	认知过程					
	1. 回忆	2. 理解	3. 应用	4. 分析	5. 评价	6. 创造
A. 事实性知识	回忆逻辑门电路以及触发器的基本概念	说出只读存储器的概念和特点				
B. 概念性知识	回忆常用逻辑门的逻辑符号及逻辑表达式。回忆译码器的逻辑符号、工作原理	阐释只读存储器的电路结构				
C. 程序性知识	回忆逻辑门多种表示方法之间的转换。回忆组合逻辑电路的设计方法	阐释PROM、EPROM、E^2PROM的编程原理	应用译码器、逻辑门分析只读存储器电路结构中每一部分的作用	分析静态存储单元、动态存储单元的存储原理	对比评价四种编程ROM	利用只读存储器设计应用电路，会借助仿真软件进行验证，会利用口袋实验包进行电路搭建与调试
D. 元认知知识	明晰学习经验是理解新知识的前提		根据概念及学习经验迁移得到新理论的能力	将知识分为若干任务，主动思考，举一反三，完成每个任务	通过类比学习是知识整合吸收的过程	通过电路的设计、仿真、搭建、调试，培养工程思维

2. 导学要求

根据本节的学习目标，将回忆、理解、应用层面学习目标所涉及的知识点课前自学完成，形成自学导学单。

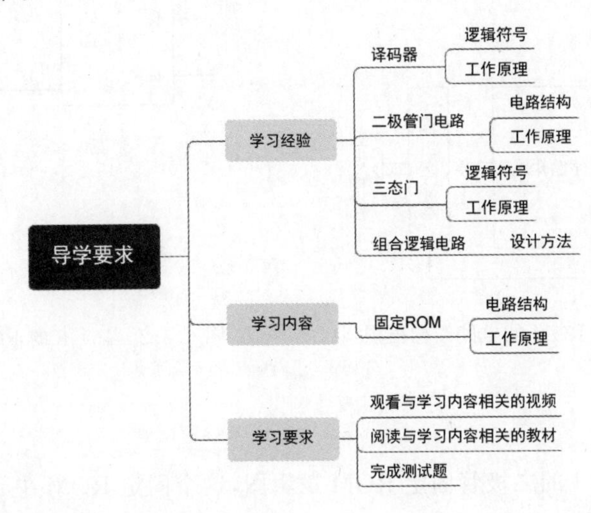

6.3.1 课前自学——固定 ROM

固定 ROM 也称为掩膜 ROM，厂家利用掩膜技术直接把数据写入存储器中，ROM 制成后其存储的数据也就固定不变，断电后数据不丢失，但是用户无法进行任何修改，因此只适用于存储固定数据的场合。

1. 电路结构

ROM 电路包含地址译码器、存储矩阵和输出缓冲器三部分，如图 6.3.1 所示。

地址译码器根据输入的地址代码从存储矩阵中选出指定的存储单元，并把其中的数据送到输出缓冲器。存储矩阵由许多存储单元排列而成，每个存储单元只能存放 1 位二值代码(0 或 1)。每一个或一组存储单元有一个对应的地址代码。输出缓冲器一方面可以提高存储器的带负载能力，另一方面可以实现对输出状态的三态控制，以便与总线相连。

如图 6.3.2 是 16×8 的 ROM 结构框图，16 个字构成了存储矩阵，是 ROM 的核心。为了读取方便，给每一个字编号，如 0 号字为 W_0，1 号字为 W_1，W_2，…，所以 W 线又称为字线。

迅速找到欲读取的字是地址译码器的任务。采用 4 线-16 线高电平有效的译码器，译码器的输入端为 ROM 的地址输入，输出端接 16 条字线。4 位地址码 $A_3A_2A_1A_0$ 经译码后，只有一条字线为高电平，该字被选中。例如，输入地址码 $A_3A_2A_1A_0=0001$ 时，$W_1=1$，1 号字线被选中，1 号字中存储的 8 位数据 $D_7 \sim D_0$ 同时读出。这样对于任何一个从 0000～1111 的地址码，总有一个字被选中。反过来说，每一个字都对应一个具体的地址码。

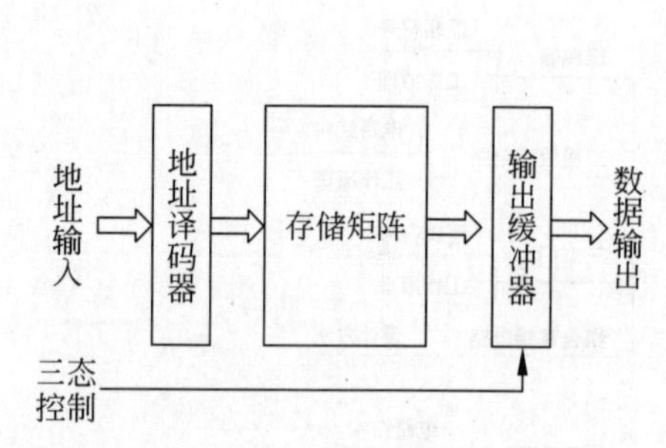

图 6.3.1　固定 ROM 的电路结构框图

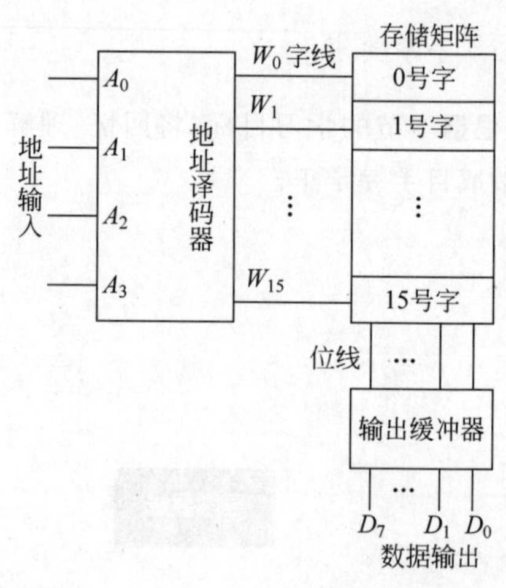

图 6.3.2　16×8 的 ROM 结构框图

2. 工作原理

图 6.3.3 是 4×4 的二极管固定 ROM 逻辑图，这个固定 ROM 中到底存储的什么信息？下面分析电路的工作原理。

1）地址译码器

采用 2 线-4 线高电平有效的地址译码器，根据输入的地址码 A_1A_0，将其译成对应字线的有效高电平，任何时候只有一个字线是高电平，其余字线都为低电平。

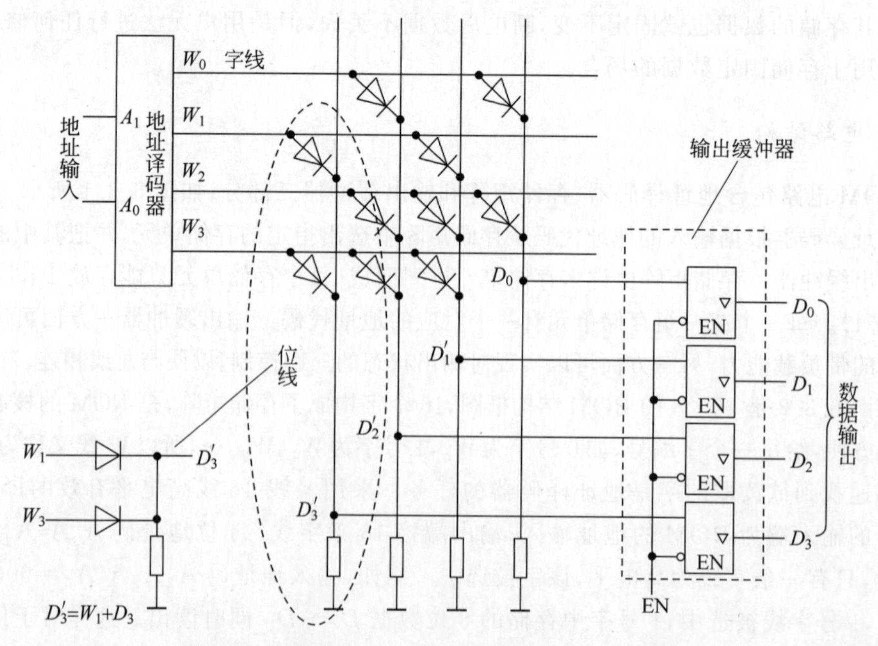

图 6.3.3　容量为 4×4 的二极管固定 ROM 逻辑图

2）存储矩阵

通过观察不难发现，存储矩阵是由4个二极管或门组成的编码器，当$W_0 \sim W_3$每根线上给出高电平信号时，都会在$D_0 \sim D_3$ 4根线上输出一组4位二进制代码。将$W_0 \sim W_3$称为字线，$D_0 \sim D_3$称为位线，字线和位线的关系如下：

$$\begin{cases} D'_3 = W_1 + W_3 \\ D'_2 = W_0 + W_2 + W_3 \\ D'_1 = W_1 + W_2 + W_3 \\ D'_0 = W_0 + W_2 \end{cases}$$

不难看出，字线和位线的每个交叉点都是一个存储单元，交叉点处接有二极管时相当于存1，没有接二极管相当于存0。交叉点的数目就是存储单元数。

3）输出缓冲器

采用三态门构成输出缓冲器，$\overline{EN}$是输出使能，低电平有效。当$\overline{EN}=0$时，4个三态门选通，存储数据送到输出端；当$\overline{EN}=1$时，4个三态门处于高阻状态，存储器与输出端隔离。进而可以得出4×4的固定ROM中存储的数据，如表6.3.1所示。

表6.3.1 4×4的固定ROM中存储的数据

地址输入		地址译码器输出				存储内容			
A_1	A_0	W_3	W_2	W_1	W_0	D_3	D_2	D_1	D_0
0	0	0	0	0	1	0	1	0	1
0	1	0	0	1	0	1	0	1	0
1	0	0	1	0	0	0	1	1	1
1	1	1	0	0	0	1	1	1	0

实际的固定ROM容量非常大，为了简化，可用一个小圆点代替管子，称为矩阵连接图，如图6.3.4所示。

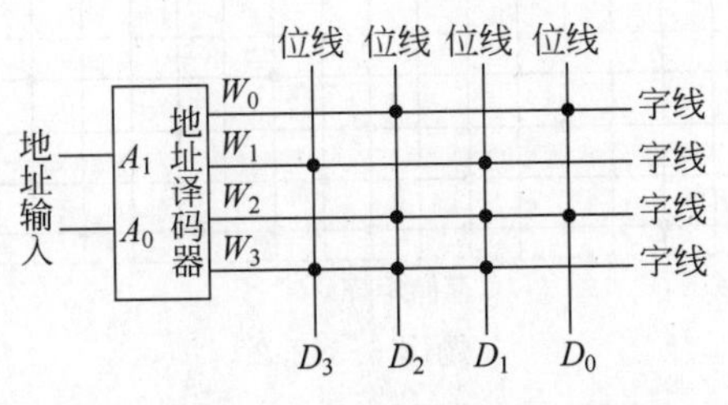

图6.3.4 固定ROM的矩阵连接图

6.3.2 课前自学——预习自测

6.3.2.1 已知ROM数据表如题表6.3.2.1所示，若将地址输入A_3、A_2、A_1、A_0作为输入逻辑变量，将数据输出D_3、D_2、D_1、D_0作为函数输出，试写出输出与输入间逻辑函数式，并化为最简与或式。

题表 6.3.2.1

地址输入	数据输出
$A_3A_2A_1A_0$	$D_3D_2D_1D_0$
0000	0001
0001	0010
0010	0010
0011	0100
0100	0010
0101	0100
0110	0100
0111	1000
1000	0010
1001	0100
1010	0100
1011	1000
1100	0100
1101	1000
1110	1000
1111	0001

6.3.2.2 题图 6.3.2.2 是一个 16×4 的 ROM，$A_3A_2A_1A_0$ 是地址输入，$D_3D_2D_1D_0$ 是数据输出。若将 D_3、D_2、D_1、D_0 视为 A_3、A_2、A_1、A_0 的逻辑函数，试写出 D_3、D_2、D_1、D_0 的逻辑函数表达式。

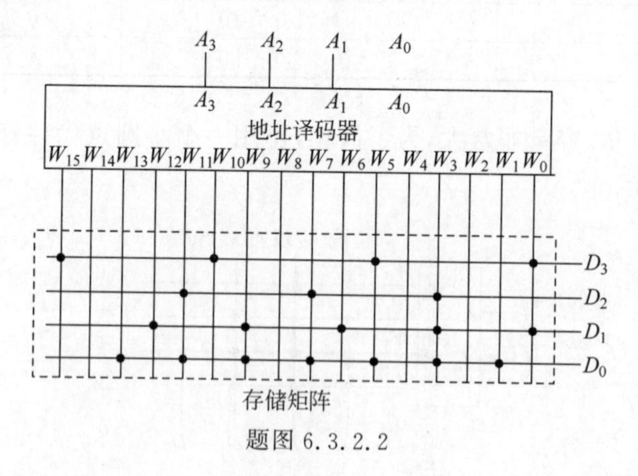

题图 6.3.2.2

（二）课上篇

6.3.3 课中学习——可编程 ROM

固定 ROM 中存储内容是由生产厂家根据用户要求特制的，价格较高，只在批量生产时应用。而在开发研制工作中，设计人员经常希望能够自己编程以便快速得到按照自己设想存储内容的 ROM。可编程 ROM 就是为了满足这种需求而研制的，可编程 ROM 可分为一次可编程存储器(PROM)、光可擦除可编程存储器(EPROM)、电可擦除可编程存储器(E^2PROM)、快闪存储器等,下面简要介绍。

1. PROM

一次可编程存储器与固定ROM非常相似,只是出厂时在字线与位线的每一个交叉点都接有一个管子,即在每一个地址下读出的信息都为"1",编程就是根据需要将某些管子"去除",即相当于写0。

PROM采用了熔丝技术,即出厂时每一个交叉点都接有一个带熔丝的管子,图6.3.5是接有带熔丝的NMOS管。这样,出厂时存储的信息都为"1"。编程时,通过编程器给将要写"0"管子加高电压,通大电流,使其熔丝熔断,相当于将该管子"去除",即写入0。编程完毕后,PROM的功能与固定ROM的功能完全一样,即使断电数据也不会丢失。由于熔丝一旦熔断就无法再接上,所以PROM只能编程一次,一旦编程错误,该芯片即报废。

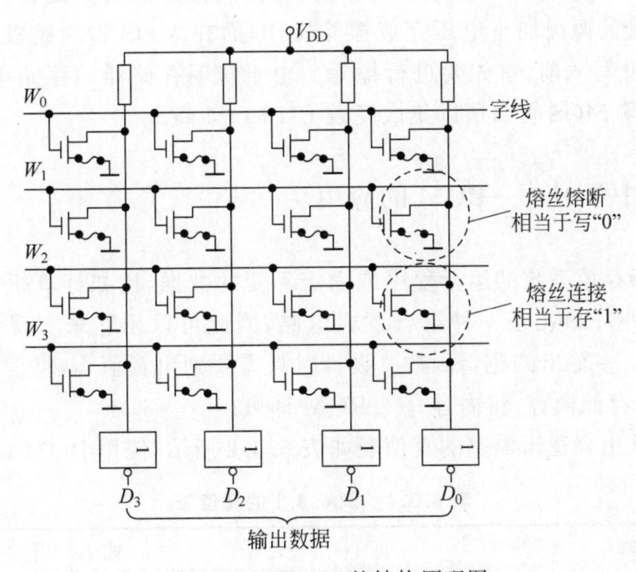

图6.3.5 PROM的结构原理图

2. EPROM

EPROM也是由用户编程,但是与PROM不同的是,EPROM写错了可以擦除重写。怎样才能使存储器中存储的内容可以反复地擦除和重写?EPROM中采用了N沟道叠栅MOS管(SIMOS)作存储单元。编程时通过编程器给要写"0"的存储单元的管子漏-源间加20~25V的电压,使其发生雪崩击穿,相当于将该管子"去除",即写入"0"。

EPROM芯片功能可靠,价格低,曾经非常流行,主要用于研制和开发中需要经常更换程序的场合。但它也有明显缺点:一是擦除和重写必须把芯片从电路中取出;二是只能整片擦除,不能有选择地擦除某个单元;三是擦除较慢,一般需用紫外线照射15min

左右。

3. E^2PROM

E^2PROM是为了克服EPROM的缺点而研制的，采用浮栅隧道MOS管作存储单元。浮栅隧道MOS管的结构与SIMOS管的结构类似，但是在制作时使控制栅和浮置栅有一个突起部分，从而使浮置栅与漏极之间形成一个极薄氧化层，称为隧道区。

E^2PROM既可以对所有单元擦除和重写，也可以对单个字进行擦除和重写；擦除和重写可以在电路中完成，无须专门的擦除器和编程装置；擦除和重写速度大大提高，一般为毫秒量级。与EPROM相比，E^2PROM存储单元电路复杂，所以集成度低。

4. 快闪存储器

快闪存储器把EPROM高集成度、低成本的特点与E^2PROM的电擦除性能结合在一起，并保留了两者快速访问的特点。快闪存储器的擦除和写入是分开进行的，通过在快闪叠栅MOS管的源极加正电压完成擦除操作，而在MOS管的栅极加高的正电压完成写入操作。因此写入前，首先要进行擦除。由于快闪存储器的存储单元结构简单（只需要一个快闪叠栅MOS管），所以集成度较E^2PROM高。

6.3.4 课中学习——ROM的应用

ROM常用于存放系统的运行程序或固定不变的数据，比如计算机的引导程序以及各种数据表。此外，ROM是一种组合逻辑电路，因此可以用它来实现各种组合逻辑函数，特别是多输入、多输出的逻辑函数。设计时只需要列出真值表，将逻辑函数的输入作为地址，输出作为存储内容，将内容写入ROM即可。

例 6.3.1 某组合逻辑电路的真值表如表6.3.2所示，使用ROM设计该逻辑电路。

表 6.3.2 例 6.3.1 的真值表

输　入			输　出		
A	B	C	L	F	G
0	0	0	0	0	0
0	0	1	1	1	0
0	1	0	1	0	1
0	1	1	0	0	0
1	0	0	1	0	1
1	0	1	0	1	0
1	1	0	0	1	1
1	1	1	1	0	0

解：(1) 由真值表写出最小项表达式：

$$L=m_1+m_2+m_4+m_7$$

$$F=m_1+m_5+m_6$$

$$G=m_2+m_4+m_6$$

(2) 画出用 ROM 实现的阵列图,如图 6.3.6 所示。

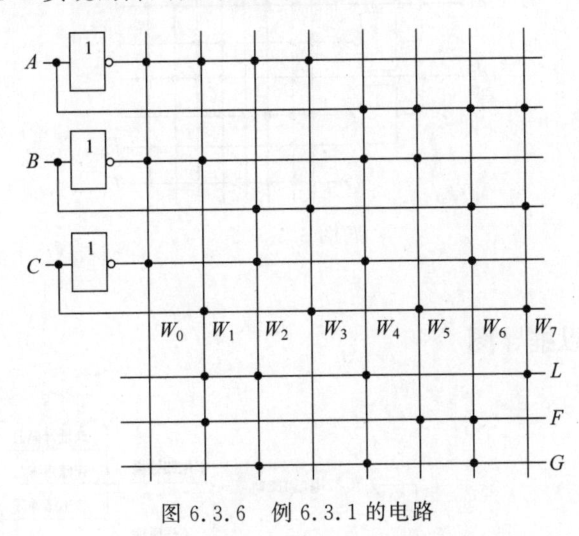

图 6.3.6　例 6.3.1 的电路

(三) 课后篇

6.3.5　课后巩固——练习实践

讲解视频

6.3.5.1　设输入逻辑变量为 A、B、C、D,试用 ROM 实现下列逻辑函数,并画出电路图。

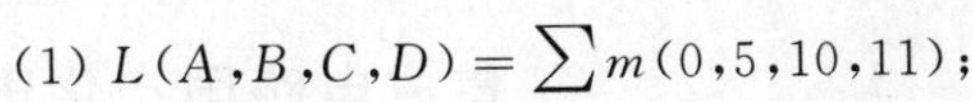

(1) $L(A,B,C,D)=\sum m(0,5,10,11)$;

(2) $L(A,B,C,D)=\sum m(4,7,11,14)$;

(3) $L(A,B,C,D)=\sum m(1,3,5,15)$。

6.3.5.2　试用 16×4 位的 ROM 设计将两个 2 位二进制数相乘的乘法器电路,列出 ROM 的数据表,并画出电路图。

6.3.5.3　试用两片 1024×8 的 ROM 接成一个数码转换器,将 10 位二进制数转换成等值的 4 位二-十进制数。要求:(1) 画出电路图;(2) 当地址输入 $A_9A_8A_7A_6A_5A_4A_3A_2A_1A_0$ 分别为 0000000000、1000000000、1111111111 时,两片 ROM 对应地址中的数据各为何值?

讲解视频

6.3.5.4　试用 ROM 构成能实现函数 $y=x^2$ 的电路,x 为 0~15 的正整数。

讲解视频

6.3.5.5　写出题图 6.3.5.5 所示 ROM 阵列输出函数的逻辑表达式,列出真值表,并说明电路的逻辑功能。

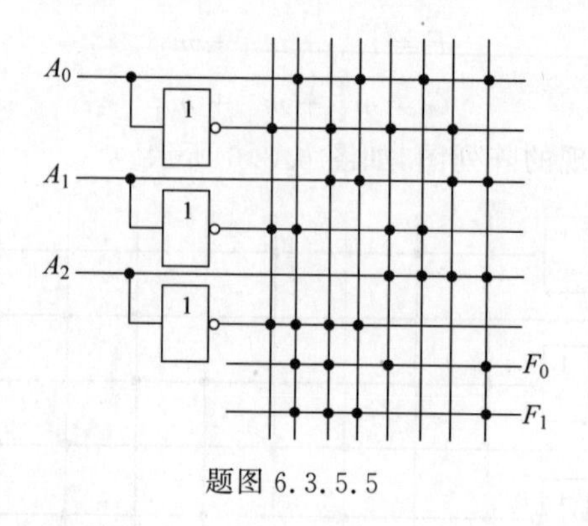

题图 6.3.5.5

6.3.6 本节思维导图

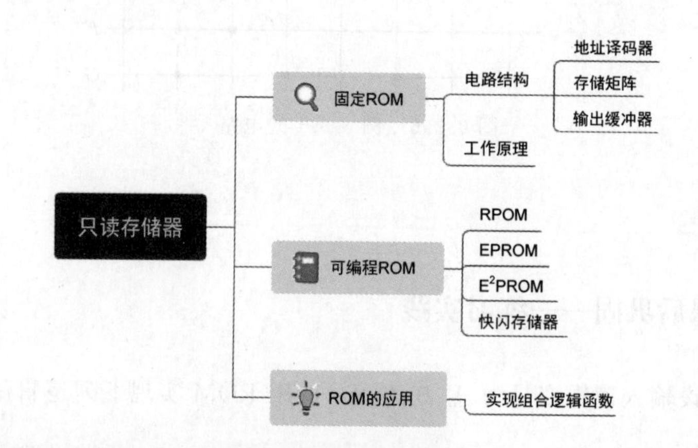

知识拓展——存储芯片国产先锋三巨头

集成电路国产化进程

有专家把存储芯片称为“电子系统粮仓”，它是数据载体，关乎数据安全，如果以行军打仗作比喻，发展存储芯片可谓是“兵马未动粮草先行”。全球存储器集成芯片厂家中，最有名的有韩国的三星电子有限公司和 SK 海力士电子有限公司、美国的镁光电子有限公司和金士顿电子有限公司等。国内存储芯片生产较好的有长江存储科技有限责任公司、合肥长鑫集成电路有限责任公司、深圳嘉合劲威电子有限公司。长江存储科技有限责任公司专注于固态硬盘用到的 3D NAND 闪存芯片研发，合肥长鑫集成电路有限责任公司专注于内存主用的 DRAM 芯片研发，深圳嘉合劲威电子有限公司则提供内存模组、固态硬盘、各类存储装置等产品级研制及解决方案。随着以这三家企业为龙头的国产企业崛起，国产存储实现了从无到有的突破，打破了长期被垄断的局面，开创了国产存储的新局面。

6.4 低密度可编程逻辑器件

(一)课前篇

本节导学单

1. 学习目标

根据《布鲁姆教育目标分类学》,从知识维度和认知过程两方面进一步细化本节课的教学目标,明确学习本节课所必备的学习经验。

知识维度	认知过程					
	1. 回忆	2. 理解	3. 应用	4. 分析	5. 评价	6. 创造
A. 事实性知识	回忆逻辑门电路以及触发器的基本概念	说出可编程逻辑器件(PLD)的基本概念				
B. 概念性知识	回忆常用逻辑门的逻辑符号及逻辑表达式。回忆触发器的逻辑符号、特性方程、真值表及状态转换图	阐释可编程逻辑器件PLD的分类、电路表示方法。阐释可编程逻辑阵列(PLA)、可编程阵列逻辑(PAL)的基本结构				
C. 程序性知识	回忆逻辑门、触发器多种表示方法之间的转换		应用PLA、PAL实现组合逻辑函数以及时序逻辑函数	根据阵列图,分析电路的逻辑功能	对比评价PLA、PAL在结构上的异同以及优缺点	利用可编程逻辑器件设计应用电路,会借助仿真软件进行验证,会利用口袋实验包进行电路搭建与调试
D. 元认知知识	明晰学习经验是理解新知识的前提		根据概念及学习经验迁移得到新理论的能力	将知识分为若干任务,主动思考,举一反三,完成每个任务	通过类比学习是知识整合吸收的过程	通过电路的设计、仿真、搭建、调试,培养工程思维

2. 导学要求

根据本节的学习目标，将回忆、理解、应用层面学习目标所涉及的知识点课前自学完成，形成自学导学单。

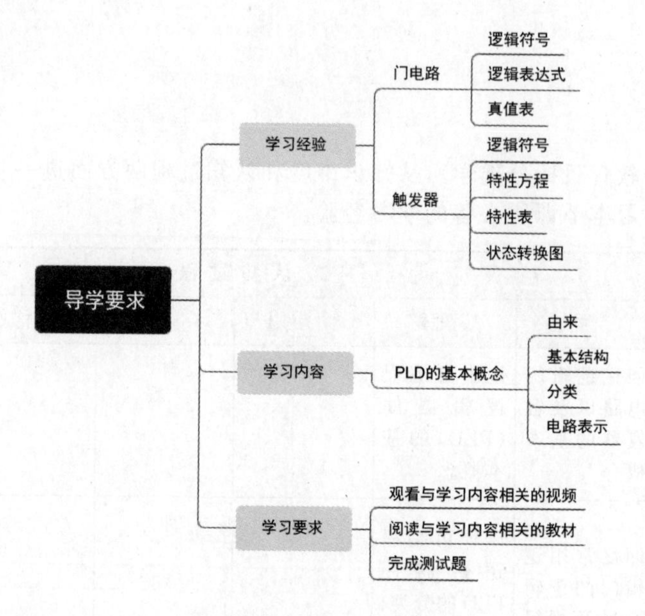

6.4.1 课前自学——可编程逻辑器件介绍

1. 可编程逻辑器件结构

可编程逻辑器件(PLD)的基本结构框图如图 6.4.1 所示，由输入缓冲电路、与阵列、或阵列和输出结构四部分组成。与阵列用来产生乘积项；或阵列用于产生乘积项之和以实现各种逻辑函数；输入缓冲电路可以产生输入变量的原变量和反变量；输出结构不同的 PLD 差异很大，有组合输出结构、时序输出结构及可编程输出结构等。

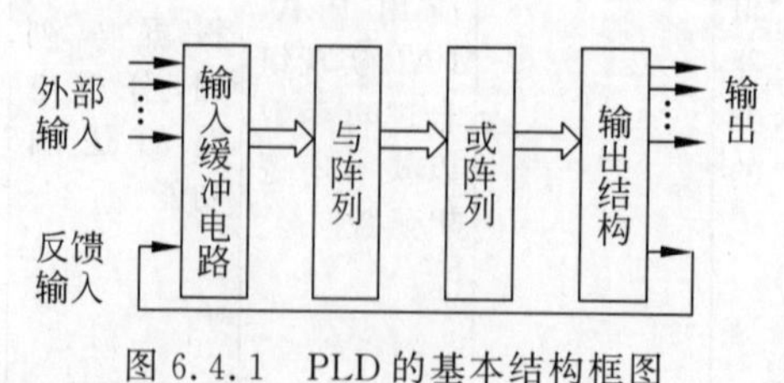

图 6.4.1 PLD 的基本结构框图

2. 可编程逻辑器件的分类

PLD 按照集成度的不同，可分为低密度 PLD 和高密度 PLD 两种，如图 6.4.2 所示。

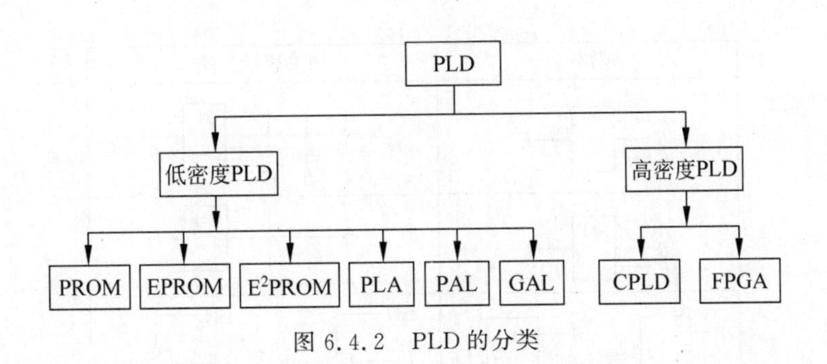

图 6.4.2 PLD 的分类

低密度 PLD 主要指集成度小于每片 1000 门的 PLD，PROM、可编程逻辑阵列(PLA)、可编程阵列逻辑(PAL)、通用阵列逻辑(GAL)等均属于低密度 PLD。与中小规模集成电路相比，低密度 PLD 具有集成度高、速度快、设计灵活等优势，可用于简单逻辑电路的设计。本节主要介绍低密度可编程逻辑器件。

高密度 PLD 主要指集成度大于每片 1000 门的 PLD，主要分为复杂可编程逻辑器件(CPLD)和现场可编程门阵列(FPGA)两类。

按照与阵列和或阵列是否可编程，低密度 PLD 可分为四种基本类型，如表 6.4.1 所示。

表 6.4.1 低密度 PLD 的四种基本类型

类 型	阵 列	
	与阵列	或阵列
ROM	固定	可编程
PLA	可编程	可编程
PAL	可编程	固定
GAL	可编程	固定

3. 可编程逻辑器件电路表示

图 6.4.3 是 PLD 的三种连接方式：“·”表示固定连接，“×”表示编程连接，也就是这个节点的接通与断开由编程实现，两线之间的交叉点既无“·”也无“×”，则表明两连接线断开。

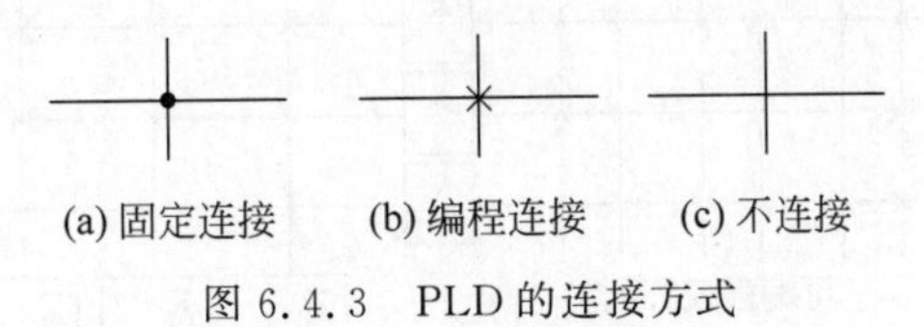

图 6.4.3 PLD 的连接方式

逻辑门的 PLD 表示方法如图 6.4.4 所示。

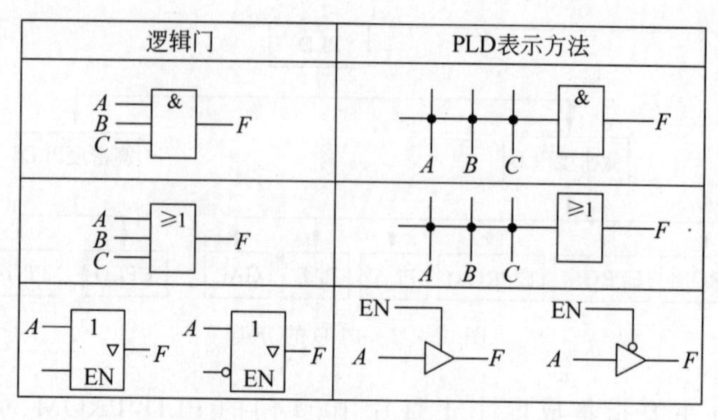

图 6.4.4 PLD 的电路表示方法

6.4.2 课前自学——预习自测

6.4.2.1 可编程逻辑器件可分为几类？它们之间有什么区别？共同特点是什么？

6.4.2.2 可编程逻辑器件的基本结构是什么？

（二）课上篇

6.4.3 课中学习——可编程逻辑阵列

可编程逻辑阵列(Programmable Logic Array,PLA)不仅或阵列可以编程,与阵列不再固定也可以编程,基本结构如图 6.4.5 所示。

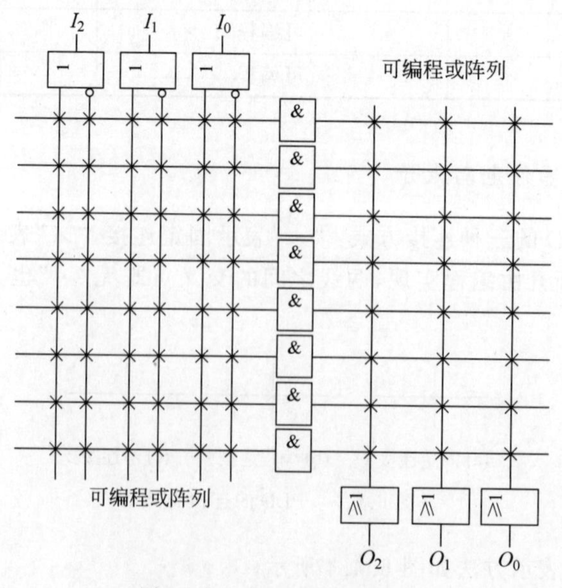

图 6.4.5 PLA 的基本结构

例 6.4.1 试用 PLA 设计一个将余 3 码转换成 8421 码的组合逻辑电路。

解:(1) 分析要求,设定变量。输入余 3 码用 $A_3A_2A_1A_0$ 表示,输出 8421 码用 $L_3L_2L_1L_0$ 表示。

(2) 列写真值表如表 6.4.2 所示。

表 6.4.2 例 6.4.1 真值表

输入(余 3 码)	输出(8421 码)
$A_3A_2A_1A_0$	$L_3L_2L_1L_0$
0011	0000
0100	0001
0101	0010
0110	0011
0111	0100
1000	0101
1001	0110
1010	0111
1011	1000
1100	1001

(3) 用卡诺图化简法得到逻辑表达式如下(具体化简过程略):

$$L_0=\overline{A}_0$$

$$L_1=A_1\overline{A}_0+\overline{A}_1A_0$$

$$L_2=\overline{A}_2\overline{A}_0+A_2A_1A_0+\overline{A}_2\overline{A}_1$$

$$L_3=A_3A_2+A_3A_1A_0$$

(4) 画出用 PLA 实现的电路图如图 6.4.6 所示。

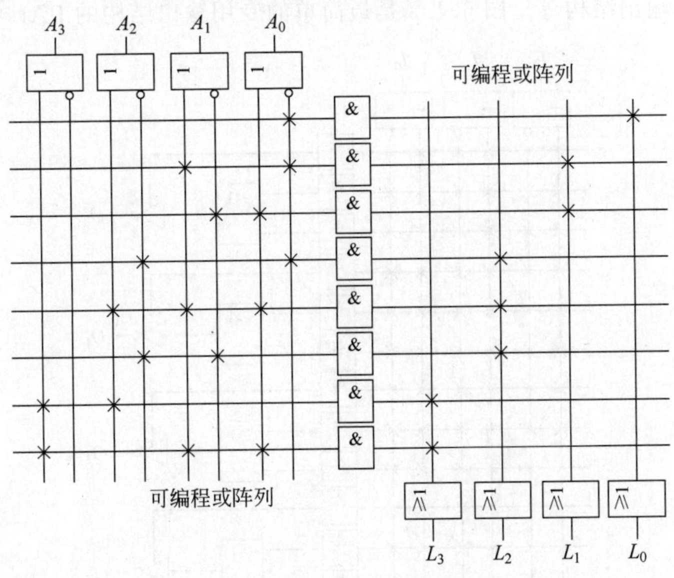

图 6.4.6 例 6.4.1 的电路

6.4.4 课中学习——可编程阵列逻辑

可编程阵列逻辑(Programmable Array Logic,PAL)是在 PLA 之后出现的一种 PLD。它的结构是与阵列可编程,而或阵列固定,这种结构可使得编程比较简单,它的基本结构如图 6.4.7 所示。

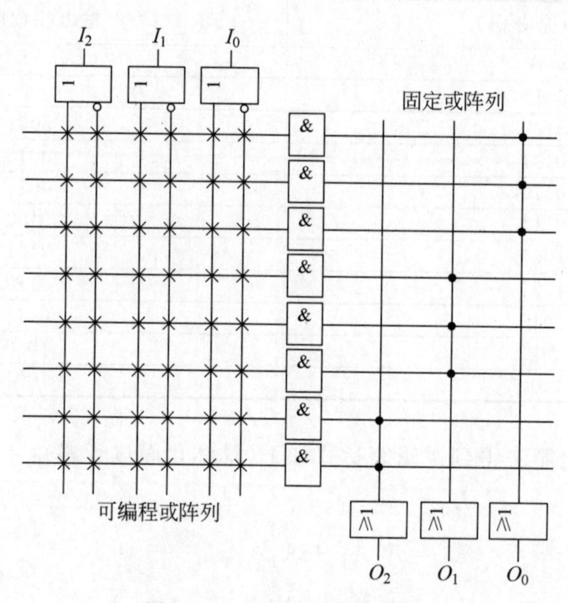

图 6.4.7 PAL 的基本结构

为了满足不同用户需求,PAL 有专用输出结构、可编程 I/O 结构、带反馈的寄存器输出结构、异或型输出结构等。图 6.4.8 是最简单的专用输出结构的 PAL 结构图。

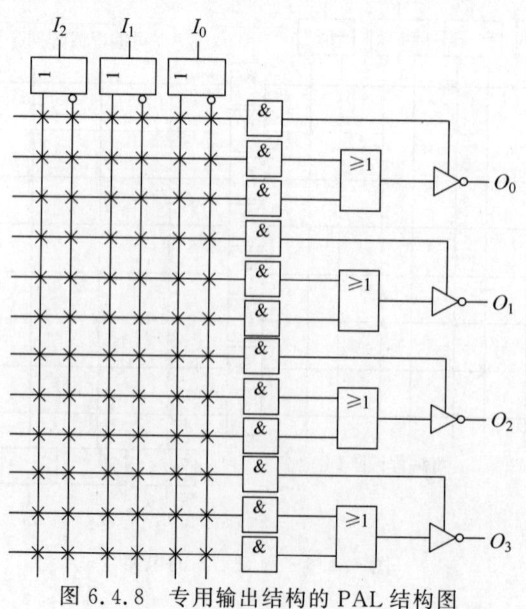

图 6.4.8 专用输出结构的 PAL 结构图

（三）课后篇

6.4.5 课后巩固——练习实践

6.4.5.1 分析题图 6.4.5.1 所示的逻辑电路，写出输出 L_1、L_2、L_3 的最小项表达式。

讲解视频

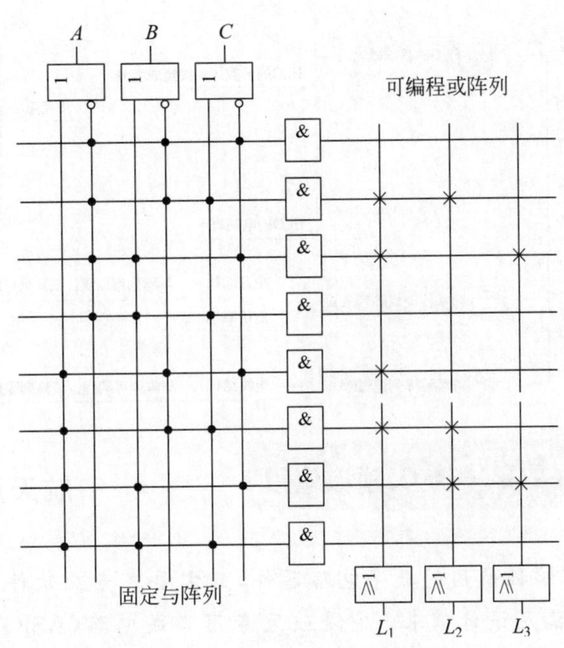

题图 6.4.5.1

6.4.5.2 时序型 PLA 的阵列图如题图 6.4.5.2 所示，试分析该电路的逻辑功能。

讲解视频

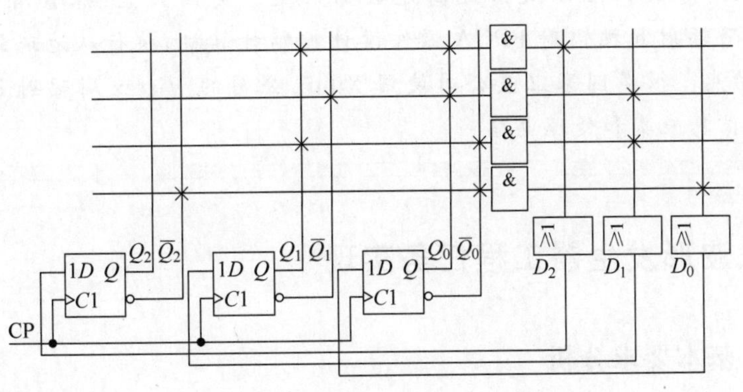

题图 6.4.5.2

6.4.6 本节思维导图

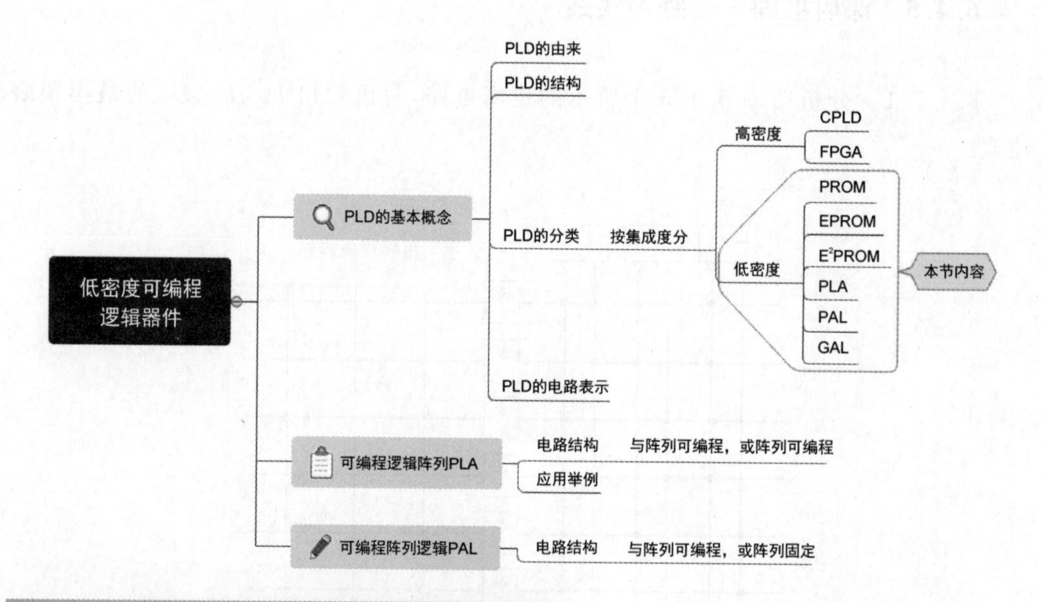

知识拓展——FPGA 在航天领域应用

航天用集成电路介绍

FPGA 是一种可编程使用的数字电路器件，只需要在专业软件里改变配置信息就可以实现电路功能，满足设计需求。它是航天专用集成电路(ASIC)的最佳实现途径。使用 FPGA 设计微小卫星等航天器的星载电子系统、航天飞行器的导航控制系统等，可以减小体积、降低成本。利用 FPGA 内丰富的逻辑资源，进行片内冗余容错设计，是满足星载电子系统可靠性要求的一个好办法。使用 FPGA 设计航天遥感器的 CCD 图像传感器驱动时序的产生以及系统高速数据采集。美国火星“探索者”漫游器使用 Actel 公司的耐辐射和抗辐射 FPGA 器件设计控制计算机，执行从地球到火星 6 个月飞行的导航功能。很多国家卫星公司使用 Xilinx 公司的 Virtex 耐辐射 FPGA 实现各类星上控制、信息采集和处理电路。

6.5 任意波形发生器工程任务实现

6.5.1 基本要求分析

任意波形发生器的基础是直接数字合成，原理如图 6.5.1 所示。波形形成过程：存储器存储波形数据，通过地址计数器的每一计数值对应于波形存储器的一个存储单元的地址,依次循环读出存储器各存储单元的内容,然后送给 D/A 转换器,转换成相应的模拟量输出电压,最后经低通滤波器得到平滑的波形。修改存储器的内容,可产生用户定义的任意波形,如正弦波、三角波、矩形波、梯形波或其他波形。因此,该系统的任务需求为时钟源、分频器、地址计数器、波形存储器和 D/A 转换器。

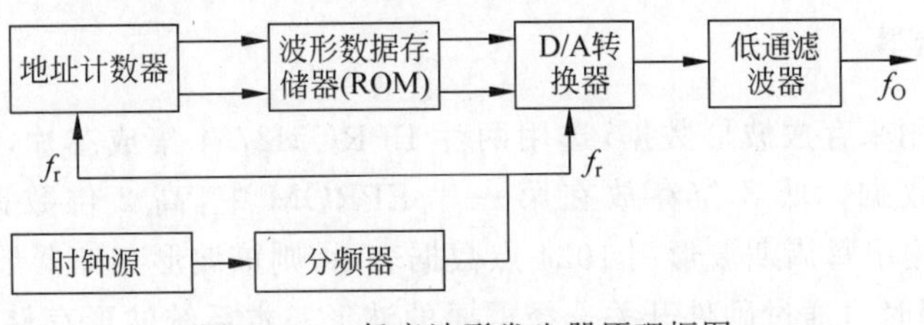

图 6.5.1　任意波形发生器原理框图

6.5.2　模块电路设计

1. 时钟源

为了使输出波形频率稳定,时钟源选择频率稳定度较高的 12MHz 石英晶体振荡器。

2. 分频器

用该方法产生波形,其波形频率由两方面决定:①波形的频率由地址计数器的计数时钟决定,当波形存储的点数一定时,计数器的计数时钟频率越快,读出一周期波形数据的时间就越短,输出波形的频率就越高;反之,则波形频率越低。②波形的频率由组成一周期波形的点数确定,当地址计数器的时钟频率一定时,一周期波形的点数越多,读完一周期波形所需的时间越长,波形频率就越低;反之,则波形频率越高。

分频器主要是用于改变地址计数器的计数频率,时钟源的频率确定后,在波形数据存储器的存储输出波形点数固定的情况下,可以通过改变分频器的分频比使得输出信号的频率可调。如果不对时钟源产生的时钟信号进行分频,要得到较低的输出频率,则需要很大的波形数据存储空间,并且改变一次输出频率就要改变一次波形存储点数,这样设计的波形发生器灵活性差。

本系统采用三片 4 位二进制加法计数器 74161 构成,通过设定计数器的初始值来改变分频比,电路如图 6.5.2 所示。

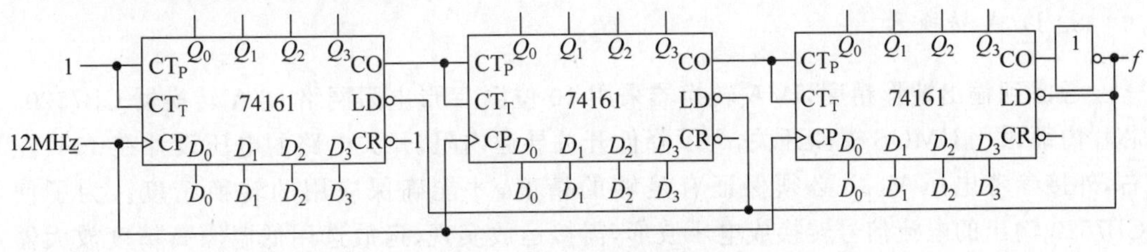

图 6.5.2　分频器电路

3. 地址计数器

地址计数器由三片 4 位二进制计数器 74161 构成模值为 1024 的计数器。地址计数器从全 0 到全 1,可循环产生 1024 个地址,对应存储器 1KB 的空间。

4. 波形存储器

波形存储器用来存放波形数据,选用两片 EPROM2764 集成芯片,每个波形点数据占 10 位二进制数据。低 8 位存放在第一片 EPROM 中,高 2 位数据存放在第 2 片 EPROM 中。若输出每周期波形用 1024 点数据表示,则该波形存储器最多可同时存储 8 种波形数据,使用时可通过硬件开关选择需要的波形。本系统波形存储器存储了 4 种波形数据(正弦波、矩形波、三角波、梯形波),如表 6.5.1 所示。通过开关 S_1、S_2 的四种组合选择输出四种波形,占用 4KB 存储空间,并预留 4KB 空间供扩展使用,电路如图 6.5.3 所示。

表 6.5.1 波形存储器内容

波形名称	计数器地址		存储单元内容 (I 指第 I 个存储单元)
	$A_{12}\sim A_0$	十六进制	
正弦波	0000000000000 … 0001111111111	0000 … 03FF	$1023\sin(2\pi I/1024)$ $I=0\sim1023$
方波	0010000000000 … 0011111111111	0400 … 07FF	全 0,$I=0\sim511$ 全 1,$I=512\sim1023$
三角波	0100000000000 … 0101111111111	0800 … 0BFF	$1023\times I/512$ $I=0\sim511$ $1023\times(1-(I-512)/512)$ $I=512\sim1023$
梯形波	0110000000000 … 0111111111111	0C00 … 0FFF	$1023\times I/340$ $I=0\sim339$ 全 1,$I=340\sim683$ $1023\times(1-(I-684)/340)$ $I=684\sim1023$

5. D/A 转换器

考虑到输出波形精度,D/A 转换器采用 10 位倒 T 形电阻网络 D/A 转换器 CB7520,芯片内部采用 CMOS 模拟开关,为了降低开关导通内阻,开关电路的电压设计在 15V 左右,外接参考电压 V_{REF} 必须保证有足够的精度,才能确保应用的转换精度。为了使 CB7520 输出的电流信号转换成电压波形,需接运放实现,运放选用低温漂高精度放大器 OP07,电路如图 6.5.4 所示。

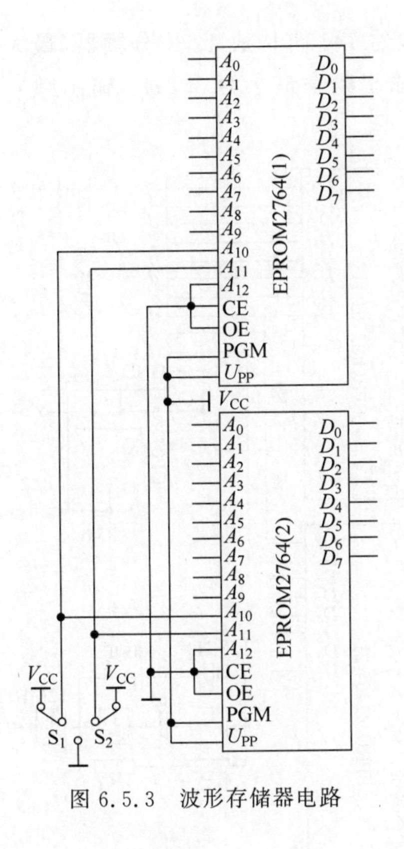

图 6.5.3　波形存储器电路

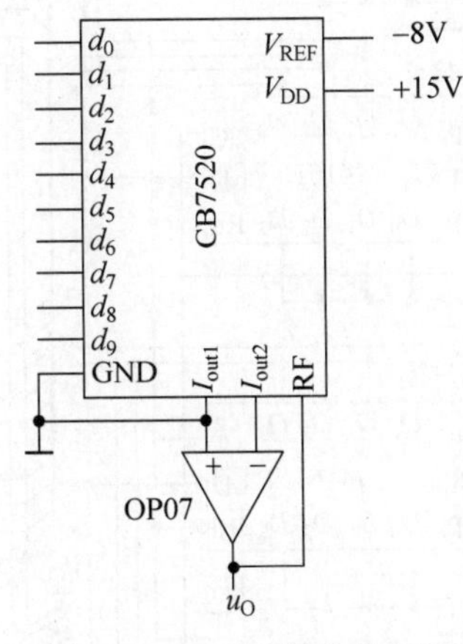

图 6.5.4　D/A 转换器电路

6.5.3　系统搭建

将各个功能模块电路拼接起来,就构建了任意波形发生器系统,如图 6.5.5 所示。

设石英晶体振荡器的频率为 f_{CP},地址计数器的时钟频率为 f_r,地址计数器的位数为 N 位,一周期波形的点数有 M 个,分频器的分频系数为 K,输出波形的频率为 f_O,则输出波形的频率 f_O 与 f_r、M 的关系为

$$f_O = f_r/M$$

当 f_r 为一固定值时,波形的最小频率为

$$f_{Omin} = f_r/2^N (M = 2^N)$$

根据奈奎斯特采样定理,每个波形取样点不少于 2 个,则输出波形的最高频率为

$$f_{Omax} = f_r/2(M = 2)$$

当 M 为一固定值(本系统用 EPROM 作存储器,M=1024)时,输出波形的最小和最大频率分别为

$$f_{Omin} = \frac{f_r}{M} = f_{CP}/K_{max}$$

$$f_{Omax} = \frac{f_r}{M} = f_{CP}/K_{min}$$

电路中分频器由三片 4 位二进制加法计数器 74161 构成 12 位分频器，最大分频比 $K_{max}=2^{12}=4096$，最小分频比 $K_{min}=2$，所以输出频率最小为 3.2Hz，输出频率最大值为 6kHz。

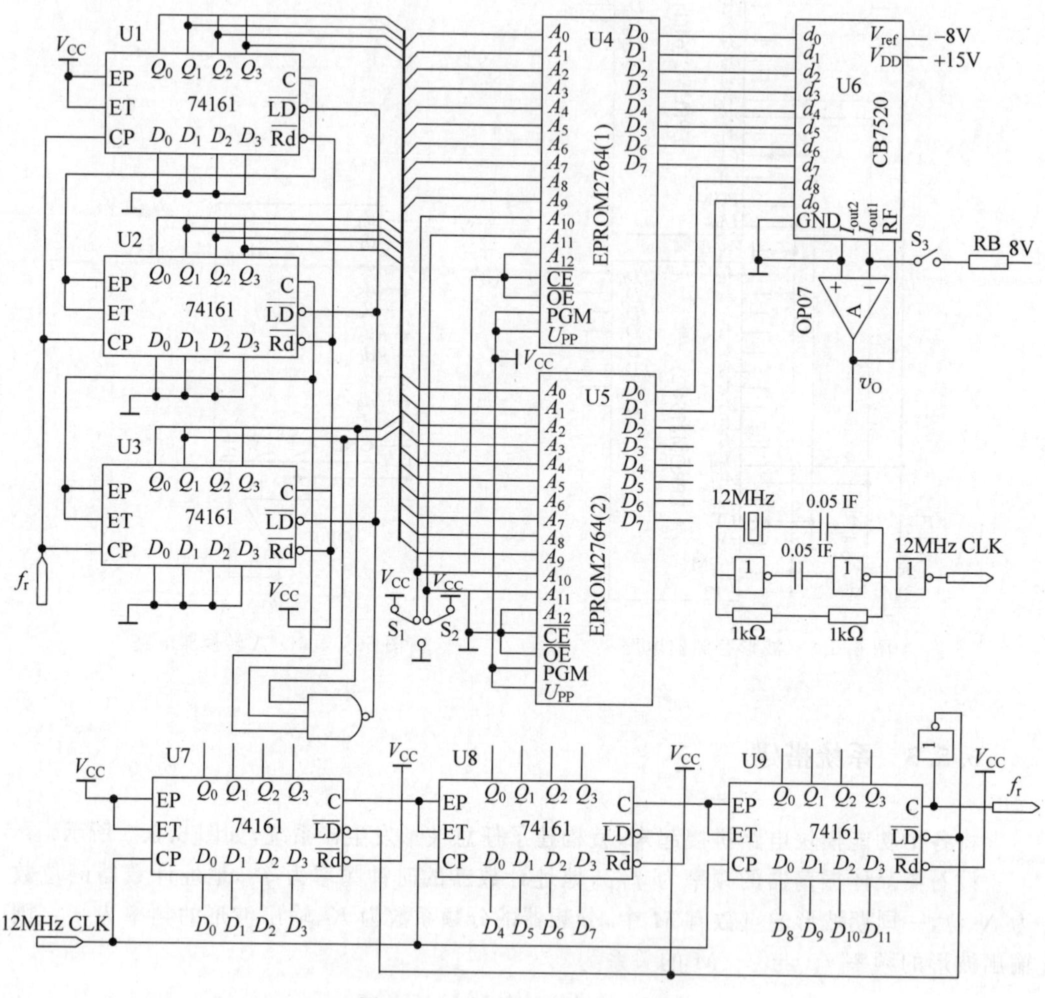

图 6.5.5 任意波形发生器电路

讲解视频

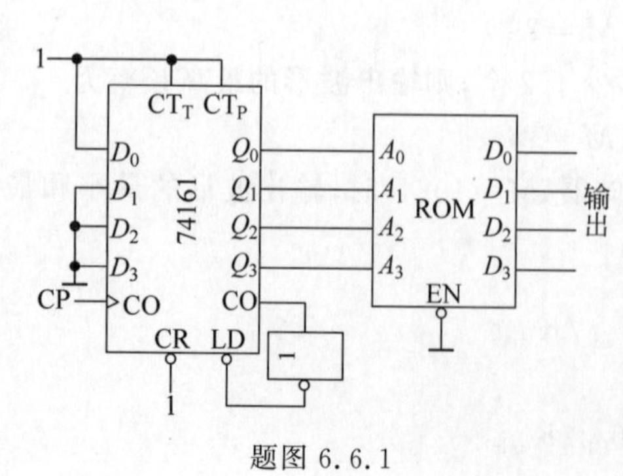

题图 6.6.1

6.6 本章知识综合练习

6.6.1 题图 6.6.1 是用 16×4 位 ROM 和同步十六进制加法计数器 74161 组成的脉冲分频电路，ROM 的数据表如题表 6.6.1 所示，试画出在 CP 信号连续作用下 D_3、D_2、D_1、D_0 输出的电压波形，并说明它们和 CP 信号频率之比。

题表 6.6.1

$A_3A_2A_1A_0$	$D_3D_2D_1D_0$	$A_3A_2A_1A_0$	$D_3D_2D_1D_0$
0000	1111	1000	1111
0001	0000	1001	1100
0010	0011	1010	0001
0011	0100	1011	0010
0100	0101	1100	0001
0101	1010	1101	0100
0110	1001	1110	0111
0111	1000	1111	0000

6.7 本章课程设计拓展

2001 年全国大学生电子设计竞赛本科组 A 题：波形发生器

1. 任务

设计并制作一个波形发生器，该波形发生器能产生正弦波、方波、三角波和由用户编辑的特定形状波形。其示意图如下：

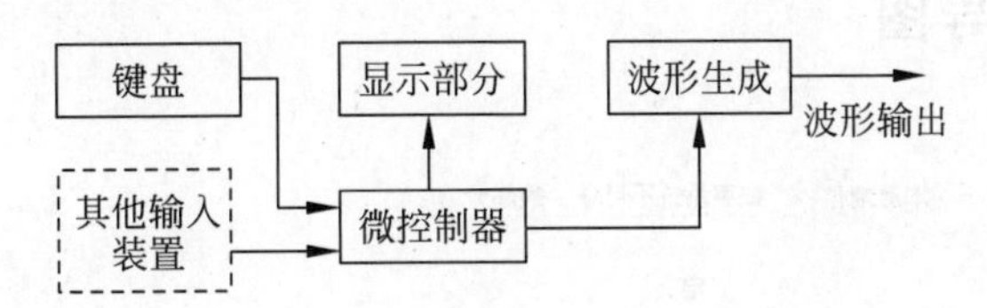

2. 要求

1）基本要求

(1) 具有产生正弦波、方波、三角波三种周期性波形的功能。

(2) 用键盘输入编辑生成上述三种波形(同周期)的线性组合波形，以及由基波及其谐波(5 次以下)线性组合的波形。

(3) 具有波形存储功能。

(4) 输出波形的频率为 100Hz～20kHz(非正弦波频率按 10 次谐波计算)；重复频率可调，频率步进间隔小于或等于 100Hz。

(5) 输出波形幅度为 0～5V(峰-峰值)，可按步进 0.1V(峰-峰值)调整。

(6) 具有显示输出波形的类型、重复频率(周期)和幅度的功能。

2）发挥部分

(1) 输出波形频率扩展至 100Hz～200kHz。

(2) 用键盘或其他输入装置产生任意波形。

(3) 增加稳幅输出功能，当负载变化时，输出电压幅度变化不大于±3%(负载电阻变化范围：100Ω 至∞)。

(4) 具有掉电存储功能,可存储掉电前用户编辑的波形和设置。

(5) 可产生单次或多次(1000 次以下)特定波形(如产生 1 个半周期三角波输出)。

(6) 其他,如频谱分析、失真度分析、扫频输出等功能。

3. 评分标准

	项　目	满　分
基本要求	设计与总结报告：方案比较、设计与论证,理论分析与计算,电路图及有关设计文件,测试方法与仪器,测试数据及测试结果分析	50
	实际制作完成情况	50
发挥部分	完成第(1)项	10
	完成第(2)项	10
	完成第(3)项	10
	完成第(4)项	5
	完成第(5)项	5
	完成第(6)项	10

思维导图

6.8 本章思维导图

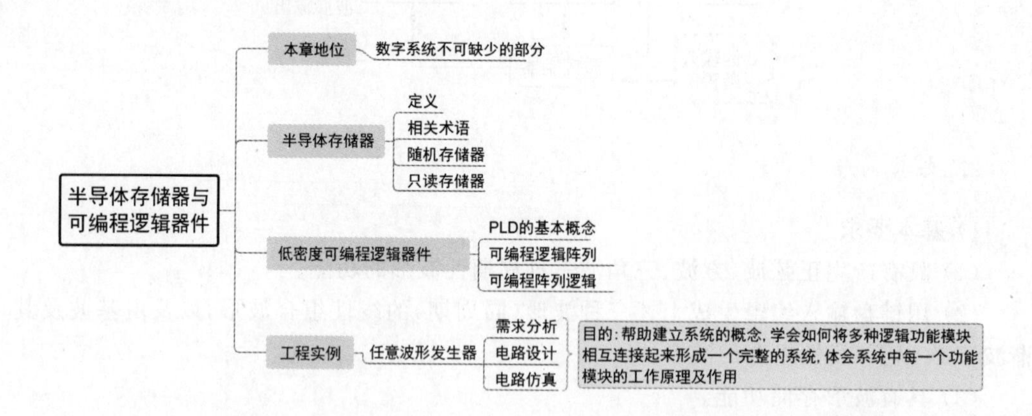

第7章 脉冲信号的产生与整形

脉冲信号是指在短时间内出现的电压或电流信号。一般来讲,凡是不具有连续正弦波形状的信号都可以称为脉冲信号,在数字电路中最常用的脉冲信号是矩形波信号。矩形波信号如何产生以及它的频率和脉宽又如何调节是本章要解答的问题。脉冲信号的获取方式通常有两种：①利用多谐振荡器直接产生；②通过对已有信号进行整形与变换得到。本章将围绕这两种方法,重点讨论由555定时器所构成的三种脉冲电路以及它们的典型应用。

7.1 本章工程任务：声控灯设计

7.1.1 系统介绍

在现实生活中,声控灯得到了越来越广泛的应用,它是一种将声音作为控制开关的电灯装置。设计一个具有可调延时、计数功能的声控灯电路,具体要求如下：

(1) 话筒接收到一定强度的声音信号后,发光二极管(LED)点亮,延时0～99s,可调。

(2) 延时用数码管显示,时间单位为1s,显示范围为0～99。

(3) 当二极管熄灭时,计数器停止计数并清零,数码管显示清零。

7.1.2 任务需求

声控灯的工作原理：话筒是将接收到的一定强度的声音信号转换为电压信号,该信号比较微弱,还需要经放大电路进行放大、整形电路整形后,触发延时电路,产生一个脉冲宽度可调的脉冲信号,从而驱动发光二极管点亮。同时该脉冲信号作为选通信号,使计数器计数,并用数码管显示延时。其电路结构如图7.1.1所示。

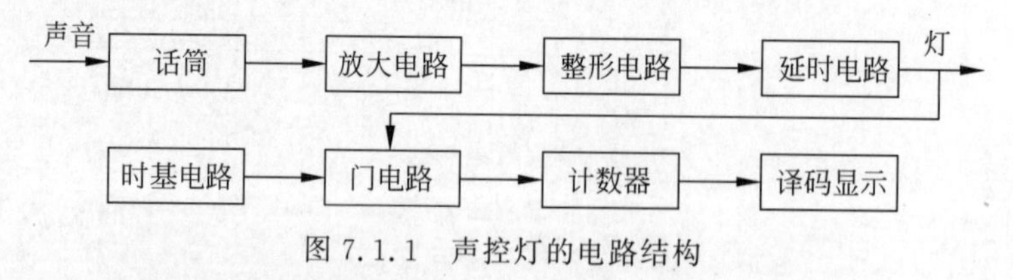

图7.1.1 声控灯的电路结构

知识拓展——航天集成电路主力：骊山微电子公司

集成电路国产化进程

骊山微电子公司(西安微电子技术研究所)是一家国产集成电路设计制造企业,被誉为中国航天微电子和计算机的先驱和主力军。它始建于1965年10月,主要从事计算机、半导体集成电路、混合集成电路三大领域的研制开发、批产配套、检测经营,是国家唯一集计算机、半导体集成电路和混合集成科研生产为一体的大型专业研究所。建所50多年来承担了国家多项重点工程型号的计算机、集成电路、混合集成电路配套任务,创造了中国微计算机、半导体集成电路、混合集成电路发展史上多个第一。

7.2 555定时器

555定时器是模拟电路与数字电路结合的典范，是具有里程碑意义的集成电路。该电路使用灵活、方便，只需外接少量的阻容元件就可构成各种脉冲电路，因而在波形的产生与变换、测量与控制、家用电器和电子玩具等领域得到了广泛应用。

（一）课前篇

本节导学单

1. 学习目标

根据《布鲁姆教育目标分类学》，从知识维度和认知过程两方面进一步细化本节课的教学目标，明确学习本节课所必备的学习经验。

知识维度	认知过程					
	1. 回忆	2. 理解	3. 应用	4. 分析	5. 评价	6. 创造
A. 事实性知识		说出555定时器电路构成				
B. 概念性知识	回忆与非门、非门逻辑符号及功能；回忆三极管的开关特性				从内部结构和工作原理两方面评价555定时器	
C. 程序性知识	回忆电压比较器和基本RS触发器的工作原理			应用与非门、非门、电压比较器、基本RS触发器逻辑功能分析工作过程，总结逻辑功能		应用555定时器设计脉冲电路
D. 元认知知识	明晰学习经验是理解新知识的前提			主动思考，举一反三		通过发现问题、分析问题、解决问题来培养工程思维

2. 导学要求

根据本节的学习目标,将回忆、理解、应用层面学习目标所涉及的知识点课前自学完成,形成自学导学单。

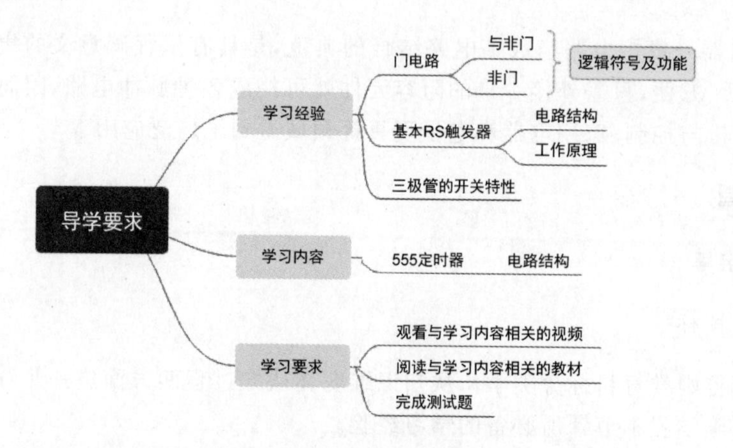

7.2.1 课前自学——555 定时器电路结构

555 定时器的内部结构如图 7.2.1 所示,可简单划分为 5 部分。

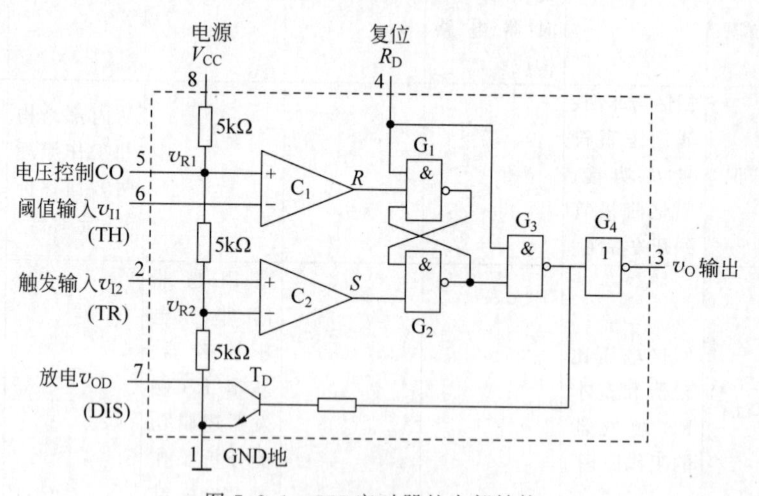

图 7.2.1　555 定时器的内部结构

1. 分压器

分压器由 8 引脚(电源 V_{CC})和 1 引脚(GND)之间的三个 5kΩ 精密电阻串联组成,这也是 555 定时器的名称由来。3 个 5kΩ 精密电阻可以产生两个固定比不变的电压,为电压比较器 C_1 和 C_2 提供基准电压。

同时在为电压比较器 C_1 提供参考电压的节点处,又引出 5 引脚(电压控制端 CO),

改变它的接法，即可改变电压比较器的比较基准。当CO悬空时，两个比较基准：

$$v_{R1}=\frac{2V_{CC}}{3} \quad v_{R2}=\frac{V_{CC}}{3} \tag{7.2.1}$$

当CO外加固定电压 v_{CO} 时，两个比较基准：

$$v_{R1}=v_{CO} \quad v_{R2}=\frac{v_{CO}}{2} \tag{7.2.2}$$

若5引脚悬空，为了防止引入高频干扰，影响555定时器工作，通常将该引脚通过0.01μF电容接地。

2. 电压比较器

C_1 和 C_2 是两个相同的高精度电压比较器。在5引脚悬空时，根据式(7.2.1)，两个比较基准分别是 $\frac{2V_{CC}}{3}$ 和 $\frac{V_{CC}}{3}$，两个电压比较器的作用是将阈值输入TH和触发输入TR分别跟其对应的比较基准进行比较。当 $TH>\frac{2V_{CC}}{3}$ 时，电压比较器 C_1 输出低电平；反之，输出高电平。当 $TR>\frac{V_{CC}}{3}$ 时，电压比较器 C_2 输出高电平；反之，输出低电平。

3. 基本RS触发器

与非门 G_1 和 G_2 构成基本RS触发器。电压比较器 C_1 的输出作为基本RS触发器的直接复位信号，电压比较器 C_2 的输出作为基本RS触发器的直接置位信号。

当 R_D(4引脚)为0时，不论其他输入引脚的信号是什么，G_3 门输出为1，G_4 门输出为0，因此4引脚为直接复位引脚，低电平有效。

4. 输出缓冲器

输出缓冲器是 G_4 门，其作用是提高555定时器带负载能力，隔离负载对定时器性能影响。

5. 放电三极管

放电三极管 T_D 受输出的控制，起到开关的作用，当 $v_O=1$ 时，T_D 基极为0，放电三极管截止；当 $v_O=0$ 时，T_D 饱和导通。

7.2.2 课前自学——预习自测

7.2.2.1 555定时器中含有(　　)。

A. 3个三极管　　B. 3个电压比较器

C. 1个基本RS触发器　　D. 3个电阻

7.2.2.2　图 7.2.1 为 555 定时器的内部结构图，若 CO 外接 8V 电压，则 $v_{R1}=$（　　），$v_{R2}=$（　　）。

（二）课上篇

7.2.3　课中学习——555 定时器工作原理

根据图 7.2.1 所示的 555 定时器内部结构图，除了 8 引脚（电源端）和 1 引脚（接地端），其余 6 个引脚均为逻辑功能端，可以分以下部分。

输入端：2 引脚（触发输入端 TR）、6 引脚（阈值输入端 TH）、4 引脚（复位端 R_D）、5 引脚（电压控制端 CO）。

输出端：3 引脚（输出端 v_O）、7 引脚（放电端 DIS）。

如果 5 引脚悬空，则电压比较器的两个比较基准分别为$\frac{2V_{CC}}{3}$和$\frac{V_{CC}}{3}$。555 定时器的具体工作过程可分为以下 5 种情况：

（1）当 $R_D=0$ 时，不论其他输入信号如何，G_3 门输出为 1，最终输出 $v_O=0$，放电三极管 T_D 饱和导通，DIS 与地接通。

（2）当 $R_D=1$ 时，$TH>\frac{2V_{CC}}{3}$，$TR>\frac{V_{CC}}{3}$，电压比较器 C_1 输出 0，电压比较器 C_2 输出 1，基本 RS 触发器输出 $Q=0$，则输出 $v_O=0$，放电三极管 T_D 饱和导通，DIS 与地接通。

（3）当 $R_D=1$ 时，$TH<\frac{2V_{CC}}{3}$，$TR<\frac{V_{CC}}{3}$，电压比较器 C_1 输出 1，电压比较器 C_2 输出 0，基本 RS 触发器输出 $Q=1$，则输出 $v_O=1$，放电三极管 T_D 截止，DIS 与地断开。

（4）当 $R_D=1$ 时，$TH<\frac{2V_{CC}}{3}$，$TR>\frac{V_{CC}}{3}$，电压比较器 C_1 输出 1，电压比较器 C_2 输出 1，基本 RS 触发器、v_O、放电三极管 T_D、DIS 均保持不变。

（5）当 $R_D=1$ 时，$TH>\frac{2V_{CC}}{3}$，$TR<\frac{V_{CC}}{3}$，电压比较器 C_1 输出 0，电压比较器 C_2 输出 0，基本 RS 触发器输出 $Q=\bar{Q}=1$，则输出 $v_O=1$，放电三极管 T_D 截止，DIS 与地断开。

由此可以得到 555 定时器的逻辑功能表如表 7.2.1 所示。如果 5 引脚 CO（电压控制端）外接固定电压 v_{CO}，电压比较器的两个比较基准变为 v_{CO} 和$\frac{v_{CO}}{2}$，因此将表 7.2.1 中的$\frac{2V_{CC}}{3}$和$\frac{V_{CC}}{3}$更换为 v_{CO} 和$\frac{v_{CO}}{2}$，即可得到该情况下的 555 定时器功能表。

表 7.2.1 555 定时器功能表

R_D	TH	TR	v_O	DIS
0	×	×	0	接通
1	$>2V_{CC}/3$	$>V_{CC}/3$	0	接通
1	$<2V_{CC}/3$	$<V_{CC}/3$	1	断开
1	$<2V_{CC}/3$	$>V_{CC}/3$	保持	保持
1	$>2V_{CC}/3$	$<V_{CC}/3$	1	断开

555 定时器的封装图和符号图如图 7.2.2 所示。

为了提高电路的带负载能力，在输出端设置了缓冲器 G_4。如果将 DIS 引脚通过电阻接到电源端，那么只要这个电阻的阻值足够大，v_O 为高电平时 v_{OD} 也一定为高电平，v_O 为低电平时 v_{OD} 也一定为低电平。

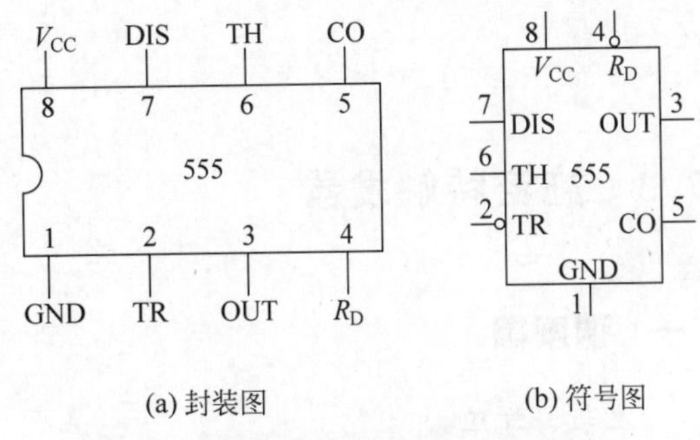

图 7.2.2 555 定时器的封装图和符号图

555 定时器有 TTL 型和 CMOS 型两类，它们的逻辑功能和引脚排列完全相同，只是性能参数不同。TTL 型 555 定时器电源电压为 5～16V，最大负载电流可达 200mA；CMOS 型 555 定时器电源电压为 3～18V，最大负载电流在 4mA 以下。

利用 555 定时器即可构成施密特触发器、单稳态触发器和多谐振荡器三种脉冲电路。

（三）课后篇

7.2.4 课后巩固——练习实践

7.2.4.1 555 定时器 5 引脚（电压控制端 CO）外接 10V 电压，试分析 555 定时器的工作过程。

7.2.4.2 555 定时器中缓冲器有什么作用。

7.2.5 本节思维导图

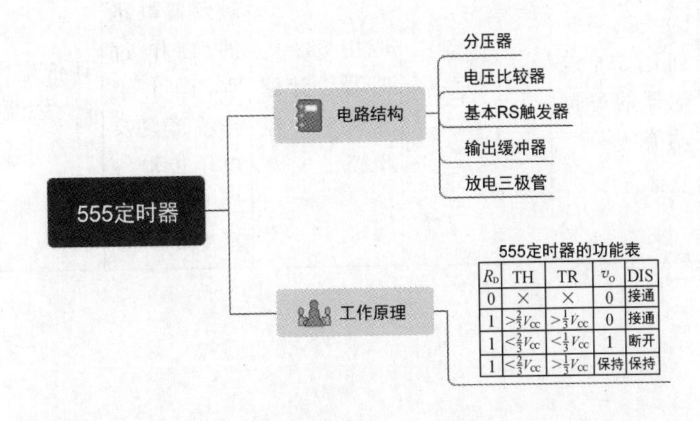

R_D	TH	TR	v_o	DIS
0	×	×	0	接通
1	$>\frac{2}{3}V_{CC}$	$>\frac{1}{3}V_{CC}$	0	接通
1	$<\frac{2}{3}V_{CC}$	$<\frac{1}{3}V_{CC}$	1	断开
1	$<\frac{2}{3}V_{CC}$	$>\frac{1}{3}V_{CC}$	保持	保持

知识拓展——芯片在外太空遇到的问题：温度聚变

航天用集成电路介绍

卫星绕行地球或航天器在太空飞行中，根据飞船航行方向和与太阳距离的不同，被太阳照射或距离近时温度会上升到几百摄氏度，而无法接收到太阳光或距离较远时又下降到零下几百摄氏度，这样的转换有时会在极短时间内发生。集成芯片电路的加固保护如果处理不当，热应力将导致不可预知的电路行为，甚至会带来灾难性故障，导致飞行任务失败。

7.3 施密特触发器

（一）课前篇

本节导学单

1. 学习目标

根据《布鲁姆教育目标分类学》，从知识维度和认知过程两方面进一步细化本节课的教学目标，明确学习本节课所必备的学习经验。

知识维度	认知过程					
	1. 回忆	2. 理解	3. 应用	4. 分析	5. 评价	6. 创造
A. 事实性知识						
B. 概念性知识		说出施密特触发器的概念				
C. 程序性知识	回忆555定时器的逻辑功能		应用555定时器设计施密特触发器电路	分析施密特触发器电路的工作过程，画出工作波形以及电压传输特性曲线，计算主要参数	评价施密特触发器的特点	设计波形变换电路，借助仿真软件进行验证，会利用口袋实验包进行电路搭建与调试

续表

知识维度	认知过程					
	1. 回忆	2. 理解	3. 应用	4. 分析	5. 评价	6. 创造
D. 元认知知识	明晰学习经验是理解新知识的前提		根据概念及学习经验迁移得到新理论的能力	将知识分为若干任务，主动思考，举一反三，完成每个任务		通过电路的设计、仿真、搭建、调试，培养工程思维

2. 导学要求

根据本节的学习目标，将回忆、理解、应用层面学习目标所涉及的知识点课前自学完成，形成自学导学单。

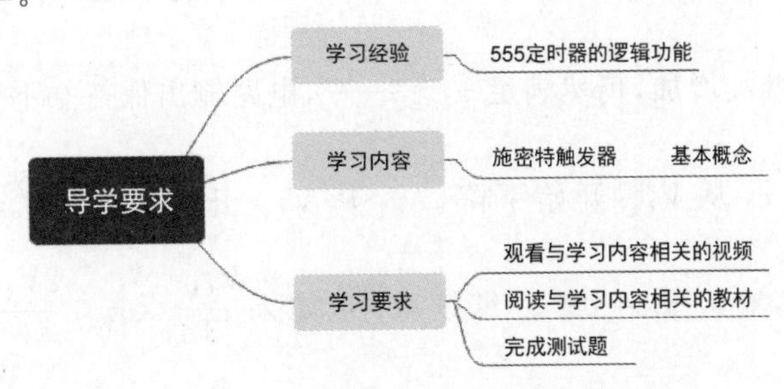

7.3.1 课前自学——施密特触发器的基本概念

施密特触发器是脉冲波形变换中经常使用的一种电路，它在性能上有两个重要特点：

(1) 输入信号从低电平上升的过程中电路状态转换时对应的输入电平，与输入信号从高电平下降过程中对应的输入转换电平不同。

(2) 在电路状态转换时，通过电路内部的正反馈过程使输出电压波形的边沿变得陡峭。

利用这两个特点不仅能将边沿变化缓慢的信号波形整形为边沿陡峭的矩形波，而且可以将叠加在矩形脉冲高、低电平上的噪声有效地消除。

7.3.2 课前自学——预习自测

7.3.2.1 简述施密特触发器的工作特点。

7.3.2.2 用施密特触发器能否寄存1位二值数据？说明理由。

（二）课上篇

7.3.3 课中学习——施密特触发器电路

1. 电路结构

将 555 定时器的阈值输入 TH 和触发输入 TR 连在一起即构成了施密特触发器，电路结构如图 7.3.1 所示。

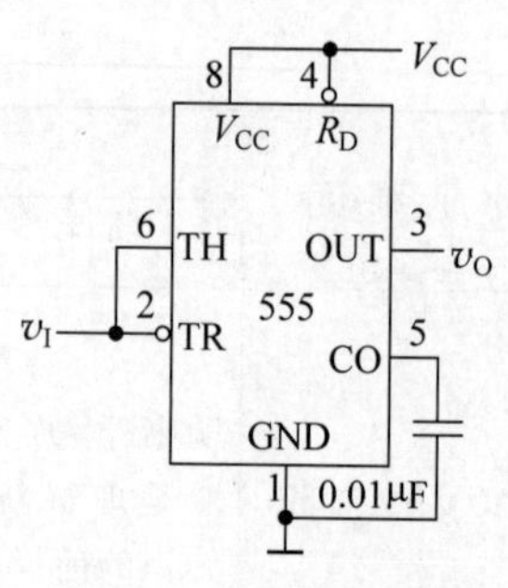

图 7.3.1 555 定时器构成的施密特触发器

2. 工作原理

（1）输入电压 v_I 从 0 开始上升。当 $v_I<\frac{V_{CC}}{3}$ 时，根据 555 定时器功能表，输出 $v_O=1$；v_I 继续增加，如果 $\frac{V_{CC}}{3}<v_I<\frac{2V_{CC}}{3}$，输出 v_O 维持 1 不变，一旦 $v_I>\frac{2V_{CC}}{3}$，输出 v_O 由 1 跳变为 0；之后 v_I 继续增加，仍然满足 $v_I>\frac{2V_{CC}}{3}$，电路输出保持 0 不变。

（2）输入电压 v_I 从 V_{CC} 开始下降。v_I 从 V_{CC} 开始下降，当 $v_I>\frac{2V_{CC}}{3}$ 时，根据 555 定时器功能表，输出 $v_O=0$；v_I 继续减小，如果 $\frac{V_{CC}}{3}<v_I<\frac{2V_{CC}}{3}$，输出 v_O 维持 0 不变，只有 $v_I<\frac{V_{CC}}{3}$，输出 v_O 由 0 跳变为 1。电路的工作波形和电压传输特性曲线如图 7.3.2(a)、(b)所示。

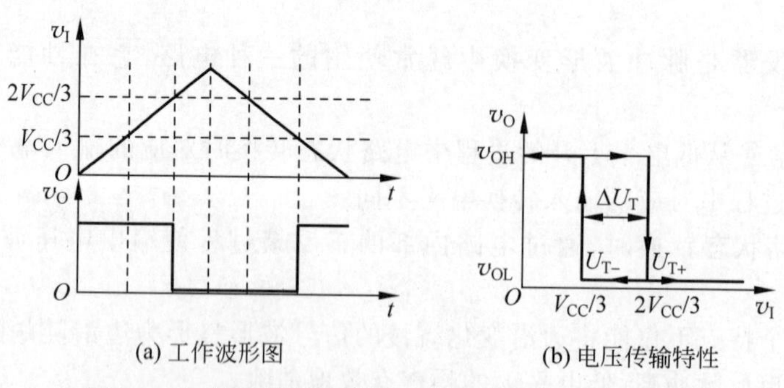

(a) 工作波形图　　(b) 电压传输特性

图 7.3.2 施密特触发器的工作波形及电压传输特性

555 定时器构成的施密特触发器具有以下特点：

（1）具有两个稳定的状态，但没有记忆作用，输出状态需要相应的输入电压来维持。

（2）电平触发。只要输入信号达到某一额定值，输出即发生翻转。

（3）具有回差（滞回）特性。

3. 主要参数

上限阈值电压：$V_{T+}=\frac{2}{3}V_{CC}$

下限阈值电压：$V_{T-}=\frac{1}{3}V_{CC}$

回差电压：$\Delta V_T=\frac{1}{3}V_{CC}$

7.3.4 课中学习——施密特触发器应用

1. 波形变换

利用施密特触发器在转换过程中的正反馈作用，可以将边沿缓慢变化的周期性信号转变为边沿很陡的矩形脉冲信号。如图7.3.3所示，其输入端加入正弦波，即可在施密特触发器的输出端得到同频率的矩形波。改变施密特触发器的V_{T+}和V_{T-}就可以调节v_O的脉宽t_w。

2. 脉冲整形

在数字系统中，矩形脉冲经传输后往往发生波形畸变，如图7.3.4所示。利用施密特触发器整形可以获得比较理想矩形脉冲波形。只要V_{T+}和V_{T-}设置合适，均能取得满意的整形效果。

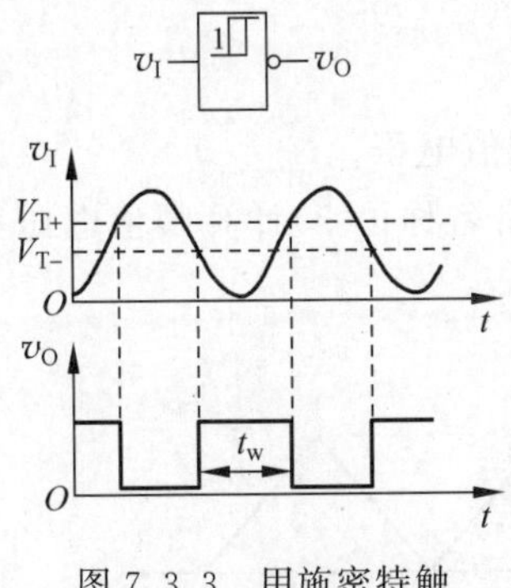

图7.3.3 用施密特触发器实现波形变换

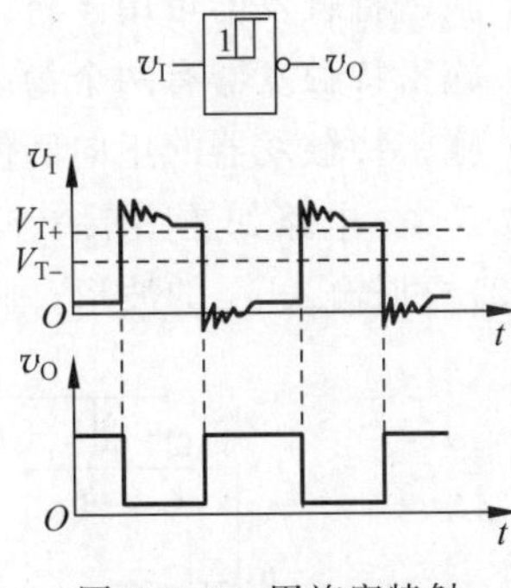

图7.3.4 用施密特触发器实现脉冲整形

3. 脉冲鉴幅

如图7.3.5所示，若将一系列幅度各异的脉冲信号施加到施密特触发器的输入端，只有幅度大于V_{T+}的脉冲才会在输出端产生输出信号。因此，施密特触发器能将幅度大于V_{T+}的脉冲选出，具有脉冲鉴幅能力。

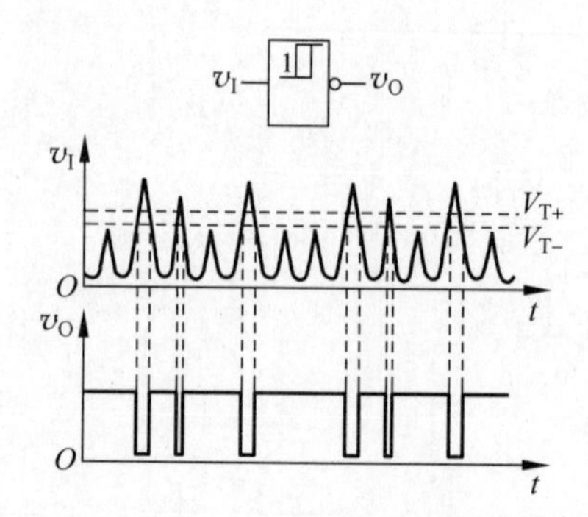

图 7.3.5　用施密特触发器实现脉冲鉴幅

（三）课后篇

7.3.5　课后巩固——练习实践

1. 知识巩固练习

7.3.5.1　用 555 定时器组成施密特触发器，当输入控制端 CO 外接 10V 电压时，回差电压为（　　）。

A. 3.33V　　　　B. 5V

C. 6.66V　　　　D. 10V

7.3.5.2　判断题：

(1) 施密特触发器可用于将三角波变换成正弦波。（　　）

(2) 施密特触发器有两个稳态。（　　）

(3) 施密特触发器的正向阈值电压一定大于负向阈值电压。（　　）

7.3.5.3　电路如题图 7.3.5.3 所示。(1)说出电路名称；(2)计算阈值电压和回差电压；(3)根据输入 u_I 的波形，画出输出 u_O 的波形。

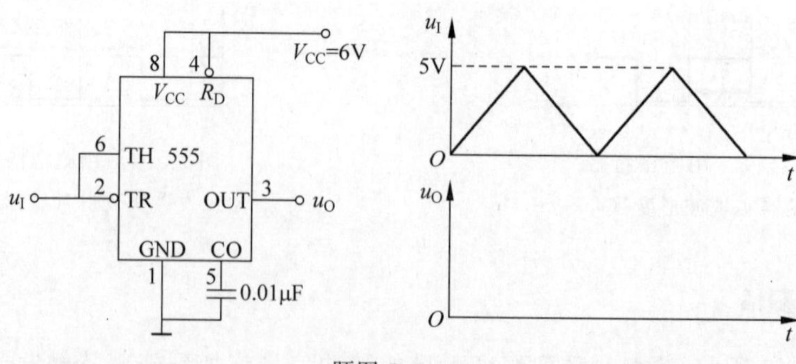

题图 7.3.5.3

2. 工程实践练习

7.3.5.4 利用口袋实验包完成波形变换电路的搭建与调试，要求能够将正弦波、三角波变换为矩形波。

7.3.6 本节思维导图

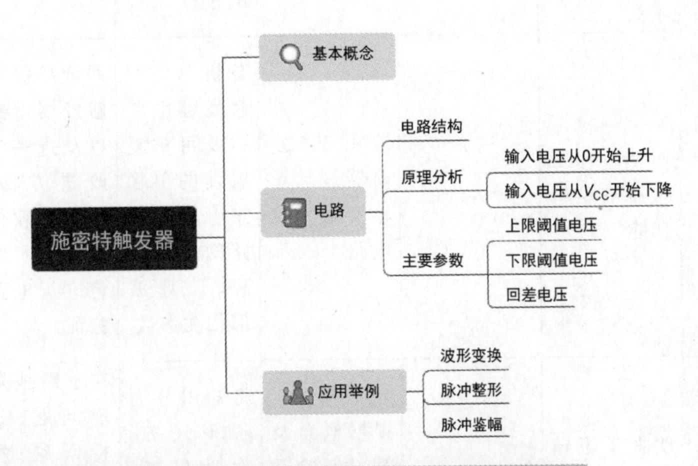

知识拓展——芯片在外太空遇到的问题：宇宙粒子

航天用集成电路介绍

宇宙粒子来自宇宙射线，它们有些是太阳爆发释放出来的，有些来自更遥远的外太空，地球磁场形成了一个防护盾，能防止大多数这样粒子射线对人类和电子产品的伤害。这些高能粒子会击穿卫星或航天器电路芯片封装，进入内部把某一节点逻辑翻转，或产生瞬态电流或电压峰值，导致电路逻辑错误甚至损坏。这种效应称为单粒子效应(SEE)。2011年，俄罗斯"福布斯-土壤"探测器进行火星勘探时，就是不合格的防护芯片受到单粒子效应的影响，导致探测器无法变轨，任务失败。

7.4 单稳态触发器

(一) 课前篇

本节导学单

1. 学习目标

根据《布鲁姆教育目标分类学》，从知识维度和认知过程两方面进一步细化本节课的教学目标，明确学习本节课所必备的学习经验。

知识维度	认知过程					
	1. 回忆	2. 理解	3. 应用	4. 分析	5. 评价	6. 创造
A. 事实性知识	回忆触发器的概念和特点					
B. 概念性知识	回忆一阶电路的三要素法	说出单稳态触发器的概念		分析声控灯的过程		
C. 程序性知识	回忆555定时器的逻辑功能		应用555定时器设计单稳态触发器电路	分析单稳态触发器电路以及可重复触发的单稳态触发器电路的工作过程，计算波形相关参数	评价单稳态触发器电路以及进一步改进方法；用仿真软件及口袋实验包进行电路验证	设计心律失常报警电路，借助仿真软件进行验证，会利用口袋实验包进行电路搭建与调试
D. 元认知知识	明晰学习经验是理解新知识的前提		根据概念及学习经验迁移得到新理论的能力	将知识分为若干任务，主动思考，举一反三，完成每个任务	在不断地发现问题、分析问题、解决问题的过程体会精益求精的科学态度	通过电路的设计、仿真、搭建、调试，培养工程思维

2. 导学要求

根据本节的学习目标，将回忆、理解、应用层面学习目标所涉及的知识点课前自学完成，形成自学导学单。

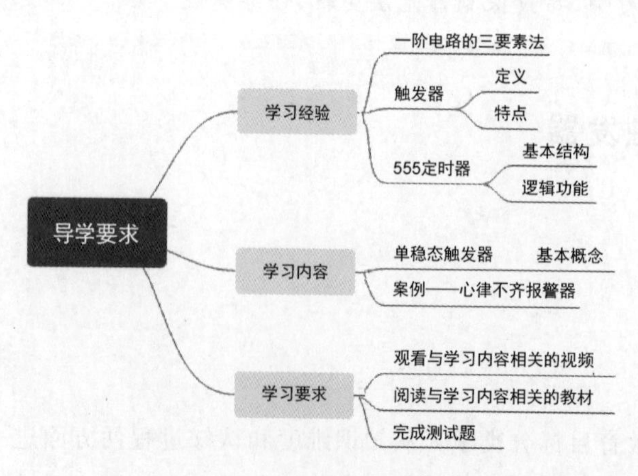

7.4.1 课前自学——单稳态触发器的基本概念

楼道的声控灯，当有声音时灯亮，亮一段时间后自动熄灭。再如按压式水龙头，当按下开关时水龙头出水，出水一段时间自动关闭。不难发现，灯亮和出水的状态只能持续短暂时间，称为**暂态**；灯灭和不出水的状态在没有外界激励的情况下可以长久保存，称为**稳态**。

声控灯或者按压式水龙头是在声音或者按压动作触发下，电路从稳态进入暂态，经过一段时间以后自动回到稳态，这就是单稳态触发器。单稳态触发器具有以下两个特点：

(1) 有一个稳态和一个暂态。

(2) 在外来触发信号作用下，电路从稳态转为暂态，经过一段时间后自动返回稳态。

第4章介绍的触发器具有以下特点：

(1) 有两个稳态。

(2) 两个稳态之间转换需要触发信号。

通过特点对比不难发现，触发器只有在触发信号作用下电路可以在两个稳态之间相互转换。单稳态触发器稳态转为暂态需要外来触发信号，暂态转为稳态则是自动返回。构成单稳态触发器电路很多，本节主要介绍由555定时器构成单稳态触发器。

7.4.2 课前自学——预习自测

7.4.2.1 单稳态触发器的两个状态是稳态和________，在外接触发信号的作用下，电路从________翻转为暂态。

7.4.2.2 试举出发生在人们日常生活中的单稳态触发器的例子。

（二）课上篇

7.4.3 课中学习——单稳态触发器电路

1. 电路结构

555定时器构成的单稳态触发器，如图7.4.1所示。当CO悬空时，555定时器内部电压比较器两个比较基准分别是$\frac{2V_{CC}}{3}$和$\frac{V_{CC}}{3}$，为了提高电路抗干扰能力，防止干扰信号对于比较基准的影响，通常将该引脚通过0.01μF电容接地。

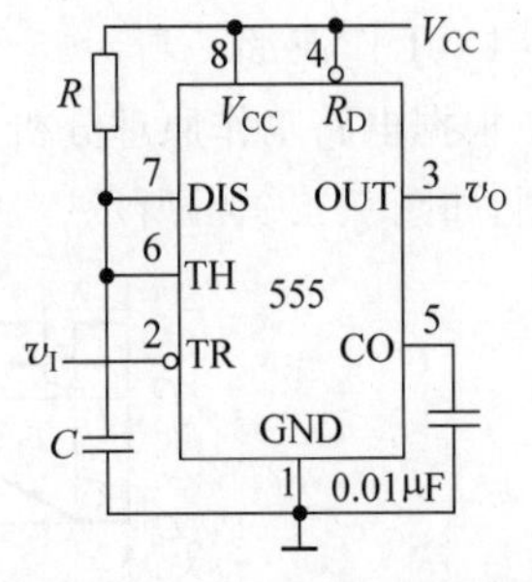

图7.4.1 555定时器构成的单稳态触发器(符号图)

从单稳态触发器的定义出发，没有触发信号时，电路保持稳态不变，稳态是什么？有触发信号作用时，电路从稳态转为暂态，一段时间后自动返回稳态，电路的暂态又是什么？带着问题从静态和动态两方面分析电路的工作原理。

2. 工作原理

1）静态：通电但没有触发信号

在没有触发信号时，v_I 保持高电平，通电后瞬间电容 C 上电压 v_C 为 0，根据 555 定时器功能表，输出保持不变。

（1）假设之前输出 $v_O=1$。

输出 $v_O=1$，放电三极管 T_D 截止，电容 C 充电，充电回路：$V_{CC}\rightarrow R\rightarrow C\rightarrow \text{GND}$。当 $v_C>\frac{2}{3}V_{CC}$ 时，根据 555 定时器功能表，$v_O=0$，放电三极管 T_D 导通，电容 C 放电，其放电回路：$C\rightarrow T_D\rightarrow \text{GND}$，直到 $v_C=0$。

（2）假设之前输出 $v_O=0$。

输出 $v_O=0$，放电三极管 T_D 导通，电容 C 放电，放电回路：$C\rightarrow T_D\rightarrow \text{GND}$，直到 $v_C=0$。

不论电路之前的输出是什么，最终电路都稳定在输出 $v_O=0$，$v_C=0$，这就是电路的稳态。

2）动态：有触发信号

在有负脉冲信号触发时，$v_I=0$，通电后瞬间电容 C 上电压 v_C 为 0，根据 555 定时器功能表，输出 $v_O=1$，放电三极管 T_D 截止，电容 C 充电，充电回路：$V_{CC}\rightarrow R\rightarrow C\rightarrow \text{GND}$。当 $v_C>\frac{2}{3}V_{CC}$ 时，若此时负脉冲结束，即 $v_I=1$，则输出 $v_O=0$，放电三极管 T_D 导通，电容 C 放电，其放电回路：$C\rightarrow T_D\rightarrow \text{GND}$，直到 $v_C=0$，电路又回到了稳态。

通过分析不难发现，电路的暂态就是电容 C 的充电过程，从稳态到暂态需要负脉冲信号的触发，而从暂态到稳态电路自动完成。

3. 工作波形及参数计算

1）工作波形

根据电路工作原理分析，可画出输入 v_I、电容 C 上电压 v_C 以及输出 v_O 之间关系的波形图，如图 7.4.2(a)所示。从图中不难看出，输入负脉冲宽度 t_i 小于输出脉冲宽度 t_w。

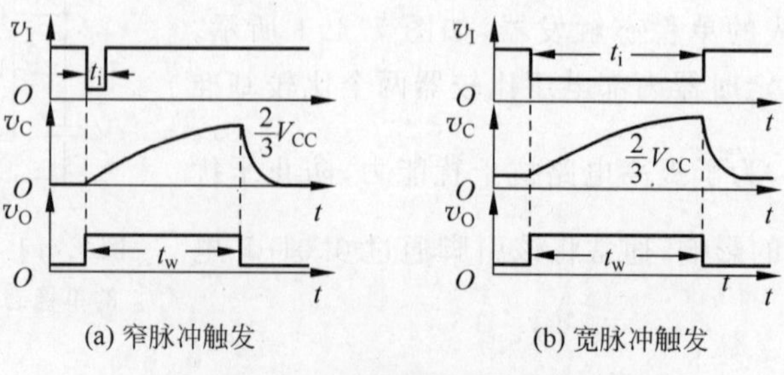

(a) 窄脉冲触发　　(b) 宽脉冲触发

图 7.4.2　单稳态触发器工作波形

如果 t_i 脉冲宽度很宽，当电容 C 充电 $v_C > \frac{2}{3}V_{CC}$ 时，$v_I=0$，根据 555 定时器的功能表，$v_O=1$，放电三极管 T_D 截止，继续给电容 C 充电。只有负脉冲结束，充电过程才会结束，如图 7.4.2(b)所示，此时输入脉冲宽度 t_i 与输出脉冲宽度 t_w 相等，失去了控制作用，因此 555 定时器构成的单稳态触发器工作的条件是 $t_i < t_w$。

2）参数计算

单稳态触发器电路中仅含有一个电容 C，因此是一阶电路。根据“电路分析”课程所学知识，可写出电容 C 的电压全响应公式

$$v_C(t)=v_C(\infty)+[v_C(0)-v_C(\infty)]e^{-\frac{t}{\tau}} \tag{7.4.1}$$

此时关注点并不是暂态过程中某时刻的信号大小，而是当信号达到某个数值所花费的时间。因此需要将式(7.4.1)进行形式变换：

$$t=\tau\ln\frac{v_C(\infty)-v_C(0)}{v_C(\infty)-v_C(t)} \tag{7.4.2}$$

根据式(7.4.2)即可求出电容 C 的充电时间也就是输出脉冲宽度 t_w：

$$t_w=RC\ln\frac{V_{CC}-0}{V_{CC}-\frac{2V_{CC}}{3}}=RC\ln3 \tag{7.4.3}$$

通过改变 R 和 C 的参数，即可输出脉冲宽度。

4. 宽脉冲触发的单稳态触发器

图 7.4.1 电路工作的条件是 $t_i < t_w$，即需要窄脉冲触发，如果输入是宽脉冲，电路正常工作需要一个能够将宽脉冲转换为窄脉冲的电路，“模拟电子技术”课程中介绍的微分电路就可完成这个工作。图 7.4.3(a)是加入微分电路后构成的宽脉冲触发的单稳态触发器。

利用电容 C 两端的电压不能突变的原理，将输入宽脉冲 v_I 变为尖脉冲 v_I'，由于 v_I' 的上跳值为 $2V_{CC}$，为了避免过高的电压加入电路中，通常在 R_1 两端并联一个二极管起到保护作用，图 7.4.3(b)是其工作波形。

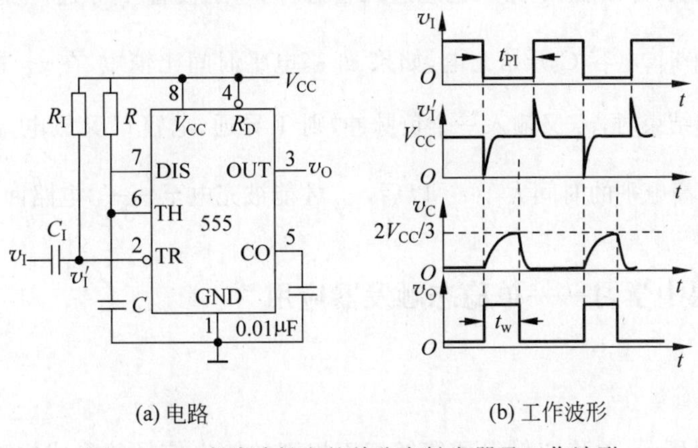

(a) 电路　　(b) 工作波形

图 7.4.3　宽脉冲触发的单稳态触发器及工作波形

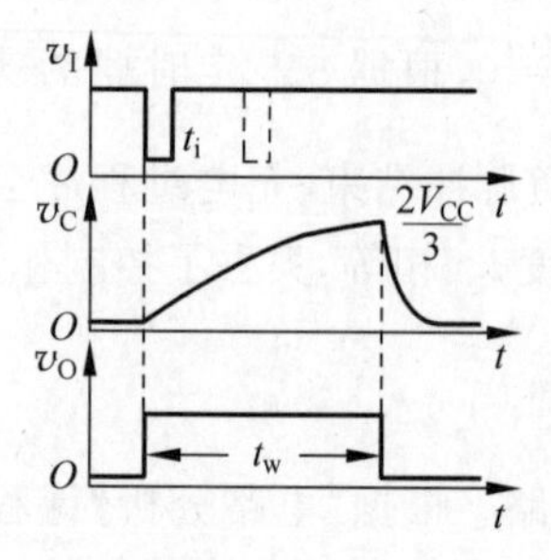

图 7.4.4 暂态期间又有触发信号的工作波形

5. 可重触发的单稳态触发器

如果在单稳态触发器暂态期间再加入触发信号(图 7.4.4)，对输出有影响吗？此时 $v_I=0$，$v_C<\frac{2V_{CC}}{3}$，根据 555 定时器的功能表，此时输出依然为 1。也就是说，在暂态没有结束以前，再加入触发脉冲不会影响电路的工作过程。必须在暂态结束后，它才能接收下一个触发脉冲而转入下一个暂态。这样的单稳态触发器称为不可重复触发的单稳态触发器。

还有另一类单稳态触发器，在电路被触发而进入暂态以后，如果再次加入触发脉冲，电路能够接收这个触发信号而重新触发，这样的单稳态触发器称为可重复触发的单稳态触发器。暂态就是电容 C 充电的过程，要想让电路接收触发信号重新触发，就需要泄放电容 C 上的电荷使其从 0 开始重新充电。显然在暂态期间，555 定时器本身的放电回路失效，因此需要外加电容 C 的放电回路。在图 7.4.1 的基础上，电容 C 两端并联一个 PNP 三极管 T，即可构成可重复触发的单稳态触发器，如图 7.4.5(a)所示。

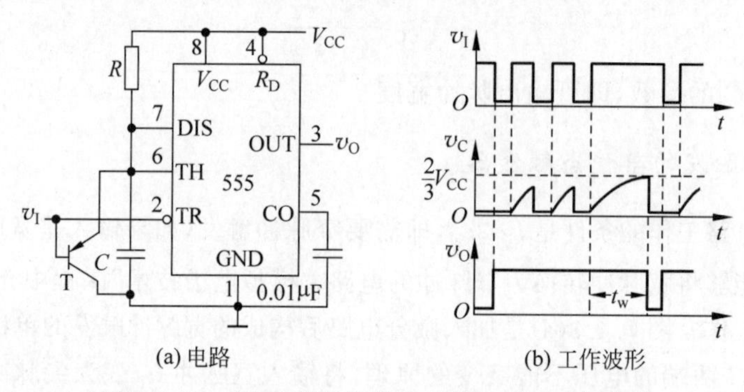

图 7.4.5 可重复触发的单稳态触发器及工作波形

当 v_I 输入负脉冲以后，电路从稳态进入暂态，同时三极管 T 导通，电容 C 放电。只有当 v_I 变为高电平时，电容 C 开始充电，如果 v_I 高电平时间比较短，在 v_C 被充电至 $\frac{2V_{CC}}{3}$ 以前即暂态还没有结束时，v_I 又输入一个负脉冲，则 T 导通，电容 C 又放电，此时电路仍然处于暂态，直到 v_I 高电平的时间大于 t_w 以后，v_C 才能被充电至 $\frac{2V_{CC}}{3}$，电路回到稳态。

7.4.4 课中学习——单稳态触发器应用

1. 整形

如图 7.4.6 所示，单稳态触发器能够把不规则的输入信号整形成幅度和宽度都标准的矩形脉冲。矩形脉冲的幅度取决于单稳态触发器电路输出的高、低电平，宽度 t_w 取决于暂态的时间。

2. 延时

从图 7.4.2 所示的单稳态触发器工作波形可以看出，输出 v_O 的下降沿相对于输入 v_I 的下降沿延迟了 t_w 时间，因此延时是单稳态触发器的一个基本功能。t_w 可通过改变定时元件 R、C 的数值来改变。

3. 定时

1）触摸定时开关

图 7.4.7 为触摸式定时开关电路，用手触摸金属片 P 时，由于人体感应电压相当于在触发输入端加入一个负脉冲，555 定时器输出高电平，灯泡 R_L 发光，当暂态时间 t_w 结束时，输出端恢复低电平，灯泡熄灭。该触摸开关可用于夜间定时照明，定时时间可由 R、C 参数调节。

2）产生定时门控信号

图 7.4.8(a)是数字测频计的原理框图，单位时间(1s)里统计出的脉冲个数就是被测信号的频率。将单稳态触发器的输出电压 U_O' 作为与门的输入控制信号，工作波形如图 7.4.8(b)所示。当 U_O' 为高电平时，与门打开，将被测信号送进来，$U_O=U_F$；当 U_O' 为低电平时，与门关闭，U_F' 进不来。通过调整单稳的定时元件，使得 $t_w=1s$，这时计数器记录的便是 1s 内输入脉冲的个数，即输入信号的频率。

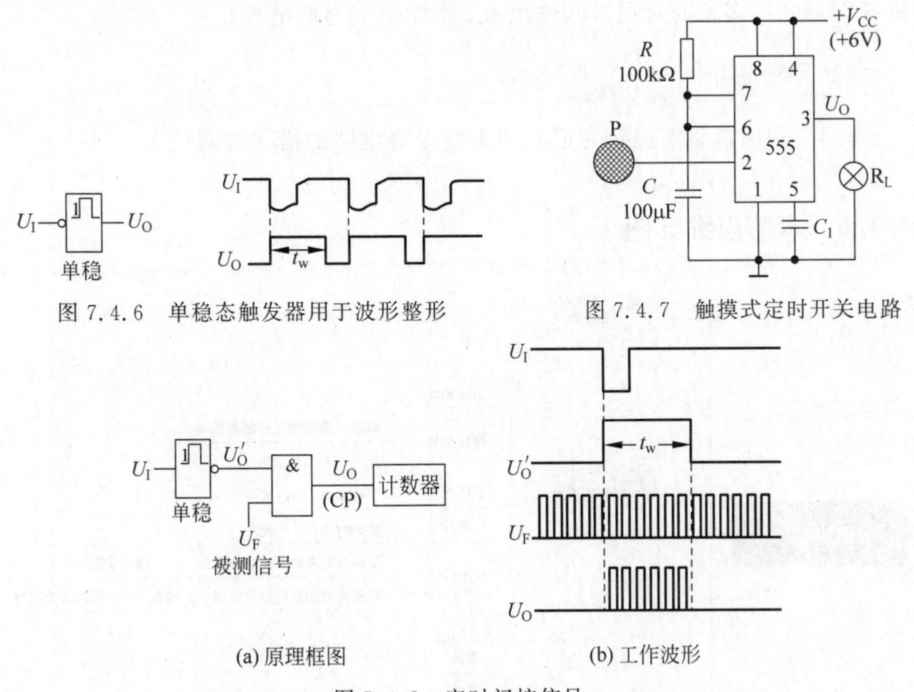

图 7.4.6 单稳态触发器用于波形整形

图 7.4.7 触摸式定时开关电路

(a) 原理框图

(b) 工作波形

图 7.4.8 定时门控信号

（三）课后篇

7.4.5　课后巩固——练习实践

1. 知识巩固练习

7.4.5.1　以下各电路中，(　　)可以产生定时脉冲。

A. 多谐振荡器　　　　B. 单稳态触发器

C. 施密特触发器　　　　D. 石英晶体振荡器

7.4.5.2　判断题

(1) 单稳态触发器的暂稳态时间与输入触发脉冲宽度成正比。(　　)

(2) 单稳态触发器的暂稳态维持时间用 t_w 表示，与电路中 RC 成正比。(　　)

(3) 采用不可重触发单稳态触发器时，若在触发器进入暂稳态期间再次受到触发，输出脉宽可在此前暂稳态时间的基础上再展宽 t_w。

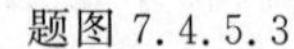

题图 7.4.5.3

7.4.5.3　题图 7.4.5.3 是用 555 定时器构成的电路。(1)分析按钮 S 未按下时电路的工作状态。(2)分析启动按钮 S 按一下后电路的工作工程。若给定 $C=25\mu F$，$R=91k\Omega$，试计算按一下按钮 S 以后经过多长的延迟时间输出 v_O 才能跳变为低电平。

2. 工程实践练习

7.4.5.4　利用口袋实验包完成心律失常报警电路的搭建与调试。

7.4.6　本节思维导图

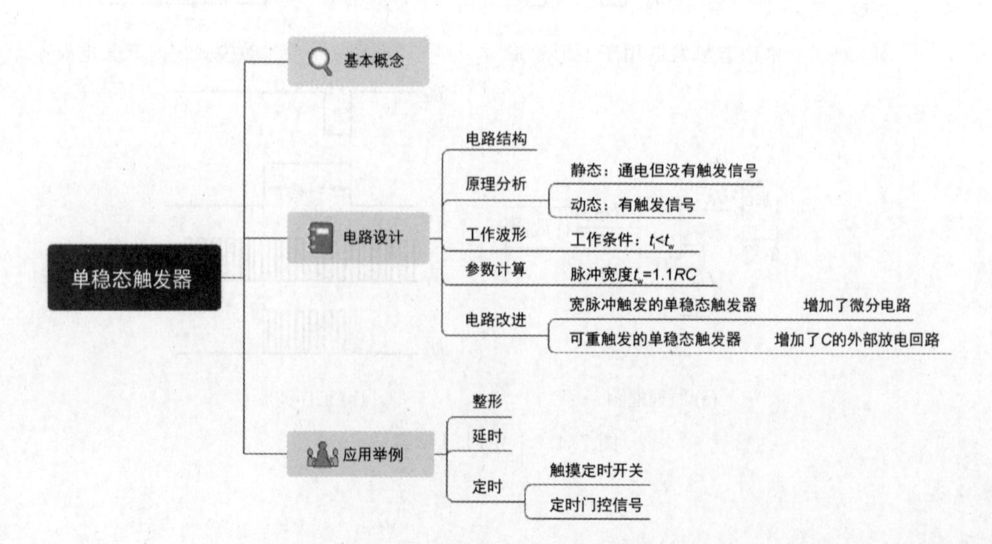

知识拓展——航天芯片抗辐射加固技术

航天用集成电路介绍

为防止航天器受到外太空高能粒子辐射损伤，必须对航天器采取相应的防护措施，称为抗辐射加固技术。在集成芯片电路方面，可以在芯片设计过程中加入抗粒子攻击的电路设计，在芯片材料上研究抗辐射材料，在芯片工艺上考虑加固步骤，在封装上考虑屏蔽封装，减少第一次辐射能量。人们无法在太空做很多实验来验证加固效能，所以必须建立数学模型进行仿真评估，建立辐射效应模拟环境实验室来模拟太空环境，帮助人们研究抗辐射加固方法。

7.5 多谐振荡器

（一）课前篇

本节导学单

1. 学习目标

根据《布鲁姆教育目标分类学》，从知识维度和认知过程两方面进一步细化本节课的教学目标，明确学习本节课所必备的学习经验。

知识维度	认知过程					
	1. 回忆	2. 理解	3. 应用	4. 分析	5. 评价	6. 创造
A. 事实性知识	回忆脉冲信号概念和描述方法					
B. 概念性知识	回忆一阶电路的三要素法	说出多谐振荡器的定义		分析简易电子琴工作过程；分析两轮自平衡小车控制轮子忽快忽慢的过程		

续表

知识维度	认知过程					
	1. 回忆	2. 理解	3. 应用	4. 分析	5. 评价	6. 创造
C. 程序性知识	回忆555定时器的逻辑功能；回忆施密特触发器的工作原理		应用555定时器设计多谐振荡器电路	分析多谐振荡器电路以及变形电路的工作过程，计算波形相关参数	评价多谐振荡器电路以及进一步改进的方法；用仿真软件验证变形电路；用实物验证综合应用	设计简易电子琴的电路，借助仿真软件进行验证，会利用口袋实验包进行电路搭建与调试
D. 元认知知识	明晰学习经验是理解新知识的前提		根据概念及学习经验迁移得到新理论的能力	将知识分为若干任务，主动思考，举一反三，完成每个任务	在不断地发现问题、分析问题、解决问题的过程体会精益求精的科学态度	通过电路的设计、仿真、搭建、调试，培养工程思维

2. 导学要求

根据本节的学习目标，将回忆、理解、应用层面学习目标所涉及的知识点课前自学完成，形成自学导学单。

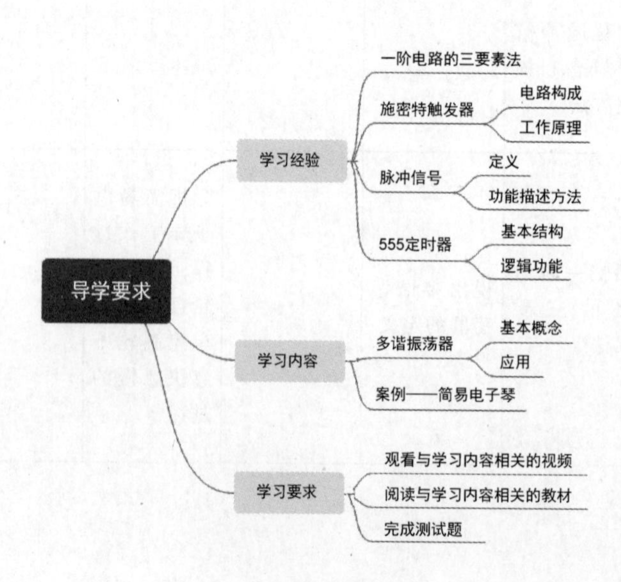

7.5.1 课前自学——多谐振荡器的基本概念

多谐振荡器是一种自激振荡器，不需要外加触发信号，电路接通电源后便能自动产生矩形脉冲，也称为矩形波发生器。它没有稳态，只有两个暂态。傅里叶提出，任何周期函数都可以看作不同振幅、不同相位正弦波的叠加。多谐就是多次谐波分量。

多谐振荡器应用非常广泛，无论是原子弹爆炸还是卫星发射，最熟悉的场景就是"十、九、八、七、六、五、四、三、二、一、发射"，所有的时序电路都需要一个时钟作为节拍，可以说多谐振荡器是数字电路的最大支撑。多谐振荡器实现的方案很多，而本节主要用555定时器来设计多谐振荡器。

7.5.2 课前自学——预习自测

7.5.2.1 多谐振荡器起振后，电路所处的状态(　　)。

A. 有两个状态　　B. 仅有一个状态

C. 仅有两个暂态　　D. 有一个稳态，一个暂态

7.5.2.2 能产生矩形脉冲的电路有(　　)。

A. 施密特触发器　　B. JK触发器　　C. 单稳态触发器　　D. 多谐振荡器

(二) 课上篇

7.5.3 课中学习——多谐振荡器电路

1. 电路结构

555定时器构成的多谐振荡器电路如图7.5.1所示。当CO悬空时，555定时器内部电压比较器两个比较基准分别是$\frac{2V_{CC}}{3}$和$\frac{V_{CC}}{3}$，为了提高电路抗干扰能力，防止干扰信号对于比较基准的影响，通常将该引脚通过0.01μF电容接地。

2. 工作原理分析

(1) 接入电源后，电容的充电过程。

通电瞬间，电容初始无储能，因此电容C上的电压为0，从而TH和TR端输入为0，根据555定时器的功能表，此时输出为1，放电三极管截止，放电回路不存在，电容开始充电，电压升高。电容C的充电回路是$V_{CC}\to$电阻R_1和$R_2\to$电容$C\to$GND。

当电容电压刚刚大于$\frac{1}{3}V_{CC}$时，TH小于其比较基准，TR大于其比较基准，根据555定时器的功能表，此时输出和放电三极管状态不变，电容依然充电，电压继续升高。

(2) 电容的放电过程。

当电容电压刚刚大于$\frac{2}{3}V_{CC}$时，TH 和 TR 均大于其比较基准，根据 555 定时器的功能表，此时输出为 0，放电三极管饱和导通，放电回路开启，电容开始放电，电压下降。电容 C 放电回路是 C→电阻 R_2→DIS→内部放电三极管→GND。

(3) 电容反复充放电，电路处于自激振荡。

当电容电压刚刚小于$\frac{1}{3}V_{CC}$时，TH 小于其比较基准，TR 小于其比较基准，根据 555 定时器的功能表，此时输出为 1，放电三极管截止，放电回路不存在，电容重新开始充电，电压升高。周而复始，形成振荡。

总结：多谐振荡器电路分析过程中抓住一个重要元件 C 和两个关键点 $\left(\frac{2}{3}V_{CC}\text{ 和 }\frac{1}{3}V_{CC}\right)$。电容 C 上电压变化会导致 TH、TR 的变化，从而使输出状态发生变化，输出变化会反过来导致放电三极管状态变化，从而又影响电容 C 上的电压变化。v_C 和 v_O 波形如图 7.5.2 所示。

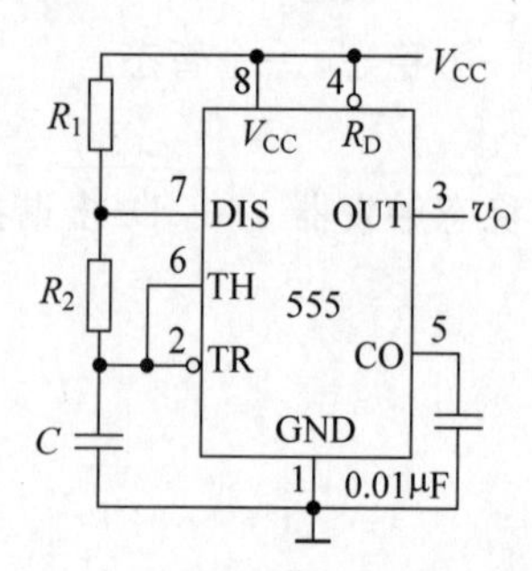

图 7.5.1　555 定时器构成的多谐振荡器电路

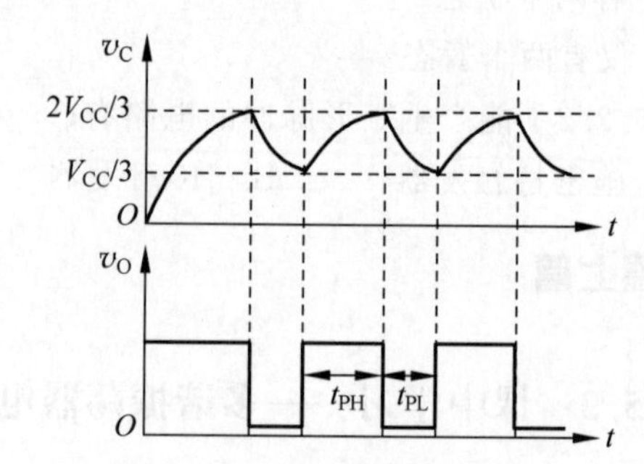

图 7.5.2　图 7.5.1 电路的波形

3. 参数计算

多谐振荡器电路中仅含有一个电容 C，因此是一阶电路。根据"电路分析"课程所学知识，可写出电容 C 的电压全响应公式

$$v_C(t)=v_C(\infty)+[v_C(0)-v_C(\infty)]e^{-\frac{t}{\tau}} \tag{7.5.1}$$

此时关注点并不是暂态过程中某时刻的信号大小，而是当信号达到某个数值所花费的时间。因此需要将式(7.5.1)进行形式变换：

$$t=\tau\ln\frac{v_C(\infty)-v_C(0)}{v_C(\infty)-v_C(t)} \tag{7.5.2}$$

根据式(7.5.2)即可求出电容 C 的充电时间 t_{PH} 和放电时间 t_{PL}：

$$t_{PH}=(R_1+R_2)C\ln\frac{V_{CC}-\frac{V_{CC}}{3}}{V_{CC}-\frac{2V_{CC}}{3}}=(R_1+R_2)C\ln 2 \tag{7.5.3}$$

$$t_{PL}=R_2C\ln\frac{0-\frac{2V_{CC}}{3}}{0-\frac{V_{CC}}{3}}=R_2C\ln2 \tag{7.5.4}$$

故电路振荡周期为

$$T=t_{PH}+t_{PL}=(R_1+2R_2)C\ln2 \tag{7.5.5}$$

振荡频率为

$$f=\frac{1}{T}=\frac{1}{(R_1+2R_2)C\ln2} \tag{7.5.6}$$

通过改变 R 和 C 的参数,即可改变振荡频率。由式(7.5.3)和式(7.5.4)可求出输出脉冲的占空比为

$$q=\frac{t_{PH}}{T}=\frac{R_1+R_2}{R_1+2R_2} \tag{7.5.7}$$

从式(7.5.7)不难看出,只要电阻确定,占空比就固定不变。

4. 占空比可调的多谐振荡器

利用二极管的单向导电性,在 555 定时器 6 脚和 7 脚之间增加一个二极管 D_1,电容 C 充电时二极管 D_1 导通,将电阻 R_2 短接,使得充电回路中仅有电阻 R_1,由于二极管存在开启电压,为了确保充电回路仅经过电阻 R_1,在电容 C 和电阻 R_2 之间增加一个二极管 D_2,就构成了变形电路二,如图 7.5.3 所示。

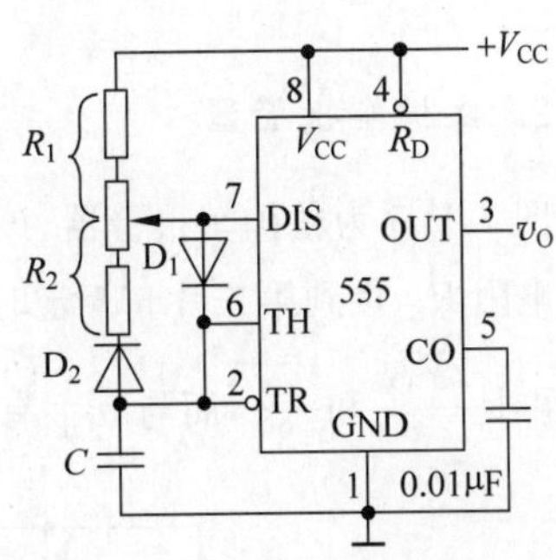

图 7.5.3　占空比可调的多谐振荡器

电容 C 的充电回路:V_{CC}→电阻 R_1 和 R_2→二极管 D_1→电容 C→GND。

电容 C 放电回路:C→二极管 D_2→电阻 R_2→DIS→内部放电三极管→GND。

根据式(7.5.3)和式(7.5.4),即可得到该电路的充放电时间:

$$t_{PH}=R_1C\ln2 \tag{7.5.8}$$

$$t_{PL}=R_2C\ln2 \tag{7.5.9}$$

进而可得到该电路的占空比:

$$q=\frac{R_1}{R_1+R_2} \tag{7.5.10}$$

其中 R_1+R_2 阻值固定,调节滑动变阻器中心抽头仅改变分子而分母固定不变,实现了占空比方便调节,当 $R_1=R_2$ 时,占空比为 50%。

7.5.4　课中学习——多谐振荡器应用举例

1. 简易电子门铃

图 7.5.4 为简易电子门铃电路,当按钮开关按下前,R_D 端为 0,因此输出为 0,喇叭

不鸣响。当按钮开关按下后，R_D 端为 1，此时多谐振荡器工作，喇叭鸣响，同时快速向电容 C_3 充电，使得电容 C_3 上电压为 V_{CC}。当按钮开关松开时，开关断开，由于电容 C_3 储存的电荷经电阻 R_W 放电要维持一段时间，在 R_D 端电压降至 0 之前，多谐振荡器依然工作，喇叭依然鸣响。放电时间越长，鸣响次数越多，可通过调节 R_W 来改变放电时间。

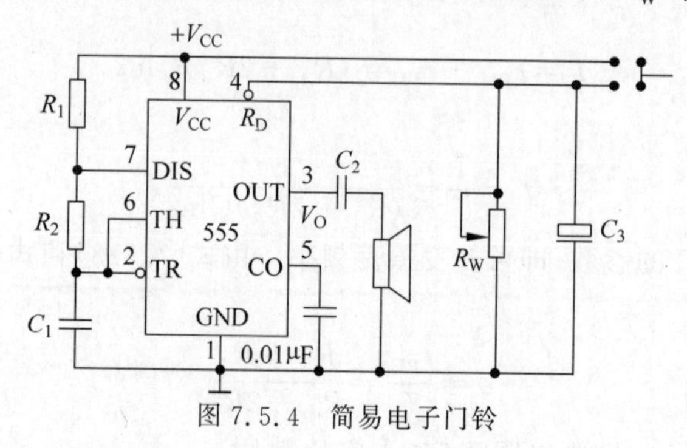

图 7.5.4　简易电子门铃

2. 救护车报警器

图 7.5.5 为救护车报警器，该电路由两个多谐振荡器构成，第一个多谐振荡器输出 v_{O1} 通过电阻 R_5 接到第二片 555 定时器 5 脚，这样第二片 555 定时器中两个电压比较器基准电压不再是$\frac{2V_{CC}}{3}$和$\frac{V_{CC}}{3}$，而与 v_{O1} 有关，最终产生频率交替的矩形波，作为救护车双音报警器。

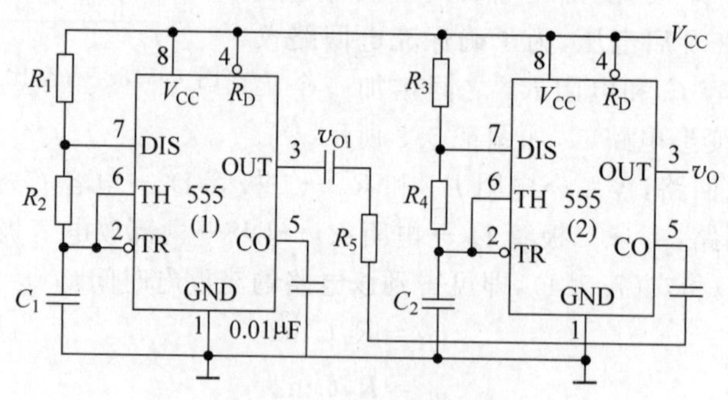

图 7.5.5　救护车报警器

（三）课后篇

7.5.5　课后巩固——练习实践

1. 知识巩固练习

7.5.5.1　多谐振荡器可产生(　　)。

A. 矩形波　　B. 正弦波　　C. 三角波　　D. 锯齿波

7.5.5.2　判断题：多谐振荡器输出信号的周期与阻容元件的参数成正比。(　　)

7.5.5.3　电路如题图7.5.5.3所示，(1)说出电路名称；(2)试计算该电路输出脉冲的周期和频率；(3)在4端加什么电平时该电路输出为0。

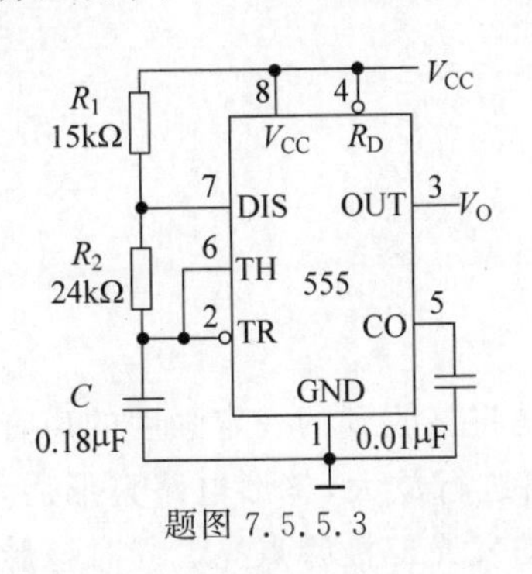

题图7.5.5.3

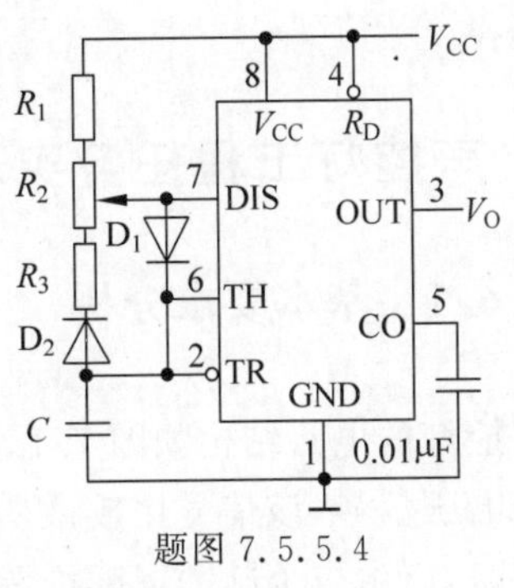

题图7.5.5.4

7.5.5.4　如题图7.5.5.4所示电路是555定时器构成的________，已知$R_1=R_3=10\text{k}\Omega$，$R_2=20\text{k}\Omega$，$C=0.01\mu\text{F}$，该电路占空比变化范围为________。

2. 工程实践练习

7.5.5.5　利用口袋实验包完成简易电子琴电路的搭建与调试。

7.5.6　本节思维导图

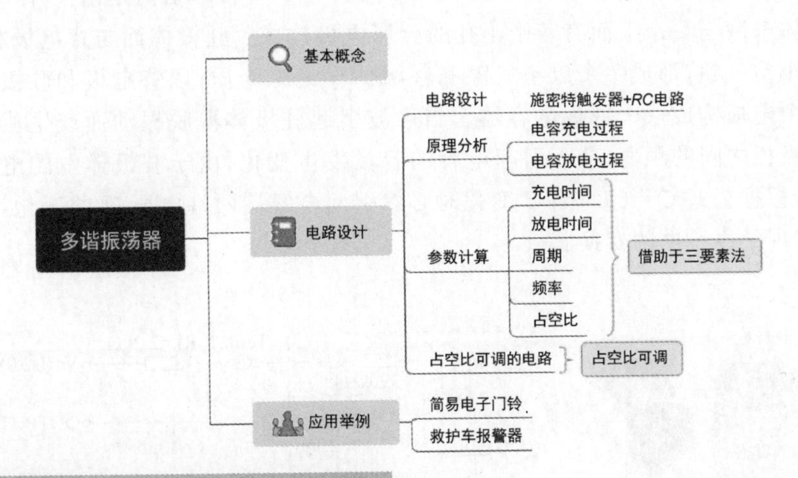

知识拓展——航天芯片封装技术

航天用集成电路介绍

贝尔实验室做的第一个半导体三极管完全裸露在空气中，可靠性很差。华为手机芯片和实验室电路板的芯片都像一块塑料，其实是已经被封装起来的芯片。空气中的杂质和不良气体，乃至水蒸气都会腐蚀芯片上的精密电路，进而造成电学性能下降。芯片厂家把集成芯片用某种材料包裹起来，以避免芯片与外界接触，防止外界对芯片的损害的一种工艺技术称为芯片封装技术。集成芯片大致可以分为双列直插封装(DIP)和表面贴片二极管(SMD)封装两大类几十种。从使用的材料分为金属、陶瓷、塑料三类,很多高强度工作条件需求的电路如军工和宇航级别会大量使用金属封装。

7.6 声控灯工程任务实现

7.6.1 基本要求分析

声控灯的电路结构如图 7.1.1 所示,话筒的作用是将接收到的一定强度的声音信号转换为电压信号,该信号比较微弱,还需要经放大电路进行放大,整形电路整形后,触发延时电路,产生一个脉冲宽度可调的脉冲信号从而驱动发光二极管点亮。同时该脉冲信号作为选通信号,使计数器计数,并用数码管显示延时时间。因此,需要按照电路结构图对每一个模块进行电路设计。

7.6.2 模块电路设计

1. 话筒

传感器可以选择驻极体话筒,如图 7.6.1(a)所示。驻极体话筒是由一片单面涂有金属的驻极体薄膜与一个上面有若干小孔的金属电极构成。驻极体面与背电极相对,中间有一个极小空气隙,形成一个以空气隙和驻极体作绝缘介质,以背电极和驻极体上金属层作为两个电极构成一个平板电容器。当声波引起驻极体薄膜振动而产生位移时改变了电容两极板之间的距离,从而引起电容的容量发生变化,由于驻极体上的电荷数始终保持恒定,根据公式 $Q=CU$,当 C 变化时必然引起电容器两端电压 U 的变化,从而输出电信号,实现了声—电的变换。

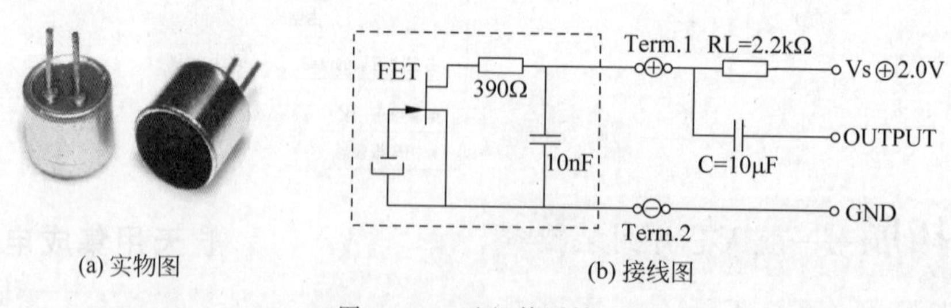

(a) 实物图　　(b) 接线图

图 7.6.1　驻极体话筒

驻极体话筒有两端输出和三端输出两种连接方式,目前市面上以两端输出方式居多。将图 7.6.1(b)所示的场效应管接成漏极输出电路,类似晶体三极管的共发射极放大电路。只需两根引出线,漏极 D 与电源正极之间接一个漏极电阻 R,源极与地相连,信号由漏极输出有一定的电压增益,因而话筒的灵敏度比较高,但动态范围比较小。

2. 放大电路

放大电路由三极管9013构成的两级共射放大电路实现，如图7.6.2所示。

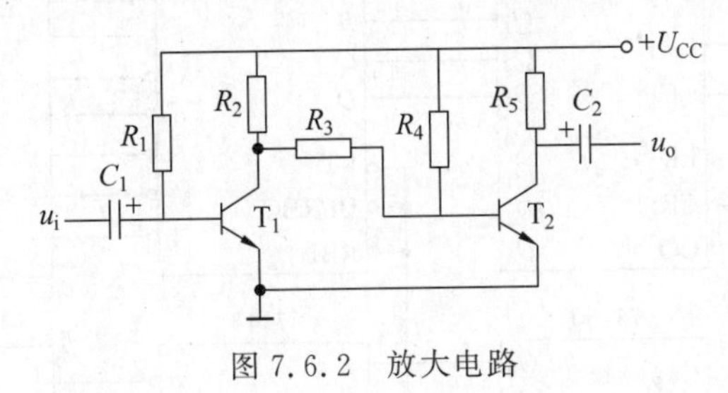

图7.6.2 放大电路

3. 整形电路

施密特触发器可以将三角波、正弦波、锯齿波以及其他不规则波形都转换成同频率的矩形波，因此将放大电路的输出信号通过施密特触发器转换成矩形波，如图7.6.3所示。

4. 延时电路

宽脉冲触发单稳态触发器即可构成延时电路，低电平触发，其延时时间 $t_w=1.1RC$，通过调节滑动变阻器，即可实现时间在0～99s可调，电路如图7.6.4所示。

5. 时基电路

时基电路的作用是给计数器提供时钟脉冲，因此用555定时器构成的多谐振荡器实现，如图7.6.5所示，时钟脉冲的周期、占空比均可调。周期 $T\approx 0.7(R_1+R_2)C$，占空比 $q=\dfrac{R_1}{R_1+R_2}\times 100\%$，本系统要求输出脉冲的周期为1s，因此选择合适的 R_1、R_2、C 使得周期为1s即可。

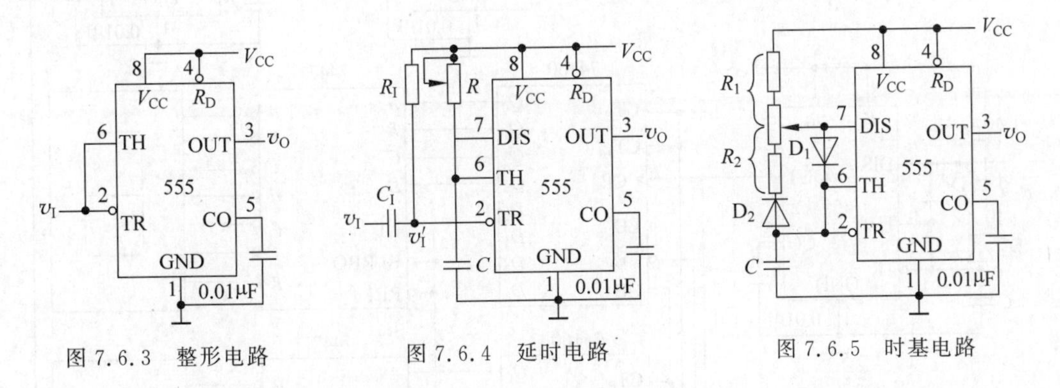

图7.6.3 整形电路　　图7.6.4 延时电路　　图7.6.5 时基电路

6. 计数译码显示电路

计数译码显示电路是根据单稳态延时电路、门电路及时基电路输出的脉冲送给计数器计数，并将计数的结果显示在数码管上。计数器由74160构成，译码器由7447构成，显示电路由共阳极数码管构成，电路如图 7.6.6 所示。

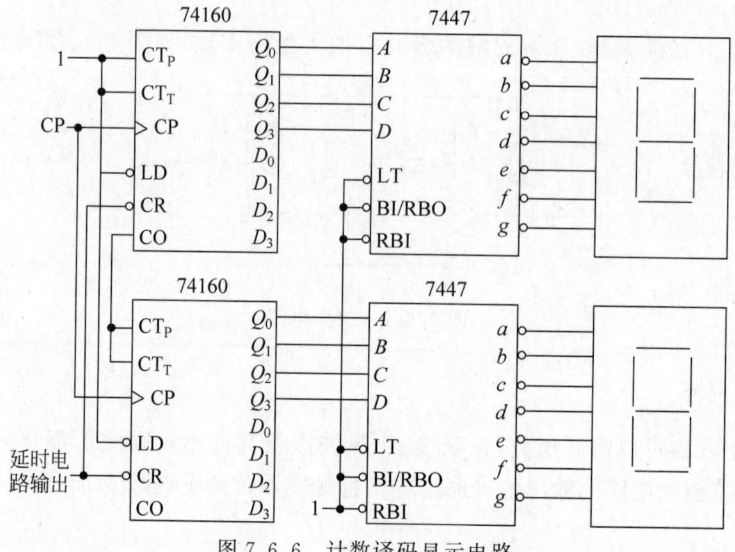

图 7.6.6　计数译码显示电路

7.6.3　系统搭建

将各个功能模块电路拼接起来就构建了声控灯系统，如图 7.6.7 所示，读者自行仿真。

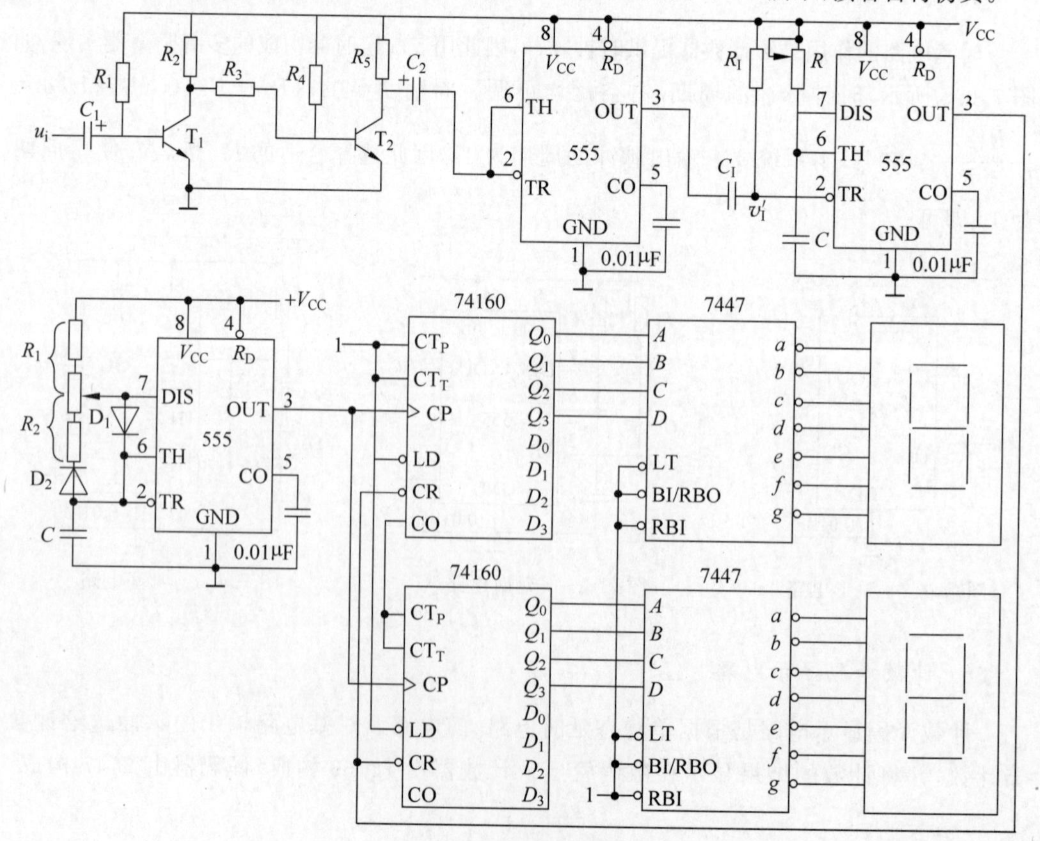

图 7.6.7　声控灯电路

7.7 本章知识综合练习

7.7.1 脉冲整形电路有(　　)。

A. 多谐振荡器　　B. 单稳态触发器　　C. 施密特触发器　　D. 555 定时器

7.7.2 555 定时器可以组成(　　)。

A. 多谐振荡器　　B. 单稳态触发器　　C. 施密特触发器　　D. JK 触发器

7.7.3 简述题图 7.7.3 所示电路组成及工作原理。若开关 S 按下后扬声器以 1.2kHz 的频率持续响 20s,试确定图中 R_1、R_2 的阻值。

讲解视频

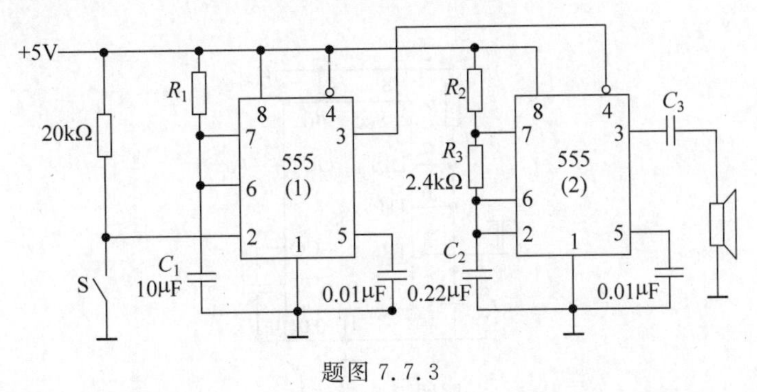

题图 7.7.3

7.7.4 救护车报警器如题图 7.7.4 所示,$R_1=10\text{k}\Omega$,$R_2=150\text{k}\Omega$,$C_1=10\mu\text{F}$,$R_3=10\text{k}\Omega$,$R_4=100\text{k}\Omega$,$C_2=0.01\mu\text{F}$,$R_5=10\text{k}\Omega$,$V_{\text{CC}}=12\text{V}$,555 定时器输出的高、低电平分别为 11V 和 0.2V,输出电阻小于 100Ω,试计算扬声器发声的高、低音的持续时间。

讲解视频

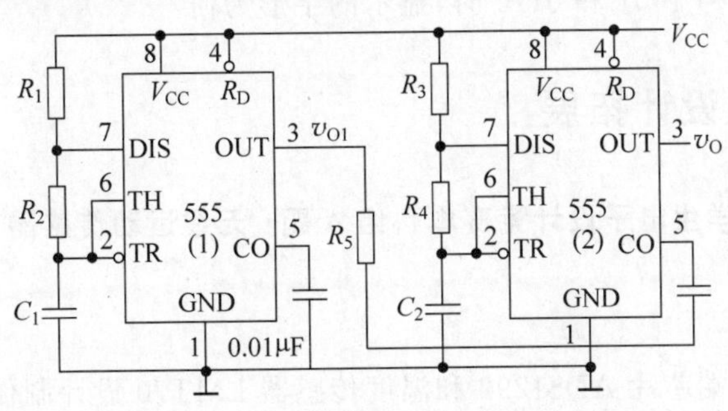

题图 7.7.4

7.7.5 题图 7.7.5(一)为简易数字电容测量仪的原理框图。通过单稳态触发器电路将待测电容 C 值转换为与其成正比的脉冲宽度 t_w。计数器对时钟发生器输出的固定频率脉冲信号进行计数实现对脉冲宽度 t_w 的测量,通过选择合适频率脉冲,可以实现计数器计数结果即为电容 C 的直接测量值。

讲解视频

(1) 单稳态触发器可由 555 定时器构成,如题图 7.7.5(二)所示,试分析电路工作原理,说明开关 S 的作用。若电阻 $R=90.9\text{k}\Omega$,电容 C 的单位为 nF,试计算输出的脉冲宽度 t_w 与待测电容 C 值之间的比例关系。

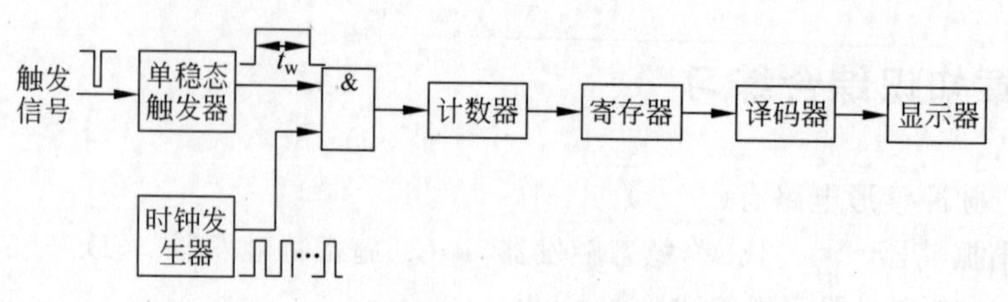

题图 7.7.5(一)

(2) 利用计数器测量题图 7.7.5(二)所示单稳态触发器输出的脉冲宽度 t_w,如果期望计数器的计数结果就是电容 C 的直接测量值,计数器的时钟脉冲频率为多少?

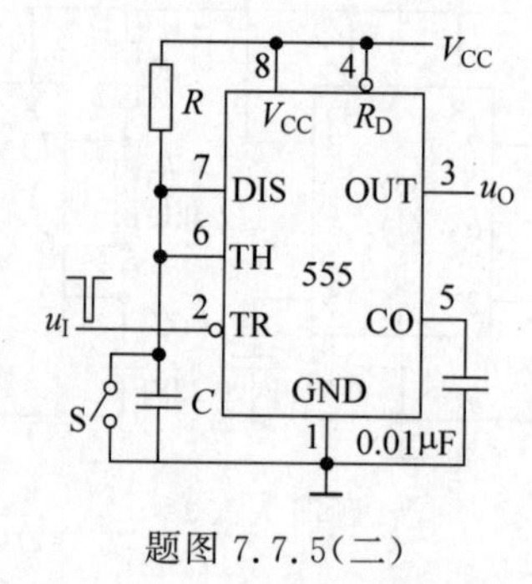

题图 7.7.5(二)

(3) 要求电容 C 的测量范围为 0～99nF,试用 74290 芯片设计计数器。

(4) 若译码器采用 7448 芯片,则显示器应为共阴极数码管还是共阳极数码管?当译码器 7448 输入代码为 1001 和 0110 时,显示的字形为何?

7.8 本章课程设计拓展

2020 年全国大学生电子设计竞赛本科组 A 题:无线运动传感器节点设计

1. 任务

基于 TI 模拟前端芯片 ADS1292 和温度传感器 LMT70 设计制作无线运动传感器节点,节点采用电池供电,要求能稳定采集和记录使用者的心电信息、体表温度和运动信息。

2. 要求

(1) 基于 ADS1292 模拟前端芯片设计心电监测电路,完成使用者的心电信号实时测量,要求:

① 实时采集和记录使用者的心电信号,实现动态心电图的测试与显示;

② 分析计算使用者的心率,心率测量相对误差不大于 5%。

(2) 基于LMT70温度传感器测量使用者体表温度，要求：

① 实时采集和记录使用者的体表温度，温度采样率不低于10次/min；

② 体表温度测量误差绝对值不大于2℃。

(3) 基于加速度计等传感器检测使用者运动信息，实现运动步数和运动距离的统计分析，要求：

① 运动距离记录相对误差不大于10%；

② 运动步数记录相对误差不大于5%。

(4) 无线运动传感器节点能通过无线上传使用者的基本心电信号、体表温度和运动信息，并在服务器(手机)端实时显示动态心电图、体表温度和运动信息，要求传输时延不大于1s。

(5) 其他。

(6) 设计报告。

项　目	主要内容
系统方案	方案描述、比较与选择
理论分析与计算	心电测量方法 体表温度测量方法 运动量统计
电路设计与系统软件设计	电路框图、具体电路设计 系统软件框图和核心算法流程图
测试方案与测试结果	测试方案 测试结果完整性 测试结果分析
设计报告结构及规范性	摘要、报告正文结构、公式、图表的完整性和规范性

7.9 本章思维导图

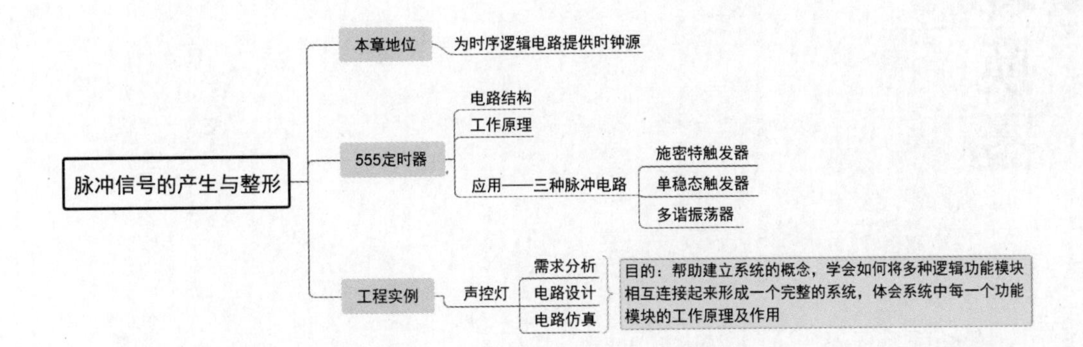

第8章 数/模转换器与模/数转换器

随着数字技术的快速发展,数字电路应用于数字电视、数字通信、数字控制等越来越多的领域。但自然界中绝大部分的物理量是模拟量,所以有必要在数字电路和模拟电路之间建立一座桥梁,数/模(D/A)转换器和模/数(A/D)转换器就起到这样的桥梁纽带作用。

为了能够将理论与实践联系起来,以工程实例为依托,边理论边实践。

8.1 本章工程任务:数控直流稳压电源

直流稳压电源是电子技术领域不可缺少的设备。常见的直流稳压电源,经常采用串联反馈式稳压原理,通过调整输出端取样电阻支路中的电位器来调整输出电压。由于电位器阻值变化的非线性和调整范围窄,使普通直流稳压电源难以实现输出电压的精确调整,因此,直流稳压电源已朝着多功能和数字化的方向发展,数控直流稳压电源因具有调整方便、读数直观、输出稳定等优点而被广泛应用。

8.1.1 基本原理

直流稳压电源在"模拟电子技术"课程中已经学习过,它通常由电源变压器、整流电路、滤波电路和稳压电路四部分构成,其中难点在于稳压电路。串联型线性稳压电路因具有结构简单、调节方便、输出电压稳定性强、纹波电压小等优点而较为常用。串联型线型稳压电路主要包括基准电压电路、调整管、比较放大和取样电路四个单元模块,如图 8.1.1 所示。该电路的输出电压 $V_O=(1+R_1'/R_2')U_Z$。

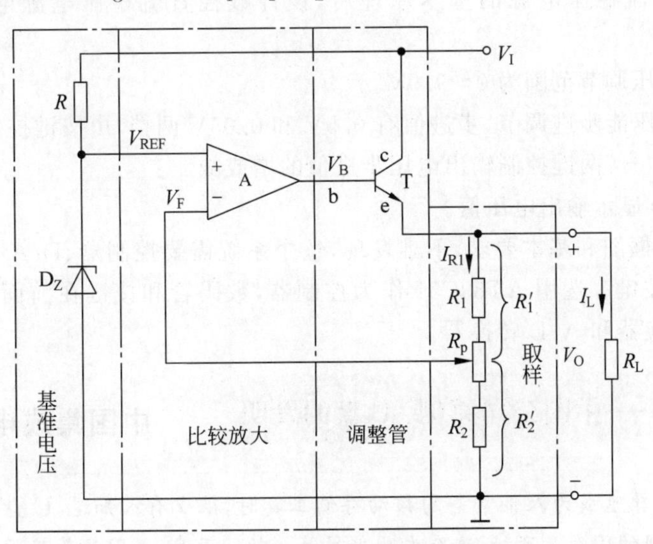

图 8.1.1 串联型线性稳压电路

将基准电压电路设计成一个数控基准电压,就构成了一个数控直流稳压电源,通过控制基准电压进而实现输出电压的可控。

如图 8.1.2 所示,通过键盘输入一个基准电压值至控制器,而控制器接收到这个数值后进行数据处理及输出,但控制器是一个数字电路,输出的是数字信号,而稳压电路需要的是模拟电压值,这就需要在数字电路和模拟电路之间建立一个桥梁,数/模转换器应运而生,它将控制器输出的数字信号转换为模拟信号作为稳压电路的基准电压。最终输出的电压值与设定的值是否一致需要将输出电压送回控制器进行比较,但控制器是数字电路,只能识别数字信号,因此还需要一个能够将模拟信号转换为数字信号的电路,这就是另一个桥梁纽带作用的电路——模/数转换器。模/数转换器将输出电压转换为数字量送入控制器进行比较修正。有了数/模转换器和模/数转换器,通过控制器即可实现稳压电源输出电压不仅稳定而且可调可控。

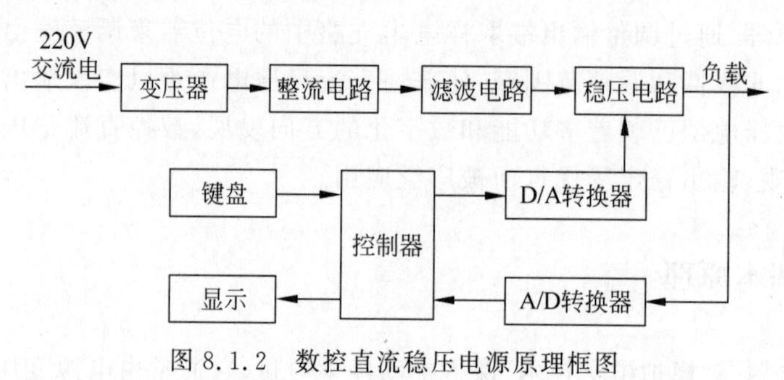

图 8.1.2　数控直流稳压电源原理框图

8.1.2　任务需求

熟悉数控直流稳压电源的基本原理后,设计数控直流稳压电源电路的基本要求如下:

(1) 输出电压调节范围为 0～9.9V。

(2) 输出电压能步进调节,步进值有 0.5V 和 0.05V 两挡,由按键控制。

(3) 用"+""-"两键控制输出电压步进值的增或减。

(4) 用 LCD 显示输出电压值。

对照着原理框图和基本要求,不难发现,整个系统需要控制器、D/A 转换器、A/D 转换器、数码管和按键。选用 AT89C51 作为控制器,数码管和按键在前面已经学习过,本章介绍 D/A 转换器和 A/D 转换器。

知识拓展——中国公司原创：U 盘的发明

中国集成电路发展历程

当 U 盘代替软盘成为人们常备的移动存储工具时,很少有人知道,U 盘不是产品名称而只是一个公司注册的闪存盘商标,这个发明世界第一款闪存盘,并因此荣获闪存盘全球基础性发明专利的公司是中国的朗科公司。朗科公司创始人邓国顺经常出差,带着当时用来存储数据的各种尺寸的软盘,这种软盘柔软、易损坏,邓国顺就遇到过无法读出数据的尴尬,但他没有抱怨,而是通过一年的研发,发明了便于携带、不易损坏的 U 盘。U 盘用 USB 接口作为数据交换接口,用闪存芯片作为存储介质,不再像机械硬盘那样需要机械动作,所以具有运行稳定性高、抗震性能强、体积小的优势。创新就是在敏锐发现问题、坚持探索方案、努力解决问题中取得突破的,大家是否也发现了自己身边的问题,去想想如何解决吧。

8.2 D/A 转换器

将数字信号到模拟信号的转换称为数/模(D/A)转换,把实现数/模转换的电路称为数/模转换器(DAC)。

(一) 课前篇

本节导学单

1. 学习目标

根据《布鲁姆教育目标分类学》,从知识维度和认知过程两方面进一步细化本节课的教学目标,明确学习本节课所必备的学习经验。

知识维度	认知过程					
	1. 回忆	2. 理解	3. 应用	4. 分析	5. 评价	6. 创造
A. 事实性知识	回忆模拟信号、数字信号基本概念;回忆数字量的按权展开式	说出数/模转换和数/模转换器的基本概念				
B. 概念性知识	回忆恒流源的特性;回忆集成运算放大器虚短、虚断的特性	阐释数/模转换器主要参数的定义,明晰每一个参数与电路性能的对应关系	阐释数/模转换的基本原理			
C. 程序性知识	回忆反相比例求和电路的基本结构及原理;回忆集成计数器构成任意进制计数器的方法			剖析数/模转换的原理,设计数/模转换基本电路;分析典型数/模转换器电路的工作过程并求出输出表达式	借助数/模转换器主要参数,评价数模转换基本原理电路、典型数/模转换器电路的优缺点	应用集成运算放大器设计波形发生器,会借助仿真软件进行验证,会利用口袋实验包进行电路搭建与调试

续表

知识维度	认知过程					
	1. 回忆	2. 理解	3. 应用	4. 分析	5. 评价	6. 创造
D. 元认知知识	明晰学习经验是理解新知识的前提		根据概念及学习经验迁移得到新理论的能力	将知识分为若干任务，主动思考，举一反三，完成每个任务	在不断地发现问题、分析问题、解决问题的过程中体会精益求精的科学态度	通过电路的设计、仿真、搭建、调试，培养/工程思维

2. 导学要求

根据本节的学习目标，将回忆、理解、应用层面学习目标所涉及的知识点课前自学完成，形成自学导学单。

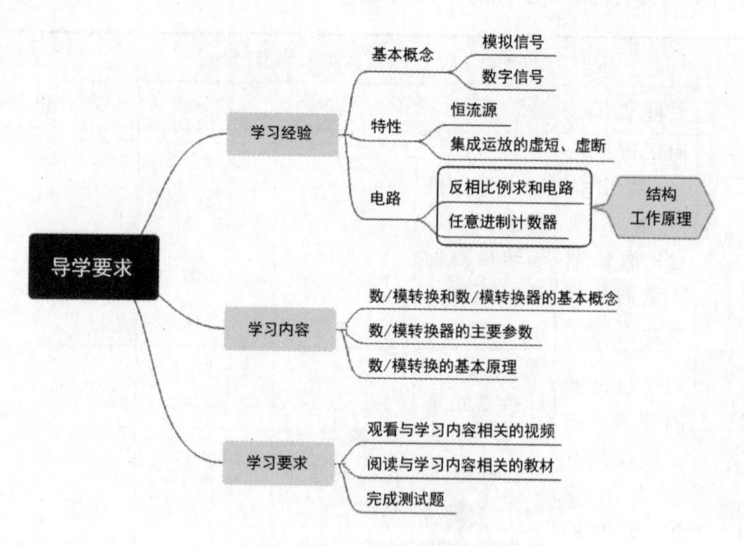

8.2.1 课前自学——D/A 转换的基本原理

1. 基本原理

将每一位代码按照其权的大小转换成相应模拟量后相加，得到与输入数字量成正比的模拟量，从而实现数字/模拟的转换，这就是**D/A 转换的基本原理**。输出与输入的转换关系式为

$$u_o(\text{或 } i_o) = KD_n \tag{8.2.1}$$

式中：K 为比例系数，它是一个常数；D_n 为 n 位二进制数对应的十进制数，可写成

$$D_n = \sum_{i=0}^{n-1} d_i 2^i \tag{8.2.2}$$

其中：d_i 为第 i 位的二进制码；2^i 为第 i 位的权值。

2. 电路设计

图 8.2.1 所示的电路由参考电压、电子开关、电阻网络、求和电路构成，输入 4 位数字量，输出模拟电压。

(1) 参考电压：参考电压 V_{REF} 为反相比例求和电路的各个支路提供稳定的电压值。

(2) 电子开关：输入的数字量控制电子开关，当 $d_i=1$ 时，开关闭合，参考电压 V_{REF} 接入支路，有电流 $I_i=\frac{V_{REF}}{R_i}$；当 $d_i=0$ 时，开关断开，参考电压 V_{REF} 未接入支路，电流 $I_i=0$，所以各个支路电流 $I_i=\frac{V_{REF}}{R_i}d_i$。

(3) 电阻网络：各个支路电流 $I_i=\frac{V_{REF}}{R_i}d_i$ 与支路电阻成反比，支路电阻越大，对应的电流也就越小。要想让电流满足二进制权系数关系，只能让电阻满足此关系，而且电阻的阻值与对应位的权值成反比，因此也将该电路称为权电阻网络 D/A 转换器。

(4) 求和电路：将每一位数字量按照其权的大小转换成相应的电流相加，最终转换成模拟电压输出。

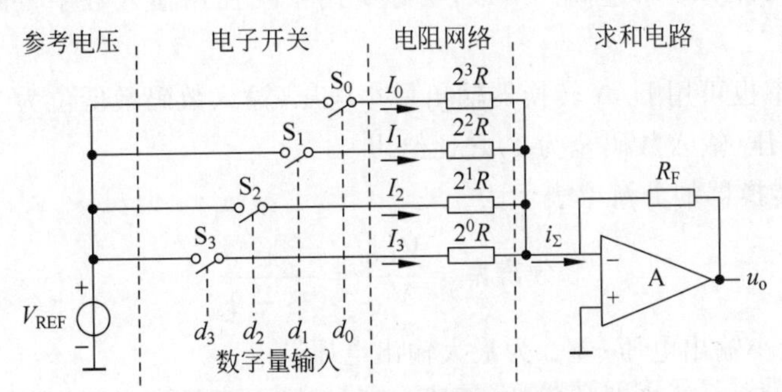

图 8.2.1　D/A 转换器原理电路

i_Σ 与输入数字量 d_i 之间的关系：

$$i_\Sigma = I_3+I_2+I_1+I_0=\frac{V_{REF}}{2^0R}d_3+\frac{V_{REF}}{2^1R}d_2+\frac{V_{REF}}{2^2R}d_1+\frac{V_{REF}}{2^3R}d_0 \tag{8.2.3}$$

由集成运放虚短和虚断的特性可知

$$\begin{aligned} u_o &= -i_\Sigma R_F \\ &= -\frac{R_F V_{REF}}{2^3R}(2^3d_3+2^2d_2+2^1d_1+2^0d_0) \\ &= -\frac{R_F V_{REF}}{2^3R}D_4 \end{aligned} \tag{8.2.4}$$

从式(8.2.4)中可以看出,输出的模拟电压正比于输入的数字量,从而实现了从数字量到模拟量的转换。其中$-\frac{R_F V_{REF}}{2^3 R}$就是转换比例系数$K$,$D_4$是输入二进制数所对应的十进制数,与前面所讲的D/A转换原理完全吻合。从式(8.2.4)中还可以看出,在V_{REF}为正电压时输出电压u_o始终为负值,要想得到正的输出电压,可以将V_{REF}取为负值。

由上可见,整个电路从数字量输入到模拟电压输出的转换过程:参考电压通过电子开关送入电阻网络,将相应数位上的权值送入求和电路,求和电路将各位权值相加得到与数字量对应的模拟量。因此,学会从系统角度去认识电路,明晰电路中每一个模块作用。

8.2.2 课前自学——D/A转换器的主要技术指标

一般用以下三个参数来衡量D/A转换器的性能。

1. 分辨率

分辨率是D/A转换器对输入微小量变化敏感程度的表征。其定义为D/A转换器输出模拟电压被分离的等级数,n位D/A转换器输出模拟量最多有2^n个不同值,例如,8位D/A转换器输出电压能被分离的等级数为2^8个。输入数字量位数越多,输出电压可分离的等级越多,即分辨率越高。所以,实际应用中往往用输入数字量的位数表示D/A转换器的分辨率。

另外,分辨率也可用D/A转换器输出最小电压(输入数码最低位为1,其余各位均为0)与最大输出电压(输入数码全为1)之比给出。

n位D/A转换器的分辨率表示为

$$分辨率=\frac{V_{LSB}}{V_m}=\frac{1}{2^n-1}$$

式中:V_{LSB}为最小输出电压;V_m为最大输出电压。

当V_m一定,D/A转换器的位数n越大,V_{LSB}越小,即说明该转换器分辨能力越高。它表示D/A转换器在理论上可以达到的精度。

2. 转换精度

由于D/A转换器中受到电路元件参数误差、基准电压不稳和运算放大器的零漂等因素的影响,D/A转换器实际输出的模拟量与理想值之间存在误差。这些误差的最大值定义为转换精度。转换误差有以下三种:

(1) 比例系数误差:当参考电压V_{REF}偏离标准值ΔV_{REF}时,在输出端产生的误差电压,即

$$\Delta u_o=\frac{\Delta V_{REF}}{2^n}\cdot\frac{R_F}{R}D_n \tag{8.2.5}$$

由式(8.2.5)可知,由 ΔV_{REF} 引起的误差属于比例系数误差。

(2) 失调误差:该误差由集成运算放大器的零点漂移所引起。

(3) 非线性误差:电路中的各模拟开关存在不同的导通电压和导通电阻、电阻网络中电阻的误差等都会导致非线性误差。

因此,要获得高精度的D/A转换器,不仅应选择位数较多的高分辨率D/A转换器,而且电路中需要选用高稳定度的 V_{REF} 和低零漂的运算放大器等器件与之配合,才能达到要求。

3. 转换速度

当D/A转换器输入的数字量发生变化时,输出的模拟量并不能立即达到所对应的量值,它要延迟一段时间。延迟时间越短,表明D/A转换器的转换速度越快,通常用建立时间和转换速率来描述。

建立时间指输入数字量变化时,输出电压达到规定误差范围所需的时间。一般用D/A转换器输入的数字量 N_B 从全0变为全1时,输出电压达到规定的误差范围(±LSB/2)时所需时间表示。

转换速率指大信号工作状态下,模拟输出电压的最大变化率。通常以 V/μs 为单位表示。该参数与运放的压摆率(SR)类似。

8.2.3 课前自学——预习自测

8.2.3.1 4位D/A转换器当输入数字量为1时,输出电压为0.02V;当输入数字量为1000时,输出电压为(　　)。

A. 1　　　　B. 0.16　　　　C. 20　　　　D. 都不是

8.2.3.2 已知10位D/A转换器满刻度输出电压 $V_m=10V$。

(1) 求输入最低位 D_0 对应的输出电压增量 V_{LSB}。

(2) 如要求分辨最小电压为5mV($V_{LSB}=5mV$),试问至少应选用几位D/A转换器。

(二) 课上篇

8.2.4 课中学习——倒T形电阻网络D/A转换器

如图8.2.2所示,在图8.2.1电路基础上其他部分不变,仅改变电阻网络,因为电阻网络呈现倒T形,所以该电路称为倒T形D/A转换器。为了提高电路的可靠性,将电子开关变为单刀双掷开关,避免开关断开时悬空输入端引入的干扰。当 $d_i=1$ 时,开关 S_i 接集成运算放大器的反相输入端;当 $d_i=0$ 时,开关 S_i 接地。

集成运算放大器的同相端接地,如果将集成运算放大器看作是理想集成运算放大器,根据"虚短"的特性,反相输入端"虚地",那也就意味着无论开关拨向哪一边,都相当于接在"地"电位上,所以流过每条支路电流始终不变。

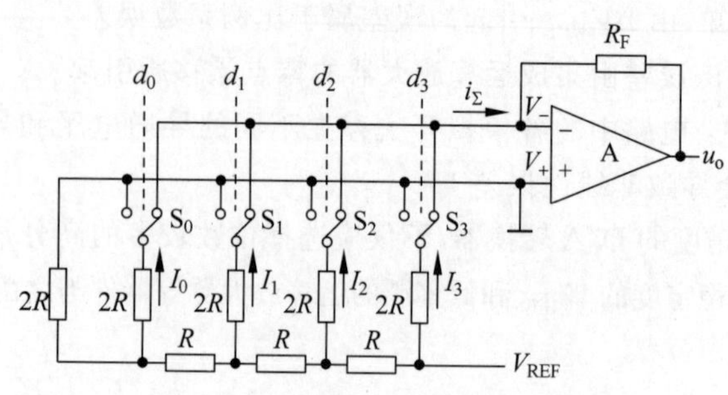

图 8.2.2　倒 T 形 D/A 转换器电路

为了方便计算倒 T 形 D/A 转换器各个支路电流，可以将电阻网络等效为图 8.2.3 所示电路。

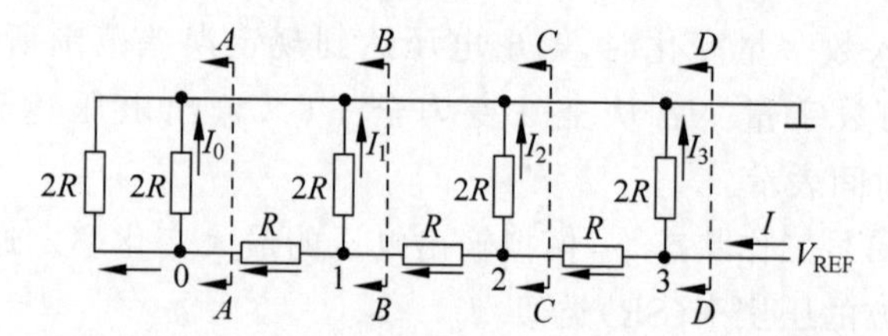

图 8.2.3　计算倒 T 形电阻网络支路电流的等效电路

不难看出，从 AA、BB、CC、DD 每个端口向左看进去的等效电阻都是 R，因此从参考电源流入倒 T 形电阻网络的总电流 $I=V_{REF}/R$。电流流经每一个节点都二等分，所以各个支路电流：$I_3=I/2, I_2=I/4, I_1=I/8, I_0=I/16$。实现了利用电阻的串并联将参考电压逐级传递到各个支路的目标。

有了各个支路电流，总电流 i_Σ 是否为各个支路电流之和？与输入数字量 d_i 是否无关？从图 8.2.3 中可看出，只有当 $d_i=1$，开关拨向右边时，才可将支路电流送入集成运算放大器的反相输入端；当 $d_i=0$ 时，开关拨向左边直接接地。所以

$$i_\Sigma=\frac{I}{2}d_3+\frac{I}{4}d_2+\frac{I}{8}d_1+\frac{I}{16}d_0 \tag{8.2.6}$$

根据集成运算放大器虚短和虚断的特性，可得

$$\begin{aligned}u_o&=-i_\Sigma R_F\\&=-\frac{R_F V_{REF}}{2^4 R}(2^3 d_3+2^2 d_2+2^1 d_1+2^0 d_0)\\&=-\frac{R_F V_{REF}}{2^4 R}D_4\end{aligned} \tag{8.2.7}$$

对于 n 位倒 T 形电阻网络 D/A 转换器，输出电压 u_o 与输入数字量之间表达式为

$$u_o=-\frac{R_F V_{REF}}{2^n R}D_n \tag{8.2.8}$$

从式(8.2.8)可看出，输出的模拟电压与输入的数字量成正比，$-\frac{R_F V_{REF}}{2^n R}$ 就是转换

比例系数 K。

由上可见，**从电路结构上**，保持了 D/A 转换器原理电路结构简单的优势，通过反相比例求和电路搭建电路框架，巧妙利用电子开关引入数字量，从而实现数字信号到模拟信号的转换；**从电路性能上**，克服了 D/A 转换器原理电路电阻种类多分散性大，精度难以保证的不足。

8.2.5 课中学习——权电流型 D/A 转换器

用一组恒流源来代替倒 T 形电阻网络中的各个支路电流，就得到了权电流型 D/A 转换器，如图 8.2.4 所示，它可以克服电子开关带来的误差，进一步提高转换精度。同时，由于 D/A 转换器原理电路和倒 T 形电阻网络 D/A 转换器得到的输出表达式都带有负号，而负电压并不常用，为了克服这一点，在电路中引入负电源作为参考电压。

由于采用了恒流源，每个支路电流的大小不再受开关内阻和压降的影响，从而降低了对开关电路要求。由于各个支路电流并没有改变，当 $d_i=1$ 时，开关与集成运算放大器反相输入端相连，相应的权电流流入求和电路；当 $d_i=0$ 时，开关直接接地。

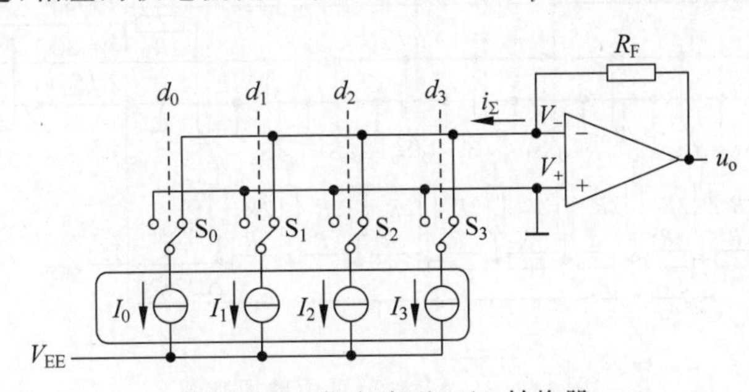

图 8.2.4 权电流型 D/A 转换器

因为倒 T 形 D/A 转换器各个支路电流为

$$I_3=I/2,\quad I_2=I/4,\quad I_1=I/8,\quad I_0=I/16$$

所以

$$i_\Sigma=\frac{I}{2}d_3+\frac{I}{4}d_2+\frac{I}{8}d_1+\frac{I}{16}d_0 \tag{8.2.9}$$

根据集成运算放大器虚短和虚断的特性，可得

$$\begin{aligned} u_o &= i_\Sigma R_F \\ &= \frac{IR_F}{2^4}(2^3d_3+2^2d_2+2^1d_1+2^0d_0) \\ &= \frac{IR_F}{2^4}D_4 \end{aligned} \tag{8.2.10}$$

对于 n 位输入权电流型 D/A 转换器，输出电压 u_o 与输入数字量之间的表达式为

$$u_o=\frac{IR_F}{2^n}D_n \tag{8.2.11}$$

从式(8.2.11)可看出,输出电压与输入数字量成正比,$\frac{IR_F}{2^n}$就是转换比例系数K。

8.2.6 课中学习——集成D/A转换器及其应用

1. 集成D/A转换器

1) AD7520

AD7520是采用倒T形电阻网络的10位集成D/A转换器。它的输入为10位二进制数,采用CMOS电路构成的模拟开关。使用AD7520需要外加运算放大器,运算放大器的反馈电阻可以使用AD7520内设的反馈电阻R,也可另选反馈电阻接到I_{out1}和v_o之间,如图8.2.5所示。外接的参考电压V_{REF}必须保证有足够的稳定度,才能确保应有的转换精度。

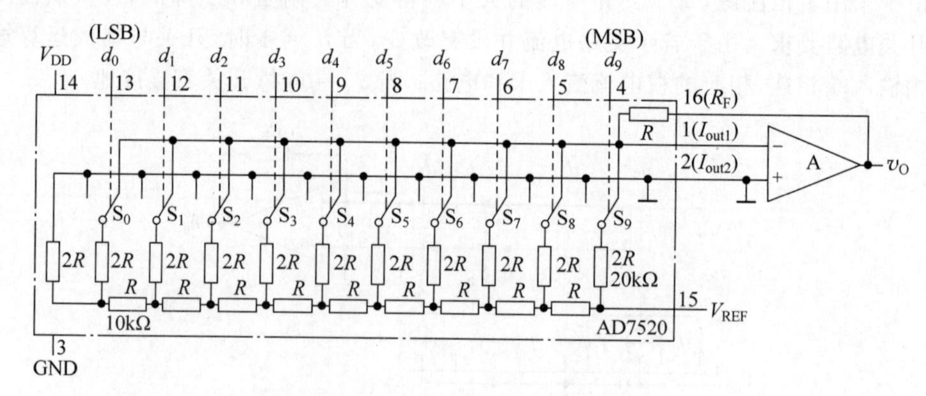

图8.2.5 AD7520的电路原理图

引脚	名称	名称	引脚
1	NC	COMP	16
2	GND	$V_{REF(-)}$	15
3	V_{EE}	$V_{REF(+)}$	14
4	I_O	V_{CC}	13
5	d_0	d_7	12
6	d_1	d_6	11
7	d_2	d_5	10
8	d_3	d_4	9

图8.2.6 DAC0808引脚图

2) DAC0808

DAC0808的芯片引脚如图8.2.6所示,内部结构如图8.2.7所示。图中$d_0 \sim d_7$是8位数字量的输入端(d_0是最高位,d_7是最低位),I_O是求和电流的输出端。V_{R+}和V_{R-}接基准电流发生电路中运算放大器的反相输入端和同相输入端。COMP供外接补偿电容用。V_{CC}和V_{EE}为正、负电源输入端。

由于DAC0808是电流输出,因此在使用时需外接集成运算放大器转换成电压输出,如图8.2.8所示。在$V_{REF}=5V$,$R_R=R_F=5k\Omega$,根据式(8.2.11)可得

$$u_O=\frac{V_{REF}R_F}{2^8R_R}D_8=\frac{5}{2^8}D_8 \tag{8.2.12}$$

当输入的数字量在全0和全1之间变化时,输出模拟电压的变化范围为0~4.98V。

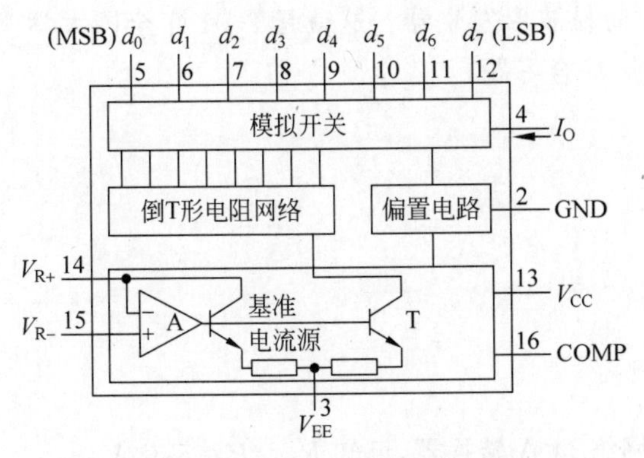

图 8.2.7 DAC0808 内部结构图

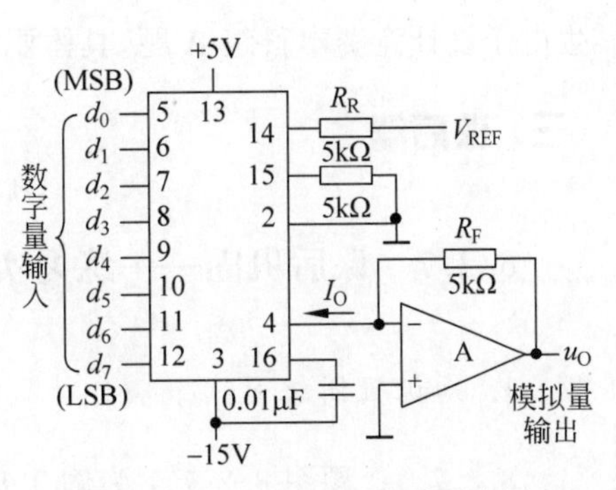

图 8.2.8 DAC0808 的典型应用

2. 应用

集成 D/A 转换器用途很广，除了可以进行数/模转换外，还可以构成乘法器和波形发生电路等。如图 8.2.9(a)所示的阶梯波发生电路，在 8 位二进制计数器作用下，DAC 的输出波形如图 8.2.9(b)所示。

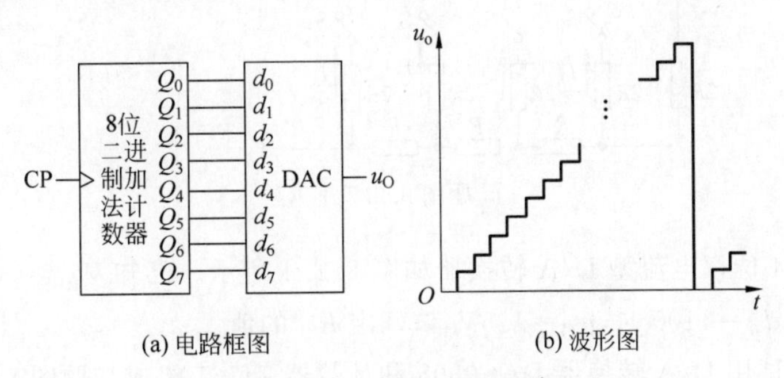

(a) 电路框图　　(b) 波形图

图 8.2.9 阶梯波发生电路

用两片 74161 同步级联即可得到 8 位二进制加法计数器。注意：DAC0808 输入最高位为 d_0，最低位为 d_7。读者可自行设计电路并仿真。

进一步思考：如何改变阶梯波的频率和幅度？从图 8.2.9(b)波形可以看出，该波形包含台阶高度、台阶宽度和台阶数三个要素，台阶高度$=\frac{V_{REF}}{2^8}$，台阶宽度$=T_{CP}$，台阶数=计数器的计数模值。阶梯波的频率与台阶宽度和台阶数有关，因此，改变计数器的脉冲频率或者计数模值均可改变阶梯波的频率。阶梯波的幅度与台阶的高度和台阶数有关，改变参考电压 V_{REF}、D/A 转换器的位数、计数器的计数模值均可改变阶梯波的幅度。

能否获得三角波？三角波与锯齿波的区别是，锯齿波波形只有上升一个方向，而三角波有上升和下降两个方向。也就是将图 8.2.9(a)框图中的加法计数器改为可逆计数器，上升过程用加法计数器，下降过程用减法计数器。能不能得到方波？能不能得到正弦波？能不能得到任意波？能不能动手做个简易波形发生器？这就是2001年全国大学生电子设计竞赛本科组A题，具体要求见拓展综合习题。

（三）课后篇

8.2.7 课后巩固——练习实践

1. 知识巩固练习

讲解视频

8.2.7.1 题图8.2.7.1为倒T形电阻网络D/A转换器，已知$R_F=R=5\text{k}\Omega$，$V_{REF}=8\text{V}$，当输入数字量$d_i=1$时，开关接运放反相输入端，$d_i=0$时，开关接地。试求：(1)v_O的输出范围；(2)当$d_3d_2d_1d_0$为0001、0100、1101时，输出v_o的值；(3)电路的分辨率。

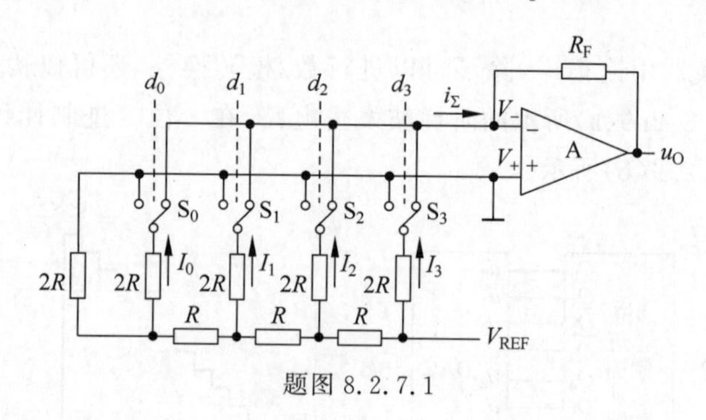

题图8.2.7.1

8.2.7.2 4位权电流型D/A转换器如图8.2.4所示。已知$V_{REF}=6\text{V}$，$R=48\text{k}\Omega$，当输入$d_3d_2d_1d_0=1100$时，$u_O=1.5\text{V}$，试确定R_F的值。

讲解视频

8.2.7.3 试用D/A转换器DAC0808和计数器74161组成如题图8.2.7.3所示的阶梯波发生器，试画出完整的逻辑图。

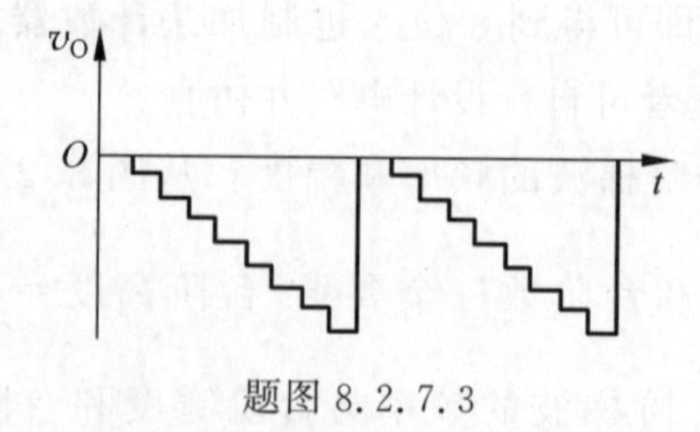

题图8.2.7.3

2. 工程实践练习

8.2.7.4 设计并制作一个波形发生器，该波形发生器能产生锯齿波、方波、三角波，输出波形的频率为100Hz～200kHz。要求：(1)利用仿真软件完成电路的仿真；(2)利用口袋实验包完成电路的搭建与调试。

8.2.8 本节思维导图

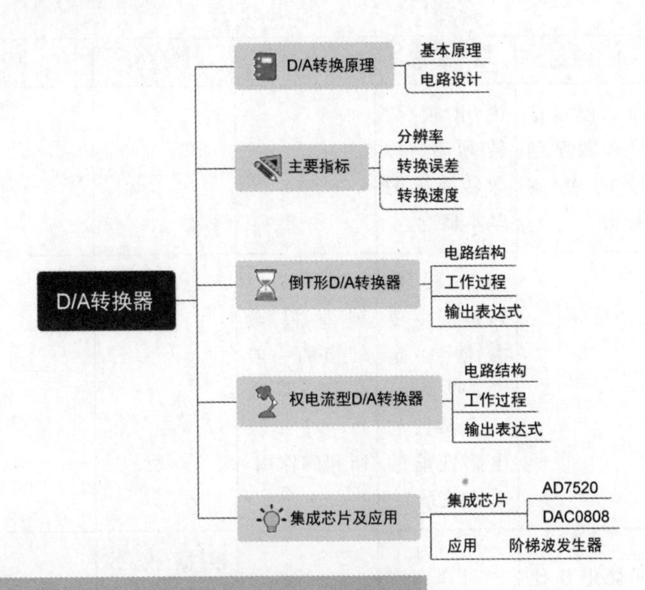

知识拓展——全国大学生智能汽车竞赛

全国大学生智能汽车竞赛由教育部高等学校自动化类专业教学指导委员会主办,每年一届,全国分为若干赛区,七月组织赛区决赛,八月组织全国总决赛,分为6～10个技术组别,例如2021年分为基础四轮组、节能信标组、电磁越野组、双车接力组、全向行进组、单车拉力组和智能视觉组,机械基本结构和电机必须使用大赛指定型号,而电路设计和程序编写必须独立完成。比赛以迅猛发展的汽车电子为背景,涵盖控制、模式识别、传感技术、电子、电气、计算机、机械等多个学科交叉的科技创意性比赛,旨在培养大学生对知识的把握和创新能力,以及从事科学研究的能力。

8.3 A/D 转换器

将模拟信号到数字信号的转换称为模/数(A/D)转换,把实现模/数转换的电路称为模/数转换器(ADC)。

(一) 课前篇

本节导学单

1. 学习目标

根据《布鲁姆教育目标分类学》,从知识维度和认知过程两方面进一步细化本节的学习目标，明确学习本节内容所必备的学习经验。

知识维度	认知过程					
	1. 回忆	2. 理解	3. 应用	4. 分析	5. 评价	6. 创造
A. 事实性知识	回忆模拟信号和数字信号的基本概念	说出模/数转换和模/数转换器的基本概念				
B. 概念性知识		阐释模/数转换器主要参数的定义，明晰每一个参数与电路性能的对应关系	列举模/数转换的一般步骤，明晰每一个步骤所起的作用			
C. 程序性知识	回忆电压比较器、数据寄存器、优先编码器、移位寄存器的电路结构及工作原理；回忆数模转换器的工作原理			根据模/数转换一般步骤，分析三种模/数转换器电路的工作原理，借助于表格、曲线图等工具描述电路的工作过程	借助模/数转换器主要参数，评价三种模/数转换器电路各自的优缺点及各自的应用场合	设计集成模/数转换器的工作电路和应用电路，会借助仿真软件进行验证，会利用口袋实验包进行电路搭建与调试
D. 元认知知识	明晰学习经验是理解新知识的前提		根据概念及学习经验迁移得到新理论的能力	将知识分为若干任务，主动思考，举一反三，完成每个任务	在不断地发现问题、分析问题、解决问题的过程中体会精益求精的科学态度	通过电路的设计、仿真、搭建、调试，培养工程思维

2. 导学要求

根据本节的学习目标，将回忆、理解、应用层面学习目标所涉及的知识点课前自学完成，形成自学导学单。

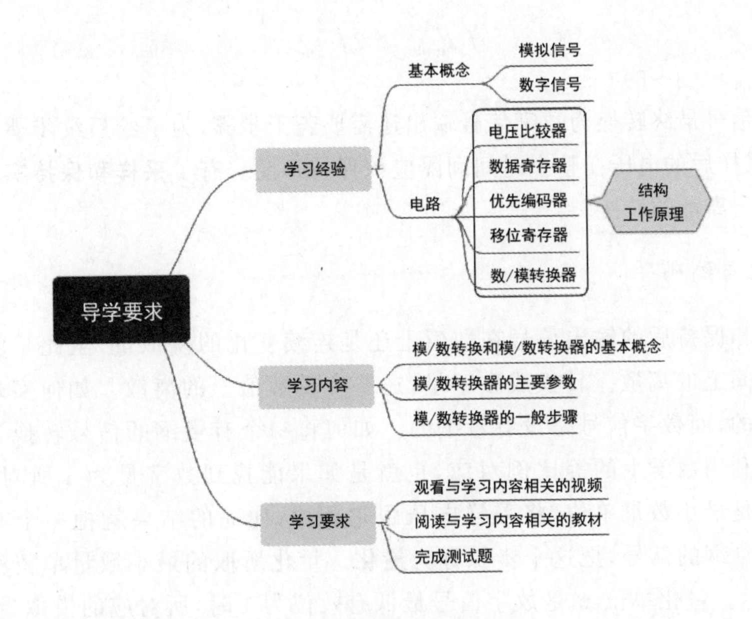

8.3.1 课前自学——A/D转换的一般过程

模拟信号随时间和量值上都连续变化，而数字信号随时间和量值上都离散变化。所以将模拟信号转换为数字信号需要完成两项任务：时间上连续→时间上离散；量值上连续→量值上离散。

1. 采样与保持

如何把一个随时间连续变化的信号转换为随时间离散变化的信号。如图8.3.1所示，u_I 是随时间连续变化的信号。如果每隔一段时间采一个点并将其画至坐标轴上，就得到了信号 u_S。显然，时间间隔长，采集的点数少，就会丢失信息；时间间隔短，采集的点数多，这个 u_S 曲线就会越逼近于模拟曲线 u_I。但只是逼近，时间间隔再短也是存在的，两个点都是离散的。这个过程称为**采样**。

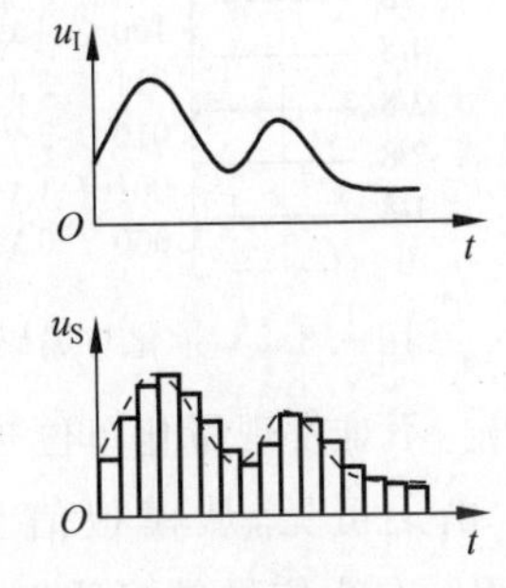

图8.3.1 对模拟信号的采样

如何确定采样间隔？间隔太大会丢失信息，间隔太小信息又会冗余，如何在二者之间平衡？香农采样定理解决了这一问题。采样定理于1928年由美国电信工程师H.奈奎斯特首先提出，因此称为奈奎斯特采样定理。1933年，由苏联工程师科捷利尼科夫首次用公式严格地描述这一定理，因此在苏联文献中称为科捷利尼科夫采样定理。1948年，信息论创始人C.E.香农对这一定理加以明确地说明并正式作为定理引用，因此在许多文献中又称为香农采样定理。

采样定理规定采样频率 f_{sample} 至少为模拟信号最高频率成分 $f_{a(\max)}$ 的2倍。换种说法就是，要求模拟信号的最高频率不大于采样频率的一半，可以表示如下：

$$f_{\text{sample}} \geqslant 2f_{\text{a(max)}} \tag{8.3.1}$$

一般取 $f_{\text{sample}}=(3\sim5)f_{\text{a(max)}}$。

把这个信号最终转换为数字信号输出还需要若干步骤，为了给后续步骤提供一个稳定的电压，采样后的电压在整个时间间隔应该保持不变。有了**采样和保持**实现了时间上连续到时间上离散的转换。

2. 量化与编码

经采样和保持后的输出信号在数值上还是连续变化的模拟量，至此只实现了对输入信号在时间上的离散。转换成数字量，还要实现数值上的离散。如何实现？模拟信号是有量纲的，而数字信号是没有量纲的。如何将一个有量纲的信号转换为无量纲的信号？同样利用数学上的等比例对应，也就是如果能找到数字量为 1 所对应的电压，这个电压就是最小数量单位，将采样电压跟它相比，比完的结果就把一个有量纲的信号转换为无量纲的信号，把这个步骤称为**量化**。量化所取的最小数量单位称为量化单位，用 Δ 表示。量化单位 Δ 是数字信号最低有效位为 1 时，所对应的模拟量，即 1LSB。最后将结果用代码的形式表示出来就是**编码**。经编码输出的代码就是 A/D 转换器的转换结果。

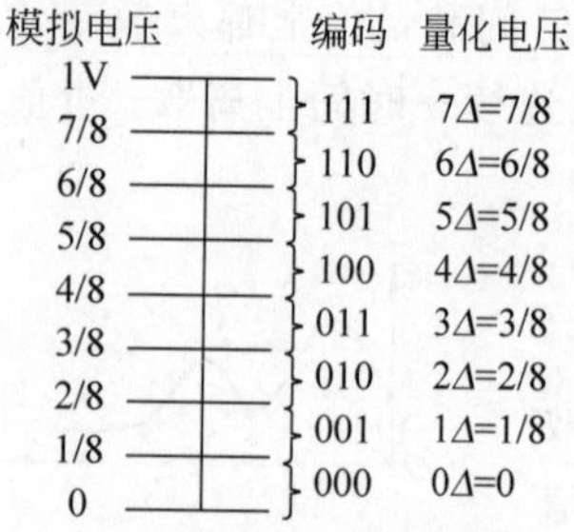

模拟电压　编码　量化电压
1V
7/8　111　7Δ=7/8
6/8　110　6Δ=6/8
5/8　101　5Δ=5/8
4/8　100　4Δ=4/8
3/8　011　3Δ=3/8
2/8　010　2Δ=2/8
1/8　001　1Δ=1/8
0　000　0Δ=0

图 8.3.2　量化与编码

如图 8.3.2 所示，0～1V 的电压，若选择最小数量单位 Δ=1/8V，即把 0～1V 电压平均切为 8 份。大于或等于 0、小于 1/8V 的，与最小数量单位相比，结果为 0……以此类推，得到了 0～7 这 8 个数字量，用代码将这 8 个数完全区分开，需要 3 位。同样对于 0～1V，若将量化单位取 1/16V，是否意味着将 0～1V 等分为 16 份，将其完全区分开，需要 4 位。也可以继续分下去，量化单位取 1/32V，等分为 32 份，输出 5 位代码。不难发现量化单位越小，分得越细，输出位数越多，精度越高。

由上可见，从模拟信号输入到数字信号输出的转换过程：通过采样和保持将时间上连续信号转换为时间上离散信号，通过量化和编码将量值上连续的信号转换为量值上离散的信号。因此，模拟信号到数字信号的转换需要经历采样、保持、量化、编码四个步骤，学会从系统的角度去认识整个过程，明晰每一个步骤所起的作用。

8.3.2　课前自学——A/D 转换器的主要技术指标

一般用以下三个参数来衡量 A/D 转换器的性能。其中分辨率和转换误差用来描述 A/D 转换器的转换精度，转换时间用来描述 A/D 转换器的转换速度。

1. 分辨率

A/D 转换器的分辨率用输出二进制(或十进制)数的位数表示。它说明 A/D 转换器对输入信号的分辨能力。从理论上讲,n 位输出的 A/D 转换器能区分 2^n 个输入模拟电压信号的不同等级,能区分输入电压的最小值为满量程输入的 $1/2^n$。在最大输入电压一定时,输出位数越多,量化单位越小,分辨率越高。例如,A/D 转换器输出为 8 位二进制数,输入信号最大值为 5V,那么这个转换器应能区分出输入信号的最小电压为 19.53mV。

2. 转换误差

转换误差通常以输出误差最大值的形式给出,它表示实际输出的数字量和理论上应有的输出数字量之间的差别,一般以最低有效位的倍数给出。例如,给出转换误差 $<\pm\frac{1}{2}$LSB,这就表明实际输出的数字量和理论上应得到的输出数字量之间的误差小于最低有效位的半个字。

3. 转换时间

转换时间是指完成一次转换所需要的时间。A/D 转换器的转换速度主要取决于转换电路的类型。由于不同类型电路结构 A/D 转换器的工作原理不同,所以转换速度也不同。

8.3.3 课前自学——预习自测

8.3.3.1 A/D 转换的一般步骤为(　　),完成时间上连续到时间上离散变换的步骤是(　　)。

8.3.3.2 划分量化电平的两种方法分别是(　　)和(　　),(　　)方法引入的误差更小。

8.3.3.3 将最大幅度为 1V 的模拟信号转换为数字信号,选择最小数量单位 $\Delta=$ 125mV,应该选用(　　)位 A/D 转换器。

(二) 课上篇

8.3.4 课中学习——采样-保持电路

采样-保持电路如图 8.3.3 所示,由输入放大器 A_1、输出放大器 A_2、保持电容 C_H 和开关驱动电路组成。电路中要求 $A_{V1}\cdot A_{V2}=1$,且 A_1 具有较高的输入阻抗以减小对输入信号源的影响,A_2 选用有较高输入阻抗和低输出阻抗的运放,这样不仅 C_H 上所存电荷不易泄漏，而且电路还具有较高的带负载能力。

$t_0 \sim t_1$ 时段，开关S闭合，电路处于采样阶段，电容器 C_H 充电，由于 $A_{V1}A_{V2}=1$，因此 $u_O=u_I$；$t_1 \sim t_2$ 时段为保持阶段，此期间开关S断开，若 A_2 的输入阻抗足够大，且S为较理想的开关，可认为 C_H 几乎没有放电回路，输出电压保持 u_O 不变。

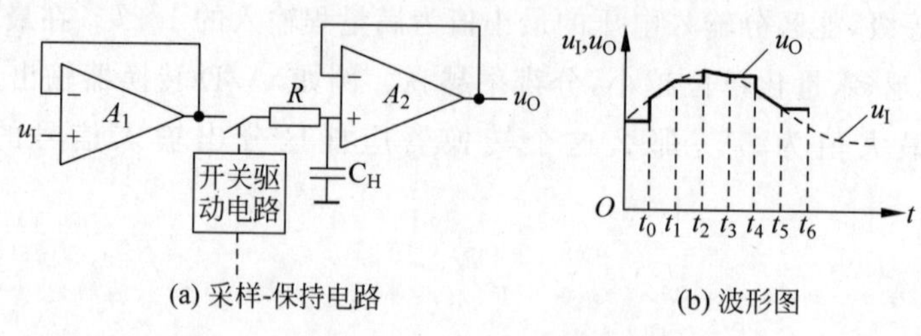

(a) 采样-保持电路　　(b) 波形图

图 8.3.3　采样-保持电路

8.3.5　课中学习——并行比较型A/D转换器

在“模拟电子技术”课程中学习过，电压比较器能够实现模拟信号到数字信号的转换，如图8.3.4所示。

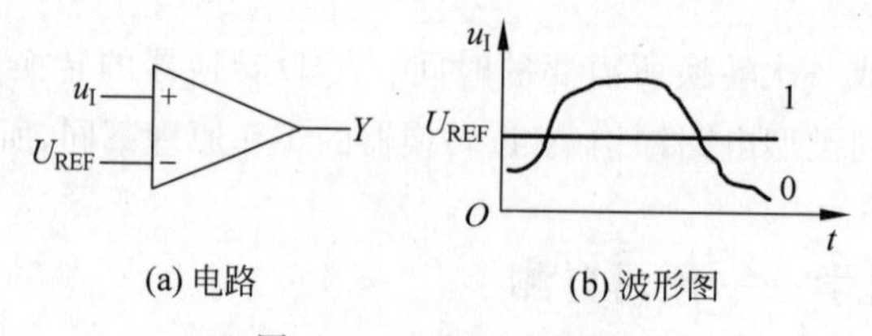

(a) 电路　　(b) 波形图

图 8.3.4　电压比较器

该电路的基本原理：实现输入的模拟电压 u_I 与基准电压 U_{REF} 的比较。若 $u_I > U_{REF}$，则输出 $Y=1$；若 $u_I < U_{REF}$，则输出 $Y=0$。输入模拟信号，输出数字信号。它只是1位A/D转换器，提高其精度，就要增加位数。按照这样的思路能否把图8.3.5(a)用电路实现？

将输入电压加至7个电压比较器的同相输入端，反相输入端接参考电压，用电阻的串联分压可获得一系列固定电压。用优先编码器来体现编码的过程。为了给优先编码器提供稳定的输入，将电压比较器的比较结果通过寄存器保存。这就是3位并行比较型A/D转换器，由电阻分压器、电压比较器、寄存器和优先编码器构成，如图8.3.5(b)所示。优先编码器输入信号 I_7 的优先级最高，I_1 最低。电阻分压器提供了一系列固定电压，输入电压 u_I 的大小决定各比较器的输出状态。

为了进一步提高精度，通常采用四舍五入量化方式。在8.3.5(b)电路基础上只需要将最下面电阻变为 $R/2$，即可变成四舍五入量化方式下的电路，如图8.3.6所示。

设输入电压 u_I 在 $0 \sim U_{REF}$ 变化时，输出3位数字量为 $D_2D_1D_0$。

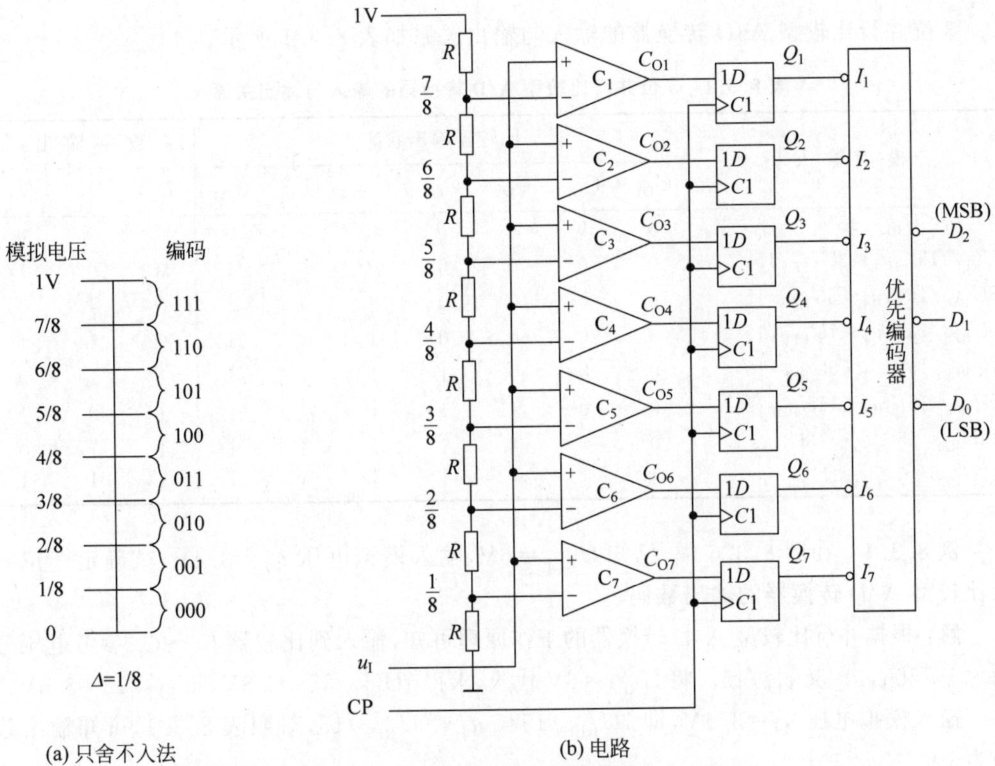

图 8.3.5　3 位并行比较型 A/D 转换器(只舍不入法)

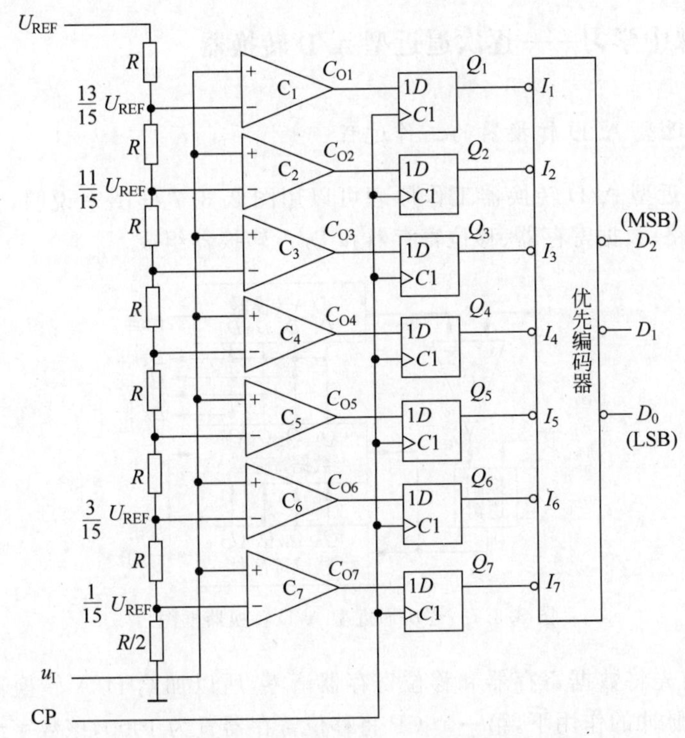

图 8.3.6　3 位并行比较型 A/D 转换器(四舍五入法)

3位并行比较型A/D转换器的输入与输出关系如表8.3.1所示。

表8.3.1　3位并行比较型A/D转换器的输入与输出关系

模拟输入	比较器输出状态							数字输出		
	C_{O1}	C_{O2}	C_{O3}	C_{O4}	C_{O5}	C_{O6}	C_{O7}	D_2	D_1	D_0
$0 \leqslant u_I < U_{REF}/15$	0	0	0	0	0	0	0	0	0	0
$U_{REF}/15 \leqslant u_I < 3U_{REF}/15$	0	0	0	0	0	0	1	0	0	1
$3U_{REF}/15 \leqslant u_I < 5U_{REF}/15$	0	0	0	0	0	1	1	0	1	0
$5U_{REF}/15 \leqslant u_I < 7U_{REF}/15$	0	0	0	0	1	1	1	0	1	1
$7U_{REF}/15 \leqslant u_I < 9U_{REF}/15$	0	0	0	1	1	1	1	1	0	0
$9U_{REF}/15 \leqslant u_I < 11U_{REF}/15$	0	0	1	1	1	1	1	1	0	1
$11U_{REF}/15 \leqslant u_I < 13U_{REF}/15$	0	1	1	1	1	1	1	1	1	0
$13U_{REF}/15 \leqslant u_I < U_{REF}$	1	1	1	1	1	1	1	1	1	1

例8.3.1　在图8.3.6中，已知$U_{REF}=6V$，输入模拟电压$u_I=3.4V$，试确定3位并行比较型A/D转换器的输出数码。

解：根据并行比较型A/D转换器的工作原理可知，输入到比较器$C_1 \sim C_7$参考电压分别为$1/15U_{REF} \sim 3U_{REF}/15$。将$U_{REF}=6V$代入，求得$7U_{REF}/15=2.8V$，$9U_{REF}/15=3.6V$。

输入模拟电压$u_I=3.4V$，即$7U_{REF}/15 < u_I < 9U_{REF}/15$，对照表8.3.1，可知输出数码为100。

8.3.6　课中学习——逐次逼近型A/D转换器

1. 逐次逼近型A/D转换器的工作过程

4位逐次逼近型A/D转换器工作原理可以用图8.3.7框图来说明，它由电压比较器、控制逻辑电路、数据寄存器、移位寄存器和D/A转换器组成。

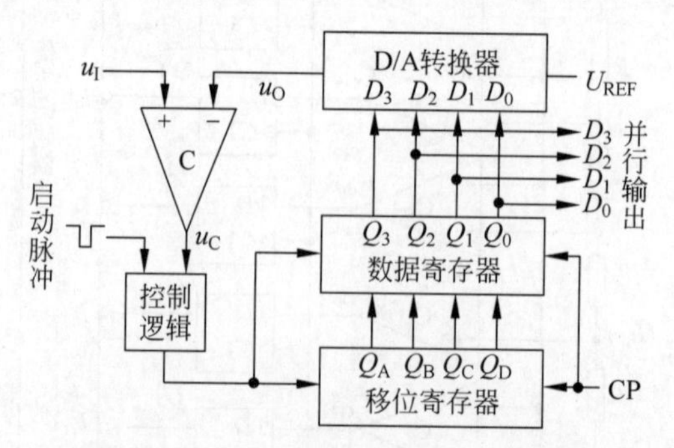

图8.3.7　逐次逼近型A/D转换器框图

转换开始前先将数据寄存器和移位寄存器清零，所以加给D/A转换器的数字量也是全0。在启动脉冲的作用下，第一个CP将移位寄存器置为1000，该数字经数据寄存器送入D/A转换器。输入模拟电压u_I首先与1000所对应的模拟电压$U_{REF}/2$比较，如果$u_I \geqslant U_{REF}/2$，比较器输出为1；否则，比较器输出为0，此结果存于数据寄存器的Q_3位。第二个CP使移位寄存器为0100，如最高位已存1，数据寄存器将1100送入D/A转换器，其输出电压$3U_{REF}/4$，如果$u_I \geqslant 3U_{REF}/4$，比较器输出为1；否则，比较器输出为0，此结果存于数据寄存器的Q_2位；如最高位已存0，数据寄存器将0100送入D/A转换器，其输出电压$U_{REF}/4$，如果$u_I \geqslant U_{REF}/4$，比较器输出为1；否则，比较器输出为0，此结果存于数据寄存器的Q_1位。以此类推，经逐次比较得到输出数字量。

2. 逻辑电路

4位逐次逼近型A/D转换器的逻辑电路如图8.3.8所示。图中，移位寄存器可进行并入/并出或串入/串出操作，LD为其并行置数端，高电平有效，S为高位串行输入端。5个D触发器组成数据寄存器，输出数字量为$D_3 \sim D_0 = Q_4 \sim Q_1$。在启动脉冲上升沿$FF_0 \sim FF_4$被清零，$Q_5$置1，$G_2$门开启，时钟CP进入移位寄存器。

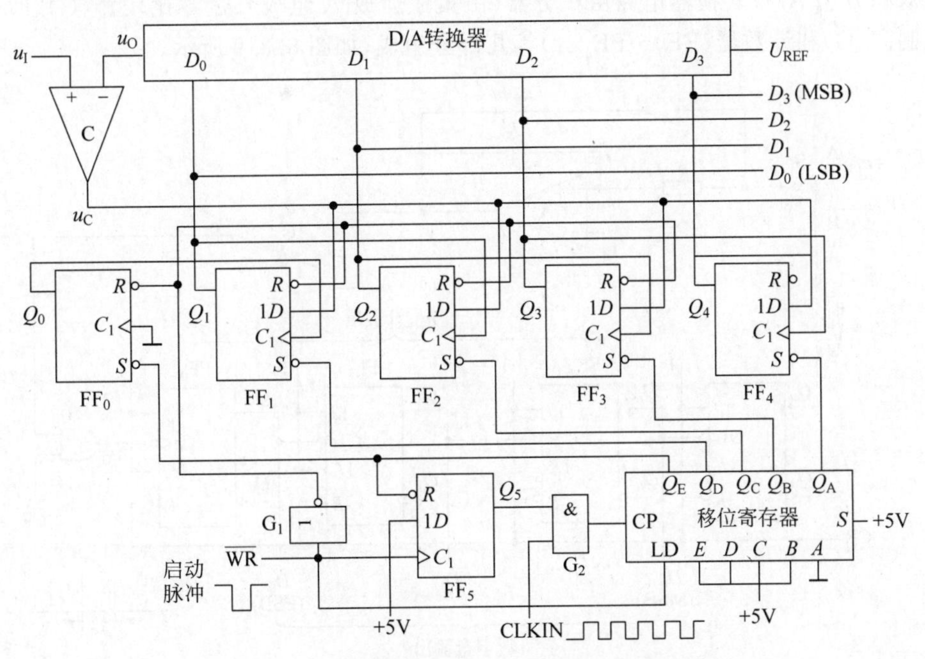

图8.3.8 4位逐次逼近型A/D转换器的逻辑电路图

在第一个CP作用下，移位寄存器被置数$Q_AQ_BQ_CQ_DQ_E = 01111$。Q_A的低电平使数据寄存器的最高位置1，即$Q_4Q_3Q_2Q_1 = 1000$。D/A转换器将数字量1000转换为模拟电压u_O送入比较器C与输入模拟电压u_I比较，若输入电压$u_I > u_O$，则比较器C输出u_C为1，否则为0。比较结果送$FF_4 \sim FF_1$的数据输入端$D_4 \sim D_1$。

在第二个CP作用下，移位寄存器的Q_A变为1，同时最高位向低位移动一位。Q_3由0变为1，这个正跳变作为有效触发信号加到FF_4的CP端，使第一次比较的结果保存于Q_4。此时，由于其他触发器无脉冲正跳沿，它们保持原状态不变。Q_3变为1后建立了新的D/A转换器的数据，输入电压再与此时的 u_O 相比较，比较结果在第三个时钟脉冲作用下存于 Q_3。如此进行，直到 Q_E 由1为0，使 Q_5 由1变为0后将 G_2 封锁，转换完毕。于是，电路的输出端 $D_3D_2D_1D_0$ 得到与输入电压 u_I 成正比的数字量。

由以上分析可见，逐次逼近型A/D转换器完成一次转换所需时间 T 与其位数 n 和时钟脉冲周期 T_{CP} 有关，$T=(n+1)T_{CP}$，位数越少，时钟频率越高，转换所需时间越短。目前，逐次逼近型A/D转换器产品的输出多为8～12位，转换时间多为几至几十微秒。个别高速产品的转换时间甚至能缩短至1μs以内。例如，12位逐次逼近型A/D转换器AD7472的最高取样速率可达1.75MSPS，完成一次转换的时间不到1μs。

8.3.7 课中学习——双积分型A/D转换器

1. 逻辑电路

双积分型A/D转换器电路由积分器(由集成运放A组成)、过零比较器(C)、时钟脉冲控制门(G)和计数器(FF_0～FF_{n-1})等几部分组成，如图8.3.9所示。

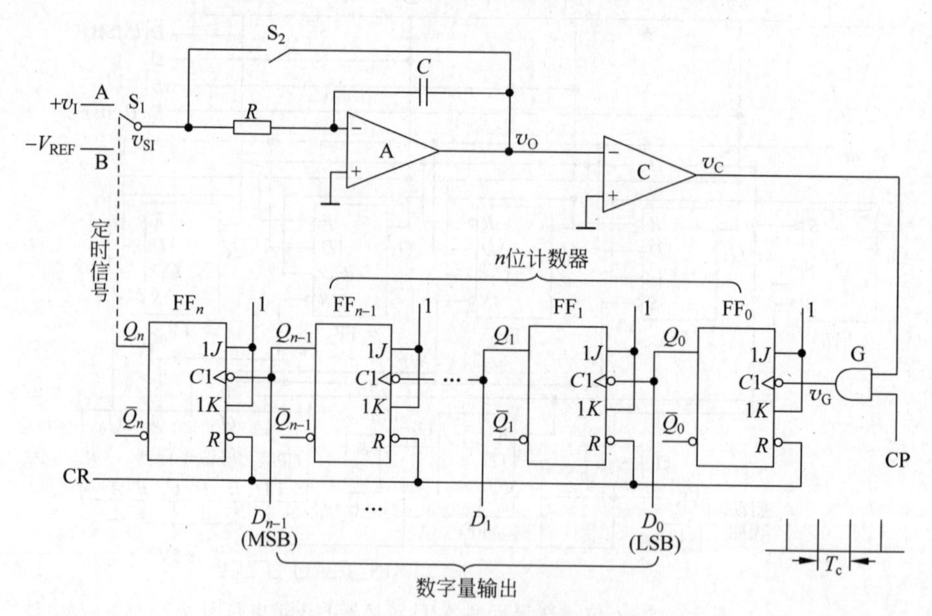

图8.3.9 双积分型A/D转换器电路

2. 工作原理

下面以输入正极性的直流电压 v_I($v_I<V_{REF}$)为例，说明电路的基本工作原理。

电路的工作过程分为以下几个阶段进行。

1) 准备阶段

转换开始前，CR信号将计数器清零，开关 S_2 闭合，使积分电容完全放电完毕。启动脉冲到来时转换开始，S_2 断开，同时 S_1 与 v_I 接通。

2）第一次积分阶段

设 $t=0$ 时，被测电压 v_I 加到积分器的输入端，电路进入第一次积分阶段，积分器的输出电压以与 v_I 大小成正比的斜率从 0V 开始下降，其波形如图 8.3.10(c)的①段。积分器的输出电压为

$$v_O=-\frac{1}{\tau}\int_0^t v_I \mathrm{d}t \tag{8.3.2}$$

式中：$\tau=RC$。

由于此时 $v_O<0$，比较器输出为高电平，所以时钟控制门 G 被打开，计数器在 CP 作用下从 0 开始计数。经 2^n 个时钟脉冲后，计数器输出的进位脉冲使 $Q_n=1$，开关 S_1 由 A 点转接到 B 点，第一次积分结束。第一次积分时间为

$$t=T_1=2^n T_C \tag{8.3.3}$$

令 V_1 为输入电压在 T_1 时间间隔内的平均值，则由式(8.3.2)可得第一次积分结束时积分器的输出电压为

$$v_P=-\frac{T_1}{\tau}V_1=-\frac{2^n T_C}{\tau}V_1 \tag{8.3.4}$$

3）第二次积分阶段

当 $t=t_1$ 时，S_1 转接到 B 点与 v_I 极性相反的基准电压 $-V_{REF}$ 加到积分器的输入端，积分器进入第二次积分阶段，v_O 以 v_P 为初始值向反方向积分。当 $t=t_2$ 时，积分器输出电压 $v_O=0$，比较器的输出电压 $v_C=0$，时钟脉冲控制门 G 被关闭，计数停止。在第二次积分阶段结束后，控制电路又使开关 S_2 闭合，电容 C 放电，电路为下一次转换做好准备。第二次积分阶段结束时 v_O 的表达式可写为

$$v_O(t_2)=v_P-\frac{1}{\tau}\int_{t_1}^{t_2}(-V_{REF})\mathrm{d}t=0 \tag{8.3.5}$$

设 $T_2=t_2-t_1$，于是有

$$\frac{V_{REF}T_2}{\tau}=\frac{2^n T_C}{\tau}V_1 \tag{8.3.6}$$

设在此期间计数器所累计的时钟脉冲个数为 λ，则有

$$T_2=\lambda T_C \tag{8.3.7}$$

$$T_2=\frac{2^n T_C}{V_{REF}}V_1 \tag{8.3.8}$$

可见，T_2 与 V_1 成正比。也就是说，电路已经将输入电压平均值转换成中间变量时间间隔 T_2。

$$\lambda=\frac{T_2}{T_C}=\frac{2^n}{V_{REF}}V_1 \tag{8.3.9}$$

式(8.3.9)表明，在计数器中所计的数 $\lambda(\lambda=Q_{n-1}\cdots Q_1 Q_0)$ 与在取样时间 T_1 内输入

电压的平均值 V_1 成正比。只要 $V_1 < V_{REF}$，T_2 期间计数器不会产生溢出问题，转换器就能正常地将输入模拟电压转换为数字量，并从计数器的输出读取转换的结果。如果取 $V_{REF}=2^n V$，则 $\lambda=V_1$，计数器所计的数在数值上就等于被测电压。电路的工作波形如图 8.3.10 所示。

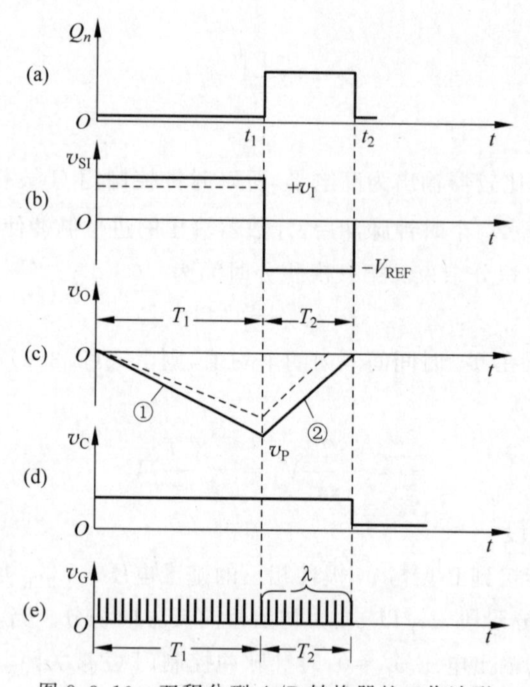

图 8.3.10　双积分型 A/D 转换器的工作波形

由于双积分 A/D 转换器在 T_1 时间内取的是输入电压的平均值，因此具有很强的抗工频干扰的能力。特别是对周期等于 T_1 整数倍的对称干扰信号（在 T_1 期间平均值为零的干扰信号），理论上有无穷大的抑制能力。在工业系统中经常遇到的是工频干扰近似于对称干扰，若选定 T_1 是等于工频周期的倍数，如 20ms 或 40ms 等，即使工频干扰幅度大于被测直流信号，仍能得到良好的测量结果。另外，由于在转换过程中前后两次积分所采用的同一积分器，因此在两次积分期间（一般在几十至数百毫秒），R、C 和脉冲源等元器件参数的变化对转换精度的影响均可以忽略。

8.3.8　课中学习——集成 A/D 转换器及其应用

1. 集成芯片 ADC0808

ADC0808 是 AD 公司采用 CMOS 工艺生产的一种 8 位逐次逼近型 A/D 转换器，其内部结构图如图 8.3.11 所示。ADC0808 的转换时间为 $100\mu s$，输入电压为 0～5V。片内有 8 通道模拟开关，可接入 8 个模拟量输入。由于芯片内有输出数据寄存器，输出的数字量可直接与计算机 CPU 的数据总线相接，而无须附加接口电路。

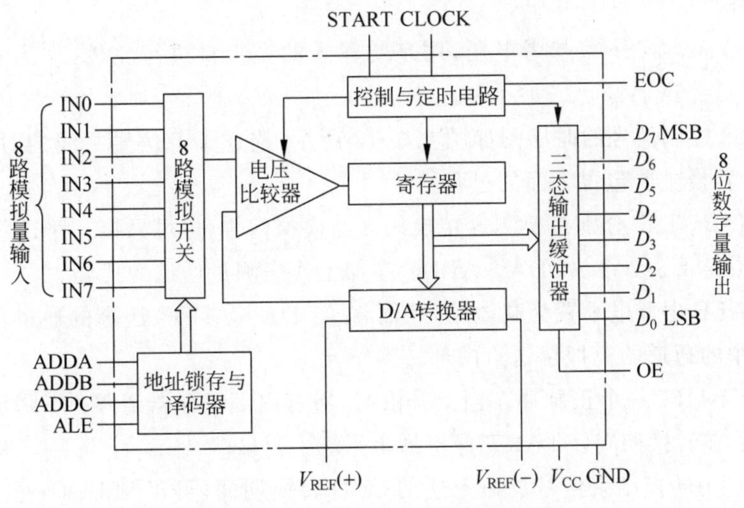

图 8.3.11　ADC0808 内部结构框图

IN0～IN7：模拟量输入通道，可以分时对 8 个模拟量进行测量转换。

ADDA～ADDC：地址线，通过 3 根地址线的不同编码来选择对哪个模拟量进行测量转换，如表 8.3.2 所示。

表 8.3.2　地址码与模拟通道对应表

地址码			模拟通道号
C	B	A	
0	0	0	IN0
0	0	1	IN1
0	1	0	IN2
0	1	1	IN3
1	0	0	IN4
1	0	1	IN5
1	1	0	IN6
1	1	1	IN7

ALE：地址锁存允许信号，低电平时向 ADDA～ADDC 写地址，当 ALE 跳至高电平后 ADDA～ADDC 上的数据被锁存。

START：启动转换信号，当为上升沿后，将内部寄存器清 0；当为下降沿后，开始 A/D 转换。

$D_0 \sim D_7$：数据输出口，转换后的数字量从此输出。

OE：输出允许信号，对 $D_0 \sim D_7$ 的输出控制端，OE＝0 时，输出端呈高阻态；OE＝1，输出转换得到的数据。

CLOCK：时钟信号，ADC0808 内部没有时钟电路，需由外部提供时钟脉冲。

EOC：转换结束状态信号，EOC=0，正在进行转换；EOC=1，转换结束，可以进行下一步输出操作。

$V_{REF}(+)$、$V_{REF}(-)$：参考电压，用来与输入的模拟量进行比较，作为测量的基准。一般 $V_{REF}(+)=5V$，$V_{REF}(-)=0V$。

ADC0808 控制信号的时序图如图 8.3.12 所示，描述了各信号之间的时序关系。实现一次 A/D 转换主要包含下面的过程：

(1) 在 IN0～IN7 分别接要测量转换的 8 路模拟信号，也可只接一路。

(2) 按照表 8.3.2 将 ADDA～ADDC 端加上代表测量通道的代码。

(3) 将 ALE 由低电平置为高电平，从而将 ADDA～ADDC 送进的通道代码锁存，经译码后被选中的通道的模拟量送给内部转换单元。

(4) 给 START 一个正脉冲。当上升沿时，所有内部寄存器清零；下降沿时，开始进行 A/D 转换，在转换期间，START 保持低电平。

(5) EOC 为转换结束信号。在上述的 A/D 转换期间，可以对 EOC 进行不断测量，当 EOC 为高电平时，表明转换结束；否则，表明正在进行 A/D 转换。

(6) 当 A/D 转换结束后，将 OE 设置为 1，这时 $D_0 \sim D_7$ 的数据便可以读取。OE=0，$D_0 \sim D_7$ 输出端为高阻态；OE=1，$D_0 \sim D_7$ 端输出转换的数据。

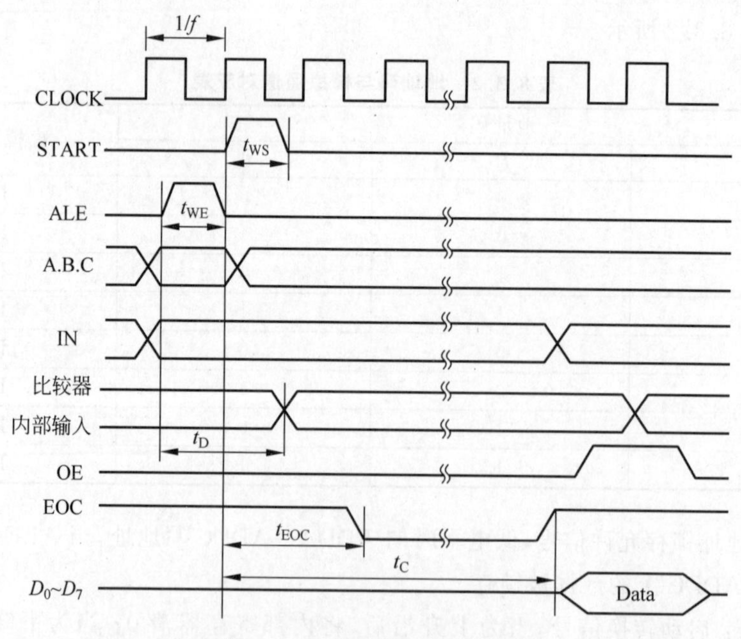

图 8.3.12 ADC0808 时序图

说明：ADC0808 芯片可以接入的脉冲信号频率为 10～1280kHz，典型值是 640kHz。时序图上的 t_{EOC} 时长：从 START 上升沿开始后的 8 个时钟周期再加 2μs。注意，因为当 START 脉冲刚结束进入转换工作时，EOC 还没有立即变为低电平而是过了 8 个时钟周期后才进入低电平的，所以在给出 START 脉冲后最好延时一会再进行 EOC 的检测。

2. 应用——数字电压表

数字电压表(VM)是采用数字化测量技术,把连续的模拟量转换成离散的数字量并加以显示的仪表。数字电压表的内部核心部件是 A/D 转换器。

1) 任务需求

利用 ADC0808 实现数字电压表的设计:①可以测量三个通道、0～5V 的输入电压值;②通过 4 位 LED 数码管显示采集的电压值;③通过一个数码管显示通道数。

2) 电路设计与仿真

任务需求①要求测量三个通道的输入电压值,一片 ADC0808 即可实现;任务需求②和③要求显示采集电压值和通道数,不仅需要数码管,还需要一个能够对 ADC0808 转换后的结果进行运算处理的模块,选用单片机 AT89C51。

数字电压表系统框图如图 8.3.13 所示,单片机 AT89C51 的 P3 口用来接收 ADC0808 转换后的结果,通过运算处理后通过 P0 口送至显示系统,P1、P2 口控制 ADC0808 按照图 8.3.12 的时序进行转换,控制显示系统分别显示 3 个通道采集电压值和通道数。

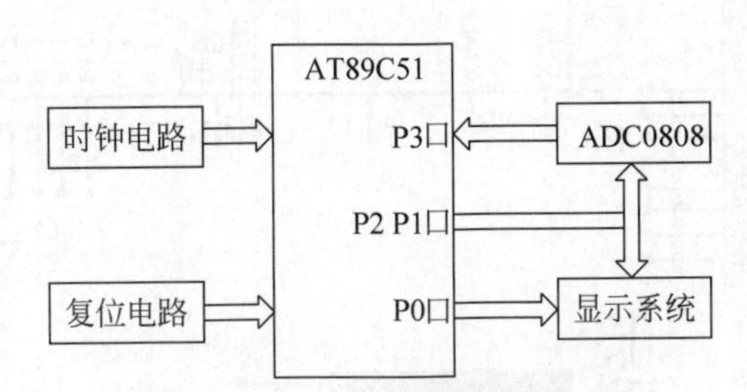

图 8.3.13 数字电压表系统框图

根据系统框图搭建的电路图如图 8.3.14 所示,其中显示系统选用一个四位七段共阳极数码管用于显示电压值和一个一位七段共阳极数码管用于显示通道数。

此电路的工作原理:+5V 模拟电压信号通过滑动变阻器 R_{V1}、R_{V2}、R_{V3} 分压后分别接入 ADC0808 的 IN0、IN1、IN2 通道(AT89C51 单片机的 P1.0～P1.2 口控制 ADC0808 的地址端口 ADDA、ADDB、ADDC,选择不同的通道进行 A/D 转换),经过模/数转换后,通过输出通道 D0～D7 传送给单片机 AT89C51 的 P3 口,AT89C51 负责把接收到的数字量经过数据处理,产生正确的七段显示段码传送给数码管,同时它还通过 5 位 I/O 口 P2.0、P2.1、P2.2、P2.3、P1.4 产生位选信号控制数码管的亮灭。此外,AT89C51 单片机还控制 ADC0808 按照图 8.3.12 的时序正常工作。

实验室常用仪器还有数字示波器,做一个简易示波器是 2007 年全国大学生电子设计竞赛本科组 C 题,具体要求见拓展综合练习。

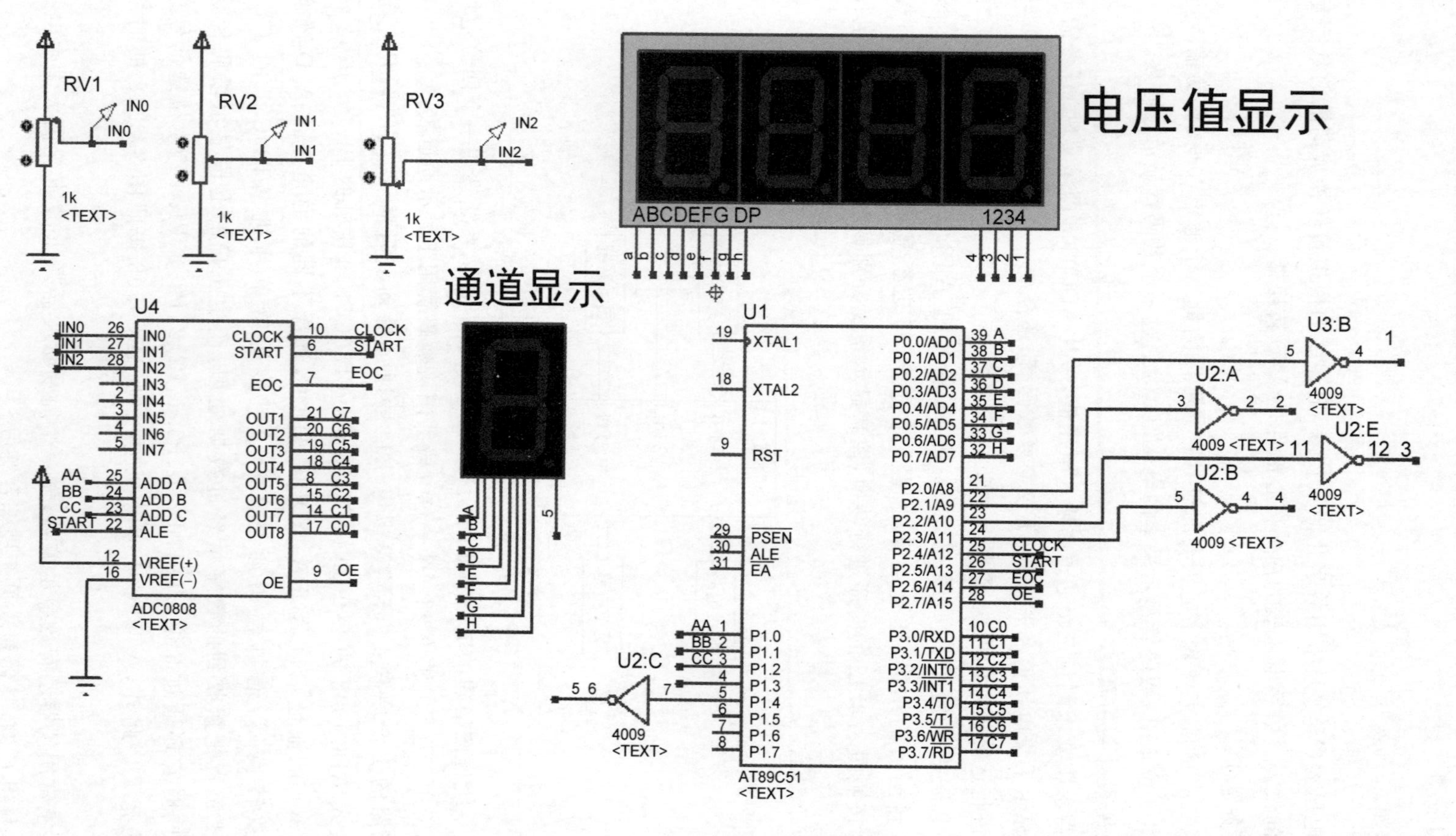

图 8.3.14 数字电压表电路

（三）课后篇

8.3.9 课后巩固——练习实践

1. 知识巩固练习

8.3.9.1 在图8.3.7所示的4位逐次逼近型A/D转换器框图中，设$U_{REF}=10V$，$u_I=8.26V$，试画出在时钟脉冲作用下u_O的波形，并写出转换结果。

讲解视频

8.3.9.2 在图8.3.6所示并行比较型A/D转换器中$U_{REF}=8V$，试问电路的最小量化单位等于多少？当$u_I=3V$时，输出数字量$D_2D_1D_0=$？

8.3.9.3 如果一个10位逐次逼近型ADC的时钟频率为500kHz，试计算完成一次转换操作所需要的时间。如果要求转换时间不得大于10μs，那么时钟信号频率应选多少？

讲解视频

8.3.9.4 双积分ADC中，若计数器为10位二进制计数器，时钟信号频率为50kHz，试计算完成一次转换的最大转换时间。

讲解视频

2. 工程实践练习

8.3.9.5 设计并制作一个8位A/D转换器和D/A转换器的Demo电路，要求：(1)A/D转换器和D/A转换器的结果采用直观的显示方案；(2)利用仿真软件完成电路的仿真；(3)利用口袋实验包完成电路的搭建与调试。

讲解视频

8.3.10 本节思维导图

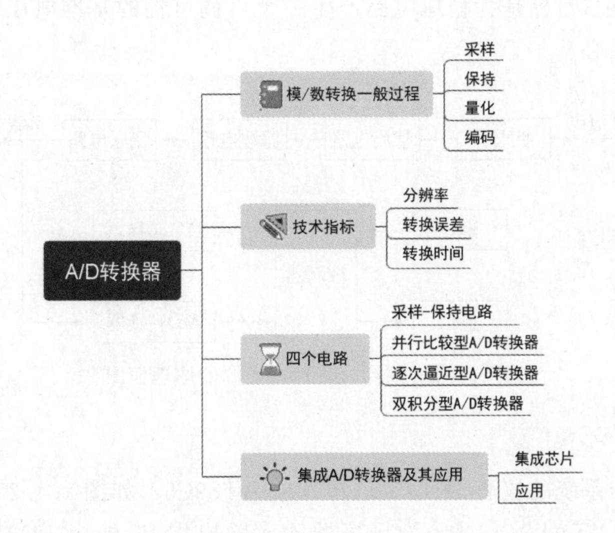

知识拓展——电容阵列逐次比较型 ADC 集成电路先进技术介绍

逐次比较型 ADC 内部有一个 DAC 输出当前数字量对应的模拟量，用来与被测电压做比较，这个内置的 DAC 采用的是 T 形电阻网络或倒 T 形电阻网络，要求所有电阻值必须准确，但在单芯片上生成高精度的电阻并不容易，而在 MOS 集成电路中，电容不仅容易制作，而且可以通过控制电容尺寸得到精度较高的电容值。工程师想到用电容阵列取代电阻阵列（也称为电荷再分配阵列），就能以低廉成本制成高精度单片 A/D 转换器，同时电容能隔离直流，可降低静态损耗，所以目前逐次比较型 A/D 转换器大多为电容阵列式的。芯片设计就是在不断适合工程实际要求中优化迭代，如速度越来越快，精度越来越高，或者两者都兼顾，在选择时要从精度、速度、价格、使用环境要求等多方面考虑。

8.4 数控直流稳压电源工程任务实现

8.4.1 基本要求分析

数控直流稳压电源的原理框图如图 8.4.1 所示，它的基本设计要求如下：

(1) 输出电压调节范围为 0～9.9V。

(2) 输出电压步进调节，步进值有 0.5V 和 0.05V 两挡，由按键控制。

(3) 由“＋”“－”两键控制输出电压步进值的增或减。

(4) 用 LCD 显示输出电压值。

从原理框图可以看出，变压器电路、整流电路、滤波电路、稳压电路已经在“模拟电子技术”课程中学习过，目标是为稳压电路产生一个可调可控的基准电压，所以原理框图下半部分是设计的核心。

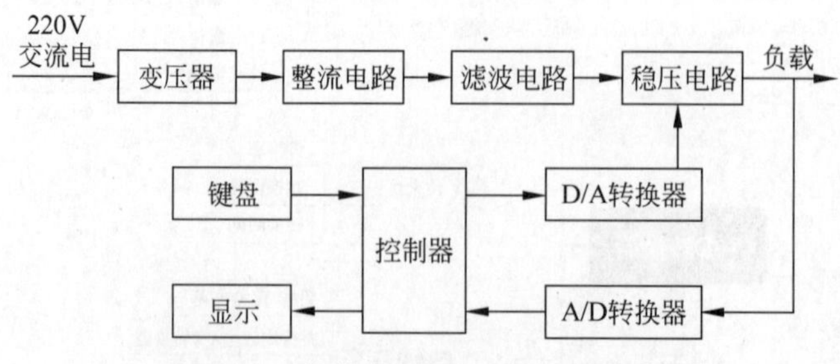

图 8.4.1 数控直流稳压电源的原理框图

1) 控制器

控制器是整个系统的核心，采用 8 位单片机 AT89C52，如图 8.4.2 所示。主要管脚：XTAL1(19 脚)和 XTAL2(18 脚)为振荡器输入输出端口，外接 12MHz 晶振；RST(9

脚)为复位输入端口,外接电阻电容组成的复位电路; VCC(40 脚)和 VSS(20 脚)为供电端口,分别接+5V 电源和地; P0～P3 为可编程通用 I/O 端口,其功能用途可由软件定义。在本设计中主要利用 I/O 端口去控制 A/D 转换器和 D/A 转换器。

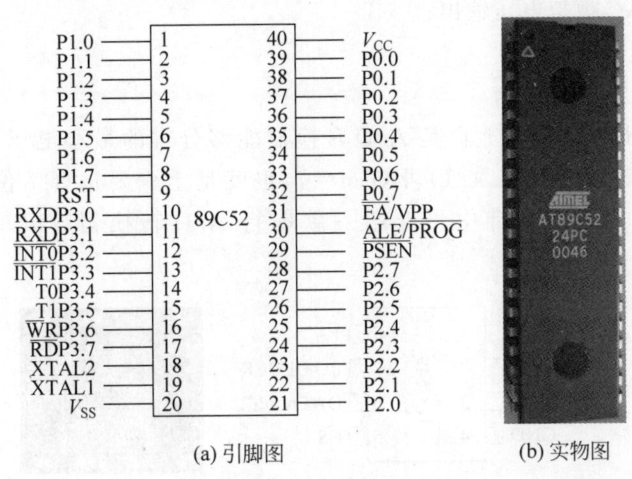

(a) 引脚图　　(b) 实物图

图 8.4.2　AT89C52

2) D/A 转换器

输出电压的步进值实际上就是 D/A 转换器能够分辨的最小电压,如果 D/A 转换器的参考电压为 5V,根据最小步进值 0.05V 可得到 D/A 转换器的位数,即

$$\frac{5}{2^n}=0.05 \tag{8.4.1}$$

由式(8.4.1)可知,$n=7$,也就是至少要选择 7 位 D/A 转换器才能满足设计需求。前面介绍的 AD7520、DAC0808 都是并行数据传输,在本设计中再介绍一款串行数据传输的 D/A 转换器 TLC5615,如图 8.4.3 所示。

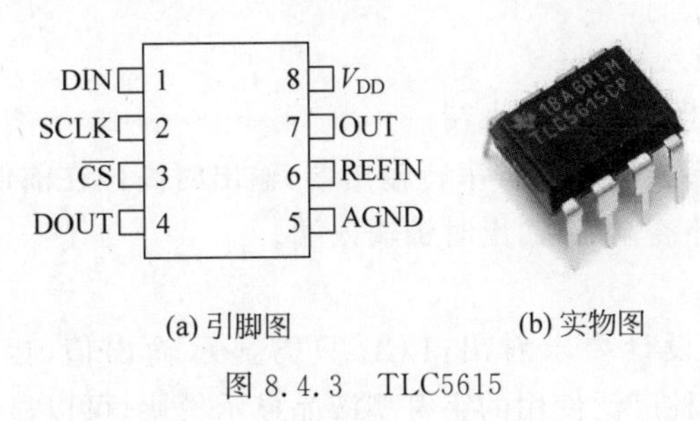

(a) 引脚图　　(b) 实物图

图 8.4.3　TLC5615

TLC5615 是带有缓冲基准输入的 10 位电压输出的 D/A 转换器,5V 单电源工作,具有基准电压 2 倍的输出电压范围。芯片引脚功能如下:

DIN——串行数据输入;

SCLK——串行时钟输入;

$\overline{\text{CS}}$——芯片选择,低电平有效;

DOUT——串行数据输出；

AGND——模拟地；

REFIN——基准输入；

OUT——DAC 模拟电压输出；

V_{DD}——正电源。

3) A/D 转换器

输出电压的步进值实际上也是 A/D 转换器能够分辨的最小电压，如果 A/D 转换器的参考电压为 5V，由式(8.4.1)可知，$n=7$，也就是至少要选择 7 位 A/D 转换器才能满足设计需求。在本设计中再介绍一款串行 A/D 转换器 TLC549，如图 8.4.4 所示。

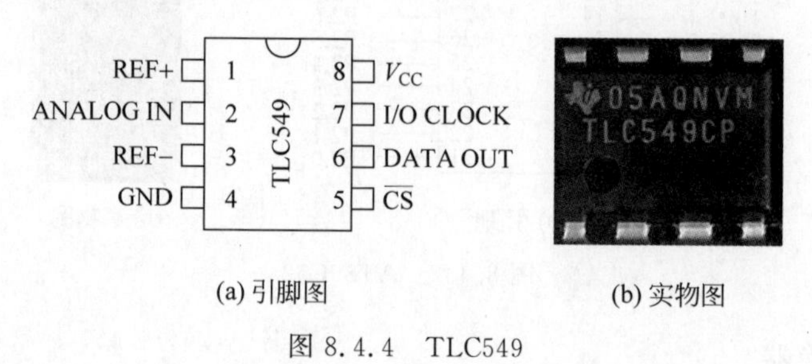

(a) 引脚图　　(b) 实物图

图 8.4.4　TLC549

它是 8 位串行 A/D 转换器芯片，可与通用控制器通过 CLK、CS、DATA OUT 三条口线进行串行接口，具有 4MHz 片内系统时钟，转换时间最长 17μs，采用差分参考电压高阻输入，抗干扰能力强。芯片引脚功能如下：

REF+——正基准电压输入，为 $2.5\sim(V_{CC}+0.1)$V；

REF−——负基准电压输入，为 $-0.1\sim2.5$V 且(REF+)−(REF−)≥1V；

V_{CC}——系统电源，参考值为 5V；

GND——接地端；

$\overline{CS}$——芯片选择输入端；

ANALOG IN——模拟信号输入端；

DATA OUT——转换结果数据串行输出端，输出时高位在前低位在后；

I/O CLOCK——外接输入/输出时钟输入端。

4) 人机交互

(1) LCD。从基本设计要求看出，LCD 只需显示输出值，因此选用 LCD1602，如图 8.4.5 所示。它是一种广泛使用的字符型液晶显示模块，可以显示 16×2 个字符。

(2) 按键。从基本设计要求看出，按键需要控制两挡输出电压步进值和输出电压步进值的增或减，因此需要 3 个按键。为了人机交互方便，再增加一个开始设置和确定按键，因此系统需要 5 个按键。

图 8.4.5　LCD1602 实物图

8.4.2　模块电路设计

1. 单片机最小系统设计

让单片机正常工作，只将 GND 引脚接地，V_{CC} 引脚接＋5V 电源是不够的，能够让单片机正常工作起来所需要的电路就是单片机的最小系统，如图 8.4.6 所示。

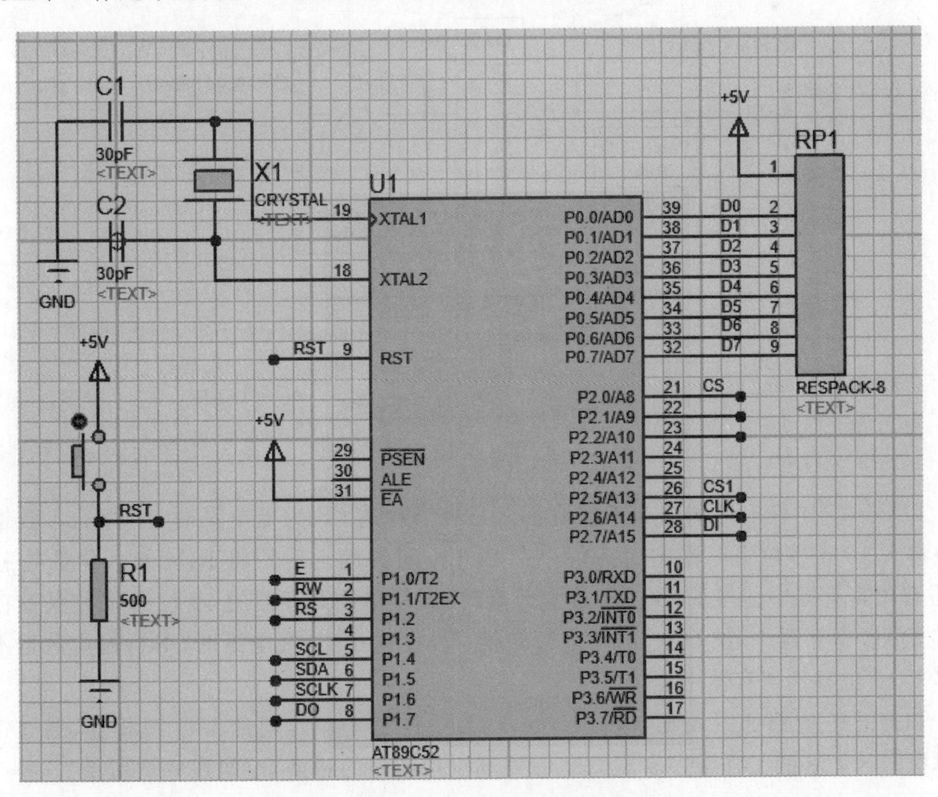

图 8.4.6　单片机的最小系统设计

单片机的最小系统就是能让单片机正常运行所需要的最少部件组成的系统。不同的单片机型号对构成最小系统的外部电路要求不同，简单归纳如下。

(1) 能量：电源的供给，不同单片机对于电源电压的需求是不一样的，AT89C52需要的电压值是5V。

(2) "大脑"：信息的存储空间，一般的单片机都集成了存储运行程序的程序存储器和存放运行中间结果的数据存储器。

(3) "心脏"：让电路像心脏一样"跳动"起来——时钟信号，由振荡电路产生，AT89C52需要外接晶振。

(4) 发令枪：上电复位或外部复位电路。用它给单片机的内部电路设定一个已知的确定状态，作为所有工作的开始，这个状态被称为复位状态。

总结起来，AT89C52的最小系统电路由电源、时钟电路、复位电路构成。

2. D/A 转换器和 A/D 转换器电路设计

1) D/A 转换器

D/A 转换器 TLC5615 内部结构如图 8.4.7 所示，它主要由10位DAC、一个接收串行移入二进制数的16位移位寄存器、并行输入输出的10位DAC寄存器、电压跟随器和2倍增益的放大电路构成。

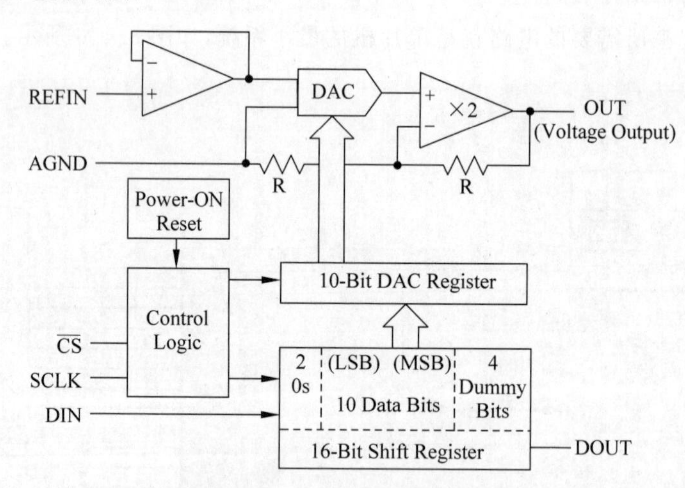

图 8.4.7　TLC5615 内部结构图

TLC5615工作时序如图 8.4.8 所示。只有当片选CS为低电平时，串行输入数据才能被移入16位移位寄存器中。在每一个SCLK时钟的上升沿将DIN的一位数据移入16位移位寄存器中。接着，SCLK的上升沿将16位移位寄存器的10位有效数据锁存于10位DAC寄存器中，供DAC电路进行转换；当片选CS为高电平时，串行输入数据不能被移入16位移位寄存器中。

TLC5615电路如图 8.4.9 所示，CS、SCLK、DIN与单片机的I/O口相连，通过I/O口模拟图 8.4.8 的工作时序实现数字信号到模拟信号的转换，控制程序见附录。

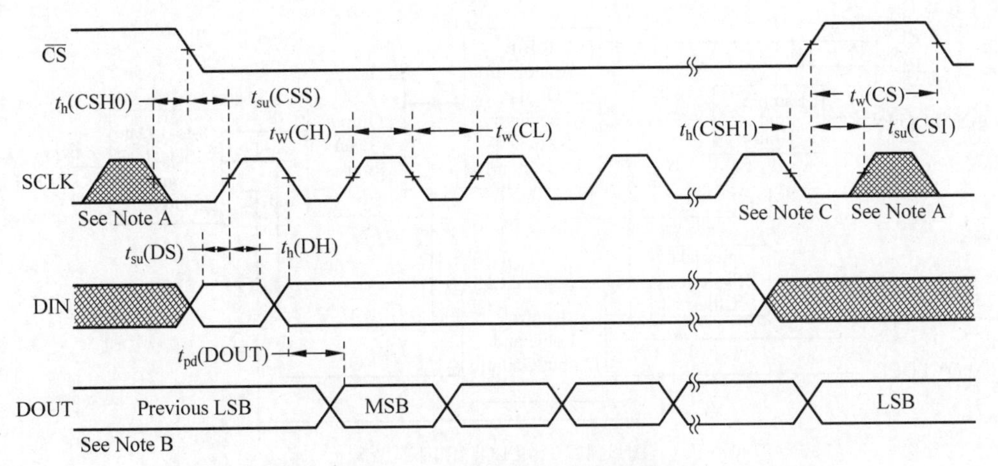

图 8.4.8　TLC5615 工作时序图

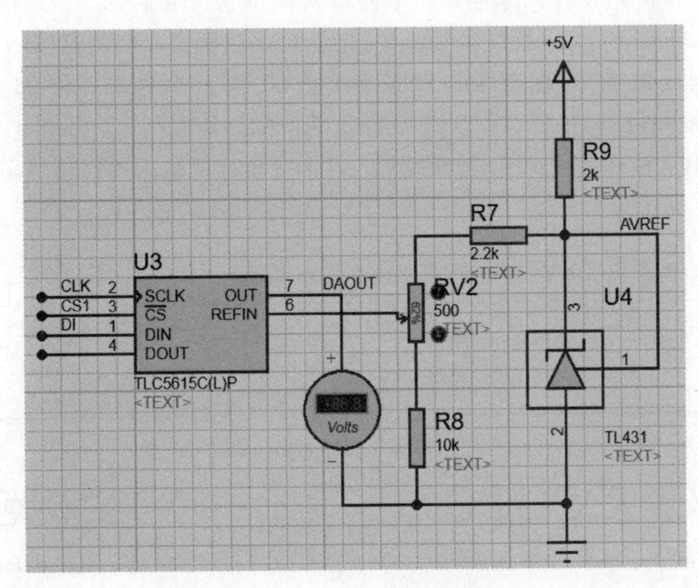

图 8.4.9　TLC5615 电路

2）A/D 转换器

A/D 转换器 TLC549 内部结构如图 8.4.10 所示，它主要由采样保持电路、8 位 A/D 转换电路、系统时钟电路、控制逻辑电路、输出数据寄存器以及 8 选 1 数据选择和驱动模块电路构成。

TLC549 的工作时序如图 8.4.11 所示。当 CS 变为低电平后，TLC549 芯片被选中，同时前次转换结果的最高有效位 MSB（A7）自 DATAOUT 端输出，接着要求自 I/O CLOCK 端输入 8 个外部时钟信号，前 7 个 I/O CLOCK 信号的作用，是配合 TLC549 输出前次转换结果的 A6～A0 位，并为本次转换做准备：在第 4 个 I/O CLOCK 信号由高至低的跳变之后，片内采样保持电路对输入模拟量采样开始，第 8 个 I/O

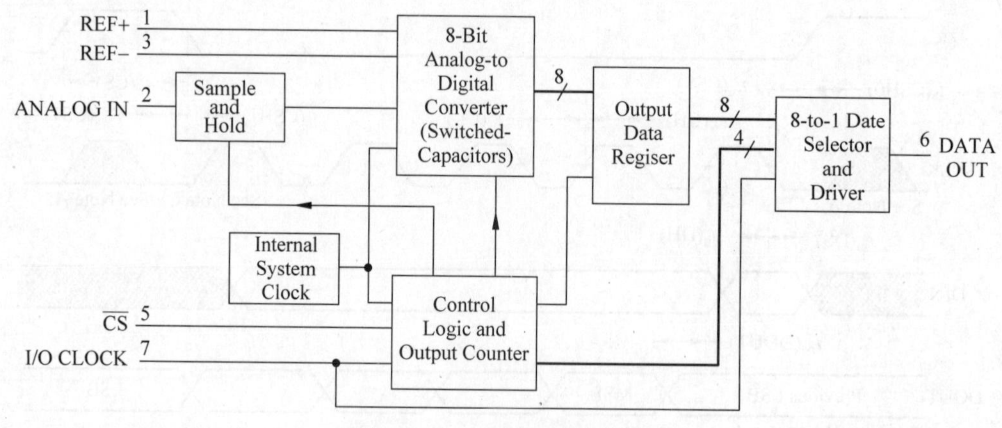

图 8.4.10 TLC549 内部结构

CLOCK 信号的下降沿使片内采样保持电路进入保持状态并启动 A/D 开始转换。转换时间为 36 个系统时钟周期，最大为 17μs。直到 A/D 转换完成前的这段时间内，TLC549 的控制逻辑要求：或者 CS 保持高电平，或者 I/O CLOCK 时钟端保持 36 个系统时钟周期的低电平。由此可见，在自 TLC549 的 I/O CLOCK 端输入 8 个外部时钟信号期间需要完成以下工作：读入前次 A/D 转换结果；对本次转换的输入模拟信号采样并保持；启动本次 A/D 转换开始。

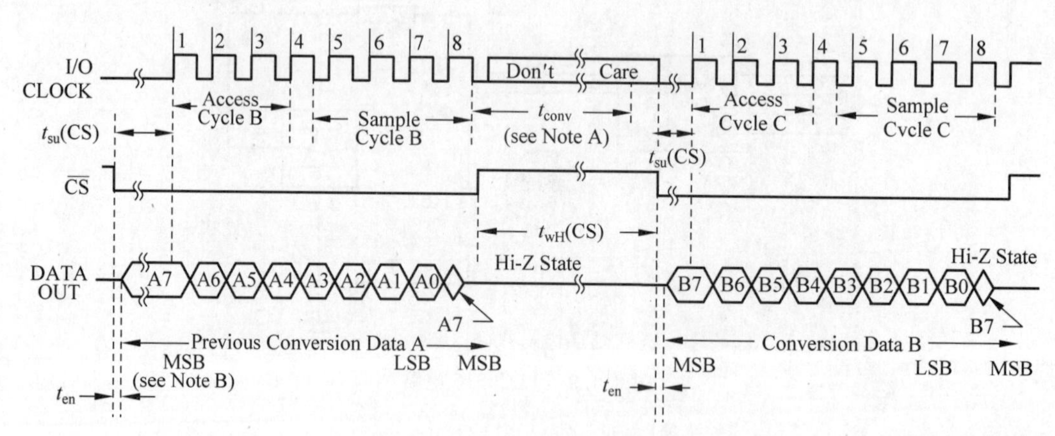

图 8.4.11 TLC549 工作时序图

TLC549 电路如图 8.4.12 所示，DATAOUT(SDO)、CS、I/O CLOCK (SCLK)与单片机的 I/O 口相连，通过 I/O 口模拟图 8.4.11 的工作时序实现模拟信号到数字信号的转换，控制程序见附录。

3. 按键、显示电路设计

1) 显示电路

LCD1602 的引脚功能如下：

引脚 1——VSS 为接地端。

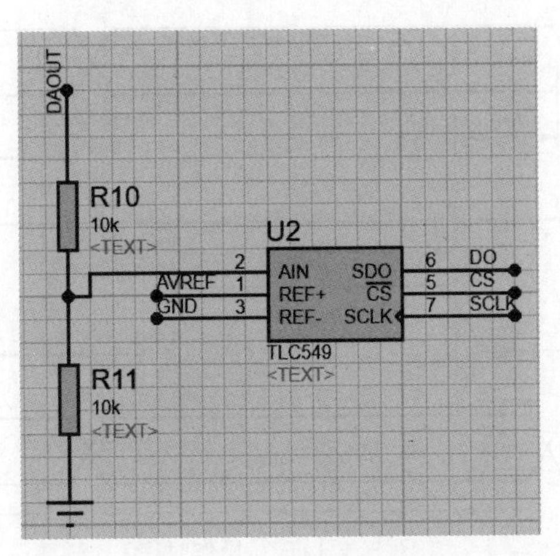

图 8.4.12 TLC549 电路

引脚 2——VDD 为电源端。

引脚 3——VL 为对比度调整端，使用时通过一个电位器调整其对比度。

引脚 4——RS 为寄存器选择端，高电平选择数据寄存器，低电平选择指令寄存器。

引脚 5——R/W 为读/写信号端。高电平进行读操作，低电平进行写操作。当 RS 和 R/W 共同为低电平时可以写入指令或者显示地址；当 RS 为低电平 R/W 为高电平时可以读取信号，当 RS 为高电平 R/W 为低电平时可以写入数据。

引脚 6——E 为使能端。当 E 端由高电平跳变为低电平时，LCD1602 执行命令。

引脚 7～14——8 位双向数据线。

引脚 15——背光源正极。

引脚 16——背光源负极。

LCD1602 的读、写操作时序如图 8.4.13 和图 8.4.14 所示。RS、R/W、E、DB0～DB7 与单片机 I/O 口相连，通过 I/O 口模拟工作时序从而实现字符的显示，电路如图 8.4.15 所示。

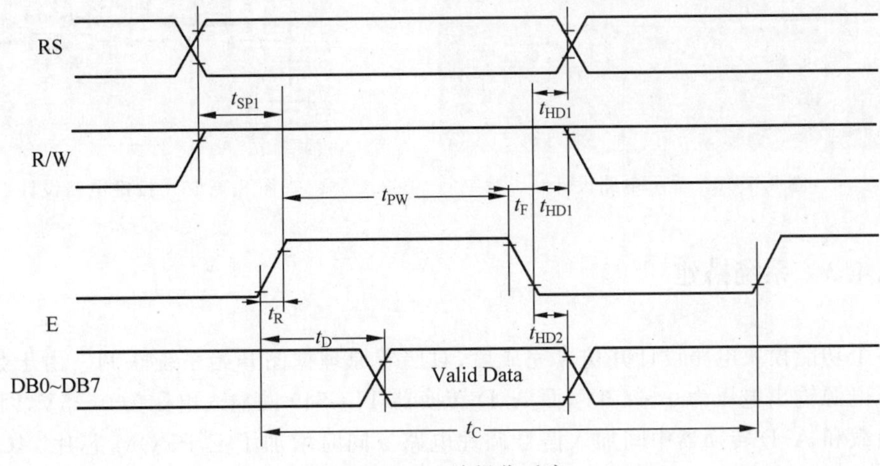

图 8.4.13 读操作时序

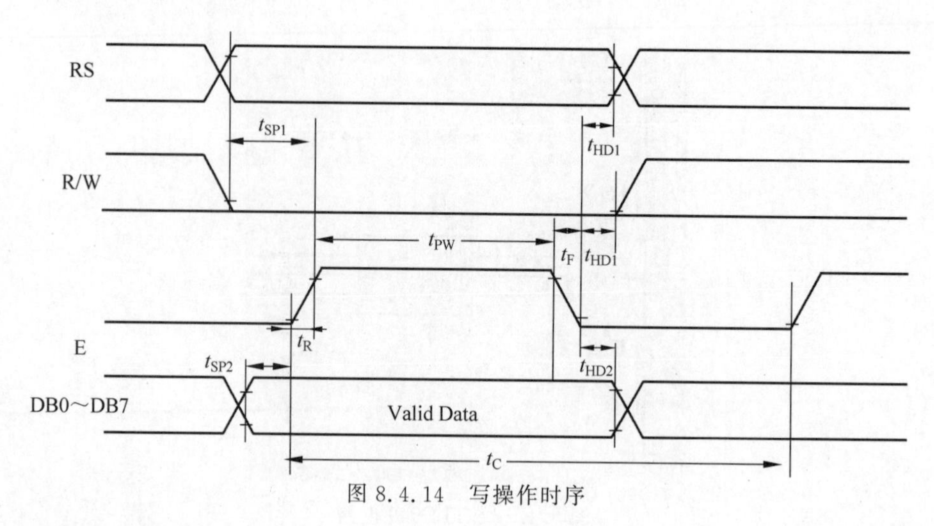

图 8.4.14　写操作时序

2）按键电路

按键电路如图 8.4.16 所示，KEY0～KEY4 与单片机 I/O 口相连，当按键按下，I/O 口为 0，否则为 1，通过读取 I/O 口状态来判断按键的状态。

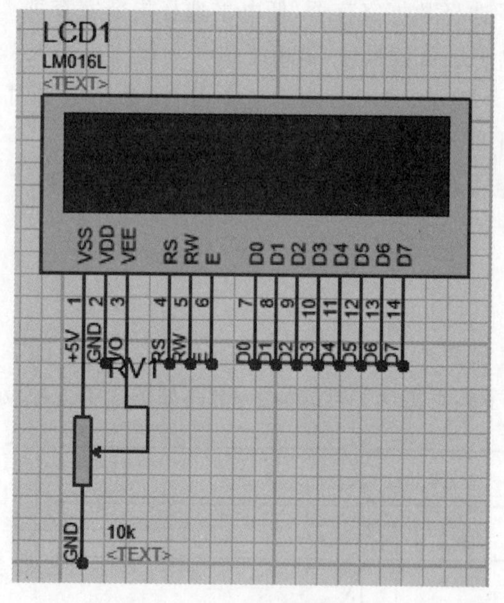

图 8.4.15　显示电路设计

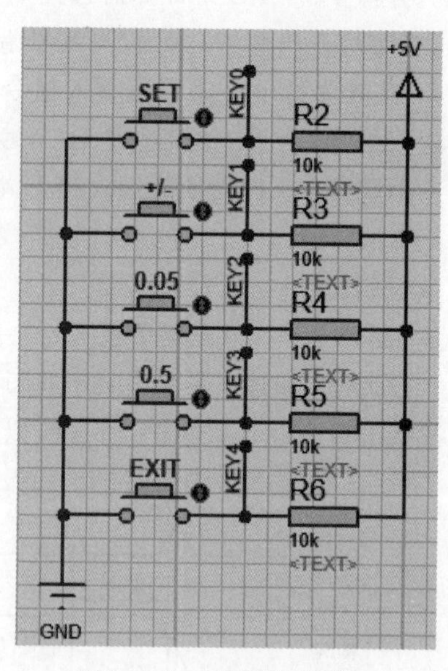

图 8.4.16　按键电路设计

8.4.3　系统搭建

各个功能模块电路设计并仿真完成后，对照着原理框图开始系统联调。由于数控直流稳压电源输出电压为 0～9.9V，而 A/D 转换器 TLC549 的输入电压为 0～5V，因此，需要在负载和 A/D 转换器中间加入信号调理电路。同时增加了 E^2PROM 芯片 24C02，上电复位时读取 24C02 中的电压，设置初始电压为 2V。系统电路如图 8.4.17 所示。

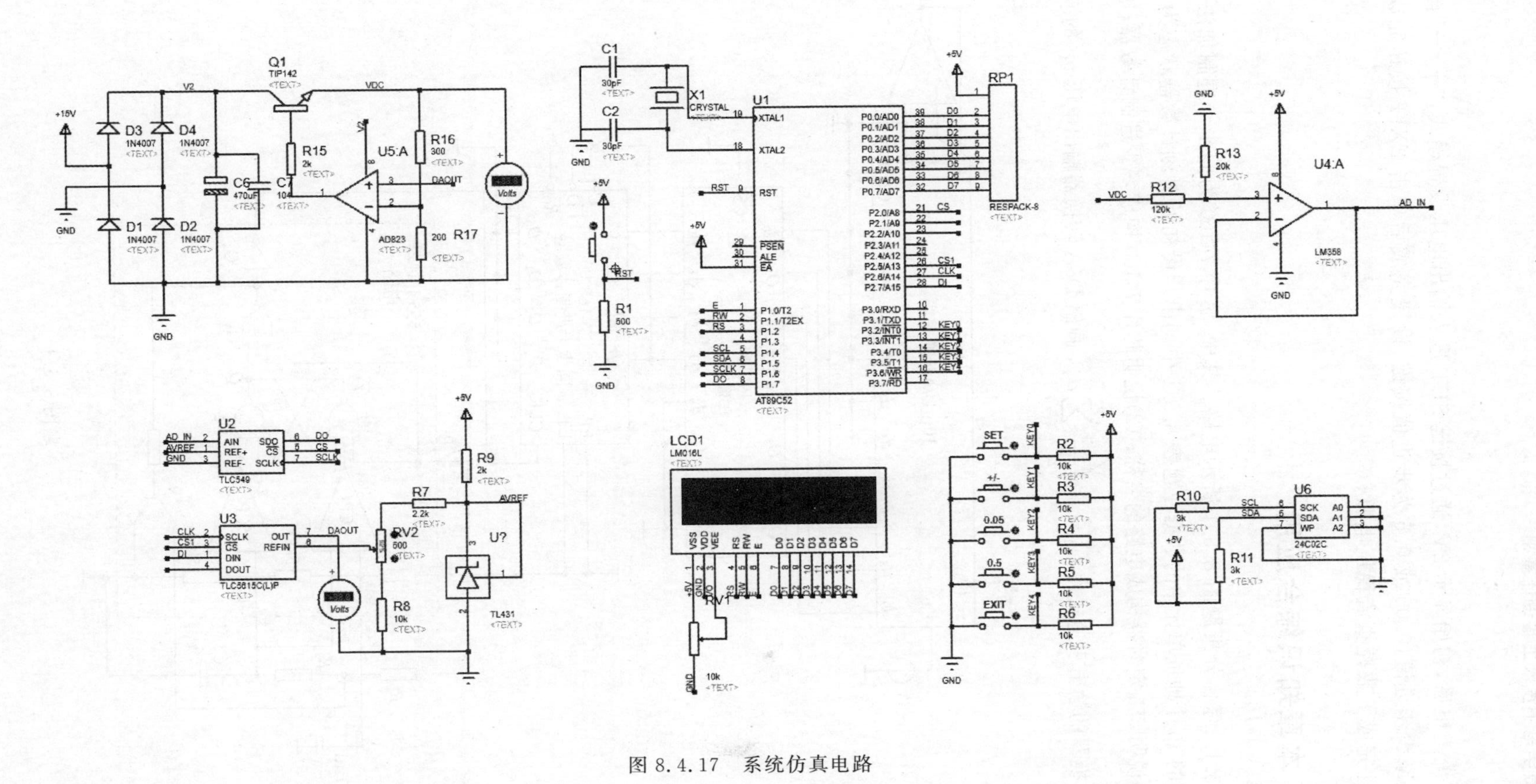

图 8.4.17　系统仿真电路

系统上电后，初始显示 2V，通过按键 SET 进入输出电压设置模式，"+/-"按键用来增加或减少步进值，0.05 或 0.5 为步进值按键，设置完成后单击 EXIT 按钮完成设置模式，设计完成了数控直流稳压电源。

8.5 本章知识综合应用

8.5.1 综合分析题图 8.5.1 所示电路。其中，芯片 74160 为同步十进制加法计数器，PROM 的 16 个地址单元中的数据在题表 8.5.1 中列出。设初始时刻计数器状态为 0000，要求：(1)说明 555 定时器构成电路的名称；(2)说明芯片 74160 构成多少进制计数器；(3)10 位 D/A 转换器的输出表达式为 $v_O = -\frac{V_{REF}}{2^{10}}\sum_{i=0}^{9} d_i$，画出 D/A 转换器输出电压 v_O 的波形。

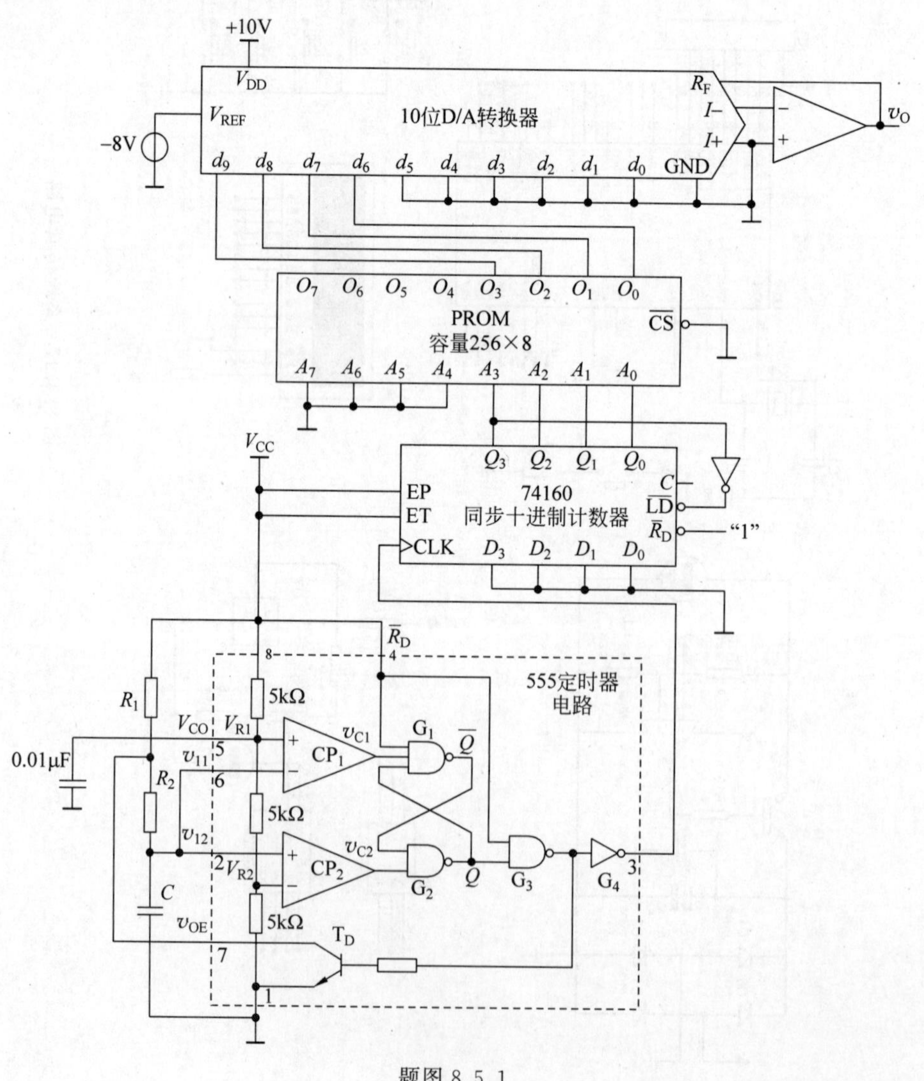

题图 8.5.1

题表 8.5.1 PROM 的 16 个地址单元中的数据

地址输入								数据输出			
A_7	A_6	A_5	A_4	A_3	A_2	A_1	A_0	O_3	O_2	O_1	O_0
0	0	0	0	0	0	0	0	0	0	0	0
0	0	0	0	0	0	0	1	0	0	0	1
0	0	0	0	0	0	1	0	0	0	1	0
0	0	0	0	0	0	1	1	0	1	0	0
0	0	0	0	0	1	0	0	0	1	1	1
0	0	0	0	0	1	0	1	0	1	0	0
0	0	0	0	0	1	1	0	0	0	1	0
0	0	0	0	0	1	1	1	0	0	0	1
0	0	0	0	1	0	0	0	0	0	0	0
0	0	0	0	1	0	0	1	1	1	0	0
0	0	0	0	1	0	1	0	0	0	0	1
0	0	0	0	1	0	1	1	0	0	1	0
0	0	0	0	1	1	0	0	0	0	0	1
0	0	0	0	1	1	0	1	0	1	0	0
0	0	0	0	1	1	1	0	0	1	1	1
0	0	0	0	1	1	1	1	0	0	0	0

8.6 本章课程设计拓展

2001 年全国大学生电子设计竞赛本科组 B 题：简易数字存储示波器

1. 任务

设计制作一台用普通示波器显示被测波形的简易数字存储示波器。示意图如下：

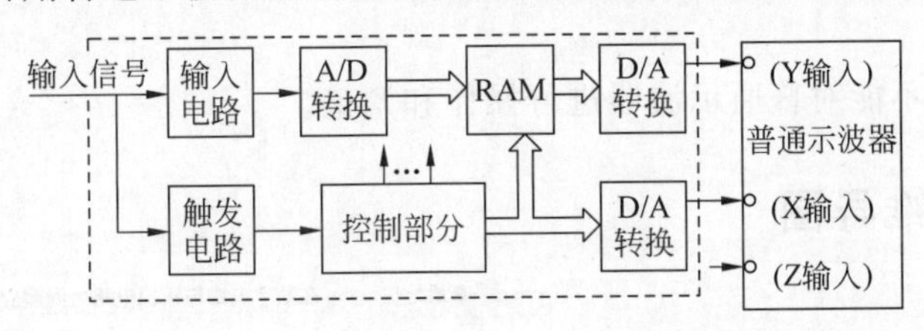

2. 要求

(1)基本要求

① 要求仪器具有单次触发存储显示方式，即每按动一次“单次触发”键，仪器在满足触发条件时，能对被测周期信号或单次非周期信号进行一次采集与存储，然后连续显示。

② 要求仪器的输入阻抗大于 100kΩ，垂直分辨率为 32 级/div，水平分辨率为 20 点/div；设示波器显示屏水平刻度为 10div，垂直刻度为 8div。

③ 要求设置 0.2s/div、0.2ms/div、20μs/div 三挡扫描速度，仪器的频率范围为 DC～50kHz，误差≤5%。

④ 要求设置 0.1V/div、1V/div 二挡垂直灵敏度，误差≤5%。

⑤ 仪器的触发电路采用内触发方式，要求上升沿触发、触发电平可调。

⑥ 观测波形无明显失真。

(2) 发挥部分

① 增加连续触发存储显示方式，在这种方式下，仪器能连续对信号进行采集、存储并实时显示，且具有锁存(按"锁存"键即可存储当前波形)功能。

② 增加双踪示波功能，能同时显示两路被测信号波形。

③ 增加水平移动扩展显示功能，要求深度增加一倍，并且能通过操作"移动"键显示被存储信号波形的任一部分。

④ 垂直灵敏度增加 0.01V/div 挡，以提高仪器的垂直灵敏度，并尽力减小输入短路时的输出噪声电压。

⑤ 其他。

3. 评分标准

	项目	满分
基本要求	设计与总结报告：方案比较、设计与论证，理论分析与计算，电路图及有关设计文件，测试方法与仪器，测试数据及测试结果分析	50
	实际制作完成情况	50
发挥部分	完成第(1)项	15
	完成第(2)项	8
	完成第(3)项	5
	完成第(4)项	10
	完成第(5)项	12

4. 说明

测试过程中，不能对普通示波器进行操作和调整。

思维导图

8.7 本章思维导图

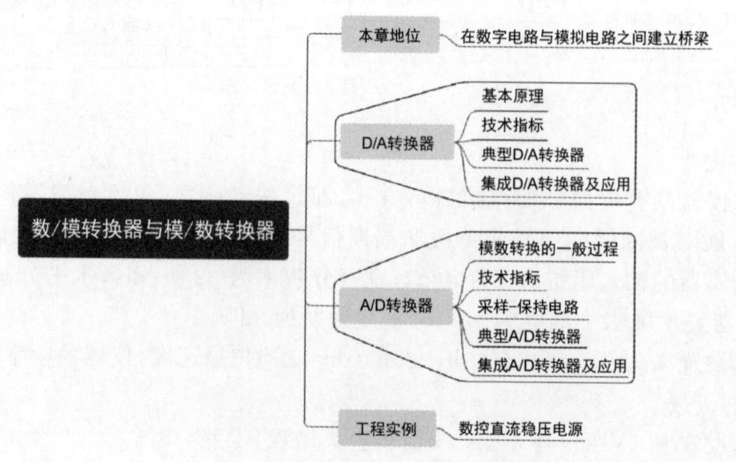

参 考 文 献

[1] 康华光.电子技术基础——数字部分[M].6版.北京：高等教育出版社，2014.

[2] 阎石.数字电子技术基础[M].6版.北京：高等教育出版社，2016.

[3] 张克农.数字电子技术基础[M].2版. 北京：高等教育出版社，2010.

[4] FLOYD T L.数字电子技术基础系统方法[M].娄淑琴，盛新志，申艳译.北京：机械工业出版社，2014.

[5] WAKERLY J F.数字设计原理与实践[M].5版.林生，葛红，金京林，等译.北京：机械工业出版社，2020.

[6] DALLY W J, HARTING R C.数字设计系统方法[M].韩德强，等译.北京：机械工业出版社，2017.

[7] 汤勇明.搭建你的数字积木——数字电路与逻辑设计(Verilog HDL&Vivado版)[M].北京：清华大学出版社，2018.

[8] 范爱平，周常森.数字电子技术基础[M].北京：清华大学出版社，2008.

图书资源支持

感谢您一直以来对清华大学出版社图书的支持和爱护。为了配合本书的使用，本书提供配套的资源，有需求的读者请扫描下方的“书圈”微信公众号二维码，在图书专区下载，也可以拨打电话或发送电子邮件咨询。

如果您在使用本书的过程中遇到了什么问题，或者有相关图书出版计划，也请您发邮件告诉我们，以便我们更好地为您服务。

我们的联系方式：

地　　址：北京市海淀区双清路学研大厦 A 座 714

邮　　编：100084

电　　话：010-83470236　010-83470237

资源下载：http://www.tup.com.cn

客服邮箱：tupjsj@vip.163.com

QQ：2301891038（请写明您的单位和姓名）

教学资源 · 教学样书 · 新书信息

人工智能科学与技术
人工智能|电子通信|自动控制

资料下载 · 样书申请

书圈

用微信扫一扫右边的二维码，即可关注清华大学出版社公众号。